中国工程院咨询研究项目

环境友好型水产养殖发展战略：新思路、新任务、新途径

唐启升　主编

科学出版社

北京

内 容 简 介

本书是中国工程院多项水产养殖咨询研究课题成果的总结，重点阐述了"环境友好型水产养殖发展战略：新思路、新任务、新途径"。共分四章：总论，以"高效、优质、生态、健康、安全"可持续发展目标为核心，介绍了环境友好型水产养殖发展战略及其对策建议；"十三五"环境友好型水产养殖发展对策，通过对发展现状与问题的系统分析，提出了"十三五"重点任务及应对建议，此外，还对育种、病害、生态养殖、营养与饲料、设施与深水平台、加工与质量安全、高新技术、环境评估等8个分支领域的发展战略进行专题研究；环境友好型海水养殖发展新途径，论述了海洋牧场、海水养殖新方式和海水养殖新空间的发展战略，提出了相应的政策建议和重点研发计划专项；环境友好型水产养殖发展典型案例，介绍了两个有显著特点并值得推广和发展的环境友好型水产养殖新生产模式实例：桑沟湾多营养层次综合养殖和稻渔综合种养。

本书可供渔业管理部门、科技和教育部门、生产企业及社会其他各界人士阅读参考。

图书在版编目(CIP)数据

环境友好型水产养殖发展战略：新思路、新任务、新途径 / 唐启升主编. — 北京：科学出版社，2017.3
ISBN 978-7-03-051815-6

Ⅰ. ①环… Ⅱ. ①唐… Ⅲ. ①水产养殖业–生态养殖–发展战略–研究–中国 Ⅳ. ①S9

中国版本图书馆CIP数据核字(2017)第031093号

责任编辑：李秀伟　岳漫宇　高璐佳 / 责任校对：何艳萍
责任印制：肖　兴 / 封面设计：北京图阅盛世文化传媒有限公司

科 学 出 版 社 出版
北京东黄城根北街16号
邮政编码：100717
http://www.sciencep.com

北京九州迅驰传媒文化有限公司印刷
科学出版社发行　各地新华书店经销

*

2017年3月第 一 版　开本：787×1092　1/16
2025年1月第二次印刷　印张：29 1/2
字数：452 000
定价：238.00元
（如有印装质量问题，我社负责调换）

《环境友好型水产养殖发展战略：新思路、新任务、新途径》编辑委员会

主　编　唐启升
副主编　桂建芳　麦康森
编　委（以姓氏笔画为序）
　　　　　王清印　方　辉　方建光　包振民
　　　　　庄志猛　刘　慧　刘家寿　李钟杰
　　　　　杨宁生　张文韬　张国范　陈　勇
　　　　　陈松林　陈家长　贾晓平　徐　皓
　　　　　高中祺　黄　倢　曾令兵　解绶启
　　　　　翟毓秀　薛长湖

PREFACE 前言

2002年世界水产养殖大会在北京召开,会议科学指导委员会为大会确定的标题是:"中国——水产养殖之乡(China, the home of aquaculture)",这不仅是因为中国水产养殖有悠久的历史,同时也是因为自1986年中国确定了"以养为主"的渔业发展方针后,水产养殖业得到快速发展,取得了举世瞩目的成就。之后十几年,中国水产养殖业持续健康发展,支撑产业发展的知识体系、技术体系逐渐形成。2015年,中国水产养殖产量达4938万t,占渔业总产量比例从1950年的约8%(约8万t)、1985年的45%(363万t)增至74%,占世界水产养殖产量的比例持续保持在60%以上,成为"世界水产养殖业对人类水产品消费的贡献超过野生水产品捕捞业"[引自联合国粮食与农业组织(FAO)2016年报告《世界渔业及水产养殖报告》]最重要的决定因素。由于中国较早地认识到水产养殖将在现代渔业发展中发挥重要作用,经过实践和创新,水产养殖发展对中国乃至世界的贡献表现在多个方面:它不仅在解决吃鱼难、保障市场供应、增加农民收入、提高农产品出口竞争力、优化国民膳食结构和保障食物安全等方面做出了重大贡献,同时在当今减排CO_2、缓解水域富营养化等方面也发挥着重要作用;它不仅为中国渔业转方式调结构做出重大贡献,同时也促进了世界渔业发展方式的重大转变。因此,进一步推动水产养殖业持续发展,有助于深化渔业增长方式转变和结构调整,促进绿色低碳新兴产业的发展,为保障国家食物安全做出新贡献。

为了推动水产养殖业可持续发展和现代化建设,自2009年以来,中国工程院先后启动实施了"中国水产养殖业可持续发展战略研究"(2009~2013年,称养殖Ⅰ期)、"水产养殖业'十三五'规划战略研究"(2014~2016年,称养殖Ⅱ期)、"现代海水养殖新技术、新方式和新空间发展战略研究"(2015~2016年)及"水产健康养殖发展战略研究"(2016~2017年)(后两项称养殖Ⅲ期)等多项重大、重点咨询研究课题。通过这些研究,形成了一些新的理念和思路,特别是养殖Ⅰ期研究,认识到中国特色的水产养殖既具有重要的食物供给功能,又有显著的生态服务功能(含文化服务),提出绿色低碳的"碳汇渔业"发展新理念和"高效、优质、生态、健康、安全"的可持续发展目标,提出建设环境友好型水产养殖业和建设资源养护型捕捞业的发展新模式。养殖Ⅱ期和Ⅲ期研究则针对建设小康社会决胜时期的需求和渔业提质量增效益的新目标,重点研究"十三五"水产养殖发展的重点任务和工程建设，探讨发展的新途径，提出了若干相关的建议。

本书是上述多视角、多层次战略研究系列成果的总结，重点阐述"环境友好型水产养殖发展战略：新思路、新任务、新途径"。其中，第一章总论，在简要总结中国水产养殖业快速发展的主要经验的基础上，论述进一步发展水产养殖业的战略意义，提出以"高效、优质、生态、健康、安全"可持续发展目标为核心的环境友好型水产养殖发展战略及相应的对策建议。第二章"十三五"环境友好型水产养殖发展对策，通过对发展现状及特点、问题与挑战（政策层面、技术层面和管理层面）的全面系统分析，提出了三个方面的应对建议，主要包括：①大力发展和推广生态系统水平的水产养殖、渔农复合种养系统、盐碱水域养殖和利用、海洋牧场建设和生态修复等养殖新技术、新模式；②大力发展冷链物流以保障水产品优质供应的核心环节，提升物联网等智能化管理技术；③强化水产养殖管理和科技创新，包括建立生态系统水平的水产养殖管理体系、设立水产生物育种基础及抗病分子育种重大专项、推广优质健康安全的水产养殖饲料、加快提升筏式等传统养殖模式的工程化机械化水平、大力发展工程化养殖和深蓝渔业、建立全面的水产品质量安全管控机制、加强水产养殖中抗生素的监测评估与治理和实施水产养殖污染物减排增效工程等。另外，还对水产遗传育种与种业、水产病害防治与健康养殖、水产生态养殖与新养殖模式、水产养殖动物营养与饲料工程、水产养殖设施装备与深水养殖平台、水产养殖产品精制加工与质量安全、水产生物技术和物联网技术、水产养殖环境评估与治理等8个分支领域进行专题研究，重点介绍各分支领域的国内外发展现状与存在问题、"十三五"时期的发展战略与关键技术、重点科研计划项目与重大工程建设项目建议及政策建议等。第三章环境友好型海水养殖发展新途径，主要包括：现代海洋牧场发展战略、现代海水养殖新方式发展战略和现代海水养殖新空间发展战略等方面，通过对战略需求、国内外现状与问题、发展目标与关键技术的研究分析，提出相应的发展战略、保障措施与政策建议，建议设置现代海洋牧场关键技术与示范区建设、环境友好型的综合养殖模式构建与示范、深远海渔业生产新模式及养殖能源供给与物流网络平台技术研发与应用等国家重点研发计划专项。第四章环境友好型水产养殖发展典型案例，深入剖析了桑沟湾多营养层次综合养殖和稻渔综合种养两个实例的发展历程、关键技术和实施效果，它们的共同特点是理论基础扎实、应用技术成熟、生态经济社会效益显著，是值得推广和发展的环境友好型水产养殖新生产模式和技术。

期望本书能够为政府部门的科学决策及科研、教学、生产等相关部门提供借鉴，并为实现我国水产养殖现代化发展发挥积极作用。本书是课题组数十位院士、专家集体智慧的结晶，在此向他们表示衷心的感谢。由于时间所限，不当之处在所难免，敬请批评指正。

编 者

2016年10月

CONTENTS 目录

第一章　总论　/　1

　　一、水产养殖业快速发展的主要经验　/　2

　　二、进一步发展水产养殖业的战略意义　/　5

　　三、环境友好型水产养殖业发展战略　/　7

　　四、对策建议　/　9

　　参考文献　/　11

第二章　"十三五"环境友好型水产养殖发展对策　/　13

　第一节　环境友好型水产养殖现状、问题与应对建议　/　14

　　一、发展现状及特点　/　14

　　二、问题与挑战　/　21

　　三、应对建议　/　28

　　参考文献　/　33

　第二节　水产遗传育种与种业　/　35

　　一、国内发展现状　/　36

　　二、国际发展趋势　/　44

　　三、存在的主要问题与原因分析　/　48

　　四、"十三五"发展目标　/　50

五、重点科研计划项目与重大工程建设项目建议 / 50

　　六、保障措施与对策建议 / 55

　　参考文献 / 56

第三节　水产病害防治与健康养殖 / 60

　　一、国内发展现状 / 60

　　二、存在的主要问题与原因分析 / 63

　　三、国外发展现状 / 68

　　四、发展战略与关键技术 / 72

　　五、重点科研计划项目与重大工程建设项目建议 / 80

　　六、保障措施与对策建议 / 91

　　参考文献 / 93

第四节　水产生态养殖与新养殖模式 / 96

　　一、国内发展现状 / 96

　　二、国外发展现状 / 106

　　三、存在的主要问题与原因分析 / 109

　　四、发展战略与关键技术 / 111

　　五、保障措施与对策建议 / 114

　　六、重大工程建设与研究专项建议 / 115

　　参考文献 / 122

第五节　水产养殖动物营养与饲料工程 / 124

　　一、国内发展现状 / 124

　　二、存在的主要问题与原因分析 / 130

　　三、国外发展现状 / 133

　　四、发展战略和任务 / 138

　　五、工程专项建议 / 139

六、保障措施与对策建议 / 144

参考文献 / 157

第六节 水产养殖设施装备与深水养殖平台 / 161

一、国内发展现状 / 161

二、存在的主要问题与原因分析 / 172

三、国外发展现状 / 177

四、发展战略与关键技术 / 183

五、重点科研计划项目与重大工程建设项目建议 / 188

六、保障措施与对策建议 / 192

参考文献 / 194

第七节 水产养殖产品精制加工与质量安全 / 197

一、国内发展现状 / 198

二、存在的主要问题与原因分析 / 206

三、国外发展现状 / 213

四、发展战略与关键技术 / 218

五、重点科研计划项目与重大工程建设项目建议 / 221

六、保障措施与对策建议 / 224

参考文献 / 225

第八节 水产生物技术和物联网技术 / 228

一、国内发展现状 / 229

二、存在的主要问题与原因分析 / 238

三、国外发展现状 / 243

四、发展战略与关键技术 / 248

五、重点科研计划项目与重大工程建设项目建议 / 252

六、保障措施与对策建议 / 254

参考文献 / 257

第九节　水产养殖环境评估与治理 / 268

一、国内发展现状 / 268

二、存在的主要问题与原因分析 / 282

三、国外发展现状 / 287

四、发展战略与关键技术 / 292

五、保障措施与对策建议 / 298

六、重点科研计划项目与重大工程建设项目建议 / 300

参考文献 / 303

第三章　环境友好型海水养殖发展新途径 / 311

第一节　现代海洋牧场发展战略 / 312

一、我国现代海洋牧场构建技术发展的战略需求 / 312

二、我国现代海洋牧场发展的现状 / 314

三、世界现代海洋牧场发展现状与趋势 / 326

四、我国现代海洋牧场建设存在的主要问题与原因分析 / 333

五、我国现代海洋牧场发展战略与关键技术 / 335

六、我国现代海洋牧场建设的保障措施与政策建议 / 338

七、重大工程研究专项建议 / 339

参考文献 / 342

第二节　现代海水养殖新方式发展战略 / 343

一、我国现代海水养殖新方式科技发展的战略需求 / 343

二、我国现代海水养殖新方式科技发展的现状 / 345

三、国外现代海水养殖新方式发展现状与趋势 / 357

四、现代海水养殖新方式存在的主要问题与原因分析 / 364

五、我国现代海水养殖新方式发展战略与关键技术 / 368

六、现代海水养殖新方式发展的保障措施与政策建议 / 371

七、重大科技研发专项建议 / 375

参考文献 / 377

第三节 现代海水养殖新空间发展战略 / 380

一、我国深远海养殖发展的战略意义 / 380

二、我国深远海养殖科技发展的现状 / 381

三、国外深远海养殖发展的现状与趋势 / 384

四、我国深远海养殖存在的主要问题与原因分析 / 392

五、我国深远海养殖发展战略与关键技术 / 395

六、我国深远海养殖发展的保障措施与政策建议 / 401

七、重大科技研发专项建议 / 402

参考文献 / 408

第四章 环境友好型水产养殖发展典型案例 / 411

第一节 桑沟湾多营养层次综合养殖 / 412

一、桑沟湾海水养殖发展历程 / 412

二、多营养层次综合养殖的科学依据 / 416

三、桑沟湾典型多营养层次综合养殖模式 / 425

四、桑沟湾养殖生态系统服务功能 / 430

五、存在的问题与建议 / 434

参考文献 / 436

第二节 稻渔综合种养 / 439

一、发展背景及简史 / 439

二、稻渔综合种养的理论基础 / 441

三、稻渔综合种养的必要条件 / 442

四、稻渔综合种养的发展现状 / 444

五、稻渔综合种养的管理 / 448

六、稻渔综合种养的生态效应 / 451

七、稻渔综合种养的经济效益和社会效益 / 454

八、问题与建议 / 457

参考文献 / 459

第一章
总　　论[①]

---
①本章根据《环境友好型水产养殖业发展战略》[1]编写，执笔人唐启升

改革开放以来,中国水产养殖业快速发展,取得了举世瞩目的成就,养殖产量从1950年不足10万t、1985年的363万t增至2015年的4938万t[2],在渔业结构中的比例从8%、45%增至74%,近30年产量翻了近4番,成为世界第一水产养殖大国(占世界产量2/3)。水产养殖作为中国大农业发展最快的产业之一,不仅在解决吃鱼难、保障市场供应、增加农民收入、提高农产品出口竞争力、优化国民膳食结构和保障食物安全等方面做出了重大贡献,同时在促进渔业增长方式的转变、减排CO_2、缓解水域富营养化等方面也发挥着重要作用。因此,进一步推动环境友好型水产养殖业发展,有助于深化渔业增长方式转变和结构调整,促进绿色低碳新兴产业的发展,为保障国家食物安全做出新贡献。

一、水产养殖业快速发展的主要经验

(一)"以养为主"的正确发展方针,推动水产养殖业快速发展

20世纪50年代后期,中国渔业管理部门出现了"养捕之争"的讨论;1958年,根据党的八大二次会议"两条腿走路"精神,提出"养捕并举"指导思想,使"养捕之争"暂时告一段落。事实上,这是世界上首次将水产养殖放在与渔业捕捞同等重要地位上,中国人开始意识到单靠渔业捕捞不能满足对水产品的需求,需要发展新的生产方式。经历过"文化大革命",我国市场供应严重不足,城乡居民"吃鱼难"的问题十分突出。1978年10月,《人民日报》发表社论《千方百计解决吃鱼问题》,之后两年间中央主要领导同志在报刊和文件上专门对水产问题做了20多次批示,要求各地、各有关部门积极支持渔业生产,努力把水产事业搞上去。1980年4月,邓小平同志在《关于编制长期规划的意见》中谈到,"渔业,有个方针问题。究竟是以发展捕捞为主,还是以发展养殖为主呢?看起来应该以养殖为主,把各种水面包括水塘都利用起来"。1985年,中共中央、国务院发出《关于放宽政策、加速发展水产业的指示》,明确了养殖生产可以承包到户和放开价格、实行市场调节等重大政策。1986年,《中华人民共和国渔业法》颁布实施,确立了"以养殖为主"的渔业发展方针[3]。这些重要方针政策的出台和实施,极大地推动了中国水产养殖业的快速发展。

（二）科学技术进步，促进水产养殖业跨越式发展

以水产育种为例，发展前期每10年一次的水产养殖育种突破，或有5次"养殖浪潮"之称的海带、"四大家鱼"、扇贝、对虾/河蟹育苗技术突破和鳗鱼养殖技术的成功，大大促进了水产养殖发展；20世纪90年代以来，特别是近10年，新品种培育成果显著，如1996~2015年农业部公告的水产新品种为168个（包括25个引进种、5个引进品种），其中：1996~2005年为61个（包括23个引进种，4个引进品种），2006~2015年为107个（包括2个引进种，1个引进品种）[4]，这些新品种的培育成功和广泛应用，促进了养殖多样化发展，也使产业发展踏上新的台阶。

进入21世纪，围绕提高渔业产业科技含量这一主题，我国集中力量对生产发展中的主要技术问题开展攻关，在水产育种、病害防治与安全渔药、水产养殖技术与设施、水产饲料与水产品加工、渔业资源养护与合理利用等诸多领域取得了一系列的重大突破。2015年，我国渔业科技进步贡献率已达到58%，取得大农业各行业中最好成绩，极大促进了水产健康养殖和渔业多功能发展。

（三）中国特色的养殖结构，确保水产养殖业持续发展

中国水产养殖业之所以能够发展得这么快，还有一个不能忽视的原因，也是构成中国特色水产养殖的重要因素，即相当一部分养殖种类在养殖过程中不需要投放饵料。如图1-1所示，发展早期（如1985年）中国水产养殖几乎不投饵，进入发展稳定期的中国水产养殖业仍保持较高的不投饵率，远远高于世界平均水平，如2014年中国水产养殖不投饵率为53.8%[5]。产生这样结果的直接原因是中国水产养殖的主要种类以低营养层次的滤食性、草食性、自养性及杂食性种类为主，养殖中利用天然水域饵料或营养物质，可以不投饵或少投饵。对于发展生产来说，不投饵或少投饵意味着生产成本低、投入少，便于产业快速、规模化发展；意味着养殖种类位于较低营养层次，具有食物转换效率高和产出量大的特性；意味着养殖中较少使用鱼粉，减少对野生渔业资源的压力，制约养殖业自身的不健康发展。

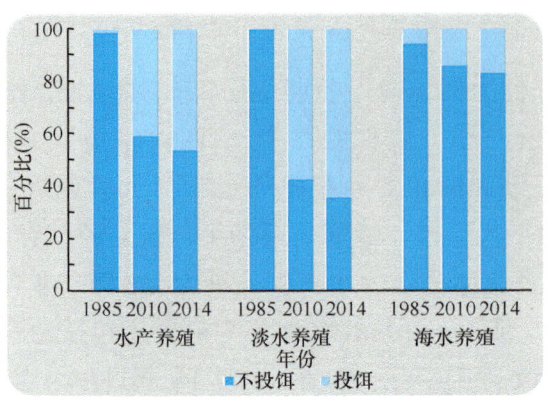

图 1-1 中国水产养殖种类投饵与不投饵养殖产量比例（数据取自文献[5]）

新的研究表明[5]，中国特色的水产养殖结构的显著特点是种类繁多、优势种显著且多样性丰富、营养层次多、营养级低、生态效率高、生物量产出多，主要依据包括：①养殖种类296个、品种143个，养殖种类及品种合计达439个。种类组成区域差异明显，淡水养殖鱼类占绝对优势，如2014年养殖产量排名前6的是草鱼、鲢、鳙、鲤、鲫和罗非鱼，合计产量占淡水养殖产量的69.6%，其次为甲壳类、其他类、贝类及藻类；而海水养殖则以贝藻类为主，如2014年牡蛎、蛤、扇贝、海带、贻贝和蛏6个种（类）的养殖产量占海水养殖产量的71.3%，其次为甲壳类、鱼类及其他类。②养殖种类多样性特征显著，与世界其他主要水产养殖国家相比，独为一支，具较高的多样性、丰富度和均匀度，发展态势良好。③由于养殖方式从天然养殖向投饵养殖转变，不投饵率呈明显下降趋势，从1995年的90.5%降至2014年的53.8%（淡水35.7%，海水83.0%），但与世界平均水平相比，仍保持较高的水准。④与世界相比，营养级低且较稳定。由于配合饲料的广泛使用及其鱼粉鱼油使用量减少，近年营养级略有下降，从2005年较高的2.32降至2014年的2.25（淡水2.35，海水2.10）。营养级金字塔由4级构成，以营养级2为主，近年占70%，表明其生态系统有较多的生物量产出。形成这个特色的原因很多：①历史传统和发展需求的原因，如淡水的主养种类"青、草、鲢、鳙"四大家鱼，养殖历史悠久，除青鱼外，其他三种为滤食性或草食性养殖种类；再如为了解决吃鱼难而迅速发展起来的海水贝类和藻类养殖，或是直接滤食水体中的浮游植物，或是通过光合作用利用水体中的营养物质。这些养殖种类的共同特点是营养级低、产出量高，养殖中技术要求相对较低，易于产业快速、规模化发展。②饮食习惯和文化的原因，同欧美人偏爱鱼片、日本人偏爱生鱼和鱼糜不同，中国人更偏爱鲜活鱼虾，喜欢舌尖上的快乐，品尝各种各样的养殖产品，有时还喜新厌旧，这些偏爱明显影响了养殖种类选择、生产结构及数量产出，促使养殖种类的多样化发展。通过长期的发展，实践证明这样的水产养殖结构特点是有效、合理的，符合现代发展的需求。预计在一个较长的时期里这种中国特色的水产养殖结构不会发生根本的改变，从而使中国水产养殖相对稳定，变化较小，有利于可持续发展。上述研究也表明，中国水产养殖是一个典型的"资源节约、环境友好"的产业，如养殖种类营养级低就会对"资源"有较小的要求，而相当一部分养殖不需投饵就意味着对"环境"产生较小的压力。

二、进一步发展水产养殖业的战略意义

（一）深化渔业增长方式转变和结构调整，带动渔业新一轮的发展

在21世纪初前后，有国外专家称"现渔业是不可持续的"[6, 7]，此后还断言"水产养殖产业不是应对全球野生捕捞渔业衰退问题的一种解决办法"[8]。然而，中国水产养殖的经验经过时间的考验，为世界提供了可复制的样板。几十年来，中国水产养殖业的健康发展不仅为全球水产品总产量的持续增长提供了重要保证，同时也为促进世界渔业生产方式和结构的改变做出重大贡献。中国水产养殖业的发展及成功已获得国际同行的认可和重视[9, 10]。

因此，水产养殖业作为渔业增长的新方式和新动力，必将带动现代渔业新一轮的发展。

（二）生产更多更好的优质蛋白，保障国家食物安全

水产养殖是世界上最有效率的食物生产技术之一，如鱼虾养殖饵料投入与产出比值为1~1.2，而畜禽类养殖饲料投入与产出比值为2.5~7.0，再加上有一半多水产养殖不需要投放饵料，其生产效率就更高了。所以，这种特有的低投入、高效率的特性，必然会使水产养殖在未来食物供给中发挥不可或缺的作用。

2030年当我国人口总量达到峰值时，若按水产品人均占有量50kg（现为47.2kg）计，水产品的需求量需要增加约800万t，而这些新的需求增量将主要通过发展水产养殖来满足。

（三）减排CO_2、缓解水域富营养化，促进渔业绿色低碳发展

近年来的研究表明，藻类、滤食性贝类、滤食性鱼类及草食性鱼类等养殖生物具有显著的碳汇功能，它们的养殖活动直接或间接地大量使用了水体中的碳，明显提高了水域生态系统吸收大气CO_2的能力[11, 12]。据估算，2014年我国海水贝藻养殖从近海海洋移出168万t碳，淡水滤食性鱼类等养殖从内陆水域移出约160万t碳，两者合计对减少大气CO_2的贡献相当于每年造林120多万hm^2。另外，养殖生物在生长过程中，还大量使用氮、磷等营养物质，实际产生了减缓水域生态系统富营养化进程的重要作用，如在贝藻养殖区少有赤潮灾害发生，而放养滤食性鱼类和草食性鱼类已成为淡水水域减轻富营养化的有效途径之一。这些研究成果和实践促成了碳汇渔业新理念的提出和发展[13, 14]。

碳汇渔业是绿色低碳发展新理念在渔业领域的具体体现，能够更好地彰显水产养殖的食物供给和生态服务（含文化服务）两大功能，并成为推动水产养殖业新一轮发展的驱动力。水产养殖业进一步发展将促进渔业向绿色低碳和环境友好的方向发展，对减排CO_2的贡献也会越来越大，为应对全球变化发挥积极作用。

（四）促进生态系统水平的水产养殖发展，提升我国渔业科技进步

在绿色低碳和环境友好发展新理念的引导下，发展生态系统水平的水产养殖已成为业界的共识[15]，但是，如图1-2所示，现时我国水产养殖中不论淡水养殖还是海水养殖，传统的、粗放式养殖方式在生产中都占绝对优势，这种状况在短时间内不会发生根本改变。为此，不仅要探索新的养殖生产模式，还要采取现代化工程技术措施，如大力推进传统养殖方式的标准化、规模化发展，提升机械化、信息化技术水平和防灾减灾能力，缩小与发达国家在产出和耗能方面的差距，使我国水产养殖业的现代发展有一个新的高起点，从而促进我国渔业的科技进步和现代化发展。

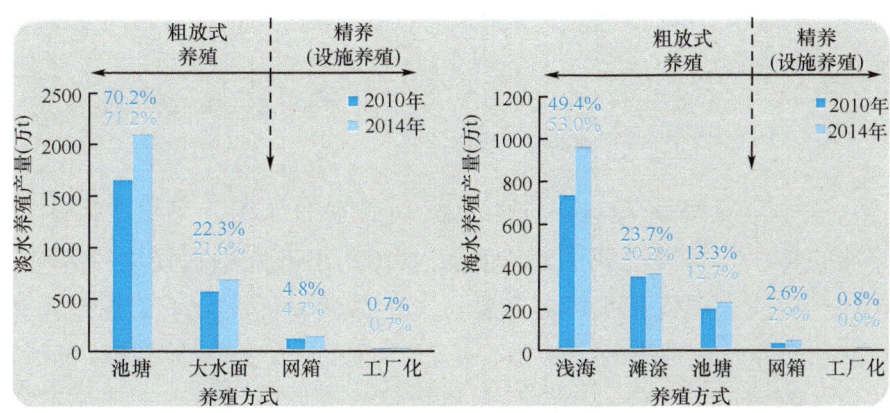

图 1-2　中国水产养殖现行养殖方式产量组成（数据取自文献[2]）

其中淡水约2%、海水约10%，其他养殖方式产量未在图中显示；大水面包括湖泊、水库、稻田等

三、环境友好型水产养殖业发展战略

（一）基本原则与发展理念

中国水产养殖业进一步发展必须走绿色低碳和环境友好的发展道路，以创新驱动发展为动力，更新发展理念、转变发展方式、拓展发展空间、提高发展质量，促使国家重大需求与可持续发展相协调，推动渔业的现代化发展。

（二）战略对策与发展模式

大力实施推动水产养殖业现代化发展的三大战略：①养护战略。养护是水产养殖业可持续发展的基础，必须对种质资源和生态环境实施养护，切实做好相关工作。②拓展战略。拓展是水产养殖业可持续发展的核心，包括养殖种类、养殖方式、养殖空间和养殖规模的拓展，促使水产养殖业向质量型和环境友好型方向发展。③高技术战略。高技术是水产养殖业进一步发展的动力，在培育和发展新兴产业（如水产种业、陆基工厂化养殖、深远海养殖等）中发挥关键作用，使水产养殖业通过高新技术获得现代化发展。

在绿色低碳的"碳汇渔业"新发展理念的引领下，积极探讨新的发展模式，建设环境友好型水产养殖业，发展健康、生态和多营养层次的新生产模式，实施养殖容量规划管理；建设资源养护型捕

捞业，科学开展资源增殖，发展多功能、多效应渔业，实施生态系统水平的管理。

（三）战略目标与重点任务

进一步发挥政策与科技两大驱动因素的作用，突出中国水产养殖的特色，实现"我国水产养殖业2020年进入创新型国家行列，2030年后建成现代化水产养殖强国"的战略目标。为了实现环境友好型水产养殖业"高效、优质、生态、健康、安全"的可持续发展，在未来的15年，从数量、质量和科技贡献等方面，努力实现如下任务目标。

1. 数量发展目标

到2020年，水产养殖产量达5200万t。
到2030年，水产养殖产量达5700万t。

2. 质量发展目标

到2020年，水产原良种覆盖率达到65%，水生动物产地检疫率达到60%，水产品质量安全产地抽检合格率达99%，从水域移出的碳达350万t/年。

到2030年，水产原良种覆盖率达80%以上，水生动物产地检疫率达到90%，水产品质量安全产地抽检合格率达99%以上，从水域移出的碳达400万t/年。

3. 科技发展目标

到2020年，实现科技贡献率达60%以上。
到2030年，实现科技贡献率达70%。

为了实现上述任务目标，近期的重点任务是着力构建现代水产种业、现代水产养殖生产模式、现代水产养殖装备与设施、现代水产疫病防控和质量安全监控、现代水产饲料与加工流通、现代水产养殖科技与支撑、现代水产养殖产业等七大创新发展体系，实施现代水产养殖产业工程、水生生物资源养护工程和现代水产养殖科技创新及人才培养工程等三大工程建设，为实现水产养殖强国的战略目标奠定坚实基础。

四、对策建议

根据国家发展需求和目前产业存在的问题,提出以下主要对策建议。

(一)重视水产养殖对发展空间的需求,确保水产品的基本产出

1. 设置养殖水域最小使用面积保障线

随着我国城镇化发展和人口增加接近峰值,对水产品需求仍呈增加趋势,而水产品增加除政策、科技等因素外,还需生产空间保证。2014年我国水产养殖面积为839万hm^2(其中淡水养殖面积608万hm^2,海水养殖面积231万hm^2)[2],到2030年,需要增加100万hm^2以上的养殖水域才能保证社会对水产品的需求。因此,要像重视耕地一样重视水域的治理和开发利用,养殖水域最小使用面积保障线应设置在900万hm^2以上。

2. 挖掘水产养殖水域使用面积潜力

主要从以下两方面着手。一是传统的近岸浅海滩涂养殖向远岸深水发展,开发海水养殖新空间。目前20~50m水深的海域内的养殖活动刚刚开始,若将水域利用率提高3%,可使海水养殖面积增加80万hm^2以上。另外,50m以深海域亦有较大的挖掘潜力,但需要加快深远海养殖新技术、新设施和新材料的开发,以便适应复杂、恶劣的深远海海洋环境。二是加大内陆盐碱地的开发利用,开发淡水养殖新天地。若现有盐碱地和低洼盐碱水域的3%得到开发利用,约有140万hm^2盐碱水域可供养殖使用,不仅可保障水产养殖业可持续发展,同时也将形成新的农业生产力,促进增产增收。

(二)建立养殖水域容纳量评估制度,发展生态系统水平的新型养殖生产模式

1. 建立养殖水域的容纳量评估制度

养殖容纳量评估是制定现代水产养殖发展规划的基础,也是保证绿色低碳和环境友好发展的前提。建议将容纳量评估纳入政府的

公益性和强制性工作范畴，并形成制度化。委托具备评估能力的省级以上科研院所开展容纳量评估工作，逐步形成以省区为单位的国家各类养殖水域容纳量评估制度。国家相应的管理机构和地方政府可根据容纳量评估结果，确定养殖密度和布局，发放养殖许可证，并建立相应的实施和监管体系，确保水产养殖规范、健康发展。

2. 发展生态系统水平的新型养殖生产模式

构建健康、生态、节水减排和多营养层次的养殖系统，鼓励发展不同养殖水域和生产方式的生态系统水平的养殖生产新模式，提高养殖生产效率和生态效益，降低规模化养殖对水域环境所产生的负面影响，为粗放型养殖升级寻求新途径，形成现代水产养殖生产体系。

（三）实施养殖装备提升工程，推进设施标准化、现代化更新改造

1. 全面推进中低产养殖池塘标准化改造工程

建议尽快启动标准化池塘改造财政专项，通过中央财政转移支付，地方和群众配套、自筹的方式，完成对养殖池塘的改造任务，同时，完善承包责任制，建立养殖池塘维护和改造的长效机制，稳定池塘养殖面积，保证水产品的有效持续供给。

2. 大力促进粗放型水产养殖向现代养殖设施工程化方向转变

建议设立重点研发专项，针对海上筏式养殖、陆基池塘养殖、深水网箱养殖及工厂化养殖等海水主要养殖方式存在的问题，加大水产养殖设施机械化、自动化和信息化研发的科技投入，加快养殖环境精准化调控及节水、循环、减排养殖模式的研究，发展机械化养殖、循环水养殖、深水抗风浪养殖新模式，建立一批具有工程化养殖水平的现代养殖示范园。

（四）加强水产养殖业管理与执法能力建设

1. 完善水产养殖业法律法规和规章制度

进一步完善水域滩涂养殖权、种苗管理、水生动物防疫检疫、

水产品质量安全、生态环境保护及养殖业执法等方面的法律法规，以及相关标准和技术规范的制定和修订。加快推进水面经营权改革，完善水产养殖证制度。

2. 加强养殖水域保护，建立养殖水域生态补偿机制

建立基本养殖水域保护制度，严格限制养殖水域的征用。本着"受益者或破坏者支付，保护者或受害者被补偿"的原则，将养殖水域的生态补偿法制化、规范化。由于以往缺乏研究和积累，应将养殖水域生态补偿作为一个重要问题予以重视，加强相关研究和实践。

3. 全面推进水产养殖执法与监管

建立以渔政为主，技术推广、质量检验检测和环境监测等机构配合的水产养殖管理执法工作体系，加大执法检查力度。加强养殖管理执法队伍建设及执法技术装备建设，建立执法监督检查机制和考核制度。

参 考 文 献

[1] 唐启升. 环境友好型水产养殖业发展战略[J]. 中国工程科学, 2016, 18(3): 1-7.

[2] 农业部渔业渔政管理局. 中国渔业统计年鉴[M]. 北京: 中国农业出版社, 2004-2016.

[3] 全国人民代表大会常务委员会. 中华人民共和国渔业法[M]. 北京: 中国民主法制出版社, 1986.

[4] 全国水产原种和良种审定委员会.中华人民共和国农业部公告:水产新品种名录(1996-2015)[EB/OL]. http://www.moa.gov.cn/zwllm/tzgg/gg/ [2016-6-11].

[5] 唐启升, 韩冬, 毛玉泽, 张文兵, 单秀娟. 中国水产养殖种类组成、不投饵率和营养级[J]. 中国水产科学, 2016, 23(4): 729-758.

[6] Pauly D, Christensen V, Dalsgaard J, Freese R, Torres F Jr. Fishing down marine food webs[J]. Science, 1998, 279: 860-863.

[7] Watson R, Pauly D. Systematic distortions in world fisheries catch trends[J]. Nature, 2001, 414(6863): 534-536.

[8] Pauly D, Alder J. Marine Fisheries Systems.//Millennium Ecosystem Assessment. Ecosystems and Human Well-being. Volume 1: Current State

& Trends[M]. Washington, D.C.: Island Press, 2005.

[9] FAO. The state of world fisheries and aquaculture[M]. Rome: FAO, 2012.

[10] Vance E. Fishing for billions: How a small group of visionaries are trying to feed China—and save the world's oceans[J]. Scientific American, 2015, 312: 52-59.

[11] Tang QS, Zhang JH, Fang JG. Shellfish and seaweed mariculture increase atmospheric CO_2 absorption by coastal ecosystems[J]. Mar Ecol Prog Ser, 2011, 424: 97-104.

[12] 解绶启, 刘家寿, 李钟杰. 淡水水体渔业碳移出之估算[J]. 渔业科学进展, 2013, 34(1): 82-89.

[13] 唐启升. 碳汇渔业与海水养殖业[EB/OL]. http://www.ysfri.ac.cn/news-how.asp-showid=1829&signid=16.htm[2010-6-28].

[14] 唐启升, 刘慧, 方建光, 张继红. 生物碳汇扩增战略研究: 海洋生物碳汇扩增[M]. 北京: 科学出版社, 2015.

[15] 唐启升, 林浩然, 徐洵, 王清印, 庄志猛. 可持续海水养殖与提高产出质量的科学问题[C]. 香山科学会议简报, 2009, 330: 1-12.

第二章
"十三五"环境友好型水产养殖发展对策

"十三五"期间是我国渔业转方式调结构、提质量增效益的关键时期,也是现代渔业建设的决胜时期。水产养殖产量已占到渔业总产量的70%以上,如何在这个高起点上实现渔业的进一步提质增效,需要我们全面认识新时期的特点和要求,提出发展的新思路,明确面临的新任务,寻找发展的新途径。

第一节 环境友好型水产养殖现状、问题与应对建议

一、发展现状及特点

进入21世纪,我国水产养殖保持了良好发展态势,产量持续增长(图2-1-1),形成了多品种、多模式、多业态的大格局。"十二五"期间,在国家政策支持和产学研联合攻关的基础上,通过科技进步、养殖方式和品质多元化,以及标准化和规范化发展,我国水产养殖业在新品种培育、病害防控、设施装备改良、饲料开发、养殖模式发展、质量安全保障、养殖标准化和规范等方面都取得了显著成效。

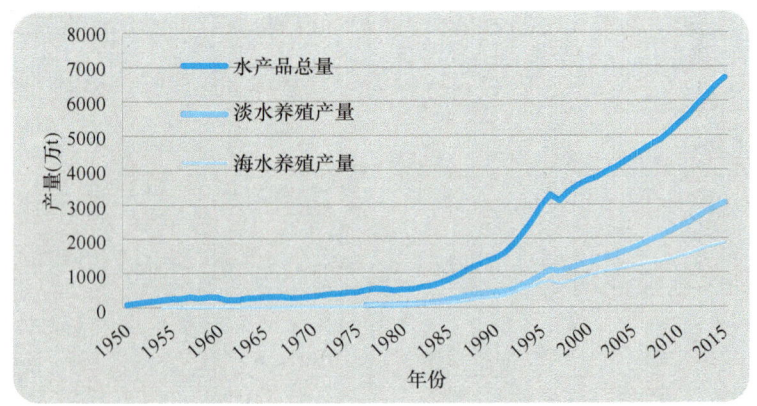

图2-1-1 1950~2015年我国水产品产量变化趋势(数据来源:中国渔业统计年鉴[1])

(一)科技进步推动水产养殖业持续发展

1. 水产良种体系建设成效显著

20世纪90年代中期以来,随着国家水产原种和良种审定制度的

建立，水产养殖良种选育体系建设、选育技术和遗传种质检测等工作逐步走向正规化；尤其是国家863计划、科技支撑计划等有力地引领和促进了水产生物遗传育种的研究工作。运用选择、诱变、多倍体、杂交等育种技术，成功培育出鱼类、虾蟹类、贝类、藻类及棘皮动物等一批水产养殖新品种。

"十二五"期间，各级政府继续加大对水产良种繁育、病害防治等水产养殖业支撑体系的投入。截至2015年年底，我国国家级水产原（良）种场达到80家，国家级水产种质资源保护区492个，另有省级原（良）种场798家，我国水产良种体系的框架已初步形成。到2015年，经过国家水产原种和良种审定委员会审定通过的水产养殖新品种共168个。一大批水产新品种在全国范围内得到广泛推广应用，取得了良好的经济效益和社会效益，为渔民增收、渔业增效做出了积极贡献。目前，我国水产养殖业的良种覆盖率已达到50%以上。

另外，水生生物自然保护区体系日益完善，成为我国生态保护体系的重要组成部分。截至2015年年底，全国水生生物自然保护区数量已达210多个，其中国家级23个，省级60个，市（县）级130多个，保护的重要栖息地超过10万hm^2，有效保护了40多种濒危水生生物。在国家级自然保护区基本上建立了专门的管理机构，为水产养殖业的保种、育种创造了良好的支撑条件。

2. 水产病害防控工作稳步推进

系统地研究了多种水产养殖动物病害发生的流行病学，揭示了对虾白斑综合征病害的发生、传播规律，明确了鱼类和蟹类细菌性疾病的主要病原菌，弄清了重要养殖鱼类病毒性病原的流行病学特征，确认了扇贝大规模死亡的病原及其流行病学特征，调查了重要水产养殖动物的寄生虫危害情况。水产病原分子生物学和功能基因组学研究处于国际先进水平。对海洋无脊椎动物免疫机制的研究取得了重要突破，获得了一大批重要水产养殖生物如对虾、贝类、蟹类等的重要免疫基因，研究了其免疫学功能。目前已基本明确了海洋无脊椎动物免疫系统的组成，初步揭示了病原感染后海洋无脊椎动物的免疫应答机制。成功开发了多种鱼类候选疫苗，并筛选出对虾病毒病（WSSV）防治中草药制剂。

迄今，我国已经批准草鱼出血病疫苗和嗜水气单胞菌疫苗进行

商品化生产，海水鱼类弧菌病抗独特型抗体疫苗也获得批号进入生产应用阶段。同时，其他基因工程疫苗、亚单位疫苗等新型疫苗的研制与应用技术研究也取得了较大进展。一批来源广泛、价格低廉的免疫增强剂被用作饲料添加剂，成为养殖病害防治的有效手段。

病害生物防治技术研究与应用取得了实质性进展。降氮除磷菌、光合细菌等微生态制剂，以及噬菌蛭弧菌、枯草芽孢杆菌等生物渔药在病害防治中取得良好效果。禁用渔药的替代药物及中草药等新型渔药制剂的研制与应用也取得了较大进展，如孔雀石绿的替代制剂"美婷"已经进入中试，"虾康素"、"蟹康宁"等一系列中草药制剂大大促进了虾、蟹疾病防控和稳产增产。

3. 现代养殖设施和养殖技术不断提升

针对池塘养殖开发了生物滤器设备、水质监测技术、水体杀菌消毒技术等，为水产养殖生态工程技术研究和综合配套奠定了基础。以微生物调控、植物调控和动物调控为主要形式的生物调控成为养殖池塘水质调控的有效技术和手段。

针对工厂化养殖改良与研发了多功能蛋白质分离器、固液分离器、模块式紫外线杀菌和高效溶氧器装置、弹性刷状生物净化载体、固体颗粒清除装置及多点多参数在线自动水质监测系统，改进了工程化养殖循环水净化处理工艺。构建了微藻、虾类、鲆鲽鱼类工程化高效养殖生产系统，养殖鲆鲽类单位产量可达$30kg/m^2$，达到国际先进水平。

针对浅海养殖研制了贝类底播养殖笼具和适用于刺参、鲍增殖的混凝土人工增殖礁，刺参和扇贝筏式养殖技术、贝-藻-鱼等多营养层次综合养殖技术处于世界领先水平。筏式养殖水层调控等技术大幅提高了栉孔扇贝养殖成活率。以高强度聚乙烯（HDPE）材料取代木质材料，成功研制多种新型网箱，集成整合形成了海水鱼网箱养殖新技术，为进一步拓展养殖海域提供了技术支撑。

4. 科技支撑水产饲料产业快速发展

我国水产饲料学科在过去二三十年间不断壮大，针对"四大家鱼"和海水鱼虾类等主要水产养殖动物的营养需求开展了广泛研究，开发了一系列饲料和添加剂配方，有力地推动了我国饲料工业的发展。在水产养殖生物营养调控方面，主要开发了氨基酸平衡技术、能量平衡技术等，提高了蛋白质的利用率和养殖动物的生长率。我国水产饲料产业在过去30多年间快速发展，1991年我国水产饲料产量约为75万t[2]，2012年水产饲料产量为1855万t（全国饲料办公室数据），增加了23.73倍，占世界水产饲料总产量的41%，也催生了世界规模最大的水产饲料生产企业。一些饲料品种的质量达到世界领先水平，如对虾饲料的饲料系数达到1.0~1.2，远低于国际上1.5~1.8的总体水平[2]。我国生产的对虾饲料已远销东南亚和南美地区。饲料添加剂工业也有了长足进步，品种和产量大幅度增加，质量提高，改变了完全依赖进口的局面。许多饲料添加剂产品已进入国际市场，赖氨酸、氯化胆碱及维生素A、E、C等饲料添加剂已占国际市场的30%~50%[2]。

此外，通过引进创新和自主研发，我国饲料工业的技术装备水平快速提高。已经研发了中性植酸酶开发技术、微生物复合发酵技术和原料微粉碎技术等，且微粉碎设备和膨化成套设备已逐步实现国产化，对提高我国水产饲料加工工艺水平和饲料质量发挥了重要作用。我国生产的饲料设备也外销国际市场。不过，我国目前的饲料技术仍然不能满足快速增长的产业发展需求，存在饲料系数偏高、饲料成本高、饲料利用效率低、废物排放高等问题。

（二）养殖方式和品种多样化促进产业均衡发展

1. 养殖方式多样化增加了产业发展的广度

经过30多年的发展，我国的水产养殖方式已逐步形成池塘、稻田、大水面、滩涂、浅海、陆基工厂化、深水网箱等多种养殖模式和资源增殖放流相结合的多样化发展新格局（表2-1-1、表2-1-2）。水产养殖业从传统的食物供给功能拓展为兼具休闲、旅游、观光、保健等多功能的新兴产业，促进了水产养殖产业的全面发展。

（1）淡水养殖方式与发展现状

2015年，全国淡水养殖产量3062.27万t，占淡水渔业产量的93.1%，比上年增加126.51万t，增长4.31%。其中，鱼类产量2715.01万t，甲壳类产量269.06万t，贝类产量26.22万t，其他类产量中，鳖产量34.16万t，比上一年增加0.03万t，珍珠产量0.18万t，比上年略有减少。

表2-1-1 2003~2015年我国淡水养殖产量（单位：万t）

养殖水域	年份												
	2003	2004	2005	2006	2007	2008	2009	2010	2011	2012	2013	2014	2015
池塘	1073.7	1142.1	1209.7	1282.2	1350.9	1459.5	1548.9	1647.8	1743.5	1866.4	1988.7	2090.3	2195.7
湖泊	119.8	130.6	140.5	151.4	156.1	145.6	152.7	153.7	154.2	161.5	163.4	164.6	164.8
水库	149.5	166.5	181.0	206.0	230.4	241.5	268.4	284.4	309.3	333.8	353.7	377.1	388.4
稻田	98.9	98.4	98.6	101.8	116.1	117.0	116.3	124.3	120.0	133.1	65.9	145.7	155.8
河沟	40.5	42.4	44.8	48.9	54.1	55.9	69.7	74.3	80.2	84.3	85.6	86.2	88.9
其他	50.0	53.9	59.7	63.4	63.4	53.3	60.5	62.2	64.8	65.4	145.0	71.7	68.7
合计	1532.4	1633.9	1734.3	1853.7	1971.0	2072.8	2216.5	2346.7	2472.0	2644.5	2802.3	2935.6	3062.3

资料来源：中国渔业统计年鉴[1]

表2-1-2 2003~2015年我国海水养殖产量（单位：万t）

养殖水域	年份												
	2003	2004	2005	2006	2007	2008	2009	2010	2011	2012	2013	2014	2015
浅海	554.9	590.5	625.9	666.2	674.5	673.8	739.8	770.9	818.1	898.1	958.2	1013.0	1057.5
滩涂	461.7	453.6	473.0	464.6	490.9	516.7	511.8	548.5	564.2	564.0	585.8	595.5	602.2
陆基	89.7	107.0	111.7	133.4	142.0	149.9	153.6	162.9	169.1	181.7	195.3	204.2	216.0
合计	1106.3	1151.1	1210.6	1264.2	1307.4	1340.4	1405.2	1482.3	1551.4	1643.8	1739.3	1812.7	1875.7

资料来源：中国渔业统计年鉴[1]

淡水鱼类养殖方式可分为池塘养殖、水库养殖、湖泊养殖、稻田养殖、河沟养殖等。

池塘养殖：作为淡水养殖最主要的生产方式，其规模和产量近几年稳步增长。2015年全国淡水养殖池塘面积270.1万hm^2，占淡水养殖面积的43.9%。池塘养殖产量2195.7万t，占淡水养殖产量的71.7%。传统意义上的池塘养殖方式可分为单养和混养两种模式。

水库养殖：作为淡水养殖第二大生产方式，其产量占全国淡水养殖产量的比例也逐年递增。2015年，全国水库养殖面积为201.2万hm^2，占淡水养殖面积的32.7%。养殖产量为388.4万t，占全国淡水养殖产量的12.7%。

湖泊养殖：为淡水养殖第三大生产方式，2015年，湖泊养殖面积为102.2万hm^2，占淡水养殖面积的16.6%。养殖产量为164.8万t，占全国淡水养殖产量的5.4%。

稻田养殖：在淡水养殖中所占比例相对较小，但发展很快。2015年，稻田养殖面积为150.2万hm^2，养殖产量为155.8万t，分别占全国淡水养殖面积的24.4%和产量的5.1%。

河沟养殖：在淡水养殖中所占比例较小。2015年，河沟养殖面积为27.7万hm^2，占全国淡水养殖面积的4.5%，河沟养殖产量为88.9万t，占全国淡水养殖产量的比例为2.9%。

（2）海水养殖方式与发展现状

浅海养殖：浅海养殖是海水养殖的主要生产方式，主要有筏式养殖、吊笼养殖、网箱养殖及资源增殖放流等。近几年浅海养殖生产规模逐步扩大，养殖产量和面积逐年递增。2015年，浅海养殖面积为135.5万hm^2，占全国海水养殖面积的58.5%，养殖产量为1057.5万t，占全国海水养殖产量的56.4%。"多营养层次综合养殖"模式近年来在我国发展较快，不仅可以减少养殖自身的污染，还可有效提高养殖水体的单位面积产量和经济效益，在国内外同行中产生了广泛影响。

滩涂养殖：滩涂养殖作为海水养殖的第二大生产方式，是当前我国水产养殖的主要方式之一。目前养殖品种有几十种，包括：贝类（鲍、扇贝、贻贝、牡蛎、蛏蛏、文蛤、杂色蛤等）、藻类（紫菜、江蓠、石花菜等）、虾类（凡纳滨对虾、斑节对虾、中国对虾、日本对虾等）、蟹类（三疣梭子蟹等）、鱼类（牙鲆、真鲷等）及海珍品

（海参、海胆等）等的养殖。主要养殖模式有：滩涂池塘养殖，高位池塘集约化养殖，滩涂底播养殖等。2015年，全国滩涂养殖面积为65.4万hm^2，养殖产量为602.2万t，分别占全国的28.2%和32.1%。

陆基工厂化养殖：陆基工厂化养殖是集技术、装备与管理于一体的现代化水产养殖方式。近20年来，通过对国外先进工厂化养殖技术的引进与消化吸收，逐步形成了具有我国特色的工厂化水产养殖产业，并取得了显著成绩。我国的鱼类、虾类、贝类、参类等工厂化养殖都已具有相当的规模。其中，以鲆鲽鱼类为代表的工厂化养殖业发展尤为迅猛。2015年，全国陆基工厂化海水养殖面积为2693.7万m^2，养殖产量为216.0万t。养殖模式包括流水式和循环水养殖两种。经过多年努力，我国自主研发了一整套适合我国国情的海水循环水养殖设施与装备，并逐步完善了养殖技术和工艺，有力推动了海水工厂化养殖业的进步与发展[3,4]。

深蓝渔业是指在远离大陆的深远海水域，依托养殖工船或大型浮式养殖平台等核心装备，并配套深海网箱设施、捕捞渔船、物流补给船和陆基保障设施所构成，集工业化绿色养殖、渔获物运载与物资补给、水产品海上加工与物流、基地化保障、数字化管理于一体的渔业综合生产系统，构建形成的"养-捕-加"相结合、"海-岛-陆"相连接的全产业链渔业生产新模式。发展深蓝渔业是现代渔业建设的迫切需求，是建设"海上丝绸之路"的有效路径，是蓝色国土开发的必然选择。我国从20世纪90年代后期开始跟踪国外专业化养鱼工船的研究进展，提出功能建设重点[5]，"十二五"期间提出并完成了系统功能设计[6-8]，目前正在稳步推进。

2. 品种多元化增加了产业发展的厚度

我国是世界上水产种质资源最丰富的国家之一。种质资源的多样性、生态环境的多样性及消费习惯的多样性，决定了我国水产养殖品种的多样性。养殖品种的多元化结构，不仅满足了市场的需求，同时也增加了产业的均衡性和抗风险能力，保证了可持续发展。淡水养殖形成了以鱼为主，虾、蟹、贝、藻、鳖等多样化发展格局。淡水鱼类中养殖产量超过100万t的种类包括草鱼、鲢、鳙、鲤、鲫、罗非鱼等。海水养殖也从以贝藻类养殖为主向虾蟹类、鱼类和海珍品养殖全面发展。其中养殖的海水鱼类约60种，达到规模化产量的有30多种，海水鱼类养殖产量已达到近120万t。一些国外优良养殖品种如南美白对虾、罗非鱼、大菱鲆、虾夷扇贝等的成功引进,已形成了一定的规模优势,仅南美白对虾一个品种的养殖产量就超过150万t(海水与淡水养殖约各占一半),占我国养殖虾类总产量的50%以上。另外,观赏鱼类养殖近年来蓬勃兴起,养殖规模不断扩大,已成为水产养殖业新的增长点。

(三)标准化和规范化促进了产业的可持续发展

随着水产养殖规模的扩大和对产品质量安全的日益重视,我国先后制定了数百项水产养殖方面的标准或规范,并在加强生产条件改造、规范养殖生产操作、建立健全质量安全管理制度、辐射带动周边养殖户共同实现健康养殖方面取得了显著成效。

"十二五"期间,我国渔业产业结构调整继续深化,产业发展更加注重提高质量和效益。水产健康养殖各项工作深入推进,各地按照健康养殖标准改造了一大批老旧池塘,建立县级水生动物防疫站490个。到2015年年底,全国创建的健康养殖示范场数量已经达到5856个,覆盖养殖面积约300万hm^2,产量约700万t,一批健康养殖示范场的产品获得无公害产品或绿色食品或有机食品认证。同时,一大批生产、加工、运销、服务相配套的综合性水产龙头企业发展壮大,综合竞争能力不断增强,成为我国水产养殖业发展的骨干企业。通过"公司+农户"、"基地连市场"等多种联结机制和经营方式,水产养殖业组织化程度不断提高。多年来,根据水产养殖业发展的要求,各地渔业部门通过不断完善法律法规、健全养殖标准体系、采取项目示范和培训服务等形式,进一步推动了水产养殖朝标准化、规范化方向发展,有力支撑了水产养殖业的可持续发展。

二、问题与挑战

目前,我国的水产养殖业正处于由快速发展向科学发展转型升级的关键期,"高效、优质、生态、健康、安全"是未来水产养殖产业发展的主流和方向。在此大背景下,需要探索水产养殖的新方式,拓展发展的新空间,研发适用的新技术。水产食品安全、生态安全、养殖结构调整和增长方式转变等都对科技创新提出了更高要求。因此正确认识和科学分析水产养殖业发展中存在的问题和面临的挑战,对于在经济新常态下,依靠科技拓宽发展空间,深化发展内涵,克

服制约产业发展的各种障碍，让科技创新成为驱动发展的新引擎，都具有十分重要的意义。以下分别从政策、技术和管理等三个层面进行分析。

（一）政策层面的问题

1. 水产养殖发展空间受到严重挤压

我国幅员辽阔，宜渔滩涂和水面众多。在经济发展的早期阶段，大量荒滩荒地被开发为水产养殖用地，许多常年无用的荒地和水面被开发为农渔民发展经济、脱贫致富的"宝库"。可以说改革开放30多年来水产养殖业的快速发展是和养殖空间和规模的不断扩大密不可分的。随着经济社会的进步和发展，水产养殖业和滨海工业、城镇化建设、旅游业及其他行业在土地、人力、水资源等方面的竞争日趋激烈。拦河筑坝、围海造地不断增多，一些地方在近海水域和内陆水库限制水产养殖业的发展，水产养殖业的发展空间受到严重挤压，这就为水产养殖业的稳定和发展带来了一系列问题。因此，急需国家在政策层面对这一问题给予高度关注，需要像保护基本农田一样保护水产养殖区。要根据我国对水产品的基本需求和产能，划出水产养殖基本保护区，从政策上确保水产养殖业的基本产出可以满足我国人民对水产品的需求。

2. 陆源污染严重影响水产养殖业发展

我国近海环境污染呈现出累加性、复合性和系统性的特点[9]，不仅严重威胁近海生态系统的稳定性，导致近海生物量和渔获量的双重下降，而且污染物能够通过多种途径蓄积到海产生物中，已严重影响水产品的质量安全水平。影响海产生物可持续利用度及海产品质量安全水平的主要有生物毒素、持久性有机污染物[10]、有害金属元素及病原性微生物[11, 12]。这几类污染物同时也是欧盟、美国、国际食品法典委员会（CAC）等发达国家和国际组织重点关注的对象。

农业部渔业统计数据显示，环境污染已给我国渔业经济造成严重损失。2014年，全国共发生渔业水域污染事故284起，造成直接经济损失5308.36万元。因长期累积性污染造成渔业环境恶化而导致的渔业资源损失增大，2014年污染造成的可测算天然渔业资源经济损失为81.81亿元，其中海洋天然渔业资源经济损失为69.81亿元，内陆水域天然渔业资源经济损失为12亿元。

受海洋环境污染影响，无论是生物毒素、持久性有机污染物，还是有害重金属元素和病原性微生物，均对海洋水产品质量安全造成影响。由于我国海产品质量安全往往单纯考虑产品安全，缺少从海产生物和环境的关系进行综合研究，导致许多技术成果无法满足近海渔业可持续发展所需。主要体现在：海产品质量安全核心技术匮乏且片段化严重；有关污染物及危害因子的基础研究深入性和系统性不足；水产品质量安全监管技术不够完善，等等。

3. 科技投入不足，投融资方式亟待创新

渔业科技是农业科技的重要组成部分，具有公益性、基础性、社会性的特点，这些特点决定了渔业科技投入要以政府投入为主导。对渔业科技的资金投入是实现科技创新与产业化发展的重要基础保障。"十二五"期间，中央财政对渔业基本建设的投入有较大幅度增加，有效提升了渔业产业的可持续发展能力，促进了现代渔业建设，特别是在渔民转产转业、渔船更新改造、渔业资源养护、人工鱼礁、池塘标准化和工厂化循环用水改造、渔业渔政信息化建设等方面发挥了积极作用。但是，在水产养殖领域，由于长期投入不足造成的"欠账"很多，需要国家财政持续给予有力支持。一大批水产养殖基础设施需要更新改造，养殖设施装备的现代化水平普遍较低；水产原良种体系、水生生物疫病防控体系建设需要完善和提高；水产育种、疫病防控、生态环境修复、品种资源保护、养殖装备优化、渔业信息化等公益性、先导性、示范性项目的支持力度离需求还有较大差距。

为促进水产养殖业的稳定和发展，需要创新金融投入方式。需要引导金融机构根据水产养殖业生产特点，创新金融产品和担保方式，加强信贷支持。探索养殖权和捕捞权证抵押质押及流转方式。支持建立水产养殖业保险制度，推动将水产养殖业保险纳入政策性农业保险范围，支持发展养殖业互助保险，鼓励发展渔业商业保险，积极开展水产养殖、渔船、渔民人身等保险，健全稳定的渔业风险保障机制。鼓励和引导城市工商资本及社会资金投入现代渔业建设，支持符合条件的水产企业上市融资和发行债券，促进多元化、多渠道水产养殖业投融资格局的形成。

(二) 技术层面的问题

1. 水产良种体系建设急需加强

我国水产原种和良种体系建设起步于1992年，至今已有20多年的积累，取得了一大批值得称道的建设成果，为推进水产养殖业的科技进步和保障水产品的有效供给做出了积极贡献。但由于投入不足，发展速度和建设规模均不能满足产业发展需求。主要表现在，育种理论和技术体系还不完善；在对水产种质资源的高效利用和新品种培育效率等方面和发达国家相比还有较大差距，即使与国内的作物种植业和畜牧养殖业相比差距也很明显；主要养殖品种的产量、抗性和品质尚不能满足生产和市场的需求；水产育种的基础工作还比较薄弱，等等。据估算，目前我国水产养殖业的良种覆盖率为55%左右。这与作物种植业和畜牧养殖业几乎良种全覆盖的状况相比，差距是显而易见的。

总体上讲，我国水产种业体系建设已初具规模，但管理体制和运行机制还有诸多问题，导致管理不顺，运行不畅。急需通过体制和机制创新，进一步加强企业在种业建设中的地位和作用，加强科技和产业的紧密结合，提高运行效率，充分发挥作用。

2. 疾病防控能力期盼重大突破

随着水产养殖业的快速发展，水产疫病的发生也越来越普遍。对虾白斑病、偷死病，海水鱼类弧菌病、急性肝胰腺坏死病，草鱼出血病和大宗淡水鱼类细菌性败血症等危害仍然严重。据不完全统计和测算，2015年我国水产养殖病害受灾面积为15.2万hm^2，因病害造成的经济损失为30多亿元。

据统计，水产养殖业中病害的发病率达50%以上，损失率在30%左右。疾病的发生导致抗生素的使用增加，不仅给水产养殖环境造成污染，而且对消费者健康形成潜在危害。目前，我国水产养殖病害研究的总体水平与世界先进水平相比仍有较大差距，基础研究和应用基础研究仍然比较薄弱，自主创新能力不强，原始创新成果不多，科研成果转化应用效率低。产业界期盼对水产病害的防控能力在不久的将来有重大突破。

3. 水产养殖的工程化水平尚待提高

水产养殖工程技术化水平低，深水养殖装备工程技术体系尚未建立。2015年，我国普通网箱养殖产量为46.6万t，深水网箱养殖产量为10.6万t，二者合计不足60万t，仅占全国海水养殖总产量的3.0%，养殖区域主要在20m水深以内。目前很多国家已经大力发展深水养殖，开发了大型深海养殖碟形网箱、海洋平台站网箱、工作站与网箱一体化平台及先进的养殖工船系统等，而海上平台养殖的一种新趋势是发展海上流动生产的船舶型（即移动式养殖工船）和建立在外海的专用平台流水式养鱼场（固定式养殖工船）等。然而我国尚未真正开展这个技术领域的研究。

工厂化养殖规模小，成套技术和装备有待提高。近年来，国内外工厂化封闭循环水养殖技术进步较快，呈现出成套化、规模化和自动化的特点；养殖品种包括鱼、虾、贝等多个品种。我国工厂化养殖目前仍然是海水和淡水养殖中规模最小的生产方式，产量仅占养殖总产量的1.0%；而且基本上采取流水养殖模式，循环水养殖技术亟待推广。另外，由于工艺设计不完全合理、部分装备质量不过关，工厂化循环水养殖成套技术与装备仍有较大提升空间。而且目前国内深水网箱结构多为重力式、依靠配重维持有效养殖体积，多数没有升降功能，难以适应我国沿海海域浪高流急、台风频发的状况。在装备结构、抗风浪能力、网箱材料和配套设施等方面我国与国际先进技术相比仍有较大差距。另外，深蓝渔业总体生产能力不足，难以体现"高效、生态、效益"的优势，并且产业刚刚起步，科研支撑保障能力不足。

4. 机械化水平制约近海筏式养殖

筏式养殖是指在近海水域利用浮子和绳索组成浮筏，并用缆绳固定于海底，使海藻（如海带、紫菜）和固着动物（如贻贝、牡蛎等）固着在吊绳上，或用吊笼（扇贝、鲍等）悬挂于浮筏的养殖方式，与滩涂贝类养殖、海水池塘养殖并列为海水养殖的三大主要养殖方式。经过60年的发展，我国的筏式养殖设施在技术和产业规模上取得了巨大进步，目前养殖面积约45万hm²、养殖产量约650万t，占海水养殖总量的1/3。筏式养殖系统可分为浮筏、沉筏、升降筏[13, 14]，其养殖过程管理主要依靠人力手工操作。总体上讲，我国筏式养殖

设施普遍较为简陋，工程化水平有待提高。贝藻养殖主要在避风条件较好的浅海内湾和近海海域，通过架设浮筏、长绳、悬挂吊笼等方式进行养殖。由于缺乏标准化建设规范，筏绳、浮漂、吊绳、吊笼设置各异，筏架控制及升降工程化程度低，养殖配套设施与装备缺乏，生产劳动强度大。筏式养殖缺少专用的播苗、采收或起捕设备，已经成为产业提质增效的主要制约因素。此外，尚缺乏高海况水域筏式养殖抗风浪技术和规模化生态养殖技术，不利于向深水海区扩展养殖空间。因此，进一步提升筏式养殖生产效率，需要大力加强筏式养殖的自动化、机械化、工程化研究。

（三）管理层面的问题

1. 鲜杂鱼的使用加剧水产养殖业面临的资源和环境问题

在我国广东、福建、海南、江苏、浙江等省海水鱼类养殖投饵中仍大量使用冰鲜杂鱼，海水鱼配合饲料的普及率不高；而在山东、河北、天津及辽宁等北方省市海水鱼配合饲料的普及率更低，配合饲料的开发空间较大[15]。直接投喂鲜杂鱼不仅对野生渔业资源造成浪费和破坏，还进一步引发养殖水域的水质污染，并带来严重的水产病害隐患，未经检测和质量控制的鲜杂鱼也给养殖水产品的食用安全带来很大风险。另外，饲料和渔药是水产养殖生产的重要投入品，其质量状况和科学使用直接影响着养殖生物的健康和品质质量。由于我国水产养殖的种类繁多，从业人员的素质和养殖技术参差不齐，客观上给养殖饲料的研究、生产和使用管理带来困难。因此，需要从根本上提高我国水产健康养殖的质量安全管理水平，从制度、科技、监管、服务到执法等各方面综合采取措施，解决突出矛盾和问题，促进我国水产养殖业持续健康发展。

2. 抗生素过量使用直接影响水产品质量安全

在水产养殖中，抗生素被广泛用于治疗和预防各类疾病。研究表明，抗生素被动物机体摄入后，除少部分被吸收外，大部分以原形或代谢物的形式通过粪便和尿液排出体外，而环境中的抗生素绝大部分最终都会进入水环境，并沉降到沉积物中。在渔业水域环境中和水产养殖生物体中已检测出多种人用、畜禽和水产养殖业使用的抗生素。抗生素对水产品质量安全的影响已引起社会的广泛关注。

2013年我国抗生素总使用量约为16.2万t[11]；是美国的9倍、英国的150多倍。仅2013年一年就有约5.4万t抗生素被排放进入水土环境中，这导致我国水域环境中抗生素的污染日趋严重。我国地表水中已检测出68种抗生素，且浓度较高，另外还有90种非抗生素的医药成分被检出[12]；在淡水养殖区则检测出了喹诺酮类、四环素类和磺胺类等三类18种抗生素[13]。

虽然目前已有一些研究结果和统计数据报道，但总的来说我国抗生素污染状况不清、污染途径不明。一是对抗生素的总量缺乏全面认知，已有报道的准确性和权威性存在较多争议，尤其是水产养殖业抗生素的使用总量尚未见到报道；二是对外源和内源的抗生素污染源构成认知不清；三是对各类进入渔业水域环境的抗生素污染源界定不清；四是对渔业环境中抗生素影响的评价方法与控制标准体系不健全。此外，相关的基础研究与应用基础研究滞后，技术支撑体系薄弱；养殖管理者和生产者对环境抗生素的危害认识不足、监管不到位，且从业人员缺乏规范用药的知识和技能，进一步加剧了药物滥用和环境污染。

3. 对水产养殖污染物的排放与监管不力

水产养殖污染物主要有两大类：一类是养殖生产投入品（饵料、渔药和肥料）的流失；另一类是养殖生物的排泄物、残饵和养殖废弃物等，其中所形成的富营养物质是养殖排放的主要内容。对水产养殖污染物排放的管理不到位，一方面导致养殖投入品的滥用及流失，无形中增加了养殖成本；另一方面也加剧了水域环境的污染。经过多年的科技研发，我国已经基本具备治理水产养殖污染排放的技术基础，应加紧构建污染控制型水产养殖生产模式和技术体系。

对水产养殖污染物排放的监管不力有多方面原因。首先是国家政策对养殖节能减排缺乏有力督导。在养殖生产效益有限、排放治理未计入生产成本的前提下，养殖从业者对减排缺乏基本的自律和动力。其次是相关的基础研究不足，不仅我国水产养殖饲料营养水平普遍低于发达国家，而且缺乏针对养殖品种的科学、高效的饲喂营养模型，导致饲料效率较低。最后是已有节能减排技术成果转化率偏低，精准投喂技术、生态工程化技术、集污减排技术、循环水养殖技术等迄今尚未普遍应用于水产养殖生产。

三、应对建议

(一) 大力发展和推广水产养殖新技术、新模式

1. 渔农复合种养系统——以稻渔种养为例

渔农复合种养系统是通过有效利用水土资源，在同一生产系统中同时产出农产品和水产品的重要生产方式，对保障食物供给、保护资源和环境具有重要意义。我国的稻-鱼生产系统已有多年发展历史，与水稻种植同时进行养殖的水产生物种类也已发展为鱼、虾、蟹等多种生物，其方式也由原来传统、规模小、养殖单一的模式逐渐朝着规模化、专业化和多样化的模式发展。据有关资料，目前稻-鱼养殖在世界上几十个国家和地区扩展应用，是发展中国家保障食物供应的重要手段。研究表明，稻渔系统可实现稳定水稻产量和获得水产品的双重目标，同时具有减少化肥农药用量和降低农业面源污染等效应，也有助于解决水产单一养殖而产生的污染等问题。近年来在湖北等地稻-鱼、稻-蟹等养殖模式受到高度重视，政府大力引导，群众积极参与。我国水稻种植面积大，稻渔养殖具有巨大发展潜力。但进一步的发展需要对不同水稻种植区发展稻渔养殖的生态经济可行性和适应性进行评估，同时因地制宜地建立适合当地实际的技术体系，不断改进和完善田间设施和种-养结合技术，开发急需适用的农业机械，提高机械化水平，降低劳动强度，并努力创建品牌，增加农民收益。

2. 生态系统水平的水产养殖——以多营养层次综合养殖（IMTA）为例

生态系统水平的水产养殖需要遵循的原则包括：水产养殖的发展必须考虑生态系统的结构、功能和服务特点，不能超过生态系统的承载力而导致生态系统的功能退化；不仅要考虑水产养殖者，还要公平对待其他相关的资源使用者；水产养殖的发展要同时兼顾、综合考虑其他相关的产业。生态系统水平的水产养殖业，立足于水产养殖资源的综合利用，不仅要关注养殖产量，而且要关注产品质量、市场需求、资源利用及养殖活动的生态效益和社会效益。20世纪90年代以来在山东近海大力发展的多营养层次综合养殖（IMTA）

是生态系统水平水产养殖的一个范例,受到国内外水产养殖业界的高度评价和广泛关注。在这个养殖系统中,网箱养殖的鱼类的残饵和排泄物可转化为贝类和藻类的营养物质,行自养营养的大型藻类海带通过光合作用吸收海水中的C、N、P等营养元素,海洋贝类扇贝、牡蛎等的生长是通过滤食海水中的浮游生物和有机碎屑,海带可用来养殖鲍,扇贝和鲍的排泄物及海带碎屑等可被海参等底栖生物利用,由此形成一个完整的生态食物链。不同养殖生物占据生态链条中的不同环节,一种生物的残饵和排泄物可成为另一种生物的营养物,达到互为补充、互为利用、和谐共处、共生共荣的效果。既提高了水产养殖的单位面积产量,提高了渔民收益,又有效消除了养殖产生的负面效应,为实现可持续发展探索出一条有效途径。

3. 盐碱水域养殖和利用技术

我国拥有面积广阔的盐碱水域,是有待开发的战略资源。进入21世纪以来,国家863计划及其他国家级计划都支持过盐碱水域开发利用的研究,并取得了可喜的成绩。在中国科学院、农业部等下属的科研院所及部分高校,培养了一批从事盐碱水域开发利用的科技队伍,开发出多个适宜的养殖品种,储备了一批适用技术。在"十三五"期间,围绕渔用复合养殖与绿洲渔业的推进,需要深入开展水生生物盐碱适应生理机制,盐碱水环境生态系统物质迁移转化与调控机制,不同类型盐碱水质优化与环境控制、耐盐碱主养品种良种选育与新品种开发等研究,建立盐碱水域养殖标准化生产和质量安全体系,建立绿洲渔业工程生态效益评价标准。在取得成熟经验的基础上,及时组织优化集成示范并进行推广应用,提升我国在特殊水域空间拓展利用方面的整体科学技术水平和国际竞争力。

4. 海洋牧场建设

海洋牧场是人们为了有计划地培育和管理渔业资源而建设的人工渔场。顾名思义,就是通过对海区的改造和管理,营造一个适合海洋生物生长与繁殖的生境,通过人工放流和吸引野生海洋生物,形成海洋生物的聚集地,就像在草原上放牧牛羊一样,以达到保护和繁殖海洋生物资源、增加渔业收入的目的。海洋牧场的研究、开发和利用已成为世界主要海洋国家的战略选择,也是世界渔业发展

的主攻方向之一。

我国是世界上较早提出并实践海洋牧场的国家之一。经过几十年的努力，我国的海洋牧场建设取得显著成绩并在国际上已享有盛誉。一般来说，海洋牧场的建设可划分为以下几个方面。一是生境建设，即对渔场环境的改造工程和生境的修复与改善工程。主要是通过投放人工鱼礁等措施为鱼群提供良好的生长、繁殖和索饵环境。二是放养生物的选择、培育和驯化。根据当地具体情况，选择适宜的种类，人工育苗放流和野生苗种相结合，有效提高放流的数量和质量。三是监管能力建设。建立健全对生态环境质量监控和生物资源监测的设施和条件，以及对海洋牧场管理的规章和制度建设。四是配套技术和设施建设。包括放流生物的繁育技术、牧场改善修复技术及渔业资源管理技术等。

（二）大力发展冷链物流，提升智能化管理技术

1. 冷链物流是保障水产品优质供应的核心环节

冷链物流对于保障水产品"从源头到餐桌"的安全、实现水产品优质供应意义重大。我国冷链物流起步较晚，远未形成完整的水产品冷链物流体系。目前，中国77%的水产品基本上是常温运输，导致水产品在流通过程中品质下降严重，经济损失明显。

全国现有冷藏库近2万座，冷库总容量880万t，其中冷却物冷藏量140万t，冻结物冷藏量740万t，机械冷藏列车1910辆，机械冷藏汽车20 000辆，冷藏船吨位10万t，年集装箱生产能力100万标准箱。但承担全国70%以上生鲜水产品批发交易功能的大型水产品批发市场、区域性水产品配送中心等关键物流节点缺少冷冻冷藏设施。我国水产品冷链较为分散，多以集团或企业独自配置，尚未形成区域性、全国性的冷链网络。其症结主要体现在：水产品冷链物流标准体系不健全，物流主体发育不良；冷链物流设备老化，自动化程度较低；水产品批发（配送中心）集散地布局不合理；冷链物流的配套机制尚不成熟，缺乏先进的冷链物流相关软件；流通链中一些关键技术瓶颈尚未攻克，冷链增值效应不明显。

2. 物联网技术是实现水产养殖智能化管理的关键技术

水产养殖物联网技术是集标准化生产、规范化操作、信息化管

理为一体的智能化健康养殖方式。建立完整的包括水质监控、科学投喂、病害预测、水质处理乃至物流监管等全过程的数字化、智能化水产物联网平台，可大大提高水产养殖业的经济效益，降低养殖风险，确保水产品的安全。在国家大力推动"互联网+"，培育网络化、智能化、精细化的现代"种养加"生态农业新模式，促进农业现代化水平提升的大背景下，传统的水产养殖生产方式也急需转型升级，高密度、集约化、规模化将是水产养殖发展的必然趋势。

水产养殖物联网技术利用现代物联网的智能感知、智能传输、智能信息处理技术和手段，可针对集约化水产养殖场的需求，按照人工繁殖、苗种培育、养成管理等生产阶段建立一个完整的监控与管理平台，帮助降低养殖风险，提高养殖管理水平。不过，水产养殖物联网技术在我国刚刚兴起，尚缺乏配套和实用的软硬件产品，同时物联网对水产养殖产业的支撑作用也尚不明显。

（三）管理与立项建议

1. 建立生态系统水平的水产养殖管理体系

学习水产养殖管理先进国家的经验，科学规划养殖水域改进养殖许可证和海域使用证管理办法。通过对养殖水域的生态环境、养殖容量及养殖对自然生态系统的影响进行综合评估，确定可行的养殖种类、养殖布局和养殖密度，制定养殖空间规划，发展环境友好型养殖生产新模式。将评估结果与两证管理密切结合，强化对水产养殖业的督导和管理。为提高管理效力，建议养殖许可证和海域使用证由同一个部门管理。

2. 设立水产养殖生物育种基础及抗病分子育种重大专项

针对水产养殖动物抗病力差、病害频发、抗病机制的基础研究薄弱、缺乏抗病优良品种等问题，设立水产养殖生物抗病基础研究及抗病分子育种重大专项，组织多部门、多学科、多领域开展联合攻关，尽早培育出主要水产养殖动物多抗高产优质新品种。

3. 推广优质健康安全的水产养殖饲料

推进立法，严格禁止使用冰鲜杂鱼作为饲料原料或者直接投喂的饵料，以保护我国的鱼类资源和养殖水环境，减少养殖病害发生，

提高水产养殖产品的食品安全性和国际竞争力。建立将鲜杂鱼生产成鱼粉再用于配合饲料中的保障措施。逐步在全国范围内禁止直接投喂鲜杂鱼，并构建相应的支撑保障系统。

4. 加快提升筏式等传统养殖模式的工程化机械化水平

加强养殖模式相关的基础理论研究，促进设施装备研发水平提升。加强系统示范引导，集成重大技术成果，建立以渔业设施与工程装备为支撑的现代化水产养殖示范基地。加强筏式养殖等多种传统养殖模式的技术集成创新与示范。以工程化筏架设施为核心内容，设立水产养殖工程装备研发专项，通过科技专项持续资助前沿技术、高新技术研究，解决筏式设施养殖持续发展的关键技术。

5. 大力发展工程化养殖和深蓝渔业

国家应合理规划中长期水产养殖产业布局，大力发展工程化养殖，推动循环水养殖产业化应用，推进深远海养殖。针对养殖工程化，加强科研投入，强化关键领域及热点技术研发；加强集成示范，构建具有引领作用的养殖系统；优化人才机制，打造实用型养殖工程科技队伍。根据国家海洋战略部署，制订"深远海养殖及物流平台布局规划"，按照先易后难、分步推进的原则，系统提出深远海养殖的发展思路、发展重点和相关政策措施，确定深远海渔业发展技术路线图，促进深蓝渔业发展。

6. 建立全面的水产品质量安全管控机制

搭建水产品质量安全评价技术体系，发展核心技术。建立危害因子高通量精准及快速分析技术，建立水产品安全评价和风险评估技术体系，研究贝类污染物快速消除技术，从技术、产品、标准及规范等不同层次构建我国水产品全产业链的质量与安全评价技术体系。加强基础研究，阐明水产品质量安全形成原理及调控机制。建立监管技术，形成水产养殖环境污染因子监控与预警技术。

7. 加强水产养殖中抗生素的监测、评估与治理

加强水产养殖业和渔业环境中抗生素污染的基础性、公益性和

综合性研究，将相关工作列入国家"十三五"重点项目予以支持。重要研究内容包括：开展全国性水产养殖业和渔业生态环境中抗生素污染源和污染状况"零点调查"或"基线调查"，摸清和掌握我国抗生素的生产与使用、排放源、污染状况等，建立抗生素监测、评价与预警技术体系；分析、排查和筛选水产养殖业和渔业环境中热点抗生素问题，研究和提出国家和水产业的重点控制目标；开展水产养殖抗生素替代技术、抗生素调控与消解技术和生态系统水平的养殖管理技术研究。加强水产养殖过程中抗生素的系统管理，建立综合、系统和高效的管理体系与机制。

8. 实施水产养殖污染物减排增效工程

建议国家设立专项工程，建立规范与技术标准，在基础设施改造专项资金引导和农机购机补贴等现有政策的辅助下，重点围绕营养策略与精准投喂、养殖排放循环利用、污染物分离与生态化利用等关键环节，构建示范模式，有效推进我国水产养殖面源污染的整体治理。为此，需要加强基础研究，建立主要品种高效营养与饲喂模型，创制主养品种高效饲料配方与精准投喂装备。注重集成创新，构建主要生态循环高效养殖模式；落实示范推广，布局主产区循环渔业生产方式示范群。

建议国家实施商品饲料氮磷转化效率准入标准；逐步落实水资源占用收费政策；整体布局区域性养殖、种植和生态产业发展规划；运用惠农资金，引导养殖生产方式转型升级，推动新建养殖场实施减排措施、高转换率优质饲料应用、精准投喂与减排设施及装备应用等。

参 考 文 献

[1] 农业部渔业局. 中国渔业统计年鉴[M]. 北京: 中国农业出版社, 1951-2015.

[2] 唐启升. 中国养殖业可持续发展战略研究: 水产养殖卷[M]. 北京: 中国农业出版社, 2013.

[3] 朱建新, 刘慧, 徐勇, 陈世波, 刘圣聪, 张涛, 曲克明. 循环水养殖系统生物滤器负荷挂膜技术[J]. 渔业科学进展, 2014, 35(4): 118-124.

[4] 孙龙启, 刘慧. 国内外循环水养殖系统发展对比分析及对策建议[J]. 中国工程科学, 2016, 18(3): 115-120.

[5] 丁永良. 海上工业化养鱼[J]. 现代渔业信息, 2006, 21(3): 4-6.

[6] 徐皓, 江涛. 我国离岸养殖工程发展策略[J]. 渔业现代化, 2012, 39(4): 1-7.

[7] 徐皓, 陈军, 倪琦, 车轩, 刘晃, 吴凡, 谌志新. 一种海洋渔业生产平台[P]: 中国发明专利, ZL201210402643.X. 2014.

[8] 徐皓, 陈军, 倪琦, 车轩, 刘晃, 吴凡, 谌志新, 王志, 彭彦. 一种船载海洋养殖系统[P]: 中国发明专利, ZL201210402362.4. 2014.

[9] 苏纪兰, Harrison P, 唐启升, 张经, 洪华生, 周名江, 于志刚, 孟伟, Williams M, Eng CT, Lundin CG, Adler E, Schive PW. 中国海洋可持续发展的生态环境问题与政策研究[M]. 北京: 中国环境科学出版社, 2012: 54-104.

[10] 王亚韡, 蔡亚岐, 江桂斌. 斯德哥尔摩公约新增持久性有机污染物的一些研究进展[J]. 中国科学: 化学, 2010, 40(2): 99-123.

[11] 戴纪翠, 高晓薇, 倪晋仁, 尹魁浩. 深圳近海海域沉积物重金属污染状况评价[J]. 热带海洋学报, 2010, 29(1): 85-90.

[12] 王丹, 隋倩, 赵文涛, 吕树光, 邱兆富, 余刚. 中国地表水环境中药物和个人护理品的研究进展[J]. 科学通报, 2014, 59(9): 743-751.

[13] 丁刚, 吴海一, 郭萍萍, 李美真. 我国海上筏式养殖模式的演变与发展趋势[J]. 中国渔业经济, 2013, 31(1): 164-169.

[14] 王经坤, 刘镇昌, 杨红生. 筏式养殖筏架虚拟设计及仿真研究[J]. 渔业现代化, 2008, 35(1): 32-35.

[15] 陈仁弼. 中国水产配合饲料工业发展现状与前景分析[J]. 中国饲料, 2012, 23: 43-45.

执笔人

刘 慧	中国水产科学研究院黄海水产研究所	研究员
孙龙启	中国水产科学研究院黄海水产研究所	助理研究员
王建坤	中国水产科学研究院黄海水产研究所	副研究员
王清印	中国水产科学研究院黄海水产研究所	研究员
唐启升	中国水产科学研究院黄海水产研究所	研究员、院士

第二节 水产遗传育种与种业

从1950年至今的60多年来,全球水产品产量稳定增长(图2-2-1),食用水产品供应量年均增长超过世界人口增长率的2倍以上。水产养殖产量一直处在持续增长状态,据联合国粮食及农业组织(FAO)统计,2014年水产养殖总产量达到7380万t,估计首次销售价值为1602亿美元,其中包括4980万t鱼类(992亿美元)、1610万t贝类(190亿美元)、690万t甲壳类(362亿美元)和730万t包括两栖类在内的其他水产品(37亿美元)。FAO总干事José Graziano da Silva在2016年《世界渔业及水产养殖报告》的前言中进一步强调了水产养殖的地位:"一批出自于国际组织和民间权威专家的最新报告突现了海洋和内陆水体具有为2050年预期的全球97亿人的食品安全和充足营养作出重大贡献的巨大潜能[1]。"进入21世纪后,水产养殖作为未来一个可持续提供动物蛋白的生产方式之一[2],对世界食品生产和食品安全的作用已得到国际社会的广泛认同[3]。在中国,水产养殖已成为农业和食品产业中增长率最快的产业,产量已达全世界养殖产量的60%以上。

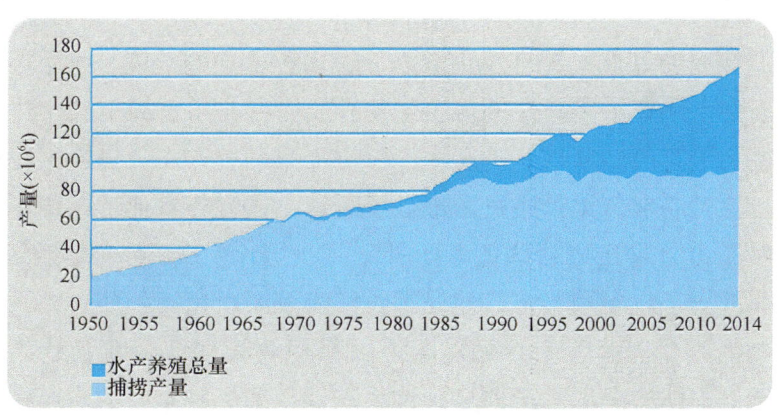

图2-2-1 1950~2014年世界捕捞渔业和水产养殖产量的变化[1]

中国水产养殖产量近30年来一直位居世界第一,是名副其实的水产养殖大国。据统计,中国渔业的科技贡献率已由"六五"时期的35%提高到"十二五"时期的58%,并将继续在"十三五"时期发挥巨大作用。回顾近30多年的历程,水产养殖快速增长的主要原因之一是水生生物学、水产学和生物技术的发展和进步[3-5]。水产遗传育种作为水生生物学、水产学和生物技术的一部分,在揭示水产生物遗传变异的本质和规律的基础上，面向生产，挖掘利用野生种质资源，进行水产生物的遗传改良，创制高产、抗病或抗逆等经济性状优良的水产新品种，在提高水产品的产量和质量等方面起到重要的作用。水产遗传育种科技创新是水产种业发展的关键要素，是水产种业及养殖业健康发展的先决条件。本研究围绕种质资源保存与利用、遗传机制解析与功能基因挖掘、优良性状新品种选育、水产种业建设等，开展国内外遗传育种现状对比分析研究，分析了当前存在的一些问题，并提出未来特别是"十三五"期间水产遗传育种科技发展目标和重点任务。

一、国内发展现状

我国是世界上最早开展水产选择育种技术研究的国家之一，20世纪70年代初就建立了专门从事鱼类遗传育种的研究室。经过40多年的发展，水产遗传育种科技综合实力已在国际上总体处于先进水平，尽管有些领域落后于发达国家，但在水产遗传育种基础研究方面总体处于世界领先水平。

（一）基础研究

我国具有辽阔的海洋和内陆水域，多种多样的地理、气象等自然生态条件，孕育了多样性的水生生物种质资源，是世界上12个生物多样性特别丰富的国家之一。在水产种质资源调查方面，自20世纪80年代开始就对淡水鱼类种质资源进行了研究。1982年农业部组织了"长江、珠江、黑龙江鲢鳙草鱼考种研究"，对上述三江流域鲢鳙草鱼原始种群进行了收集和鉴定，建设了长江流域淡水鱼类种质资源天然生态库和人工生态库。自1992年起，国家行业管理部门就开始建设以良种场为主体的全国水产原良种体系来保存和保护重要的水产种质资源，保存了"四大家鱼"、鲤、鲫、鲂、中国对虾等一批重要的水产种质资源，形成了以国家级、省级水产原良种场为核心的原良种生产服务体系。近年来，在国家基础条件平台项目的支持下，开展了全国范围的水产种质资源收集、整理、整合与共享工作，初步建成了我国水产种质资源保护和共享利用平台。自2007年起，发布与水产相关的法律法规，根据《中华人民共和国渔业法》等法律法规规定和国务院《中国水生生物资源养护行动纲要》要求，积极推进建立水产种质资源保护区，初步构建了覆盖各区域的水产种质资源保护区网络。在水产种质资源评价方面，建立了大量与种质资源评价和辅助育种相关的限制性（内切酶）片段长度多态性（RFLP）、随机扩增多态性DNA（RAPD）、扩增片段长度多态性（AFLP）、简单序列重复（SSR）、序列标签位点（STS）、单核苷酸多态性（SNP）等多态性DNA标记技术[4]；对一些重要的养殖品种，已经建立了从形态学、细胞学、生化和分子生物学到经济性状的一整套种质鉴定技术[5]。

20多年来，生物技术的创新和发展持续推动了水产遗传育种的发展和水产种业的形成，通过深入研究水产养殖品种的生物学特性和遗传背景，进而开发新品种，如鲤、鲫类新品种等，多数已在产业中发挥了重大作用，推动水产种业可持续发展[5]。如在全雄黄颡鱼的研究中，分离到黄颡鱼和乌苏拟鲿的X和Y染色体连锁的等位基因标记，解析了黄颡鱼XX、XY和YY个体性腺转录组差异，揭示其性别决定机制，开拓出了一条X和Y染色体连锁标记辅助的全雄黄颡鱼培育技术路线[6-9]。国内有多家高等院校和科研机构等都从事水产养殖产业的相关基础性研究，其中"水产养殖动物遗传育种"相关的研究领域，在SCI数据库中，中国科技人员发文量仅次于美国；在ISI Derwent Innovations Index（简称DII）数据库中，中国的专利技术最多；中国科学院和中国水产科学研究院分别位居世界SCI发文量和专利权人第一位。在养殖性状的遗传改良方面，构建了牙鲆、花鲈、半滑舌鳎、真鲷、星斑川鲽、鲤、草鱼、银鲫、青虾、三角帆蚌、池蝶蚌和褶纹冠蚌等重要养殖种类的cDNA文库或细菌人工染色体（BAC）文库；构建了鲤、扇贝、牡蛎、鲍、珍珠贝等的高密度遗传连锁图谱；发掘鉴定了一批具有重要育种价值的功能基因、定量性状基因座（QTL）位点和分子标记。在调控水产动物生殖、性别、生长、抗病、抗逆等重要性状的主要功能基因鉴定和调控网络解析方面取得了长足的进步，水产动物分子生物学基础研究已经取得了重要突破或进展，其中对鲤、鲫、草鱼、舌鳎、虾、贝类等功能基因的研究处于国际领先水平[4, 5, 10]。

在国家973计划和863计划的支持下，20多年来，中国水产遗传育种基础研究为水产养殖及其产业的形成和快速发展做出了重大贡献。在重要养殖水产生物功能基因组和分子设计育种的基础研究方面，针对水产养殖业发展现状和可持续发展需求，开展与水产生物生殖、生长和抗性等主要经济性状相关的功能基因研究，初步解析

了这些水产生物的生殖、生长、抗病和抗寒等相关基因调控网络，在银鲫、黄颡鱼、斜带石斑鱼、牙鲆、南极鱼等中分别鉴定出了与其不同克隆系鉴定、性别、生长、抗鳗弧菌病和抗寒相关的分子标记或等位基因；揭示了鱼类性别决定与分化、卵母细胞成熟和卵-胚转换的分子机制；阐明了鱼类干扰素系统关键基因和重要抗菌基因的抗病功能及其作用机制；阐明鱼类抗寒和生长激素分泌关键信号通路及其作用机制；建立了基于亲本遗传距离的鲤分子选育技术；提出了QTL优势基因座杂合/纯合平衡理论，建立了基于QTL分子标记基因型的选育技术，并在多个鲤家系获得验证；创建了基于蛋白质分子设计和遗传安全的稳定高效的基因操作技术；创制一批在生殖、生长或抗性等目标经济性状上表现优良的育种材料，初步建立了主要经济性状和分子设计育种的有机联系。在重要养殖水产生物功能基因组研究及应用方面，自2012年起，我国相继破译了半滑舌鳎[10]、太平洋牡蛎[11]、鲤[12]、草鱼[13]、大黄鱼[14, 15]、团头鲂、橙点石斑鱼、牙鲆、虾夷扇贝、栉孔扇贝、红鲫[16]、海马等的全基因组序列，同时启动了银鲫、鲢、鳙、凡纳滨对虾、中国对虾、坛紫菜等的全基因组测序计划。这些重要水产动物全基因组信息及其详细的分子解析，将为水产生物性状遗传改良和病害防控研究提供重要参考和指导[4, 5]，其中2012年在牡蛎基因组研究方面，基于短序列的高杂合度基因组拼接和组装技术，成功绘制完成了牡蛎基因组序列图谱，该基因组图谱处于国际领先水平，属于该领域的重大突破研究，牡蛎基因组解析揭示了其抗逆分子机制及其外壳形成的复杂性[11]；半滑舌鳎全基因组分析为其ZW性染色体结构进化和海床底栖生活适应性的分子机制提供了见解[10]；鲤全基因组序列揭示出其独特的全基因组复制事件和品系遗传多样性机制[12]；草鱼基因组解析诠释了其草食性适应的分子机制[13]；大黄鱼全基因组解析了其先天免疫系统的进化特征[14, 15]。此外，我国研发了新型全基因组分型技术和算法，即2b-RAD技术，在组学关键技术研发方面取得重要突破[17]，这些研究成果标志着我国水产生物的基础研究进入了基因组学时代，将对水产种业的科技发展产生巨大而深远的影响。总之，在国家973计划、863计划等项目的支持下，我国已储备大量种质资源和部分重要养殖物种的基础生物学数据，传统育种技术成熟，常规良种培育技术体系已初步建成，然而在当前生物技术创新浪潮的推动下，中国水产遗传育种事业将迎来新的机遇和挑战，需要向纵深发展。未来5~10年，我国水产遗传育种科技创新团队急需在分子育种、细胞工程育种、基因工程育种等方向突破诸如全基因组选择育种技术、干细胞及异种移植技术、分子设计育种技术、基因编辑技术和育种标准化技术等重大技术问题。

（二）新品种培育

近30多年来，我国科研人员运用常规育种和现代育种技术已培育出一批水产新品种。截至2016年，我国原良种审定委员会审定通过的水产养殖新品种共计168个，涵盖了鱼、虾、贝、蟹、藻等主要养殖种类，除了引进种外，由我国育种学家自己培育的新品种共有138个，特别是"十一五"和"十二五"计划期间，品种培育速度增快，成果显著，这10年共审定新品种107个，其中选育种69个，杂交种35个，引进种3个，占总审定品种的63.7%。

选择育种是我国研究最早、使用最广泛的技术之一，特别是近10年来伴随DNA测序技术和基因组测序技术发展，遗传分子标记的辅助使用和多性状复合评价（BLUP）方法的引入，选择育种技术更趋完善，迅速在银鲫、鲤、杂交鲌、中国对虾、罗氏沼虾、大菱鲆、牙鲆、斑点叉尾鮰、罗非鱼、鲍、扇贝、牡蛎、珍珠贝和文蛤等养殖种类中培育出新品种，其中一个典型的例子是异育银鲫的遗传选育。通过发现和利用银鲫特殊的单性和有性双重生殖方式及遗传标记的持续研发，经30多年不断努力，已连续培育出三代异育银鲫新品种，即异育银鲫、高体型异育银鲫和异育银鲫'中科3号'，促进了鲫产业持续快速发展[18, 19]。

在性别控制、杂交育种和细胞工程育种方面，性控育种针对水产养殖物种雌雄个体间生长速度和大小的不同，在生产中培育全雌或全雄的养殖群体，以此提高水产养殖的效益或品质。如黄颡鱼又名黄骨鱼、黄辣丁等，其雄性比雌性生长快，成年的雄性黄颡鱼要比同期的雌性黄颡鱼大两倍左右，在此基础上，通过筛选X和Y染色体连锁的DNA标记，开拓出一条X和Y染色体连锁分子标记辅助的全雄黄颡鱼培育技术路线，建立了YY型超雄鱼规模化制种技术及其与普通XX雌鱼交配规模化生产全雄鱼苗技术体系，进而培育出了黄颡鱼'全雄1号'新品种。此外还利用这种性别连锁遗传标记辅助的鱼类性别控制技术，成功培育出了全雌牙鲆'北鲆1号'和'北鲆2号'、罗非鱼'鹭雄1号'[20]及半滑舌鳎高雌苗种[21]。细胞工程育种

技术目前已经实施的主要有多倍体诱导、人工雌核生殖、人工雄核生殖、细胞融合及细胞核移植等，人工雌核生殖和雄核生殖技术在草鱼、鲢、罗非鱼、泥鳅、真鲷、牙鲆、大麻哈鱼、非洲鲶、虹鳟、黄颡鱼和团头鲂等鱼类中都得到应用。水产动物多倍体育种研究始于20世纪70年代，目前已成功诱导出草鱼、鳙、鲤、鲫、鲢、罗非鱼、胡子鲶、黄颡鱼、虹鳟、大黄鱼、真鲷、牙鲆等20多种鱼类的三倍体和试验四倍体。特别是利用远缘杂交制备出首例两性可育的异源四倍体鲫鲤群体，再利用其与二倍体间进行杂交连续培育出两代湘云鲫和湘云鲤[22]。

在基因工程育种方面，我国创制了世界首例转基因鱼，并在2000年由中国科学院水生生物研究所（简称中科院水生所）率先完成了转全鱼生长激素基因鲤的中试并进一步选育出养殖性状优良、遗传性状稳定的转全鱼生长激素基因鲤家系，成为世界上5种快速生长的转生长激素基因鱼之一，其他还包括美国和加拿大的转基因大西洋鲑和银大麻哈鱼，英国和古巴的转基因罗非鱼及韩国的转基因泥鳅。2015年11月19日，美国食品药品监督管理局（FDA）批准转基因三文鱼上市，其为世界上首例被批准产业化的食用转基因鱼，引起了各国科学家特别是转基因育种学家的关注。我国已建立了成熟的转基因技术，其中转全鱼生长激素基因鲤已进行食品安全和生态安全评价，一旦获得批准，即可上市。中科院水生所还与湖南师范大学合作，通过转基因鲤与四倍体鲤鲫杂交，培育出100%不育的三倍体转基因鲤。此外，在模式鱼类基因组精细编辑技术方面也取得了重要突破[23]，2014年率先完成了"斑马鱼1号染色体全基因敲除计划"，基本敲除了斑马鱼1号染色体上的1333个基因，为建立水产育种学模型等研究奠定了科学基石。

全基因组测序为水产生物的机制研究提供了大量数据，由荷兰科学家Peleman和Vander Voort于2003年提出的分子设计育种技术、近年来由全基因测序技术带来的全基因组选择育种和基因组关联分析育种等，是目前研究比较具有前沿性的分子育种技术。这些技术有的已经在动物品种快速选育中应用，有的才刚刚开始，是在解析物种遗传信息的基础上，有目的、有导向地培育新品种，也是未来育种发展的方向。我国遗传育种学家已经开始在水产动物分子设计育种技术、全基因组育种技术等方面进行了探索和研究[5]，如在海水贝类完成了长牡蛎、虾夷扇贝和栉孔扇贝的全基因组框架图的基础上，精细定位了与经济性状相关的重要候选基因，研发了成套的遗传标记分型技术，该技术具有成本低、通量高的特点，搭建了贝类全基因组选择育种分析评估系统[24-26]，由此形成了基于全基因组分型的选择育种技术。其中，栉孔扇贝'蓬莱红2号'是国内第一个采用全基因组选择育种技术育成的新品种，该良种是以前期培育的'蓬莱红'扇贝优良品种为选育基础群体，针对于生长快速和抗逆性这两个目标性状，应用家系选择结合个体选择，开展了BLUP育种值评估和家系间的选配，形成由60个核心育种家系构成的'蓬莱红2号'新品系，进一步利用全基因组选择遗传育种评估系统，开展了全基因组育种值估算和选种选配，经6代选育培育出遗传性状稳定的高产抗逆养殖扇贝新品种，两龄贝较普通生产用种增产53.5%，遗传性能稳定。

（三）种业建设

水产养殖作为大农业的一部分，是其中发展最快的行业，已成为渔民致富增收的重要途径，其发展可带动水产苗种、饲料、渔药、养殖设施设备和水产品加工、储运物流等完整产业链的发展，创造了大量的就业机会，在我国农业产业结构调整与升级中将发挥重要作用。

"发展养殖，种业先行"是种养殖业遵循的法则之一[27]。种业是农业领域科技创新的前沿和主战场，在推动养殖业发展中起到引领性的作用，而良种是提升养殖业产品产量和质量的主要因素之一。因此在水产生物产业链中，种业占有十分重要的战略地位。

我国政府高度重视水产养殖动物种业的发展，在法律法规方面，《国家中长期科学和技术发展规划纲要（2006~2020）》明确要求发展畜牧水产育种，提高农产品质量（中华人民共和国国务院，2006年）。2012年中央1号文件《关于加快推进农业科技创新，持续增强农产品供给保障能力的若干意见》，明确提出"着力抓好种业科技创新"，要求"加强种质资源收集、保护、鉴定，创新育种理论方法和技术，创制改良育种材料，加快培育一批突破性新品种"（中华人民共和国国务院，2012年）。2013年中央1号文件《关于加快发展现代农业进一步增强农村发展活力的若干意见》也明确提出"推进种养

业良种工程,加快农作物制种基地和新品种引进示范场建设","继续实施种业发展等重点科技专项"等要求(中华人民共和国国务院,2013年)。此外,国家陆续推出了海洋开发战略,并将现代种业纳入其中,为其及其相关产业的发展指明了方向。

在水产种业建设方面,中国从1992年开始建设以良种场为主体的全国水产原良种体系,2001年为了加快推动人工品种的培育,又开始建设遗传育种中心,从2013年起启动了国家水产种业示范场建设,截至2014年,全国共建有遗传育种中心25个,水产原种场90个,水产良种场423个,水产种苗繁育场1.5万家。从当前新品种培育的情况来看,每年审批的水产新品种数量10个以上,每年的更新速度可达养殖种类的5%左右,已经达到较高的水平。预计2020年建设50家遗传育种中心,其功能集中在建立育种技术体系,构建核心群体和培育新品种,与国家级良种场(良种扩繁场)和苗种场等相辅相成(图2-2-2),搭建从水产遗传育种、良种扩繁到苗种生产供应的三级种苗生产保障体系。其中,针对育种这样更具开拓性、探索性的科研工作,从事遗传育种的主要队伍是高校、科研院所、企业科研机构等科研人员。针对保种这样相对稳定的、保护性的技术工作,保种技术单位主要是各个省水产渔业厅,或者是水产推广站,甚至是一些授权的原种场,按照技术路线去进行保种。国家水产良种与种业体系建设有效地推动了我国水产良种化进程。

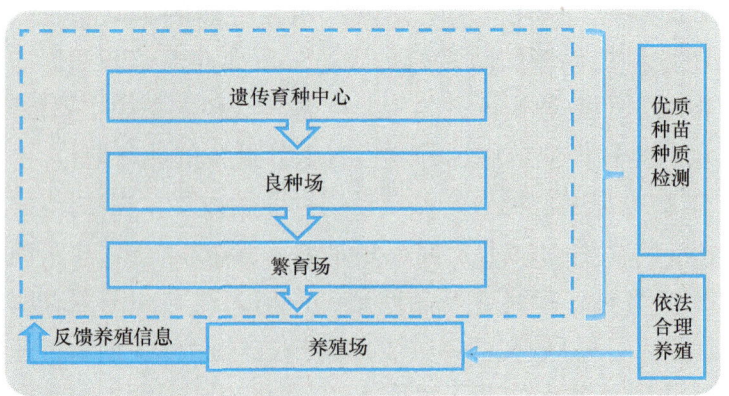

图2-2-2　中国国家水产良种与种业体系的基本架构示意图

在与水产养殖种业相关学科建设方面,我国逐步建立了以科研院所和高等院校为主体,包括中国科学院水生生物研究所、中国科学院海洋研究所、中国科学院南海海洋研究所、中国水产科学研究院下属各水产研究所、中国海洋大学、上海海洋大学、广东海洋大学、大连海洋大学等特色研究院所，已经开设了水产养殖动物种业相关的学科，并已培养了大批水产养殖相关人才。清华大学、北京大学、南京大学、浙江大学、上海交通大学、中山大学、华中农业大学、厦门大学、湖南师范大学、西南大学、湖南农业大学、南昌大学等一批国内著名高校也拥有高水平的水产养殖研究学科，部分水产养殖动物种业相关学科也已建立并不断发展。此外，另有各省（区、市）的研究所，如浙江省淡水水产研究所、浙江省水产引种育种中心、湖南省水产研究所、广西水产研究院、北京市水产研究所、江苏省淡水水产研究所、杭州市农业科学研究院水产研究所等组成的从事水产育种技术创新的群体。

良种是保证水产养殖业可持续发展的必要条件，尽管我国拥有规模庞大的水产养殖产业，养殖动植物种类已达上百种，但大多数种类依然是未经改造的野生种，需要应用遗传育种学、遗传管理学、分子生物学、生物信息学的理论与技术，加速新种质的创新，同时加强生理生态学、实验生态学、养殖生态学的理论基础与应用技术研究，阐明水产养殖生物遗传发育调控的机制，从而得到经过遗传改良的优良品种。国内现有主要水产育种科研团队所在科研院所或高等院校开设遗传育种学、遗传管理学、生理生态学、实验生态学、养殖生态学等相关课程，并匹配有水产养殖、水生生物学或水产遗传学等特色专业课程，具有相关硕士、博士培养点和博士后流动站，能够为水产养殖动物种业科技创新输送人才。因此，加强水产养殖生物育种相关学科建设对我国水产养殖种业持续健康快速发展具有重要意义。

现代水产种业是以现代设施装备为基础，以现代科学与育种技术为支撑，采用现代的生产管理、经营管理和示范推广模式，实现"产学研-育繁推"一体化的水产种苗生产产业[28]。我国水产种业起步较晚，目前，水产遗传育种多是由高等院校、科研院所等研制开发新品种，依托遗传育种中心或原良种场，进行良种保种、亲本扩繁、技术指导等，主导开始阶段的示范推广；各级水产技术推广站配合进行示范点选择、苗种繁育、数据收集等；当推广达到较大规模后，以省级水产技术推广站为主导进行进一步推广，研究单位配合提供亲本和技术支持，如异育银鲫'中科3号'的规模化繁殖和推广，就

是以这种模式。纯粹商业成果转化项目较少，从国际水产种业发展实践看，企业能够面对市场，应是国家种业发展的主要载体和技术创新主体。一些大的水产企业开始尝试建立从育种研发、繁育制种、营销管理和推广服务一整套功能完整、衔接紧密、运转高效的产业链条，如黄颡鱼'全雄1号'商业化推广中，已经开拓了"种源可控、分级生产，加盟商管理"的市场推广模式，使产业上能够得到真正优质的黄颡鱼'全雄1号'苗种。然而，我国以企业为主体的商业化育种体系尚未形成，大多数水产企业规模小，整体自主创新能力薄弱，缺乏国际竞争力。从目前形式来看，我国水产种业需要坚持政府引导与市场导向相结合，强化产学研，扶持重点龙头企业，以品种为突破口，协调科研、生产、加工、经营、管理等各环节，搭建育、繁、推一体化产业体系，走规模化、产业化的发展道路，逐步提升我国水产种业在国际上的竞争力。

此外，我国水产养殖动物种业养殖种类多，发展程度不一，不同种之间特点也不尽相同，应探讨不同的种业发展模式：对于直接关系到水产品的保障供给能力，关系国计民生的，且育种周期长，保种程度高，相对经济效益又低的品种，需要政府长期扶持，科研院所和高等院校参与新品种研发，企业参与推广；对于经济效益较高的部分名特优鱼类，保种和育种成本较低，适合在政府引导扶持下，以市场为导向，紧密结合产学研三个方向，以重点企业为龙头进行繁育和推广。总之，通过把研究单位的科学家跟企业、公司、产业部门建立直接联系，把从事病害研究、养殖模式、遗传育种的科研专家和公司结合起来，直接抵达养殖户，做到产、学、研结合，才能真正意义上带动产业的发展。

二、国际发展趋势

（一）国外遗传育种基础研究进展

随着水产养殖业的广泛开展，越来越多的适合不同生境的水产种质资源得到开发和利用，截至2014年年底，联合国粮食及农业组织（FAO）统计记录的养殖物种数量增加到580种，包括鱼类（洄游鱼类45种、淡水鱼类181种和海洋鱼类136种）、软体动物（100种）、甲壳类（62种）、两栖类和爬行类（6种）、珍珠贝及装饰贝类（4种）、水生无脊椎动物（9种）及海藻和淡水藻类（37种）（具体可参考FAO网站：http://www.fao.org/fishery/statistics/global-aquaculture-production/query/zh）。

包括水生生物种质资源在内的种质资源和生物多样性问题日益受到国际社会的重视，世界各国尤其是发达国家均设立了各种专业或综合性的生物种质资源保藏、评价和发掘机构，制定了不同形式的重大计划。20世纪90年代后期，美国政府推出了第一个品种资源保护方案——国家动物种质资源保护项目（National Animal Germplasm Program，NAGP），夯实了其遗传基础研究[29]；21世纪初，美国农业部开始构建全美种质资源信息网络（GRIN）、全国种质资源保护与利用中心（基因库）、国家动物种质数据库等一系列平台；英国皇家植物园制定了千年种子库计划；澳大利亚制定了生物资源战略计划；日本启动了国家生物资源计划，从1987年开始，不仅调查和保护本土资源现状，还调查了马来西亚、泰国、菲律宾、印度、越南、中国、墨西哥和印度尼西亚等诸国的动物种质资源保存与利用情况。

当前及未来世界水产养殖业发展的主要推动力依然是针对生长、饲料转化率、抗病、性别控制等重要经济性状的遗传改良。美国、英国、日本、澳大利亚等纷纷部署了经济水产遗传育种研究（鱼、虾、贝、藻）重点发展方向，并已在相关领域取得了技术突破，取得了产业优势[30]。美国早在2003年就培育出了高抗Msx病和中抗Dermo病的牡蛎品系，三倍体牡蛎养殖已占美国牡蛎生产的70%左右；培育的凡纳滨对虾良种具有高产抗逆的特性，已垄断了国际养虾业。挪威从1972年以来一直坚持鲑鳟选育，研究了鲑鳟生长速度、性成熟年龄、抗病毒病和抗细菌病能力、肉色和肌肉中脂肪含量等，并以此为依据进行良种选育，现已培育出了一批鲑鳟鱼类的优良品种，大大缩短了育种周期并降低了饵料系数。世界鱼类中心与挪威、菲律宾有关研究机构协作实施了罗非鱼遗传改良计划（GIFT计划），在完成6代选育后获得了生长速度比基础群提高85%的品种，在多个国家养殖并进行遗传和经济性状评估后广泛推广。日本东京海洋大学Nobuaki Okamoto教授率领的团队通过牙鲆抗淋巴囊肿病分子标记辅助育种研究培育出的抗淋巴囊肿病牙鲆，在日本市场上的占有率已达到了35%[31, 32]。

世界主要水产养殖国家的育种模式主要以选择育种和杂交优势利用为主，研究对象集中在鲑、鳟、罗非鱼、对虾、牡蛎和鲍等物种上，

以BLUP评价方法为基础的多性状复合育种技术已成为选择育种的主流技术。美国于20世纪90年代开始，针对凡纳滨对虾的生长性能和托拉综合征病毒（TSV）抗性开展选择育种，经连续4代选择后，抗TSV存活率高达92%~100%。越南和泰国分别从2007年和2010年起，利用BLUP方法开展多代罗氏沼虾选择育种研究。澳大利亚联邦科学与工业研究组织（CSRIO）利用选择育种技术结合分子标记辅助系谱识别，连续多世代改良斑节对虾，繁殖率和生长速度比野生群体提高了200%。日本科学家通过基因定位，筛查到抗淋巴囊肿病品系的分子标记，应用这些标记辅助选育，以期得到高抗品种。

细胞工程育种、性控育种和多倍体育种也一直是水产育种领域关注的重点之一。日本、印度尼西亚、菲律宾、美国等国家利用组织无性繁殖、染色体组操作、干细胞移植和借腹怀胎等细胞工程技术在长心卡帕藻、虹鳟等的育种方面取得了进展。美国成功培育了四倍体牡蛎，并与正常二倍体杂交获得了三倍体牡蛎苗种。在转基因育种方面，虹鳟、鳅、罗非鱼、斑点叉尾鮰、草鱼等经济鱼类的转基因研究主要集中在生长、抗寒及抗病等性状上，以生长激素、抗冻蛋白、抗菌肽和溶菌酶等为主要目的基因。目前美国已最先批准了转基因鱼产品上市，各国也或多或少地都在进行战略技术储备研究。随着测序相关技术的发展和测序平台的不断完善，分子设计育种在世界各国都呈现方兴未艾的状态。全基因组序列的解析使研究人员可以从基因组水平，而不是孤立的单个基因来认识和理解生物的各种生命过程，为设计和优化生物性状提供了可能。目前，全基因组选择育种主要集中在抗病性状育种方面，如挪威正在开展鲑鳟和鳕的抗弧菌病和病毒性神经坏死病（VNN）的全基因组选育，美国也在进行斑点叉尾鮰抗弧菌病的全基因组选育。

随着生命科学的发展，特别是分子生物学的飞速发展，欧美等发达国家在如功能基因挖掘、分子育种、基因工程、细胞工程等方面的技术水平不断取得突破，特别是随着主要水产养殖动物全基因组的解析、基因组技术、体细胞核移植和干细胞技术的不断完善，以及生殖、性别、生长、抗病、抗逆这些重要经济性状相关基因的鉴定和功能分析，育种效率较之以前提高了3倍。近年来，锌指核酸酶（ZFN）、类转录激活因子效应物核酸酶（TALEN）和规律成簇间隔短回文重复序列（CRISPR/Cas9）等基因组编辑技术在基因改造方面具有巨大潜力，将对遗传学研究方法产生根本性的革新。水产动物的遗传改良研究已开始步入分子设计育种研究的新时代。围绕生长速度、饲料转化率、抗病能力、性成熟年龄等重要经济性状，运用以BLUP技术为核心的多性状复合育种、全基因组选择、分子设计育种、基因工程育种、细胞工程育种等新技术，并结合传统育种技术，正在从深度与广度上推动优良性状新品种的选育革命。

（二）国外种业发展状况

发达国家均十分重视水产养殖种业的发展，不断加大研究投入，取得了一系列重大突破。例如，挪威培育的大西洋鲑良种已成为该国重要的经济支柱之一；美国培育的高产抗逆的南美白对虾良种已垄断了国际养虾业。

国外水产养殖种业总规模低于中国，但产业集中度较高，良种覆盖率较高（>80%），苗种质量稳定，单位售价是我国的10~100倍。国外水产种业战略性新兴产业的培育都是基于大的育种计划。和国内主要以科研院所进行品种选育为主导不同，国外种业企业在苗种培育中扮演着重要角色。世界鱼类中心与挪威、菲律宾有关研究机构协作实施罗非鱼遗传改良计划（GIFT计划），在完成6代选育后取得了生长速度比基础群提高85%的成果，在多个国家养殖进行遗传和经济性状评估后广泛推广。GIFT项目树立了一个多方合作进行水生生物遗传改良的典范。在育种过程中，准确查找问题、精密设计项目实施方案、进行多代选育、养殖户参与品种评价、广泛宣传等是该计划成功的经验。目前挪威的鲑鳟育种基地和项目已在全球部署，初步出现一个即将垄断国际鲑鳟良种供应的大型跨国种业，据挪威海产品理事会（NSA）预测，挪威鲑和鳟将在2025年增加至年产270万t，是目前产量的三倍。至2025年，挪威水产养殖业从业人员将达到56 000名，创造620亿克朗国民收入；从该产业获得的税收将可覆盖全国财政支出中60%的幼儿园支出和65%的养老院支出。美国迈阿密南美白对虾育种基地（SIS）的种虾已进入中国市场7年多，目前仍是中国最大的种虾供应公司，市场份额占80%以上，几乎垄断了中国种虾供应市场。

国外养殖品种相对单一，但良种培育投入较大，效果显著，多通过政府推动或者国际专业育种机构的合作，对有巨大经济价值的优势养殖种类，针对相应的优良经济性状进行了长期规划，除了常规的选育过程，为了配合世界范围的苗种推广，不仅针对本国良种，

还对多个国家多种环境条件的良种养殖进行评价，为选育和推广养殖积累了大量基础数据，促进了良种产业的可持续发展；通过组建遗传育种中心等核心研发机构，集中研发力量，围绕目标物种种业发展的核心技术和育种标准工艺流程及基础遗传参数，开展深入的研究；建立了以种业企业为主导的创新体系，企业和风险投资等资本进入，接替研发单位的公益性研发，进行产业开发和市场运作，最终形成以企业为主导的技术创新体系和以市场为导向的水产种业。

三、存在的主要问题与原因分析

综合国内外发展情况，我国是世界上最早开展水产选择育种技术研究的国家，渔业科技综合实力在国际上总体处于中上水平，尽管有些领域落后于发达国家，但在水产养殖业科研方面总体处于世界先进水平。尽管优良品种是我国水产可持续发展的核心要素这一点已得到共识，但就目前来说，我国水产种业的发展仍面临一些严峻挑战，在当前革命性的技术浪潮下，需拿出一些强有力的保障措施来应对。

（一）提高水产育种科学技术水平与自主创新能力，形成水产育种标准化技术体系

我国育种基础研究主要存在以下问题：国家财政投入总量少，满足不了良种培育的需要；研究对象广泛，技术参差不齐；优异种质资源鉴定与保存的深度和广度不够，部分养殖产品育种周期长，种质退化等；具有重要育种价值的基因和分子标记很少；重要性状的遗传解析不够；分子性控和基因组编辑等新技术尚未应用；全基因组选择等育种新技术尚未建立；具有高产抗病抗逆等多个优良性状的新品种极少等。

针对以上问题，在水产种业投入，新品种培育的物质基础方面，要收集、筛选具有重大商业潜力的品种及野生近缘种等育种材料，建设核心种质资源库（基因库），挖掘其重要经济性状和基因，筛选、创制符合育种目标的优异、特异水产育种亲本材料，以期为突破性新品种的培育奠定物质基础；在信息整合和数据共享方面，随着计算机性能、数据库技术及可视化技术的发展；在水产遗传育种方面，整合各个育种单位的育种系谱及各种性状数据库，搭建权威的公共

信息服务平台，加快信息化过程，全方位地提供咨询和技术服务，将有助于加快水产遗传育种进程和水产种业的发展；在技术储备与自主创新方面，实现现有水产种业关键技术的升级和整合，突破重要育种基础理论与前沿关键技术，开展重要养殖种类种质资源评价与鉴定，阐明并挖掘重要经济性状的基因组学基础和遗传调控机制，研发先进的基因型筛选鉴定系统与信息化表型测试系统，构建大规模、高通量、专业化、流水线式的商业化育种平台体系，进而创制出一批高产、优质、抗病、抗逆、生态安全、有重大市场价值、覆盖率高的新品种，实现水产养殖良种化，大幅度提升我国水产种业科技创新能力。

（二）完善水产种业科技创新链条，打造企业创新平台，构建新型的国家种业创新体系，逐步提升我国水产种业核心竞争力

自20世纪90年代以来，我国开始铺设以良种场为主体的全国水产原良种体系，基本实现了全国水产养殖业良种体系从无到有的阶段跨越，也在种业平台搭建方面做了诸多工作，然而与我国当前及未来水产养殖业发展的实际需求还存在着较大的差距。问题主要存在于：种业体系平台还不健全，商业育种模式需进一步完善，产业技术标准需要制定；产业链不完善，集成度不高，企业研发能力薄弱，缺乏"育繁推"一体化的龙头企业等。

针对以上问题，在水产全产业科技创新链条完善方面，需要探讨种质资源收集与保存、基因发掘与重要性状遗传解析、分子育种技术创新、良种选育与扩繁、示范养殖与推广等一整套功能完整、衔接紧密的高效运作机制，上游品种培育为下游品种推广提供物质基础，下游品种推广与市场需求结合紧密，可将市场需求直接反馈到育种研发中，从而及时优化调整育种目标和方向；在种业发展模式方面，鉴于我国水产养殖生物种类多，发展程度和特点不尽相同，种业发展模式也应有所不同，对于直接关系到水产品的保障供给能力、育种周期长、保种程度高、相对经济效益又低的水产养殖生物，需要政府长期扶持，科研院所和高等院校参与新品种研发，企业参与推广；对部分经济效益较高、保种和育种成本较低的水产养殖生物，适合在政府引导扶持下，以市场为导向，强化产学研紧密结合，

以重点企业为龙头，以科技创新为突破口，以育、繁、推为载体形成产业体系。在企业自主创新方面，从国际种业发展实践看，企业能够灵活面对市场，应成为国家种业发展的主要载体和技术创新主体。需要在政府的大力扶持和引导下，加快以企业为创新主体的商业化育种体系的建设发展进程，采用"项目+人才+基地"的模式，探索有效的水产种业技术转化新机制，建立水产种业共同体，打造水产养殖种业技术创新战略联盟，提升企业科技水平和生产能力，打造一批产学研、育繁推一体化的现代大型水产种业集团。推动龙头企业将种质创制、技术平台、品种培育、产品测试、种子扩繁与商业销售等各个环节有机串联整合起来，实现种业产业链的工程化系统集成，建成现代化种业产业运营体系。

当前，水产养殖对世界水产供应的作用已在发达国家中达成共识，仍是全球食品安全和经济增长的时代主题[33-36]。挪威水产养殖之父，鱼类遗传育种学家Trygve Gjedrem教授认为鱼类和贝类可实现抗病育种，如果养殖的全为遗传改良品种，基于每年5.4%的遗传获得率，2020年的水产养殖产量将可在2007年的5000万t的基础上加倍，达1亿t[37-39]。一些欧洲学者甚至认为"中国正在转向水产养殖工业化的新时代"[40]。因此水产遗传育种有很深远的科学和经济意义。

四、"十三五"发展目标

争取在2020年，建立和完善以全基因组解析为基础的水产遗传育种创新型技术体系，培育出50~60个高产、优质、抗病、抗逆、生态安全的有重大市场价值，覆盖率高的鱼虾贝藻系列新品种，培养一批水产遗传育种和水产种业人才，打造具有自主创新能力的育繁推一体化大型种业企业。经过5年努力，争取使我国水产养殖良种覆盖率达60%。

五、重点科研计划项目与重大工程建设项目建议

（一）重大工程建议——现代水产育种技术创新提升工程

以提升水产养殖领域科技创新能力为目标，解析重要水产养殖动物鱼、虾、蟹、贝和藻等全基因组信息；集成运用传统育种技术与现代育种技术，攻克水产养殖生物遗传性别鉴定、基因组关联分

析、基因组编辑和高通量基因芯片制作等关键技术，整合各方资源，搭建育种计算机信息平台和数据库，探索水产养殖领域育种新技术，如基因组编辑、全基因组选择育种等育种途径及其在良种培育中的应用，推动现代育种技术实现跨越式发展。

1. 重要水产养殖生物全基因组解析和功能基因组研究

利用现代育种技术开展系统性的新品种选育工作，培育品质优、抗病力强、高产、生长快的新品种以支撑未来水产养殖产业可持续发展。依托日益丰富的基因组资源和遗传工具，对具有重要经济价值的生产性状进行研究，解析这些性状形成的遗传基础和构成，定位决定性状形成的功能基因和遗传座位，并研究其调控机制，将有利于我们更加精确地了解性状的遗传构成，更加准确、定向、高效、快速地开展良种选育工作。

该研究的主要任务是：解析5~6种重要水产养殖动物的全基因组信息，在现有工作的基础上，对我国重要水产养殖物种的系列经济性状开展深入的遗传解析工作，获得100~120个与生长、繁殖、抗病、抗逆、品质、体型、体色等重要经济性状紧密连锁的遗传座位和功能基因，进而通过基因功能解析和调控基础研究，确定这些经济性状形成的遗传基础和调控机制，为水产养殖生物遗传选育提供必要的分子依据。

2. 性别控制育种与倍性育种技术研究

性别控制技术是针对许多水产动物在生长速度上存在明显雌雄差异的特性，培育全雄或全雌品系，在水产动物养殖和遗传育种中具有重要意义和应用价值。目前虽在虹鳟、黄颡鱼、牙鲆等的培育上取得了很大成功，但仍有许多雌雄生长差异大的物种急需性别控制和单性苗种制种技术。采用现代基因组学和基因工程技术从发掘性别决定基因、性别连锁分子标记入手，建立性别相关基因定点突变、分子性控等前沿技术，相对于仅靠传统的染色体组操作技术，更能实现鱼类性别的精确控制，使性控育种实现产业化。

该研究的主要任务是：筛选4~6种水产养殖动物性别特异分子标记，建立遗传性别鉴定技术；建立3~5种水产动物性别控制和单性育种技术，培育出4~6种全雌、全雄或不育三倍体水产养殖动物，将生长速度提高15%以上，将养殖产量提高20%以上。

3. 基因组编辑与分子育种技术研究

高新生物技术特别是各种组学技术的迅猛发展，为加快水产生物分子育种进程提供了新的发展机遇。建立适用于水产动物的基因组编辑与分子育种技术研究，将有助于实现优异基因型的高效创制和快速聚合，实现对目标性状的人工定向设计育种，加速新品种的培育和研发进程。

该研究的主要任务是：建立适用于水产动物的基因定向转移和基因组精细编辑技术体系；确立适用于水产动物的基因组编辑技术、育种途径，应用于改良1~2个重大性状并育成新品种；建立2~3个高效获取重要经济水产动物全基因组信息的技术方法；完成3~5个重要经济性状的遗传基础和调控机制的精细解析；开发2~3个适用于重要经济水产动物的全基因组选择算法并搭建育种信息分析平台；确立适用于重要经济水产动物的全基因组选择育种技术途径，并运用此技术培育2~3个重要新品种。

（二）重大任务建议——突破性重大新品种培育

以水产养殖鱼、虾、蟹、贝和藻等为对象，在重要水产养殖生物全基因组解析和功能基因组研究的基础上，注重种质资源保存与创新，重点突破基因挖掘、经济性状遗传解析、全基因组选择、分子设计和基因组编辑等核心技术，依据水产养殖产业需求，培育满足不同养殖环境要求的高产、抗病、抗逆、优质海淡水鱼、虾、贝、藻等突破性重大新品种。

1. 大宗淡水鱼类新品种培育

该研究的主要任务是：培育5~8个高产、优质、抗逆、生态安全的大宗淡水鱼类新品种；创制10~15个育种新材料；建立3~5个选育技术创新平台；形成5~10个种质资源评价和新品种选育的关键技术；取得20项以上拥有自主知识产权的专利和技术标准（其中发明专利10项以上）。"十三五"末大宗淡水鱼类良种覆盖率达到65%。

2. 海水鱼类新品种培育

该研究的主要任务是：建立海水鱼类高产、抗病、抗逆、优质良种培育的理论基础和技术平台，创建海水鱼类全基因组选择等分子育种技术体系，集成群体选育、种内杂交、家系选育、BLUP等传统育种技术和现代分子育种技术，培育6~10个抗病、高产、抗逆、优质海水鱼类新品种，生长速率提高20%以上，养殖成活率提高30%以上；构建海水鱼类种业创新技术体系。

3. 名特优水产动物新品种培育

该研究的主要任务是：获得3~4种名特优养殖品种主要经济性状的遗传参数；建立10~12个育种核心群体；实现重要经济性状的遗传解析；建立先进育种技术体系和平台；实现优良种质的快速、高效选育，培育3~4种性状优良的新品种并进行示范和推广。

4. 虾蟹类新品种培育

该研究的主要任务是：育成8~10个生长速度快、抗病和抗逆能力强的虾蟹新品种。生长速度提高30%，养殖成活率提高20%以上，饲料转化率提高10%，整体良种覆盖率达到30%以上；建立基于全基因组信息的加性和非加性遗传效应精确评估技术；建立"育繁推"一体化虾蟹种业配套技术。

5. 贝类育种技术创新和新品种培育

该研究的主要任务是：建立基于基因组信息的贝类现代育种体系，育成海水贝类新品种3个以上；了解我国野生珍珠蚌群体及其主要养殖群体的种质资源状况，筛选5~6份优异种质；大规模构建三角帆蚌和池蝶蚌的育种家系，采用分子标记辅助育种、多性状复合育种技术，创制3~5份育种新材料，培育2~3个淡水珍珠蚌新品种；使淡水珍珠蚌遗传改良率和良种覆盖率均达到65%以上。

6. 藻类新品种培育

该研究的主要任务是：育出10~15个具有独特生产性状的海藻新品种，因物种而异，实现良种覆盖率从50%到80%；掌握主要栽培物种品种衰退的过程、原因及检测方法，建立通过杂交和定向选育维护优良品种的技术方法，并在产业上完成实践；完成海带、紫菜、裙带菜等物种全基因组信息的注释，阐释主要抗逆基因工作原理；建立1~2个海藻物种的遗传转化技术体系，培育1~2个具有特殊性状的转基因新品系；在1~2个海藻物种中建立定向基因组编辑技

术，对3~5个功能基因进行功能验证。

（三）重大工程设计——水产种业产业化技术开发与平台建设

联合农业部、中国科学院、教育部等相关部门、研究院所和高校研究力量，实现产学研联合攻关和跨部门、跨区域合作。建立以遗传育种中心+国家级及省级原良种场+苗种繁育场的多级水产公益性原良种生产体系；建立水产养殖种业科学数据共享平台，加快原良种品种审定技术和标准的建立，以及财政支持和税收减免政策的制定；构建现代水产种业体系建设框架，突出扶持和培育"育繁推"一体化的龙头企业，实现新品种的大面积示范推广。

1. 水产种质资源保存、利用与良种产业化技术开发

开展水产养殖生物的新一代良种保种技术，通过家系法、良种核心种群建立和BLUP育种技术相结合等对良种进行保种，构建5~6个主要养殖种类活体种质资源库，深度挖掘鲤、鲫等大宗淡水鱼类种质资源，创制5~8个目标性状突出的新种质；鉴定卵形鲳鲹、海鲈、虾蟹等重要养殖种类不同群体种质特征，每个种类构建5~8个核心种质群；开展水产养殖健康生态养殖技术研究，在现有的技术成果和工作基础上，通过对养殖水体水质调控技术研究与集成，研究池塘中浮游生物饵料培育，确定不同类型养殖环境的养殖容量，探索养殖品种培育的最优技术及相关养殖模式，构建环境友好型养殖模式。突破水产生物胚胎干细胞分离培养和胚胎冷冻保存技术，提高精子冷冻保存和活体种质保护技术。

2. 种业及产业平台建设

主要围绕种质创制和苗种繁育，通过建设技术与产业联合体，打造具有自主创新能力和产业带动作用强的育繁推一体化核心骨干企业，建成商业化育种体系；继续进行和完善国家水产良种与种业体系建设，包括核心保种基地、良种场、良种繁育场、良种扩繁基地、示范基地等；组建一支专业的水产养殖种业研究的人才队伍；打造标准化、信息化、工业化的现代化种业平台；主要水产物种自主品种市场份额达我国的45%以上；1~2家领军企业进入全球水产种业前5强；良种对增产的贡献率超过50%。

六、保障措施与对策建议

（一）创制新的种质资源是进行水产养殖新品种培育的首要环节

种是水产养殖业的基础。我国开展养殖的水产生物种类超过300种，但绝大多数种类为野生品种，没有经过系统的遗传改良，目前实现规模化养殖的超过100种，经过市场竞争和选择，主导养殖品种已经形成。然而对于一些品种来说，尽管已形成了较大的产业规模，如南美白对虾位居我国对虾养殖规模的第一位，接近对虾类养殖总产量的80%，但其种源依赖于进口，构成了较高的产业风险。此外，获得大量的变异体是育种的第一步，从自然群体中筛选突变体耗时长，且效率低下，如何运用新技术创制新的遗传育种材料，提升水产遗传育种人员的科技创新能力，也是当前面临的机遇和挑战。因此，收集、筛选品种及野生近缘种等育种材料，构建核心品种种质资源库，进行规模化种质资源评价，鉴定和挖掘具有重大商业潜力的优良性状和基因，仍是当下水产遗传育种的重要工作。

（二）提升科技创新能力，加快新技术的研制和应用，是进行水产养殖新品种培育的能力保障

水产遗传育种技术的发展和水产新品种的培育，是养殖可持续产量提升的首要因素之一[4, 5]。不管生产模式与养殖模式如何发展，良种的需求总是摆在产业发展的第一位，然而部分水产养殖生物性成熟时间长，育种周期漫长，传统常规育种学家从开发新品种到新品种中试推广，时间一般都长达10年，要加快育种步伐，就需要研制出缩短育种周期的新技术。在当前形式下，夯实水产遗传育种科技基础，实现现有水产种业关键技术的升级和整合，突破重要育种基础理论与前沿关键技术，仍是我国育种学家面临的首要科技创新问题，从事遗传育种的科研队伍的责任非常重大而艰巨。

（三）加强科技供给和政策扶持，完善国家水产良种与种业体系

目前我国虽基本实现了全国水产养殖业良种体系从无到有的阶

段跨越，也在种业平台搭建方面做了诸多工作，然而无论从科技投入还是从种业体系构建，还远远满足不了我国当前及未来水产养殖业发展的实际需求。水产品已成为我国重要的食物来源，为国民提供近1/3的优质动物蛋白，可以说关系到国计民生，应加大多元化多渠道的政策扶持，从政府层面，深化科技改革，创建灵活的科技管理和运行机制。

（四）推进以企业为主体的种业创新机制

现由我国原良种审定委员会审定通过的168个水产养殖新品种中，以企业为第一选育单位的不超过10%，企业研发力量薄弱，然而企业能够灵活面对市场，能够将科技与经济紧密结合，应该成为种业科技创新中的主体，国家应该制定相应政策，鼓励和引导真正有实力、能够实现产学研结合的企业发展。今后一段时间，水产遗传育种与种业的发展方向仍为：继续完善水产种业科技创新机制，提升科技创新能力，打造企业创新平台，构建新型的国家水产种业创新体系，进而提升我国水产种业的国际竞争力，实现水产种业强国战略。

参 考 文 献

[1] Food and Agriculture Organization of the United Nations. The State of World Fisheries and Aquaculture 2016[M]. Rome: Food & Agriculture Organization, 2016.

[2] Brown LR. Plan B 2.0: Rescuing a Planet Under Stress and a Civilization in Trouble[M]. Washington, D C: Earth Policy Institute, International Publishers, 2006.

[3] Gui JF. Fish biology and biotechnology is the source for sustainable aquaculture[J]. Sci China Life Sci, 2015, 58: 121-123.[中文版:桂建芳. 鱼类生物学和生物技术是水产养殖可持续发展的源泉[J]. 中国科学: 生命科学, 2014, 44: 1195-1197] .

[4] Gui JF, Zhu ZY. Molecular basis and genetic improvement of economically important traits in aquaculture animals[J]. Chin Sci Bull, 2012, 57: 1751-1760.[中文版: 桂建芳, 朱作言. 水产动物重要经济性状的分子基础及其遗传改良[J]. 科学通报, 2012, 57: 1719-1729] .

[5] 桂建芳. 水生生物学科学前沿及热点问题[J]. 科学通报, 2015, 60: 2051-2057.

[6] Wang D, Mao HL, Chen HX, Liu HQ, Gui JF. Isolation of Y- and X-linked SCAR markers in yellow catfish and application in the production of all-male populations[J]. Anim Genet, 2009, 40: 978-981.

[7] Liu HQ, Guan B, Xu J, Hou CC, Tian H, Chen HX. Genetic manipulation of sex ratio for the large-scale breeding of YY super-male and XY all-male yellow catfish (*Pelteobagrus fulvidraco* (Richardson))[J]. Mar Biotechnol, 2013, 15: 321-328.

[8] Dan C, Mei J, Wang D, Gui JF. Genetic differentiation and efficient sex-specific marker development of a pair of Y- and X-linked markers in yellow catfish[J]. Int J Biol Sci, 2013, 9: 1043-1049.

[9] Pan ZJ, Li XY, Zhou FJ, Qiang XG, Gui JF. Identification of sex-specific markers reveals male heterogametic sex determination in *Pseudobagrus ussuriensis*[J]. Mar Biotechnol, 2015, 17(4): 441-451.

[10] Chen S, Zhang G, Shao C, Huang Q, Liu G, Zhang P, Song W, An N, Chalopin D, Volff JN, Hong Y. Whole-genome sequence of a flatfish provides insights into ZW sex chromosome evolution and adaptation to a benthic lifestyle[J]. Nat Genet, 2014, 46: 253-260.

[11] Zhang GF, Fang XD, Guo XM, Li L, Wang J, Luo R, Xu F, Yang P, Zhang L, Wang X, Qi H, Xiong Z. The oyster genome reveals stress adaptation and complexity of shell formation[J]. Nature, 2012, 490: 49-54.

[12] Xu P, Zhang X, Wang X, Li J, Liu G, Kuang Y, Xu J, Zheng X, Ren L, Wang G, Zhang Y, Sun XW. Genome sequence and genetic diversity of common carp, *Cyprinus carpio*[J]. Nat Genet, 2014, 46: 1212-1219.

[13] Wang Y, Lu Y, Zhang Y, Ning Z, Li Y, Zhao Q, Lu H, Huang R, Xia X, Feng Q, Liang X. The draft genome of the grass carp (*Ctenopharyngodon idellus*) provides insights into its evolution and vegetarian adaptation[J]. Nat Genet, 2015, 47(8): 962.

[14] Wu C, Zhang D, Kan M, Lv Z, Zhu A, Su Y, Zhou D, Zhang J, Zhang Z, Xu M, Jiang L. The draft genome of the large yellow croaker reveals well-developed innate immunity[J]. Nat Commun, 2014, 5: 5227-5234.

[15] Ao J, Mu Y, Xiang LX, Fan D, Feng M, Zhang S, Shi Q, Zhu LY, Li T, Ding Y, Nie L. Genome sequencing of the perciform fish *Larimichthys crocea* provides insights into molecular and genetic mechanisms of stress adaptation[J]. PLoS Genet, 2015, 11: e1005118.

[16] Liu S, Luo J, Chai J, Ren L, Zhou Y, Huang F, Liu X, Chen Y, Zhang C, Tao M, Lu B. Genomic incompatibilities in the diploid and tetraploid offspring of the goldfish x common carp cross[J]. Proc Natl Acad Sci USA, 2016, 113(5): 1327-1332.

[17] Wang S, Meyer E, McKay JK, Matz MV. 2b-RAD: a simple and flexible method for genome-wide genotyping[J]. Nat methods, 2012, 9(8): 808-810.

[18] Mei J, Gui JF. Genetic basis and biotechnological manipulation of sexual dimorphism and sex determination in fish[J]. Sci China Life Sci, 2015, 58(2): 124-136.

[19] 桂建芳, 周莉. 多倍体银鲫克隆多样性和双重生殖方式的遗传基础和育种应用[J]. 中国科学: 生命科学, 2010, 42: 97-103.

[20] 梅洁, 桂建芳. 鱼类性别异形和性别决定的遗传基础及其生物技术操控[J]. 中国科学: 生命科学. 2014, 44: 1198-1212.

[21] 陈松林. 鱼类性别控制与细胞工程育种[M]. 北京: 科学出版社, 2013.

[22] 刘少军. 远缘杂交导致不同倍性鱼的形成[J]. 中国科学: 生命科学, 2010, 40: 104-114.

[23] 叶鼎, 朱作言, 孙永华. 鱼类基因组操作与定向育种[J]. 2014, 44: 1253-1261.

[24] Jiao W, Fu X, Dou J, Li H, Su H, Mao J, Yu Q, Zhang L, Hu X, Huang X, Wang Y, Wang S, Bao ZM. High-resolution linkage and quantitative trait locus mapping aided by genome survey sequencing: Building up an integrative genomic framework for a bivalve mollusk[J]. DNA Res, 2014, 21: 85-101.

[25] Dou J, Li X, Fu Q, Jiao W, Li Y, Li T, Wang Y, Hu X, Wang S, Bao Z. Evaluation of the 2b-RAD method for genomic selection in scallop breeding[J]. Sci Rep, 2016, 6: 19244.

[26] Li HD, Wang JW, Bao ZM. A novel genomic selection method combining GBLUP and LASSO[J]. Genetica, 2015, 143: 299-304.

[27] 雷霁霖. 水产种业未来之路[J]. 海洋与渔业: 上半月, 2013, 1: 55-57.

[28] 魏宝振, 黄太寿, 李巍, 张振东. 中国现代水产种业的培养[J]. 海洋与渔业: 上半月, 2012, 11: 65-67.

[29] Blackburn HD. The National Animal Germplasm Program: Challenges and opportunities for poultry genetic resources[J]. Poult Sci, 2006, 85(2): 210-215.

[30] 海洋农业产业科技创新战略研究组. 创新驱动海洋种业的建议及对策[J]. 中国农村科技, 2013, 222: 70-73.

[31] Fuji K, Hasegawa O, Honda K, Kumasaka K, Sakamoto T, Okamoto N. Marker-assisted breeding of a lymphocystis disease-resistant Japanese flounder (*Paralichthys olivaceus*)[J]. Aquaculture, 2007, 272: 291-295.

[32] Ozaki A, Araki K, Okamoto H, Okauchi M, Mushiake K, Yoshida K, Tsuzaki T, Fuji K, Sakamoto T, Okamoto N. Progress of DNA marker-assisted breeding in maricultured finfish[J]. Bull Fish Res Agency (Jpn.), 2012, 35: 31-37.

[33] Naylor RL, Goldburg RJ, Primavera JH, Kautsky N, Beveridge MC, Clay J, Folke C, Lubchenco J, Mooney H, Troell M. Effect of aquaculture on world fish supplies[J]. Nature, 2000, 405: 1017-1024.

[34] Pauly D, Christensen V, Guénette S, Pitcher TJ, Sumaila UR, Walters CJ, Watson R, Zeller, D. Towards sustainability in world fisheries[J]. Nature, 2002, 418: 689-695.

[35] James HT, Geoff LA. Fishes as food: Aquaculture's contribution[J]. EMBO Rep, 2001, 21: 958-963.

[36] Béné C, Barange M, Subasinghe R, Pinstrup-Andersen P, Merino G, Hemre G, Williams M. Feeding 9 billion by 2050-Putting fish back on the menu[J]. Food Security, 2015, 7: 261-274.

[37] Gjedrem T. Genetic improvement for the development of efficient global aquaculture: A personal opinion review[J]. Aquaculture, 2012, 344-349: 12-22.

[38] Gjedrem T. Disease resistant fish and shellfish are within reach: A review[J]. J Mar Sci Eng, 2015, 3: 146-153.

[39] Gjedrem T, Robinson N, Rye M. The importance of selective breeding in aquaculture to meet future demands for animal protein: a review[J]. Aquaculture, 2012, 350-353: 117-129.

[40] Villasante S, Rodríguez-González D, Antelo M, Rivero-Rodríguez S, de Santiago JA, Macho G. All fish for China?[J].Ambio, 2013, 42: 923-936.

执笔人

桂建芳	中国科学院水生生物研究所	研究员、院士
包振民	中国海洋大学	研究员
陈松林	中国水产科学研究院黄海水产研究所	研究员
周 莉	中国科学院水生生物研究所	研究员
张晓娟	中国科学院水生生物研究所	实验师

第三节　水产病害防治与健康养殖

一、国内发展现状

（一）水产疫病的危害情况

随着水产养殖业的快速发展，水产疫病的发生也变得十分普遍。根据各省疫病测报数据估计，2015年我国水产养殖因病害造成的经济损失135亿元以上，占水产养殖产值的1.63%，其中甲壳类损失占总损失的52%；鱼类损失占32%；贝类损失占11%；两栖类/爬行类损失占1%；棘皮动物损失占2%[1]。而根据实际情况估测疫病的直接经济损失可能在500亿元以上。甲壳类的白斑综合征（WSD）、急性肝胰腺坏死病（AHPND）、肝胰腺微孢子虫病（HPM）等危害严重[2]。2010年以来，AHPND在我国对虾主产区大规模暴发，部分地区的对虾养殖发病率和排塘率在80%以上甚至"全军覆没"[3-6]。2012年以来对虾养殖业又大量出现HPM，导致对虾生长缓慢，无法产出达上市规格的对虾，其病原虾肝肠胞虫（EHP）的检出率在30%~50%[7]，部分地区的种苗中检出率在20%以上，仅江苏沿海地区因该病引起的生产损失就达3亿元之巨[8]。我国从对虾净出口国变为对虾净进口国[9]。WSD还在养殖克氏原螯虾中肆虐[10]，罗氏沼虾在2012年以来也出现大规模的苗种死亡及"铁虾"困局[11]，中华绒螯蟹的"水瘪子"病引起大范围养殖蟹出现肝胰腺坏死和死亡[12]，池塘养殖梭子蟹也在多地发生WSD所致的大规模死亡[13]，这些疫病导致近年来甲壳类养殖产业损失严重。在养殖鱼类中，海水鱼弧菌病、草鱼出血病（GCHD）、传染性脾肾坏死病（ISKN）、鲫造血器官坏死病（HVHN）、鲤春病毒血症（SVC）、迟缓爱德华氏菌病、链球菌病、刺激隐核虫病、主要淡水鱼类细菌性败血症等在上海、河南、山东、北京、江苏、江西、四川、内蒙古等19个省（区、市）养殖的鲤科鱼类中广泛流行，HVHN近年来造成北京、天津、河北、江苏、浙江和江西等省（市）养殖鲫严重损失，GCHD在广西、北京、江苏、湖北和新疆等省（区、市）养殖草鱼中流行[1]，2013年石斑鱼、舌鳎等海水养殖鱼类在受精卵孵化后20天左右的苗期出现大量死亡，成活成功率很低，检测表明都是受神经坏死病毒（NNV）感染所致，该病毒对鱼类苗种的影响值得关注[14]。养殖贝类近年来也发生疱疹病毒病等大规模死亡事件[15, 16]。

（二）水产养殖分子流行病学取得进展

水产养殖疫病的暴发与新病原的出现有密切关系，从患病水产动物上不断分离出新病毒、新菌株、新基因型等，新的易感宿主也不断出现。从凡纳滨对虾中发现新病原偷死野田村病毒（CMNV），并确认其大范围流行[17]；在中国对虾中发现黄头病毒（YHV）新基因型感染[18, 19]；我国最早分离和鉴定了导致养殖对虾严重发病死亡的高致病力副溶血弧菌[20]。新发现河蟹肝孢虫（HSE）可能是引起中华绒螯蟹大规模死亡的"水瘪子"病的病原。分子流行病学研究表明，近年来导致我国对虾大量死亡的主要病原包括白斑综合征病毒（WSSV）、致AHPND副溶血弧菌（VP_{AHPND}）、偷死野田村病毒（CMNV）、黄头病毒（YHV），这类疫病在近年引起了产业的严重损失。导致对虾生长缓慢的主要病原是虾肝肠胞虫（EHP），CMNV和传染性皮下及造血组织坏死病毒（IHHNV）也在一定程度上影响对虾的生长，这几种病原流行率高，对我国对虾养殖生产造成了广泛影响。更值得关注的是，发病样品常检出多病原共同感染的情况，最多的同时有WSSV、IHHNV、CMNV、EHP、VP_{AHPND}等5种病原的共同感染。

我国已完成了8株草鱼呼肠孤病毒（GCRV）测序[21-24]。有报告证实HZ08、GCRV-861及JX-0902株能在CIK细胞上增殖，但不产生细胞病变，而GCRV-873株则能在CIK细胞上出现细胞病变。确

认了GCHD存在三种不同基因型的呼肠孤病毒病原[23]。2010年我国人工养殖鲫首次暴发大规模死亡，死亡率高达100%，2013年确认引起养殖鲫暴发性死亡的鲫造血器官坏死病的病原是鲤疱疹病毒Ⅱ型（CyHV-2）[25]。建立了鲤疱疹病毒Ⅱ型敏感细胞系——鲫脑组织细胞系，可持续稳定地支持鲤疱疹病毒Ⅱ型的复制；该病毒病在我国东部地区池塘和武汉的异育银鲫均被检测到[26, 27]。在大口黑鲈、云斑尖塘鳢等中分离到肿大细胞属虹彩病毒；从养殖鳢科鱼类体内分离到弹状病毒。揭示了4种鲫寄生粘孢子虫的感染、传播途径[28, 29]；发现和命名鱼类寄生绦虫两个新种[30]；从患病大鲵体内分离鉴定了大鲵虹彩病毒。

（三）水生动物疫病诊断和病原检测技术的进展

得益于分子生物学技术的快速发展，我国在病原快速检测技术研究、疫病诊断试剂盒开发等方面进展显著。基于PCR、核酸探针的检测技术和产品得到了广泛的应用，基于环介导的核酸恒温扩增（LAMP）、交叉引物扩增（CPA）、核酸序列依赖性扩增（NASBA）等核酸等温扩增技术的水产病原现场快速检测技术和产品展现出良好的发展前景，实时荧光定量PCR技术已经被普遍应用于病原的定量检测。高度敏感性、高度准确性、高通量的检测技术如基因芯片技术、蛋白质芯片技术也被应用到水产病原检测中。基于胶体金的试纸条开始用于水产动物疫病的诊断。上述水产动物疾病诊断和预警技术的发展和应用，为保障我国水产养殖业的健康发展提供了重要的技术和产品支撑。

（四）鱼类疫苗研发的进展

在鱼类疫苗研发方面，国内正在开发的水产疫苗有约55种，其中约23种处于实验室研究阶段，有8种疫苗处于田间试验阶段，草鱼出血病病毒弱毒疫苗、迟缓爱德华氏菌弱毒疫苗等4种鱼类疫苗已获得国家新兽药证书。虽然这些鱼类疫苗在试验应用中已经显现出优良的保护效果和安全性，具有良好的应用前景，但国内目前仅有两种鱼类疫苗获得生产批文，用于商业化生产。在鱼类疫苗接种和导入技术方面，浸泡、口服等疫苗导入技术成为研发的热点，国内多家科研机构和大专院校已对浸泡和口服疫苗佐剂进行了深入的研究，并成功筛选出多种免疫佐剂，用于促进疫苗抗原经浸泡或口服免疫途径吸收，从而提高疫苗的应用效果。

总体来看，随着我国在水产病害防控领域科研投入的不断增加，水产养殖病害研究的基础条件得到了改善，研究体系逐渐健全，科技队伍素质显著提高，特别是在水产养殖病害诊断与病原检测、疾病流行病学与致病机制、疫苗制备与生产性应用、水产药物研发与药物残留检测等领域，取得了一批重要成果或进展，产生了良好的经济效益和社会效益。

二、存在的主要问题与原因分析

近10年来，随着科学技术的快速进步，我国水产养殖病害领域的基础研究取得了长足发展，病害综合防控技术水平也不断提高；尤其是"十一五"以来，我国在水产病害病原学、流行病学、检测预警技术和免疫防控技术等方面都取得了较大的进展。但与经济社会发展的现实要求相比，与发达国家的研究水平相比，我国水产养殖病害研究的总体水平仍有较大差距，基础研究和应用基础研究仍然比较薄弱，自主创新能力不强，原始创新成果不多，技术集成度不高，产、学、研结合不够紧密，科研成果转化应用效率低，这些问题仍然制约着我国水产养殖病害研究领域的发展。病害研究领域学科在研究方向布局、原始性创新成果、支撑产业发展能力方面还存在不足；病害学科不同研究方向发展水平存在较大差异，有待统筹考虑；诊断预警技术方面急需有原始性创新的突破；病原入侵机制研究有待形成重大成果；免疫防控技术和产品的产业化水平尚需进一步提高；学科支撑产业发展的能力亟待加强。

（一）对水产病害的认识存在偏差，使病害防控研究整体投入少

我国拥有世界上最大的水产养殖产业，也有世界上最多和危害最大的水产养殖病害。病害已严重威胁到我国水产养殖产业的可持续发展及水产养殖产品的食品安全。但决策者常常无视疾病复杂性及其控制策略的关键科学问题，水产病害科学领域的自身规律常被归结到水生动物遗传属性、养殖技术或环境生态问题，病害防控常常只被当成技术性问题而不是战略性问题，行业管理、科学研究到产业发展中对病害防控研究的认识存在不同程度的偏颇或误导。这些片面的认识使得一直以来水产养殖病害防控研究领域难以作为可

持续发展的战略需求而持续性地获得长期稳定支持，学术和技术发展多聚焦于短期性、应急性、局部性和技术性研究，缺乏长期性、规划性、整体性和战略性布局。与同等重要的其他学科相比，学科发展的经费投入严重不足，使得病害防控相关的关键科学问题未能得以系统性地长期立项和深入研究，基础科学问题被各种项目片段化，大量研究在低水平重复，科研创新和技术集成水平显著滞后于学科和产业发展的需求。

（二）水产流行病学需要持续的系统性研究，但长期未受关注

流行病学是研究特定疾病、健康状况的分布及其决定因素，并研究防治疾病及促进健康的策略和措施的科学，是疫病防控的基础。当代流行病学的研究，不仅要掌握疫病的存在与发生的情况，也要掌握引起疫病的病原及其存在、分布和时空变动情况，还涉及疫病样品和病原材料的系统性保存与库集，以及生产中的防控技术运用和用药情况的调研；如能进一步深入，则还能延伸到在分子水平揭示病原的分子变异，从分子水平说明病原变异的存在情况，以及病原基因型感染、传播及其危害的状况与机制等领域。水产流行病学是长期性、基础性的学科，需要持续性的数据积累和深入分析，以此来全面反映出产业所面临的具体危害，及时发现生产中出现的新发疫病，为健康养殖和有效的疫病防控提供关键数据，为行业管理的科学决策提供应对疫病问题的依据。但长期以来，水产流行病学调研和分析难以得到关注和支持，基础数据严重缺乏系统性和连续性，疫病样品和病原微生物资源未能得以有效地系统性保存、库集和共享，水产病害防控技术的运用及生产中用药情况的数据更是没有人能说清的问题。这样的局面使得疫病防控从生产应用到科学研究再到管理决策都存在很大的盲目性。病害防控在生产上技术及药物应用混乱，管理上缺乏及时有力的决策和措施，研究上未能抓住关键等问题比比皆是的情况也就不足为奇了。

（三）水产养殖病害的专门研究机构、中试车间、中试基地严重缺乏

我国动物卫生专门研究机构包括中国农业科学院哈尔滨兽医研究所、兰州兽医研究所、上海兽医研究所、北京畜牧兽医研究所、

兰州畜牧与兽药研究所、长春兽医研究所等专业性研究所，还有农业部直属的中国动物疫病预防控制中心、中国兽医药品监察所、中国动物卫生与流行病学中心等三家技术支撑机构，各省（区、市）还设有动物疫病预防控制中心、兽药监察所等，这些动物卫生专门研究和防控机构为我国兽医领域的科学技术发展和动物卫生管理提供了强大的支持。但所有上述机构均基本不涉及水产养殖病害问题，我国水产养殖病害防控缺乏如同兽医领域那样的集中性的专门研究机构，国家级的研究队伍多分散在中国水产科学研究院相关水产研究所、中国科学院少数研究所及大专院校，水产病害监测防控队伍也多由省以下的水产技术推广系统或省级水产研究所下属的部门组成。面对我国众多的养殖品种的大量病害问题，这种分散性的科研机构及监控队伍难以得到有效组织来针对一系列问题系统性、长期性地开展深入的研究和监控工作，这显著影响了对水产养殖病害问题的研究水平和监控能力的发展。在水产养殖病害研究中，应有水生动物病原感染实验室、病控产品研发中试车间、渔药及疫苗临床实验基地、防病技术临床应用示范基地等进行研究，但全国没有一家专门为病控研究建设的上述实验室或实验示范基地。大多数水生动物病原感染实验室不是专用的，且条件简陋，生物安全措施不达标或没有任何生物安全措施，水生动物感染研究难以在严谨条件下开展。病害防控技术、渔药及疫苗的临床试验也基本都是直接在各养殖场开展，这一方面带来极大的风险，另一方面也影响了临床试验的科学性和可靠性。

（四）水产养殖病害产学研结合不紧密，研究与产业需求明显脱节

水产养殖病害防控需要产学研的紧密结合，以保障"产业问题-样本和数据-科学研究"链的有效形成和促进"理论创新-技术研发-产业应用"的有效转化。但由于科技计划投入不足，竞争性项目的短期行为，中试车间和临床试验基地的缺乏，科研绩效考核体制的缺陷，以及研究生培养制度的缺陷，导致水产养殖病害领域的产学研结合不紧密。研究人员不注重生产问题的调研和跟踪，研究生培养远不能满足科研机构的需求却在大学中富余，研发的技术专利很少转化应用，科研人员没有兴趣或能力对病害防

控技术进行科普，产业中的病控技术任由药企销售人员推广，水产养殖从业人员的病防知识普遍存在误区，使得病控研究的成果与产业需求明显脱节。

（五）水产养殖健康的生物安保概念未被充分认识

根据世界动物卫生组织（OIE）的定义，生物安保是指为降低病原的传入、留存和扩散的风险，在设施和管理上所要采取的一整套措施[31]。长期以来，水产养殖产业的发展中对病原的传入、留存和扩散的风险视而不见，水产种苗进出境走私及不严格检疫导致了国外各种病原的传入，国内种苗的跨省及跨地区、跨流域运输缺少产地检疫制度，水产种业的原良种场建设和管理不审查病原检测和疾病防控措施的实施情况，养殖场、育苗场有疫病发生时不按规定上报，按法规要求开展水生动物疫病控制的预算不足等。水产病害防控与健康养殖是紧密相关的环节，但在研究和实际中，疾病防控只谈病控的技术，健康养殖只谈养殖技术的情况成为常态，疾病防控与健康养殖的互不相关反映了在行业管理、科学研究、实际生产中对生物安保概念缺乏充分认识。

（六）水生动物疫病监测和防控的机动能力滞后于生产需求

我国对水生动物疫病防控的管理是依据《中华人民共和国动物防疫法》开展的，其中动物疫病病种名录是实施防疫管理的重要依据。由于水生动物疫病病种名录与陆生动物疫病病种名录是混合发布的，而陆生动物的亲缘关系近，种类多样性低，养殖环境比水生动物稳定得多，其疫病新发的种类和数量远远低于水生动物疫病。当前采用的一、二、三类动物疫病病种名录是农业部于2008年12月发布的，近年来没有任何调整，而该名录在制定时对原因不明的疫病不予收录，虽然对虾偷死病当时已经存在，但未能被收录；AHPND当时还不存在。与此相比，亚太水产养殖中心网络（NACA）的亚太水生动物疫病季度报告名录和OIE的水生动物疫病名录等国际水生动物疫病名录却有每年更新的机制。我国动物疫病名录无定期更新计划，导致更新周期过长，不仅使我国应对国内动物新发疫病的反应行动迟缓，造成疫病蔓延，而且可能有损于我国履行国际动物卫生义务及在国际贸易中的信誉。因此，必须建立更有效的水生动物疫病防疫管理病种名录的调整机制。

渔业局通过全国水产技术推广总站建立了鱼类、甲壳类、贝类、两栖类、爬行类等水产养殖动物的近150种病害和部分藻类病害的测报体系和队伍，并已连续开展了十多年的月报工作，为我国水产养殖动植物病害防控的管理做出了重要贡献，近10年来，还逐步启动并扩大了对8种重要水生动物疫病病原的专项监测工作，较准确、系统地掌握了这些病原的流行情况，有效提高了我国水产养殖动植物病害防控管理的整体水平。但作为相关测报依据的水产养殖动植物病害测报名录却一直没有变化。偷死病在我国对虾养殖业中存在已经超过15年，AHPND在我国的发生也有7年。尽管这些病害对我国水产养殖产业的危害在逐年递增，并严重威胁了我国产业发展，但水产养殖动植物病情月报中一直未能反映出该疫病的数据，使我国水产养殖健康管理无法对新发生的病害情况及时做出有效反应，相应的技术标准也未能提到议事日程，有必要尽快对水产养殖动植物病情测报和监测计划进行调整。

（七）水生动物卫生体系内及其与兽医体系的交流和协调需要强化

动物疫病的防控在任何国家都是政府的职责。根据OIE《陆生动物卫生法典》，国家的动物疫病的防控由政府兽医主管机构管辖下的兽医体系（Veterinary Services，VS）实施，兽医体系是国内实施动物卫生和动物福利相关法规和标准的政府和非政府组织的集合；OIE《水生动物卫生法典》确定实施水生动物疫病防控的方面专门有水生动物卫生体系（Aquatic Animal Health Services，AAHS），该体系由负责和有能力实施水生动物卫生措施的兽医主管机构或政府其他相关主管体系管辖。我国的兽医体系和水生动物卫生体系均由农业部负责管理，依据《中华人民共和国动物防疫法》运作。水生动物卫生体系的运作由兽医局和渔业局协调管理，全国水产养殖病害防治体系具体实施相应的水生动物疫情测报、防控、培训和技术推广等工作，各相关研究机构具体实施相应的疫病流行病学研究及防控理论、技术和标准的研发等工作，进出境检验检疫系统承担跨境水生动物及其产品的检疫工作，非政府的药物生产企业及水生动物执业兽医起到药物生产、销售及诊断、防治等作用。OIE《水生动物卫生法典》指出，国家水生动物卫生体系内及其与兽医体系

的交流和协调对于实施良好的水产养殖疫病管理和控制的职能十分重要，但我国的水生动物卫生体系内的各个部分间的信息交流不足，使得水生动物疫情报告、流行病学监测和病害研究等信息沟通不畅，研究发现的新的疫病问题不一定能及时反馈到行业管理；行业主管部门难以准确掌握水产养殖企业和区域的病害损失、病控实施和用药情况等。水生动物卫生体系和兽医体系之间的协调不足，水生动物卫生体系在国际和亚太区域的水生动物卫生事务中的参与程度不够；水生动物卫生体系的经费投入与兽医卫生体系的投入及产业规模和病害问题的比例不相称，水生动物卫生体系的硬件建设、网络建设和人员能力提升水平与兽医体系及产业发展需求相比均显著落后。

三、国外发展现状

水产生物病害病原学研究一直是世界范围内十分活跃的研究领域。在水产动物病毒研究方面，集中在分子流行病学、病毒结构、分类地位、致病机制等领域。国际上对水产动物细菌性病原也有较为系统和全面的研究，主要集中在嗜水气单胞菌、爱德华氏菌、鲁氏耶尔森氏菌、鳗弧菌、副溶血弧菌、创伤弧菌等的血清学快速检测、病理学、致病因子与致病机制及基因结构和表达等方面。

2010年6月，越南报告了在其南方发生严重的对虾病害（即后来认识到的AHPND），对其凡纳滨对虾产业几乎造成了毁灭性打击。2011~2012年，这一病害逐步扩散到了马来西亚和泰国，2013~2014年蔓延到了墨西哥和危地马拉。2013年越南南部湄公河三角洲仍有将近80%虾养殖户受到AHPND影响，该病在泰国导致对虾养殖减产近60%；马来西亚的养殖虾产量相比往年也明显下降[32]。

养殖对虾中新发疫病近年来已引起了不同国家越来越多的研究者关注。美国亚利桑那大学于2010年从我国海南和越南获得了对虾发病样品，证实了引起早期死亡综合征（EMS）的病原；泰国玛希隆大学证实更多的细菌性病原与EMS相关，并发现肠胞虫感染引起对虾生长缓慢；越南芹苴大学、美国奥本大学和马来西亚博特拉大学的研究团队也开展了富有成效的工作，证实引起AHPND的副溶血弧菌不带有对人致病的毒力基因，该疫病不存在公共卫生风险。经研究表明，该病病理学特征是对虾的肝胰腺呈现急性坏死，肝胰腺管的B、F和R细胞功能异常，肝胰腺血细胞浸润，发病晚期呈现广泛的细菌性感染[33]。美国、泰国、越南、荷兰、印度尼西亚等地的学者还相继开展了该病的诊断技术、健康养殖技术和防控药物的研究，发布了该病的PCR诊断方法，研发了相关试剂盒；实践了罗非鱼-对虾围隔养殖模式的控病效果；发现一类酯类对该病具有治疗作用等。我们除对偷死病开展引领性的研究工作以外，也积极开展了AHPND的研究并参与了国际交流，在2010年从该疫病中最早分离出了一种高致病力的副溶血弧菌，发现其具有很强的抗药性；2012~2014年分离了数十株副溶血弧菌，建立了该菌的卤虫快速毒力检测方法，证明引起AHPND的副溶血弧菌存在不同的毒力，并从致病性副溶血弧菌中鉴定出一种致病相关基因，从而建立了AHPND的PCR和LAMP检测技术，还研发了特异性检测试剂盒，筛选到多株对副溶血弧菌有抑制作用的有益微生物，并开展了生物絮团等微生物技术防控该疫病的研究。

AHPND已先后被NACA、FAO、OIE、全球水产养殖联盟（GAA）和世界银行（WB）及多国政府高度关注。针对AHPND的流行，国际上陆续采取了一系列措施予以应对。2011年NACA水生动物专家顾问组对该病开展了专门讨论，并于2012年8月联合澳大利亚农业、渔业与林业部（DAFF）在泰国曼谷就该病召开紧急磋商会议，确认了该病的典型症状和病理特征，对该病进行了定义，指出AHPND在地区内具有明显的传染性，为生物性病原所导致，并随后确定将该病列入亚太水生动物季度报告名录。2013年5月GAA发布媒体消息称，美国研究人员初步确定该病的病原。FAO将EMS/AHPNS作为其2013年在亚洲的首要任务，支持了越南申请的技术合作计划（TCP），在该项目的支持下，FAO多次派出美国、泰国等国际对虾病害及养殖专家赴越南开展疫病调研，越南相关机构也启动了针对该疫病的专项研究和技术示范，2013年6月FAO联合越南农业与发展部（MART）就该项目进行了总结及国际研讨会，会议确认了特定的副溶血弧菌是AHPND的病原菌，并对该病的防控提出了相应的措施建议；自2012年4月开始实施的该项计划使AHPND对越南对虾养殖的危害大大下降，2014年AHPND的发病面积降低到2012年的1/4。OIE水生动物卫生标准委员会在2013年10月至2015年2月多次会议讨论收录AHPND，并发布了AHPND的疫病信息卡（Disease Card），起草了AHPND的诊断手册章节。2013年8月墨西哥联合

OIE美洲区域委员会针对该病开展了专家咨询会。2013年10月GAA在法国巴黎召开了该病的专家研讨会，随后，WB支持GAA组织开展EMS的案例研究，2014年3月GAA在越南对该病开展了案例研究问卷研讨和技术讨论会，并确定了案例研究的计划和方案，2014年8月FAO还联合墨西哥政府召开该疫病防控的国际咨询会。

目前，虽然国际组织及多国研究人员确定了EMS/AHPNS的病原，包括我国在内的多个国家也已向OIE/NACA报告了AHPND的存在与流行，但国际上对偷死病的问题尚未足够关注，国外学者多数还只知道特定的副溶血弧菌是当前对虾疫病的重要病原，还未发现CMNV在对虾中的存在及其危害。我们在2012年NACA对EMS的紧急研讨会、2013年FAO/MART的EMS TCP总结研讨会等国际会议中澄清AHPND在我国最早也是于2010年发生，2009年以前有"偷死病"这种未知疫病的存在；在发现CMNV后，通过农业部向NACA和OIE报告了CMD作为一种新发疫病的存在，从越南采集的发病对虾样品中也检出了CMNV，通过国际合作证实CMNV在印度、泰国和印度尼西亚等国家存在和流行，表明该病毒可能已经影响了更多国家，这一新发疫病在国际上的存在和流行情况开始得到FAO、GAA等的关注。

国际水产疫病诊断预警技术研究集中在利用现代分子生物学技术开发水产动物病原快速、灵敏检测方法和产品方面，目前已基本建立了各种常见水产疫病病原的PCR、荧光定量PCR的检测技术，开发了多种水产疫病病原的抗体检测、核酸杂交检测技术。基于DNA环介导的恒温扩增（LAMP）的水产病原快速检测技术呈现爆发性发展的势头，近5年来，已基本建立了常见水产动物病毒的LAMP检测技术。上述分子生物学检测技术由于具有灵敏度高、特异性强等特点，已成为国际上普遍采用的水产动物病害预警和诊断方法。

近年来，水产养殖动物免疫机制与免疫防控技术领域的研究已发展成为国际水产病害学科的热点领域，特别是在抗原分子结构、免疫应答机制、细胞免疫活性及疫苗制备技术等方面取得了丰硕的研究成果。由于使用化学药物容易造成药物残留及病原的耐药性，应用疫苗或病原感染阻断技术进行水产养殖动物疾病的防治，已成为国内外主要的研发方向。目前国际上针对24种水产病原已有100余种鱼类疫苗批准上市，其中已商品化的鱼类病毒疫苗6种，细菌病疫苗20种以上，用于防治弧菌、发光细菌、耶尔森氏菌、爱德华氏菌及链球菌等的感染。多数商品化细菌疫苗是灭活产品，少数是亚单位疫苗。DNA疫苗作为研发的热点，近年来发展迅速。鱼类疫苗生产及使用集中的国家及地区为北欧的挪威，亚洲的日本，美洲的美国、加拿大和智利等。这些疫苗已成功地接种于鲑科鱼类、鲷科鱼类、鲈形目等鱼类。日本近年水产疫苗发展较快，2001年水产疫苗仅4种5制剂，2006年有9种17制剂，2010年已发展到11种23制剂。国外疫苗接种途径主要是以多联形式腹腔注射于鱼体，少数是通过浸泡免疫或口服免疫。在对虾病毒病的防控方面，目前主要是利用养殖水环境（微生物及水质）调控，使用免疫增强剂等综合控制病毒病暴发。也有应用RNAi技术和病毒感染阻断技术，进行病毒病防治的研究报道。

  国际上近年来在水生动物卫生领域越来越重视生物安保概念。在1995年世界贸易组织（WTO）制定的《实施卫生与植物卫生措施协定》（《SPS协定》）的基础上全球生物安保战略逐步得到了发展，FAO、OIE等国际组织近年来在动物卫生和水生动物卫生领域积极推崇这一概念并进行了明确定义。在水产养殖领域，2009~2011年在挪威召开了两次国际水产养殖生物安保大会，与会专家组织了国际水产兽医生物安保联盟（IAVBC）。挪威大西洋鲑养殖业的成功被全球公认，多年来人们注意到其疫病控制得益于疫苗技术的应用，但这只是其对大西洋鲑养殖业实施生物安保而取得成功的技术手段之一，挪威在大西洋鲑养殖业方面的严格立法、产业区划、兽医体系、流行病学监测计划、疫病报告和监管、鱼类种苗场和养殖场检疫、养殖场及其死鱼的消毒措施、养殖场休养等各方面都做得非常严格规范，这些工作代表了国家和企业层面的生物安保水平，通过这些工作，有效地保证了鱼类养殖场疫病风险降到了疫苗可控的水平，从而通过也属于生物安保风险管理的强化免疫措施实现了现代化的疫病控制和养殖健康水平。早在20世纪80年代中期，美国农业部支持的"联邦海产对虾养殖计划"启动的凡纳滨对虾无特定病原（SPF）培育工作实际上就成为了水产养殖中实施生物安保的典范，通过严格的病原检疫和监测，通过设施和技术措施严格消除对虾种苗选育的整个过程中的疫病风险，美国在世界上首次实现了凡纳滨对虾种苗的SPF[34]，支持了其在种苗选育方面取得持续的成功，并形成了

国际公认的技术方案和操作规范，得以在多家凡纳滨对虾育种企业中广泛应用。国际上后续在新加坡、泰国、印度尼西亚、印度等开展的凡纳滨对虾育种工作中，均采用了上述生物安保的思路和规范，其中印度尼西亚还让该国在为WSSV疫区和亚洲唯一的IMNV疫区的状况下实现了生物安保隔离区的建设，达到了SPF种苗培育的标准，并在《OIE通报》进行了生物安保隔离区的自宣告[35]。国际上在凡纳滨对虾种业上实施的生物安保计划使2000年以来凡纳滨对虾从美洲的地区种成为了全球对虾养殖的主要品种，我国的对虾养殖业中凡纳滨对虾的比例也从20世纪的几乎为0上升到当前的近85%。

四、发展战略与关键技术

（一）发展战略

1. 形成健康养殖与病害防控的整体思路，构建水产健康生物安保体系

我国作为水产养殖大国，产业发展规模空前，养殖模式多样，而水产病害问题已成为养殖业发展的瓶颈，危及产业的正常发展和水产品的质量安全。要实现养殖产业的健康可持续发展，其关键是要有效做到生物风险管理。在国家、区划和企业水平逐步构建和实施生物安保技术体系，采用OIE推荐的区划（zoning）和生物安保场（compartmentalization）管理理念[31]，为此研发相应的管理体系和技术规范。并将相应体系和规范在国家/区域水平及原良种场/育苗场/养殖场水平开展检验、示范、应用和推广。在国家/区域水平，以政府为主导，研究管理体系，包括重视和支持生物安保理论、技术与体系研究，完善生物安保相关的法规、标准的建设，从生物风险防控角度考虑产业布局、规划与区划，建立有效的区划，制定、落实区域间的生物安保控制方案并开展实施，健全流行病学监测与报告系统，在生物风险评估基础上制定种苗引进计划，全面加强水生动物及其产品的进出境检疫，完善和逐步实施国内水生动物产地检疫规则与计划，开展无规定疫病场建设标准的建立并启动认证工作，建立全面的水生动物卫生应急防控计划，加强水生动物疾控队伍和机构建设，完善水产

兽医体系建设和管理，大力支持水产防疫技术和产品产业发展，广泛开展水产生物安保技术体系在产业中的技术培训、推广与应用；在原良种场/大型育苗场/大中型养殖场水平，以企业为主导研究技术规范，在场区基础上建立生物安保小区，根据养殖品种、养殖模式和养殖条件确定生物安保小区的生物风险级别，制定生物安保小区的监测计划，构建物联网监测系统，建立生物风险可追溯管理体系及其运作的审核方案，集成疫病防控的相关技术方案，逐步实现生物安保小区的无疫化普及[36]。

2. 关注水产病害防控资源管理，构建开放共享的水产疫控资源库

水产养殖病害防控的基础和技术研究均需要水产病害相关的病害标本、样品、流行病学病案、微生物群落、致病微生物、有益微生物、环境微生物、标准微生物菌株、相关功能基因及其产物、抗原、抗体、诊断参考物质、水生动物细胞系、实验水生动物、药物原料和渔用诊疗制剂等作为研究的物质基础，这些均构成了水产疫病防控相关的资源，简称水产疫控资源。致病微生物、标准菌株、诊断参考物质、水生动物细胞系、实验水生动物等常作为水产病害防控研究的标准物质或基础物质平台得到广泛应用，有研究背景和文献记录的疫控资源在后续研究中常作为基础资料和对比的对象被重复使用。目前，水产疫控资源基本分散在各研究者、收集者的手上，管理和共享机制不统一，其中很多因为研究工作的繁忙而未得以有效保藏，而我国当前以竞争性项目为主要科研管理机制的体制下，水产疫控资源常常因研究的完成或项目的终止而流失。研究者自身可能都会难以再利用，导致需要更深入的研究工作成为无米之炊，需要物质基础保障连续性的研究工作因为材料的更换而丧失比较价值。水产疫控资源对于水产病害科学和技术研究具有重要意义，有必要对此加以关注。构建水产疫控资源库，建立水产疫控资源开放共享的管理机制，开展水产疫控资源的收集、分离、鉴定、保藏、研发、标定、归档、发布，并利用"互联网+"的机制进行公益性或商业性服务，将逐步惠及整个水产养殖病害防控研究，提升整体研究的系统性、连续性、准确性、可比性和科学性。

3. 重视水产养殖流行病学,构建水生动物流行病学理论与技术体系

水产养殖常常是一种以海量个体的群体为操作单位的生产方式,其疫病在群体水平的发生和防控比个体水平具有更重要的意义。流行病学是研究特定群体中疾病的发生状况及其决定因素和群体中疾病防治策略的科学,因此流行病学对于水产养殖的疫病研究具有十分重要的意义。但多年以来,水产养殖流行病学研究普遍被看成一般的情况调查而不受重视,相关理论和技术的研究长期无项目支持,基本上沿用医学的流行病学的一般概念和理论。开展水产养殖流行病学监测和调查的技术、模式、方案等基础体系均未得以建立,水产养殖流行病学监测计划的构建缺少系统性的标准。水产养殖疫病传播规律与陆生动物有很大差别,与医学疫病的差别更大,不对水产养殖流行病学的理论与技术开展深入研究,就可能难以正确建立流行病学监测计划,难以对特定疫病开展有效的流行病学监测,所取得的数据资料可能不能反映疫病流行的真实情况,进而会让我们对水生动物疫病发生规律不能真正认识,从而制定出错误的疫病防控策略和措施。水产养殖流行病学研究涉及范围广,与产业关系紧密,数据要求多,工作难度大,成果产出难以预期,因此很多研究者在这个科学问题上知难而退;水产养殖病害研究自身的学科创新性不足,受医学、兽医学研究方向影响较大,而医学、兽医学研究偏向个体水平的致病机制研究领域,也让很多研究者更多关注致病机制等分子水平的研究领域。这些问题导致研究者对水产养殖流行病学的忽视。因水生动物自身的特点,水产养殖疫病在很多方面与医学及陆生动物兽医学有不能忽视的差别,尤其是水生动物具有的种群多样性、群体性和环境复杂性,导致其病原种类多,病原多种宿主共栖常见,种间传播频繁,基因变异高发,因此其病原流行病学及病原生态学远较医学及陆生动物情况复杂。水生动物流行病学在分子水平、个体水平、群体水平、种群间水平和生态水平均有重要的研究价值,存在诸多的尚待深入完善的基本理论和基础技术问题,构建水生动物流行病学的理论和技术体系对于水生动物疫病监测与防控具有重要的意义。

4. 调整防控技术研究重点，构建以产品为目标的技术研发链

水生动物疫病防控技术研究是本学科中受到重视的研究领域，多年来，疫病的诊断技术、疫苗技术、有益微生物防病技术等是该领域的主要研究热点。但在从技术到产品的发展中出现明显的鸿沟，技术创新方面的科研投入很少走到最终的商业化产品。这一鸿沟的存在，主要可能出于以下几方面原因：一是防控技术研究应用价值和创新性不足，缺少商业化转化的必要性或可行性；二是研究工作缺少以产品为目标的技术路线，研究技术实现后即不再向产品研发方向深入；三是缺少以产品为目标开展研究所需要的设施条件，研发遇到客观障碍；四是目前研究机构的考核机制只鼓励能发表论文或申报专利的研究工作，一旦做到了这些，向产品研发的研究工作可能就没有动力了。诊疗制剂是水产养殖业防控疫病的重要工具，技术研发不实现产品化，水产养殖产业就难以应用研发的成果，最后导致研发投入失去价值，水产养殖行业也不能有效实现疫病防控能力和技术的升级，因此能以产品形式实现的疫病防控技术的研究应该实现技术的产品化。技术的产品化是指技术研究面向技术用户的需求，通过以产品为目标的相关技术创新或集成研究，将技术固化到产品之中，为用户对技术的方便获取和应用提供解决途径，为病控技术到产业化的跨越提供中间跳板。技术产品化，让从事技术的研发者更好地完成技术研究，优化各技术环节的参数，让技术达到产业化前所需的条件，甚至根据国家相关要求，完成病控产品的注册，从而在技术产业化的知识产权上占据更大份额；技术的产品化，也让从事产业化的企业者看到技术的具体表现形式，降低技术产业化前所需要面临的投资风险，更清楚地进行技术的商业分析，尽快确定投资规模并早日获得产业化收益。因此技术研究的目标应该从以前的完成技术验证、申报专利或发表论文等，进一步推进到实现技术的产品化，这样将能大大推进疫控技术的产业化进程。

5. 围绕产业发展的关键疫控技术问题，构建产学研结合的新机制

经过改革开放后30多年的发展，我国已经在相关大专院校、科研院所、防疫机构及企业和产业中建立了一支规模在3万~5万人的水产养殖病害基础研究、技术研发、监测防控和推广应用的水产疫

病防控队伍。其中科研队伍主要分散在中国水产科学研究院下属的研究所，部分涉农、涉海或综合性大学的相关学院，中国科学院水生及海洋相关研究所，国家海洋局部分研究机构，相关检验检疫机构，省市级水产或海洋相关研究所等，面对众多的养殖品种的大量病害问题，在多年的研究中，围绕我国水产养殖病害问题取得了大量研究成果，近20年来，在国家鼓励基础、应用基础研究和技术创新的政策下，大量科研人员越来越关注SCI收录期刊和高影响因子的论文，水生动物病原与宿主互作机制、宿主免疫调控网络等成为研究热点，甚至某些国际期刊上的大部分论文已被国内研究者占据。但同时，高层次研究者与生产需求的距离越来越远，与国内水生动物疫病防控体系极少联系，研究成果很少对国内水产养殖业的疫病问题产生有效影响。分散性的科研机构难以得到有效组织，多数研究团队在水生动物疫病防控体系的责任不明确，对我国水生动物疫病防控体系未能发挥应有的技术保障和支撑作用。2009年以来农业部实施的产业技术体系为产学研结合探索了一条有益的途径，使相关研究的团队与产业根据养殖种类的需求形成了较为紧密的联系。但由于科研人员的考核体制未发生根本改变，在体系内的团队依然有很大一部分未完全做到有效的产学研结合。完善的产学研结合能有效调动我国高精尖的研究团队针对产业迫切需求，对其中的科学和技术问题开展深入研究，从而能更为有效地促进我国产业的发展。应从体制、机制进行战略调整，通过一系列政策措施强化产学研的结合，并在实践中不断完善。例如，在研究与产业的结合方面，将水生动物疫病防控研究团队面向水产养殖中的疫病具体问题及与养殖业联系的紧密程度作为团队绩效考核的一项重要内容；在人才培养与产业结合方面，将研究生培养更多向研究机构和产业倾斜，还可探索研究机构按研究生培养模式与水产养殖企业合作进行年轻人的升级培养。产学研结合的形式有多种，只要在政策上合理运用，改变当前简单化的量化考核方式，将大大促进科研、教育和企业的科技进步和人才培养。

6. 加强水产疫病防控管理国际合作，提升水生动物健康管理水平

国际上在水生动物卫生领域有一些可以利用的资源，有效利用

这些资源开展水产养殖疫病防控管理的国际合作，对于提升我国水生动物健康管理水平将有显著的推动作用。例如，OIE有全面的水生动物卫生的管理和技术标准，建立有49个水生动物疫病OIE参考实验室，发展了一套可用于各国对国内水生动物卫生体系的效能进行评估的水生动物兽医体系质量评估工具（PVS Tools-Aquatic），设立了提升国家参考实验室能力的实验室结对计划；亚太水产养殖中心网络（NACA）有年度水生动物健康顾问组会议，对相关成员国的水生动物健康管理工作进行总结和评价，建立有水生动物疫病季度报告（QAAD），出版了亚太水生动物疫病诊断手册，在不同国家设立有水生动物健康资源中心和亚太水生动物疫病参考实验室。在2014年6月召开的国际对虾产业发展研讨会上，FAO渔业资源官员在分析世界各国应对对虾新发病害相关工作的基础上，倡导相应国家加入FAO技术合作计划（Technical Cooperation Programme，TCP），支持就养殖对虾新发疫病的研究、防控等开展更广泛的国际技术合作和交流。FAO相关官员建议中国政府向FAO申请紧急TCP（emergency TCP），对AHPND、CMD等新发疫病开展合作。我国能利用FAO的TCP平台召集国际和国内相关专家对水生动物疫病开展联合调研，更快查明我国水生动物重大新发疫病在产业中的流行情况及其相互作用，引进和示范有效的疫病防控技术，构建养殖场水平、区域水平和国家水平的生物安保体系，使我国水产养殖疫病防控的生物安保管理和技术水平整体达到国际先进水平。

（二）关键技术

1. 水产养殖病害诊断与分子流行病学监测技术

水产养殖病害诊断技术是通过免疫学、分子生物学等手段实现对病原的快速高灵敏度检测，借助于发病症状、病原检测、病理变化、生理特征等实现病害的确诊，对多病原感染地位作出正确判断；水产养殖流行病学监测技术是建立水产养殖病害的流行病学调查技术，发展水产养殖生物病害流行病学监测、风险评估及预警技术体系，开展海水养殖生物疾病的发生水平与流行趋势评估，构建病害预警体系的技术。该项技术应注重发展水产养殖病原快速检测技术、组织与细胞病理学技术、水产养殖病原分离与鉴定技术、养殖生物健康指标检测技术、水产养殖病害的分子流行病学监测技术、危害

分析技术、风险评估与管理技术、病害发生数据库与报告技术等。

2. 水产养殖病控相关资源鉴定及库集技术

水产养殖病控相关资源是指能在水产养殖病控中发挥作用的分子、细胞、微生物和动植物资源，包括抗病因子、抗病基因、抗病遗传标记、疫苗抗原基因、病毒黏附蛋白及其受体、病毒敏感细胞株、病原微生物、有益微生物、环境微生物、可用于生态防病的水生生物、可用于药物开发的药源植物等。该技术是要筛选、鉴定、克隆、表达和分析上述资源在水产养殖病害防控中的潜在价值，研究相关资源的收集、保藏、保有技术，建立病控相关资源库。该项技术涉及的主要内容包括抗病基因鉴定、克隆与表达技术、抗感染蛋白质组学和免疫组学技术、水生动物细胞培养与应用技术、模式水生动物培育与应用技术、病原微生物保护性抗原筛选技术、有益微生物筛选与遗传操作技术、水产养殖相关微生物资源保藏技术、多元生态防病模式构建技术、水产养殖动物药物分析技术等。

3. 新渔药创制技术

新渔药创制技术是根据国家新兽药研发相关法规，针对特定水产养殖动物病害防控或为了提高特定水产养殖动物的健康水平，开展安全、高效的新诊断制剂、新化学药、新中草药、渔用新生物制品（包括疫苗）、微生物新药剂等的原料筛选和制剂研发，完成药物临床前研究，建立药物的药品生产质量管理规范（GMP）生产技术工艺和质量标准，通过临床实验和安全性试验，取得新药生产许可。该项技术涉及的主要内容包括病害诊断制剂和试剂盒研制技术、水产用中草药研制技术、渔药生物制品（包括疫苗）研制技术、水产化学药物研发技术、非特异性免疫增强剂研发技术、疫苗佐剂技术、渔药药源高效筛选技术、渔药有效成分高效导入技术、渔药GMP生产技术工艺和质量标准、渔药临床试验技术、渔药安全评估技术等。

4. 水产养殖病害药物防控技术

水产养殖病害药物防控技术是针对特定养殖动物的病害防控，从已有渔药中筛选高效安全的防控药物，研制特定病害的防控复方及其施药技术，建立渔药对特定病害的药效学模型及其在特定养殖动物中的药动学模型，消除药物应用对养殖生态环境的负面影响。

该项技术涉及的主要内容包括针对特定病原的渔药快速筛选技术、防治主要病害的渔药复方技术、防治主要病害的渔药临床应用技术、水产养殖动物休药期快速测定技术、渔药安全使用技术等。

5. 水产养殖病害的生物防控技术

水产养殖病害的生物防控技术是通过掌握水产养殖动物与体内外微生物生态相互作用规律，以及养殖系统的不同生物对病害流行的作用关系，建立能控制病原传播、提高养殖动物抗病力或改善养殖生态环境的微生物生态调控技术及养殖系统生态调控技术，以达到病害控制的目的。该项技术涉及的主要内容包括水产养殖微生态体系的监测技术、水产养殖有益微生物技术、生物絮团健康养殖技术、饲料微生物技术、多营养层次综合养殖技术等。

6. 水产养殖相关微生物抗药性监测技术

水产养殖相关微生物抗药性检测与控制技术是以水产养殖系统的主要微生物株系，特别是重要病原微生物株系为对象，建立其抗药性快速高通量检测技术，开展微生物抗药性的流行性监测，建立国家水产养殖相关微生物抗药性监测技术体系，根据微生物抗药性流行趋势制定水产养殖用药调整对策。该项技术涉及的主要内容包括主要水产养殖相关微生物快速分离与鉴定技术、重要水产药物抗性检测技术、适用于水产养殖微生物的药物抗性评价标准、水产养殖企业微生物抗药性信息系统等。

7. 水产养殖健康的生物安保体系

水产养殖健康的生物安保措施是建立对危害水产养殖生物健康的主要病害的快速诊断技术、对病原生物风险的高灵敏度检测技术和水产养殖病害的流行病学监测的技术，发展水产养殖生物病害诊断、流行病学监测、生物风险评估及预警技术体系，建立育种场/育苗场/养殖场生物安全控制技术体系及其操作规范。该项技术涉及的主要内容包括多病害确诊/多病原检测技术、养殖场/育苗场的生物风险分析技术、养殖场/育苗场的生物安保建设规范、养殖场/育苗场的生物安保操作规范、亲体/苗种/群体的检疫技术规范、养殖设施及养殖对象的消毒技术、饲料源生物风险分析及其控制技术、易感性分析鉴定技术、疫病隔离技术、扑灭技术、休养技术等。

8. 水产养殖疫病区域化控制技术

水产养殖疫病区域化控制是指在特定的区域内，通过基于宿主、环境、病原三者关系风险评估，确定疫病发生的风险控制点，采取区域病原监测、疫苗免疫及生物屏障、管理屏障、物理屏障等措施，制定特定区域集成技术参数，生成水产疫病区域化管理规范，构建水产疫病区域化控制技术体系。该项技术涉及的主要内容包括区域水生动物疫病风险评估技术、区域水产养殖病原监测技术、区域水生动物免疫技术、区域水产养殖生物屏障技术等。

五、重点科研计划项目与重大工程建设项目建议

（一）重点科研计划项目建议

1. 水生动物健康生物安保技术体系重点科研专项

借鉴联合国粮食及农业组织（FAO）的生物安保计划框架和世界动物卫生组织（OIE）的国际标准，在水产养殖健康管理中引入生物风险分析和生物安保概念，构建国家/区划和企业水平的生物安保技术体系。

在国家/区划水平，开展生物安保理论、技术与体系研究；采用PVS Tools-Aquatic分析我国水生动物卫生体系现状和问题；鉴定和确认危害我国水产养殖的主要病原种类，评估主要病原的引入途径及其发生概率，研究水产主要病原的暴露和传播机制及其对水生动物健康的影响，建立生物健康风险分析技术体系，完善流行病学监测与报告系统；开展水产养殖病害防控的生物安保技术体系研究，完善种苗引进计划与进出境检疫机制，制定水产养殖生物安保隔离区划的技术规范和监测计划，实施国内水生动物产地检疫，开展无规定疫病场认证，建立应急防控计划；开展疾控队伍和机构建设，完善水产兽医体系；推进水产防疫技术和产品产业发展，开展产业的技术培训、推广与应用。

在企业水平，根据企业基础条件和技术能力，在不同生物安保等级上构建不同类型的生物安保技术体系，进行生物风险可控的管理。对于水产育苗场，建立育苗场生物风险分析技术，开展育苗场的生物风险评估，建立生物风险的防控方案和措施，研发育苗场生

物安保控制相关的技术体系，构建育苗场生物安保控制技术规范，开展育苗场的生物安保控制实践；对水产养殖场，掌握水产养殖场的病害发生和流行规律，构建养殖场疫病监测实施方案，建立养殖场生物风险分析技术，开展养殖场生物风险评估，研发养殖场生物安保控制的相关技术体系，构建养殖场生物安保控制技术规范，开展养殖场的生物安保控制实践与示范。

2. 渔药创制和应用关键技术体系重点科研专项

渔药是水产病害防治的关键工具，高效安全渔药对于水产养殖生物安保、有效预防与控制水产病害、保障水产养殖产品安全等具有重要意义，我国多数渔药研发由各种渔药企业自行开展，渔药研发的创新能力差，低水平重复多，技术平台不统一，渔药产品系列乱，使用参数有效性缺乏科学依据，防控效果差异大，质量安全问题多，各种病害难以找到针对性的有效防控渔药，严重影响了我国水产病害的防控和水产品质量安全，构建渔药创制和应用关键技术体系的需求迫切，我国应集中中央水产科研院所、重要院校及大型渔药研发和生产企业，设立长期的渔药创制和应用关键技术专项，对渔药创制和应用的关键技术开展长期的联合攻关，构建技术体系，研发一批有突出创新的优质、安全、高效渔用药物，彻底改变我国渔药生产、管理、应用混乱的局面。

渔药创制和应用的关键技术体系包括渔药创制关键共性技术、各种类型渔药的研发与产业化水产养殖病害快速诊断试剂盒、水产养殖动物抗感染生物制品、新型化学药物、新型高效现代渔用中草药、微生物制剂、渔药分析技术、渔用药物复方技术、渔用药物高效安全使用技术等。

渔药创制关键共性技术的主要研究内容包括有效功能药源高效筛选技术、渔药有效成分导入技术、渔药临床前研发技术平台、渔药安全性评价技术、渔药GMP生产管理体系、渔药临床试验管理技术；水产养殖病害快速诊断试剂盒，包括水产养殖病原核酸等温扩增快速高灵敏度试剂盒、水产养殖疫病快速诊断试纸条、水产养殖多病原高通量检测试剂盒等的研制；水产养殖动物抗感染生物制品，包括受体阻断剂、抗病功能基因产品、病原分子模式制剂、活性生物分子制剂、siRNA生物制品、单克隆抗体制剂及抗菌肽类生物制剂等的研制；新型化学药物，包括高效、安全、低毒的水产用抗寄

生虫新药、新型消毒剂、水产养殖动物免疫增强新型化学药物、新型抗病毒化学药物、水产用安全新型抗微生物化学药物、水产用新型辅助化学药物等的研制；新型高效现代渔用中草药，包括水生动物高效免疫增强新型中草药、水产用新型抗寄生虫中草药、水产养殖新型抗菌中草药等的研制；微生物制剂，包括抗病微生物制剂、生物絮团微生物制剂、饲料微生物制剂、环境修复微生物制剂等的研制。

在上述各种类型渔药的研发中，需要针对不同的渔药，建立渔药分析技术、渔用药物复方技术、水产病原药敏快速分析技术、渔用药物高效安全使用技术、常用渔药残留蓄积监测技术等。其中渔药分析技术包括研究水产病原菌药敏、病原寄生虫药敏、抗病毒药物效用、免疫药物效用等分析技术，研究水产用消毒剂作用效果评价技术及渔药成分快速灵敏检测技术等；渔用药物复方技术包括研究渔用药物复方的配伍技术、药效学分析技术和检验技术等；水产病原药敏快速分析技术包括研究细菌对抗生素的抗药性、寄生虫抗药性、真菌抗药性、微生物抗药性基因高通量检测技术等；渔药高效安全使用技术包括研究抗感染药物高效安全使用技术、水产用消毒剂高效安全使用技术、免疫药物安全使用技术等；常用渔药残留蓄积监测技术包括养殖生物和环境中常用渔药残留蓄积的样品采集和检测技术标准、监测数据分析和共享平台、不同渔药应用模式下的监测试点和推广应用等。

3. 水产养殖疫病分子流行病学监测技术体系重点科研专项

我国水产养殖动物品种繁多，养殖区域从热带跨越至亚寒带，疾病的暴发具有一定的普适性，也有典型的区域特征。由于缺乏对重要病原的变异性监测，疾病的诊断和预防工作都受到较大限制。项目研究水产养殖病原的高效实用化检测技术、水产养殖新发病害的诊断技术、水产养殖重要病原的分子流行病学监控技术、重要病原易感宿主谱的鉴定技术及水产养殖病害的风险分析和预警技术体系。建立规范化数据的采集、数据库的构建与管理、数据的深度分析与共享平台网络。建立水生动物疫病分子流行病学监测体系规范，开展全国性水生动物疫病分子流行病学监控，开展病毒、细菌、真菌、寄生虫病原的长期监测，重点对区域性水产动物重要病原进行分离鉴定、致病力测定、基因型及血清型分析，及时更新新发疫病的数据，建立适用于我国的重要水产病原的标准血清和基因型，通过对数据的长期收集和分析，构建全国性水生动物疫病流行病学风险分析和水生动物新疫病发生的快速响应机制。为区域性重大疾病的预报预测、疾病暴发的风险分析，以及疫苗或相关防治技术的开发提供基础数据资料。

4. 水产养殖病控相关资源的库集与发掘技术体系重点科研专项

水产养殖病害控制相关资源包括水产养殖病控相关疫病样品资源、微生物菌种资源、寄生虫及原生动物资源、水产养殖重要生物细胞资源、水生实验动物资源、水产养殖相关抗体资源、水产养殖病控相关功能基因资源和水产养殖病控相关药物资源等。水产养殖病害控制相关资源是渔业生物资源的重要组成部分，是水产病害防治领域的宝贵资源，对于研究重大水产病害的发生、发展和流行规律，认识相关病原的特性，研制特异性的诊断方法，研发病控药物及疫苗，开发病害控制技术等具有重要意义，是水产养殖病控学科发展及相关技术研究的物质基础。目前，我国水产科研教学机构已保存丰富的原始样品、微生物菌种、传代细胞系、抗体、功能基因及药源等。由于上述资源采样和研发的难度大、成本高、难保藏、管理散等原因，收集的水产养殖病控相关资源使用效率低下，成为制约研究工作高效开展的瓶颈问题，既不利于这些资源的有效利用，也容易造成流失，甚至有造成病原外泄和流行的危险。此外，收集的样品、微生物菌株等大部分工作停留在保藏阶段，对其功能性及生物信息未能进行深入评价；各研究机构保存的病控相关资源信息未构建共享平台，对我国水产养殖病控技术的发展造成较大制约。为使数量有限的水产养殖病控相关资源发挥最大效能，加快我国水产病控科学和技术的发展，亟待建立科学、规范的水产养殖病控相关资源库，在国家的层面上，收集疫病样品和病原种株，建立资源库使这些资源得到妥善的保管和有效的利用，是水产病害防治领域的重要课题。该项目主要研发水产养殖病控相关资源的采集、库藏、维护和共享技术及相应机制，建立水产养殖病害相关样品资源库、水产养殖相关微生物资源库、水产养殖病原寄生虫及原生动物资源库、水产养殖重要生物细胞库、水生实验动物库、水产养殖相关抗体库、水产养殖病控相关基因资源库和水产养殖病控相关药源库等，利用信息

网络技术，建立病害相关样品资源库的信息共享平台；研究水产养殖相关微生物资源的发掘和利用技术、鱼类疫苗保护性抗原筛选技术、水产养殖生物病原与宿主相互作用相关分子筛选技术、水产养殖动物病毒敏感细胞系培养与应用技术、渔用药源快速高效筛选技术，将极大地促进相关信息的共享和样品的利用效率，为水产养殖病害预防和控制相关学科和技术的发展提供重要物质基础。

5. 水产养殖重要微生物耐药性监测与控制

水产养殖相关微生物耐药性不仅事关水产动物的健康和水产品质量安全，而且危及生态安全和公共卫生，与水产养殖业健康和持续发展、国计民生息息相关。本项目拟针对海水、淡水养殖水域主要的微生物，特别是细菌性疾病的病原微生物，构建适用于水产养殖相关微生物的耐药性评价技术和监测技术，建立水产养殖相关微生物耐药性检测标准和监测规范等公益性技术平台；开展全国性水产养殖相关微生物耐药性监测，构建水产养殖相关微生物耐药性信息平台；综合分析不同区域疾病发生特征及药物使用情况，进行微生物耐药性产生和发展趋势的评价，构建区域性耐药数据库及耐药性风险评估数学模型，实现水产养殖相关微生物抗药性风险评估和预警；通过比较、分析不同时空下微生物耐药性的特征和变化，对主要渔用抗菌药物的耐药性产生及传播机制开展研究，阐明耐药菌产生的因素及耐药性传播的主要途径和方式；提出一套防控耐药性产生及传播的综合性技术手段，集成各项技术，进行示范与推广。逐步解决困扰水产养殖产业发展的瓶颈性难题，促进渔民增收，防范贸易技术壁垒，保障我国水产养殖业持续、健康、稳步发展。

6. 水生动物重要疾病的病原与宿主相互作用分子机制研究

病原的感染和致病是病原-宿主免疫系统间相互作用的结果。细菌和病毒病原突破宿主的黏膜免疫、体液免疫和细胞免疫的多重防线，在宿主体内定植和大量增殖所涉及的调控机制极其复杂，病原必然通过大量与宿主因子的相互作用来干扰宿主免疫。针对国家渔业产业发展的战略需求，瞄准本领域中的关键科学问题，在已有研究工作基础上，从基因水平、蛋白质水平、细胞水平，综合应用分子生物学、分子遗传学、细胞生物学、生物化学及系统生物学等多学科交叉手段，以重要病原白斑综合征病毒、草鱼呼肠孤病毒

（GCRV）、鲤疱疹病毒Ⅱ型（CyHV-2）、传染性脾肾坏死虹彩病毒（ISKNV）、鲤疱疹病毒Ⅲ型（KHV）、致急性肝胰腺坏死副溶血弧菌、爱德华氏菌、嗜水气单胞菌等为研究对象，系统地筛选鉴定与病原侵入宿主相关的病原致病因子和宿主因子，并在分子水平上研究病原-宿主之间的相互作用，在感染动物水平和临床感染水平上研究这些病原因子与宿主因子的相互作用对病原的感染性和致病力的调控作用的分子机制。

7. 水产疫苗创制与产业化关键技术研究

针对鱼类、两栖类和爬行类病原变异程度大，我国水产疫苗产业化能力薄弱，免疫接种途径存在特殊性，以及渔民可接受疫苗成本低等实际问题，以鲤疱疹病毒Ⅱ型（CyHV-2）、传染性脾肾坏死虹彩病毒（ISKNV）、大菱鲆红体病虹彩病毒（TRBIV）、鲤疱疹病毒Ⅲ型（KHV）、草鱼呼肠孤病毒（GCRV）、迟缓爱德华氏菌、链球菌、鳗弧菌、嗜水气单胞菌等为主要对象，突破水产疫苗共性关键技术及产业化、规模化关键技术的瓶颈，优化水产疫苗抗原筛选技术，开展疫苗抗原的筛选及评价，研发抗原载体技术、疫苗浸泡/口服投递技术等疫苗高效实用化接种途径，开展灭活疫苗、减毒疫苗、多价疫苗、DNA疫苗等技术研究，建立疫苗研发、疫苗接种、疫苗高效生产等疫苗创制关键共性技术，完成主要疫苗临床前研究；获得临床研究批件，开展疫苗临床使用效果和安全性评价，突破制约水产疫苗创制与产业化的关键技术问题，提升我国水产疫苗创制技术水平，整体提升国内水产疫苗领域的自主创新能力和国际竞争力，推动水产疫苗产业化进程，为保障水产脊椎动物养殖可持续健康发展提供技术支撑。

8. 水产养殖病害的微生物学防控技术

水产养殖生物体表、体内及环境中的微生物及微小生物群落不仅是养殖生物食物链/网的重要组成环节，还直接参与养殖生物及养殖系统内的代谢过程、平衡消长及物质循环和能量流动，从而影响养殖生物的生长与健康和养殖系统投入与产出，在促进养殖生物生长，提高养殖生物健康水平，维持体内外及环境中的生态平衡及优化环境质量等方面担当着重要的角色。针对鱼、虾、贝、参、藻等海淡水不同养殖模式，利用水产学、现代微生物学、实验生态学、

高通量宏基因组测序、分子生物学等技术，在生态、群体、个体、组织、细胞和分子水平，研究不同养殖对象/模式下生物体内、体表和环境微生物区系对养殖生物健康及养殖环境修复的作用过程、效应与机制，建立利用微生物和微小生物群落在养殖生物体内外及环境中进行疾病生物防控的应用技术，重点开发微生物增强的生物絮团健康育苗/养殖防病技术、功能微生物饲料生产与使用技术、体表活性微生物区系优化技术、微生物环境改良与修复技术、微生物产物防病技术、防病用微生物载体技术、多营养层次-微生态防病技术等。

（二）重大工程建设项目建议

近年来，多种重大、新发和外来病原生物的引入、传播和扩散，导致我国水产养殖产业面临病害发生频繁、生产成本上升、产业发展受阻、药物滥用、药残增加、抗药性提高、产品质量下降、环境污染、生态破坏、国际声誉受损等一系列问题。病害问题的发生及控制有其自身的科学原因和技术途径，水产养殖病害防控不能仅仅通过推行健康养殖来解决问题，《中华人民共和国动物防疫法》也规定，动物疫病的防控首先是政府的职能，不可能只通过商业或市场途径来实现国家动物卫生的有效管理，在发达国家，水产养殖领域的种业工程、养殖工程的发展很大程度上依赖于商业性投资，但动物疫病的防控则更大程度上依赖于政府的投入和管理。但是，与水产养殖的其他领域及陆生动物的兽医领域相比，我国在水产养殖疫病防控领域的投入极端不足。

长期以来，由于我国在水产病害防控领域的研究创新平台及应用示范基地建设方面几乎没有专项投入，本领域缺少集中的专门研究机构或研究设施，难以对水产养殖疫病的流行病学组织开展长期、基础、系统的研究；难以有效掌握和共享病害防控的生物资源；难以在保障生物安保的条件下有效开展病原的动物实验；难以在保障知识产权的条件下将研发的诊断试剂、疫苗、抗病微生物制剂及其他创新渔药开展产业化升级；难以使生物安保技术体系规范化集成以实现如发达国家早已实现的SPF种苗的可持续供应；难以让养殖健康管理集成生物安保技术以确定核心技术规范；难以按照相关规定对研发的疫病防控产品开展临床试验；难以在推广前将研发的生物安保体系、生物絮团技术、生态防控技术、生物防控技术等新技术开展应用研究示范。这是导致水产病害防控的科技水平和研发能力远远落后于兽医科学和水产养殖其他领域的主要原因。产业高速发展中的生物安保理念薄弱，科技能力低下，技术水平落后，使得我国在面对产业中频发的各种重大、新发和外来疫病时，缺乏有效的控制技术和水平，期待的水产养殖产业的可持续健康发展也一直未能真正实现。

厘清水产养殖病害防控科技发展在平台和硬件条件方面的投入现状，加强对该领域的投入，建设相关的创新平台和应用研究示范基地，是提升国家的水产疫病控制能力，改善我国水产养殖基本生物安保状况的迫切需求，将有力促进本领域的基础研究、技术创新、集成开发及产业应用示范，对产业的生物安全、食品安全和生态安全具有核心支撑作用，对水产养殖产业可持续健康发展具有十分重要的意义。

1. 水产养殖流行病学长期性基础性研究和信息共享平台

水产养殖流行病学是水产养殖疫病防控的知识基础，需要结合国家的水生动物疫病防控体系的疫病监测网的监测工作，重点针对水生动物的重大和新发疫病开展长期性基础性研究，建立水产养殖流行病学研究和监测的技术体系，开展重大、新发和外来疫病的发生、传入、传播等过程的流行病学规律的长期性基础性研究，掌握疫病的病原特征和变异规律，从而为我国水生动物疫病监测提供科学依据和技术支撑，为疫病防控确定核心科学信息和关键控制点。为此，需要对水产养殖流行病学学术和技术的长期性基础性研究及信息共享和交流投入平台建设资金，强化相关的基础设施和硬件条件，形成有利于集中组织的水产养殖流行病学长期性基础性研究和信息共享平台。根据水产养殖主产区的海区和流域，针对鱼类、甲壳类、贝类、两栖类、爬行类、棘皮类、水生植物等，选择我国在疫病防控科研方面有重要影响的全国性水产科研机构，建设水产养殖流行病学长期性基础性研究和信息共享平台。

2. 水产养殖病害防控资源库与共享开发平台

水产养殖疫病防控资源包括疫病标本、样品、病原微生物、有益微生物、环境微生物、抗病基因及其产物、实验水生动物、水生动物细胞系、水产诊疗标准物质、药物原料等。水产疫病防控资源是水产养殖诊疗产品和水生动物疫病防控技术研发的物质基础，在

水生动物疫病的流行病学研究、疫病防控技术研发、流行病学监测、疫病知识培训等方面均具有重要应用价值，建设水产疫病防控资源保藏技术中心，承担水产疫病防控资源的收集、分离、鉴定、保藏、共享、开发、管理和相关技术研发等职能，为水产养殖健康和疫病防控提供物质资源的基础保障，提高水产养殖诊疗制剂研究和水生动物疫病防控技术研究的能力，提升水生动物疫病防控和水生动物产品质量安全监管工作水平。

水产养殖病害防控资源库的建设主要包括6种功能库，包括：水产养殖健康相关标本与样品库、水产养殖实验动物库、水产养殖生物细胞库、水产养殖相关微生物资源及病原库、水产诊疗制剂原料及成分资源库。选择有工作基础的机构，按我国海水和淡水养殖主要养殖海区和流域，建设多库集成的水产养殖病害防控生物资源库及共享开发创新平台，并形成共享及备份网络，实现对10万份以上冰冻、固定、制片、核酸、蛋白质、原料等各类资源，10~50个水生实验动物品系，20~100株水生动物细胞系，5000株以上水产养殖病原生物或有益微生物，以及5万株以上环境微生物的长期保存、管理和共享。

3. 水产养殖相关微生物的水生动物实验平台及临床试验基地

我国缺乏专业性设施用于开展水产养殖相关微生物的安全性评价、病原感染实验、渔药及疫苗临床实验、防病技术临床等重要任务。大多数水生动物病原感染没有专用实验室，缺乏生物安全措施，工作缺乏科学严谨条件；病控技术、渔药及疫苗的临床试验都是在养殖场开展，存在极大风险，也影响试验的科学性和可靠性。应建设水产养殖相关微生物的水生动物实验平台及临床试验基地，为水产养殖病原生物的水族感染实验、水产养殖相关微生物的生物安全分析及防病药剂和病控技术的临床前水族实验提供满足生物安保要求的实验平台及临床试验基地。根据生物安保分级，建设4类实验室，包括：人鱼共患病病原及高致病性病原水族实验室、一般病原水族实验室、微生物安全性分析水族实验室、病控技术及制剂临床试验基地。按照我国在疫病防控科研方面有重要影响的全国性水产科研机构的分布，建设水产养殖相关微生物的水生动物实验平台。根据可能包含的生物安保级别，满足相关病原及各种微生物的生物安保要求，设置可以进行全季节温度、光照和盐度调节的养殖试验系统，配备良好的水源、养殖条件、隔离措施和水处理设施，设置生物安全隔离设施和废水生物安全处理池。

4. 水产养殖诊疗技术和产品中试研发平台

我国自主研发的水产养殖诊疗技术和产品产业化水平与兽医及国外同行业相比有巨大差距，但在这方面研究工作的投入并不少，造成研究成果向产业化跨越的最大障碍在于缺乏专业化的水产养殖诊疗技术与产品的研发平台。应为诊疗技术的产品化提供创新和中试研发平台，以增强技术产品化研发的创新能力和水平，提高技术和产品成熟度，解决技术和产品的研发和产业化的接轨问题，满足产业化孵化过程中所需要的基础条件。根据主要技术和产品类型，建设5种中试研发平台：水产养殖疾病诊断试剂中试研发平台、水产疫苗产业化中试研发平台、抗病微生物及抗病饲料产品中试平台、防病化学药物中试研发平台、防病中草药中试研发平台。按照我国在疫病防控科研方面有重要影响的全国性水产科研机构的分布，建设水产养殖相关诊疗技术和产品中试研发平台。

5. 水产健康种苗生物安保体系集成创新平台

水产种业是水产养殖业发展的基石，我国为水产种业投入了大量研发和基地建设资金，但水产种业的生物安保问题一直未受到关注。近10年来的水产疫病专项监测数据表明，我国多个品种的水产原良种场普遍存在重要疫病病原检出率高的问题，成为水产疫病传播的源头。而美国等国家通过实施水产种苗的生物安保，培育成无特定病原（SPF）凡纳滨对虾，支撑了其种业的发展，并使凡纳滨对虾成为全球对虾养殖的支柱性种类。事实说明，在水产种业中实施生物安保体系，培育水产SPF种苗对支撑水产养殖健康发展具有十分重要的意义。为实现我国水产SPF种苗及高健康种苗的产业发展，应建立健康种苗生物安保体系的集成创新平台。根据主要水产养殖品种，结合目前水产养殖育种中心及有条件的原良种场等企事业的条件，先行建设对虾种苗生物安保体系集成创新平台、淡水鱼类种苗生物安保技术体系集成创新平台和海水鱼类种苗生物安保技术体系集成创新平台。

6. 水产健康养殖生物安保体系集成创新平台

为提升我国水产健康养殖的病控技术水平，开展水产养殖生物安保技术的集成创新提供平台支撑。根据主要水产养殖品种和模式，结合目前国内有条件的大型或集约化养殖场等企业的条件，先行建设对虾健康养殖生物安保技术体系集成创新平台和工厂化海水养殖鱼类生物安保技术体系集成创新平台。

7. 水产养殖重大疾病防控技术和产品应用研究示范基地

为满足诊断试剂、疫苗、防病微生物、抗病化药或中草药、生物絮团等技术和产品在产业化中所需要的临床应用研究示范提供基地条件。根据产品种类，建设诊断试剂临床应用研究示范基地、防病微生物产品临床应用研究示范基地、疫苗的临床应用研究示范基地、生物絮团集约化健康养殖技术的应用研究示范基地等。按照我国在疫病防控科研方面有重要影响的全国性水产科研机构的分布，建设水产养殖重大疾病防控技术和产品应用研究示范基地。

8. 水产养殖生物安保技术体系应用研究示范基地

为生物安保技术体系的应用研究示范提供基地条件。根据主要水产养殖品种，建设对虾生物安保技术体系应用研究示范基地。结合国内水产养殖龙头企业，开展生物安保技术体系的应用示范研究，建设水产养殖生物安保技术体系应用研究示范基地。

9. 生态防控技术应用研究示范基地

为水产养殖病害的生态防控技术提供应用研究示范基地。根据种类和养殖模式，建设甲壳类生态防控技术应用示范基地、筏式养殖贝类生态防控技术应用示范基地。根据有条件的养殖企业和主要养殖水域，建设生态防控技术应用研究示范基地。

10. 鱼类免疫安全区

为鱼类疫苗的区域化应用，提高区域化疫病控制水平提供应用研究示范区。根据流域的完整性，或有一定生物安保基础的鱼类养殖场，划定区域建设鱼类免疫安全区。结合前期工作基础，选择具有完整性流域的地区或鱼类养殖场，开展鱼类免疫安全区的建设和示范。

六、保障措施与对策建议

水产养殖病害已成为我国水产养殖业可持续发展的重大瓶颈,也是导致水产养殖产品质量安全问题频发的重要根源。根据《中华人民共和国动物防疫法》规定,国家的疫病防控首先是政府职责,是保证国家安全体系中的产业安全、生态安全、食品安全的长期战略,必须加大力度逐步完善病害防控机制,大力提升国家水产病害防控的技术水平和实施能力。但长期以来,我国对水产病害防控技术研发和管理投入严重不足,水产病害防控的基础数据、基本理论和关键技术研发的重点项目设立偏少,水产病害研发人才和队伍与其他学科相比力量不足,水产病害防控理论和技术研发所需的专门机构、专业实验室、专业车间、专门基地条件不足或者完全缺乏,这些问题导致了我国对水产病害防控领域的重大问题的现状掌握不确切,重要基础理论及科学发现产出少,具有突破性的重大关键技术的创新缺失,病控相关产品及模式多,而难以在实质上彻底解决关键问题。因此必须针对各方面存在的问题和不足,切实强化保障措施,从发展战略上找出对策。

(一)大力加强水产病害防控领域的科技和管理投入

我国水产病害防控的科技投入与渔业资源、水产种业及水产生态环境相关科技投入相比较为薄弱,与水产养殖业病害导致的损失相比不相称;更无法与陆生动物的兽医科技和管理投入相提并论。投入不足必然导致研发和监控能力弱,水产养殖可持续发展必须消除病害对产业发展的威胁和对食品安全的风险,对病害防控科技和管理的投入体现了政府履职的责任,只有正视水产病害防控领域的科技和管理的需求,加大投入力度,在设施条件、人才培养、科技研发、监测防控等各方面逐步提升能力,才能提升水产养殖病害防控技术水平,是保障水产养殖病害防控的政府性、公益性职能得以有效实施的重要措施。

(二)重视水产病害防控领域的专业素质要求和团队能力建设

我国水产病害防控领域与其他相关领域相比人员专业素质和团队能力有不足。从事病害防控的科研和管理人员远远少于从事水产

养殖、育种等技术的人员，承担水产养殖病害防控体系任务的不少人员不是来自水产病害防控或兽医专业，需要专业管理能力和经验的领导和骨干人员常由非专业人员轮换，兽医管理部门对水产养殖病害情况及防控中的问题缺乏了解，水产养殖病害防控的专业决策常常受非专业的行政干预等。上述问题使得水产养殖病害防控问题未能受到足够重视，重大项目和重要工作总要有重大病害问题发生才能推动，病害防控的科研和管理长期缺乏系统性和主动性。世界动物卫生组织（OIE）对国家水生动物卫生体系效能评估的项目中，考虑的第一项就是水生动物卫生体系相关领导和骨干人员对水生动物卫生的"专业判断力"。要做好任何工作，首先要搞好人才和队伍的建设，有了专业和内行的、稳定发展的科研和管理人员，才有可能保障我国水产病害防控领域的各项工作得以有效推进和稳定发展。

（三）启动水产病害防控专门机构、实验室和基地建设

我国水产病害防控没有像陆生动物疫病那样建立专门的兽医科研机构，实验室均依附于相关综合性水产研究所或综合性大学，缺乏专门水生动物感染实验基地、渔药及疫苗临床试验基地、产业化中试基地。从生物安全要求来说，水生动物感染实验和渔药及疫苗的临床试验不应该在水产养殖场、育苗场，以及有养殖、育苗研究功能的实验基地开展。由于水产病害防控专门实验基地缺乏，水产养殖病害防控相关水族感染实验或临床试验不是条件十分简陋，就是不顾生物安全；在水产养殖场、育苗场，或非专门实验基地开展，条件不能满足水产病害防控科研工作的需要，还带来很大的生物安全风险。这些条件的缺乏，使水产养殖病害防控科研的核心创新能力不足，渔药及疫苗产品研发难以走到产业化，水产养殖病害防控相关研究难以获得大的科研成果。因此急需启动水产病害防控专门机构、实验室和基地建设，为水产养殖病害防控科研创新提供关键条件和平台保障。

（四）重视水产疫控相关材料资源、基础资料、重要理论与核心技术研究

水产养殖病害控制相关的材料资源、流行病学及病原分子流行病学基本信息、用药情况与微生物抗药性基础信息等对于水产养殖

病害防控的行业管理和科技发展具有十分重要的价值,发达国家在相关领域早已建立了相应的长期监测和收集机制,但我国目前只有全国水生动物疫病防治体系依据症状的粗略测报和少数7或8个重要病原的专项监测,这些领域的长期性基础性数据采集缺少更为专业性、系统性的立项,相关数据严重缺乏或者信息不准确的问题十分突出。水产病害相关的理论研究有973计划项目立项,但相关立项的研究只覆盖了少数养殖动物的免疫机制和个别病原的感染致病分子机制等方面,而对病原传播机制、流行病学规律、渔药作用机制等与水产养殖病控密切相关的系统性基础理论研究没有涉及,国家自然科学基金等基础研究项目中少有涉及这些方面。水产病控技术的研发在"十五"期间863计划中与设施渔业合并立项,"十二五"期间863计划只有个别课题对爱德华氏菌疫苗进行了资助,与水产种业、兽医等领域相比,病控技术的资助额度低,资助面窄,难以系统性地开展重大病控技术研发,不能满足水产病控技术创新需求。材料资源、基础资料、重要理论和核心技术是水产养殖病控科技创新和发展的根本,急需增加该领域的立项研究,以保证水产养殖病害控制能力能以科技带动,取得突破性提升。

参 考 文 献

[1] 农业部渔业渔政管理局. 2015年中国水生动物卫生状况报告[J]. 北京: 中国农业出版社, 2016.

[2] 黄健. 养殖对虾流行病学与生物安保[C]. 2016(北海)海洋经济发展研讨会, 北海, 2016.

[3] 吴耀华. 珠三角早造对虾排塘率80%[N]. 南方农村报, 2011-5-25(11版).

[4] 吴群凤. 高排塘率打碎虾农的赚钱梦[J]. 当代水产, 2013, 6: 30-33.

[5] 程纯明. 虾业萧条, 7-8成高排塘, 虾塘空置严重[J]. 当代水产, 2015, 6: 30-31.

[6] 彭日立, 苏若晶, 杨玲, 曾思铭, 廖斌. 2015年对虾产业调查[N]. 农财宝典, 2015-5-7(水产版).

[7] 刘珍, 张庆利, 万晓媛, 马芳, 黄健. 虾肝肠胞虫(*Enterocytozoon hepatopenaei*)实时荧光定量PCR检测方法的建立及对虾样品的检测[J]. 渔业科学进展, 2016, 37(2): 119-126.

[8] 万夕和. 警惕虾肝肠胞虫江苏省部分淡化场虾苗检出率达到21.2%[EB/OL].

http://www.fishfirst.cn/article-57390-1.html[2016-3-14].

[9] 崔和.中国对虾生产与贸易[EB/OL]. http://www.fishfirst.cn/portal.php?mod=view&aid=36468[2014-6-18].

[10] 王彩凤, 傅力亚, 曾维农, 李卫华. 4-5月养殖小龙虾谨防病毒性疾病[J]. 科学养鱼, 2016, 5: 59-60.

[11] 孙华良. 高邮罗氏沼虾遭遇铁虾困局[J]. 海洋与渔业·水产前沿, 2013, 7: 39-41.

[12] 王顺芳, 王忠. 河蟹"水瘪子"病及防控对策措施[J]. 渔业致富指南, 2016, 12: 47-48.

[13] 唐绍林, 雷燕.[每周一例]白斑综合症病毒病引起梭子蟹和日本对虾大量死亡[EB/OL]. http://bbs.liyang-tech.com/forum.php?mod=view-thread&tid=4843[2013-7-4].

[14] 李晋, 史成银, 王胜强, 粟子丹. 臭氧对赤点石斑鱼神经坏死病毒RNA破坏效果的评价方法的建立与应用[J]. 渔业科学进展, 2015, 36(1): 18-25.

[15] 张帅, 王崇明, 岳志芹, 宋晓玲, 白昌明, 尹伟力, 黄倢. 急性病毒性坏死病毒魁蚶株IAP-86基因全长cDNA克隆和生物信息学分析[J]. 渔业科学进展, 2015, 36(1): 85-90.

[16] 汪清晨, 白昌明, 张天文, 王崇明, 邱兆星, 黄倢. 牡蛎疱疹病毒对魁蚶的致病性[J]. 水产学报, 2016, 40(3): 468-474.

[17] Zhang QL, Liu Q, Liu S, Yang HL, Liu S, Zhu LL, Yang B, Jin JT, Ding LX, Wang XH, Liang Y., Wang QT, Huang J. A new nodavirus is associated with covert mortality disease of shrimp[J]. J Gen Virol, 2014, 95: 2700-2709.

[18] 刘群, 黄倢, 杨昊霖, 杨冰, 刘笋, 王海亮, 王勤涛, 刘飞, 张庆利. 疑患EMS/AHPNS对虾中检出黄头病毒的一种新株型[J]. 海洋与湖沼, 2014, 45(4): 703-709.

[19] 朱罗罗, 张庆利, 万晓媛, 邱亮, 马芳, 黄倢. 我国一株新型黄头病毒的分子流行病学[J]. 渔业科学进展, 2016, 37(3): 68-77.

[20] 张宝存, 刘飞, 边慧慧, 刘杰, 潘鲁青, 黄倢. 一株凡纳滨对虾病原菌的分离、鉴定及其致病力分析[J]. 渔业科学进展, 2012, 33(2): 56-62.

[21] Wang L, Wang L, He J, Liang L, Zheng X, Jia P, Shi X, Lan W, Xie J, Liu H, Xu P. Mass mortality caused by Cyprinid Herpesvirus 2 (CyHV-2) in Prussian carp (*Carassius gibelio*) in China[J]. Bulletin of the EAFP, 2012, 32(5): 164-173.

[22] Ye X, Tian Y, Deng GC, Chi YY, Jiang XY. Complete genomic sequence of a reovirus isolation from grass carp in China[J]. Virus Res, 2012, 163: 275-283.

[23] Fan Y, Rao L, Zeng L, Ma J, Zhou Y, Xu J, Zhang H. Identification and genomic characterization of a novel fish reovirus, Hubei grass carp disease reovirus, isolated in 2009 in China[J]. J Gen Virol, 2013, 94: 2266-2277.

[24] Pei C, Ke F, Chen Z, Zhang Q. Complete genome sequence and comparative analysis of grass carp reovirus strain 109 (GCRVeV-109) with other grass carp reovirus strains reveals no significant correlation with regional distribution[J]. Arch Virol, 2014, 159: 2435-2440.

[25] Wang Q, Zeng W, Liu C, Zhang C, Wang Y, Shi C, Wu S. Complete genome sequence of a reovirus isolated from grass carp, indicating different genotypes of GCRV in China[J]. J Virol, 2012, 86: 124-146.

[26] 徐进, 曾令兵, 杨德国, 张辉, 马杰, 江南, 范玉顶. 鲤疱疹病毒2型武汉株的分离与鉴定[J]. 中国水产科学, 2013, 20(6): 1303-1309.

[27] 吴霆, 丁正峰, 朱春艳, 薛中仪, 顾伟, 孟庆国, 王文. 异育银鲫鳃出血病流行病学调查和研究[J]. 水产学报, 2014, 5(33): 17-22.

[28] Xi BW, Zhang JY, Xie J, Pan LK, Xu P, Ge XP. Three actinosporean types (Myxozoa) from the oligochaete *Branchiura sowerbyi* in China[J]. Parasitology Research, 2013a, 112:1575-1582.

[29] Xi BW, Zhou ZG, Xie J, Pan LK, Yang YL, Ge XP. Morphological and molecular characterization of actinosporeans infecting oligochaete *Branchiura sowerbyi* from Chinese carp ponds[J]. Dis Aquat Org, 2015, 114: 217-228.

[30] Xi BW, Oros M, Wang GT, Scholz T, Xie J. *Khawia abbottinae* sp. n. (Cestoda: Caryophyllidea) from the false Chinese gudgeon *Abbottina rivularis* (Cyprinidae: Gobioninae) in China: morphological and molecular data[J]. Folia Parasitologica, 2013b, 60(2): 141-148.

[31] OIE. Aquatic Animal Health Code[M]. Paris: World Organisation for Animal Health, OIE, 2016a.

[32] FAO. Report of the FAO/MARD Technical Workshop on Early Mortality Syndrome (EMS) or Acute Hepatopancreatic Necrosis Syndrome (AHPNS) of Cultured Shrimp (under TCP/VIE/3304)[R]. Hanoi, Viet

Nam, on 25–27 June 2013. FAO Fisheries and Aquaculture Report No. 1053. Rome: 2013: 54.

[33] Tran L, Nunan L, Redman RM, Mohney LL, Pantoja CR, Fitzsimmons K, Lightner DV. Determination of the infectious nature of the agent of acute hepatopancreatic necrosis syndrome affecting penaeid shrimp[J]. Disease of Aquatic Organism, 2013, 105: 45-55.

[34] 黄健, 相建海. 无特定病原(SPF)虾的培育技术[M]. 曾呈奎, 相建海. 海洋生物技术. 济南: 山东科学技术出版社, 1998: 261-268.

[35] 董宣, 梁艳, 黄健. 全球水产生物安保战略及其国外经验的启示[J]. 中国工程科学, 2016, 18(3): 110-114.

[36] 黄健, 曾令兵, 董宣, 梁艳, 谢国驷, 张庆利. 水产生物安保发展趋势与政策建议[J]. 中国工程科学, 2016, 18(3): 15-21.

执笔人

黄　健　中国水产科学研究院黄海水产研究所
张庆利　中国水产科学研究院黄海水产研究所
白昌明　中国水产科学研究院黄海水产研究所
曾令兵　中国水产科学研究院长江水产研究所

第四节　水产生态养殖与新养殖模式

一、国内发展现状

（一）我国淡水养殖业发展现状

1. 淡水养殖产业发展现状

我国是世界上最早开展淡水养殖的国家，拥有2000多年的养殖历史，积累了极其丰富的实践经验。我国也是全球最大的水产养殖国家，特别是经过近30多年的快速发展，我国淡水养殖产量对世界淡水养殖产量的贡献率从1980年的38.5%上升到2013年的63.9%[1]，位居世界首位。淡水养殖是我国国民经济的重要组成部分，提供了1460万个就业岗位，占中国人口的1.1%，对社会稳定有重要意义。

2015年，我国淡水养殖产量3062.27万t，比上年增加126.51万t，增长4.31%。其中，鱼类产量2715.01万t，比上年增加112.04万t，增长4.30%；虾、蟹等甲壳类产量269.06万t，比上年增加13.09万t，增长5.11%；贝类产量26.22万t，比上年增加1.10万t，增长4.38%。淡水养殖鱼类产量中，草鱼最高，567.62万t；鲢位居第二位，435.46万t；鳙位居第三，355.94万t。甲壳类产量中，虾类产量186.74万t，其中，南美白对虾和青虾养殖产量分别为73.15万t和26.51万t；河蟹产量82.33万t，同比增长3.36%。从养殖品种来看，草食性、滤食性和杂食性的淡水养殖品种仍占主导地位，约占淡水养殖总产量的85%。在1981~2010年的30年间，淡水养殖产量均排名前十的省份是湖北、湖南、江西、安徽、江苏、浙江、广东和海南，上述8个省份的总产量占全国淡水养殖总产量的82%，这些淡水养殖主产区分布在我国的热带和亚热带区域。除了海南省，所有省份均位于长江流域或珠江流域，其中长江流域的淡水养殖总产量占全国淡水养殖总产量的54.7%。2015年，淡水养殖产值5337.12亿元，占渔业产值的47.1%，比上年增加264.54亿元，增长了5.2%[2]。

2. 淡水养殖模式发展现状

我国所有的天然水域和人工水体，如池塘、湖泊、水库、江河和稻田等均可用作水产养殖（图2-4-1）。总体上，池塘养殖仍处于主导地位，多种养殖方式共同发展，且形成了各自的特色。全国池塘养殖面积保持小幅度增长趋势，养殖品种以大宗淡水鱼类为主（占67%以上），名优鱼类养殖产量所占比例也在不断提高。全国湖泊和水库养殖面积约占据全国淡水养殖面积的50%，贡献了约20%的淡水养殖总产量，其中绝大多数水产品符合有机绿色水产品标准，大水域渔业正在逐步转型为以生态环境保护和天然饵料生物利用为目标的生态渔业，对我国有机绿色水产品的可持续生产有重要意义。稻田养殖是我国的一种历史悠久的养殖模式，近些年其模式不断优化创新，养殖品种从鲤科鱼类向河蟹、克氏原螯虾、中华鳖等名优水产组合转变，养殖方式从"轮作"发展到"共作"，养殖效益和生态效益显著提高。

按照单位面积生产水面的投入品量（如鱼苗、饲料、渔药、电力等外源物质）划分，各种水体的养殖模式可以分为超高密度养殖、集约化养殖、半集约化养殖、粗放型养殖和自然养殖（图2-4-2）。

超高密度养殖是集约化养殖的高级阶段，主要利用循环或流水系统及网箱系统养殖，运用现代渔业设施、饲料、水质净化、增氧调温、

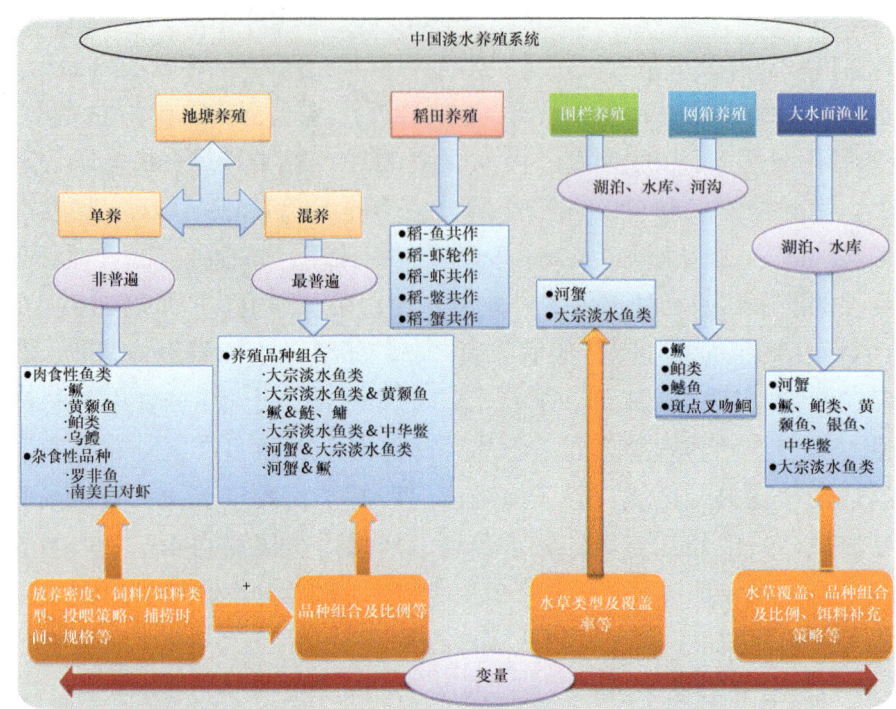

图 2-4-1　中国淡水养殖系统简图（蓝色方框内仅是例子，不代表全部的养殖品种）[1]

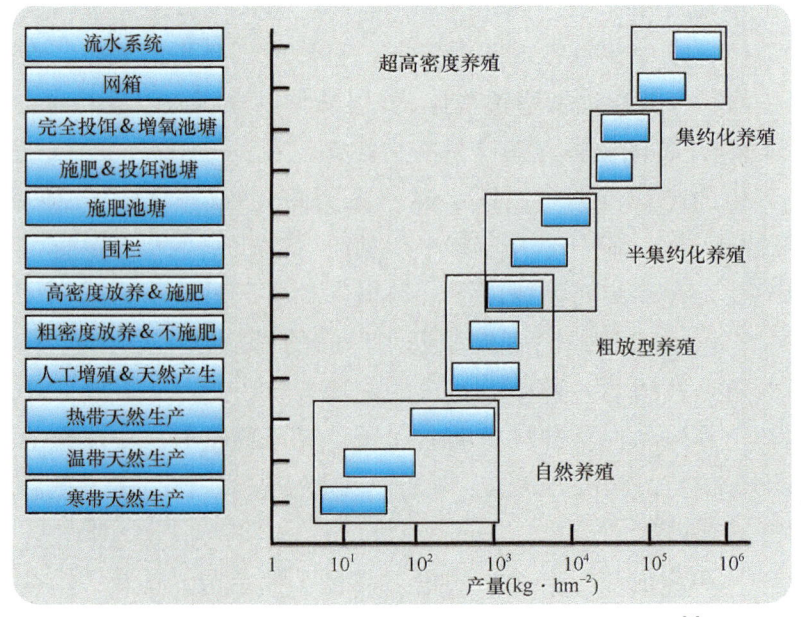

图 2-4-2　不同水产养殖系统的集约化水平划分[3]

自动投饵等自动化、电子化、信息化先进技术，实现养殖全程的高效控制，取得较高的经济效益。集约化养殖运用现代科技和先进的装置设施，利用鱼类的集群行为习性，对养鱼过程的主要环境因子，如水流、水质、溶氧、水温、光照、饲料等进行人工或半人工调控，以改善鱼类高密度养殖条件，达到高产出、高效益的目的。半集约化养殖是运用投粗饲料或施肥提高鱼产量的一种过渡养殖方式，没有对水质进行严格调控，主要在一些养殖技术或经济较为落后的地区开展。人工增殖渔业是基于水域天然饵料生产潜力，通过鱼类放流等生态养护措施，增殖重要经济鱼类，提高水域生物资源生产力，特别是经济鱼类生产力。

（1）池塘养殖

池塘养殖是我国最主要的淡水养殖方式，2015年池塘养殖产量占全国淡水养殖产量的71.7%，养殖面积占全国淡水养殖总面积的43.9%。近10年来，池塘养殖产量一直保持总体持续增长的趋势，从2003年的1252万t增长到2015年的2196万t，年均增长5.8%（图2-4-3）。池塘养殖面积从2003年的240万hm^2增长到2015年的270万hm^2，年均增长1.0%。特别是在"十二五"期间，农业部重点推介了河蟹生态养殖技术、克氏原螯虾养殖技术、青虾双季健康养殖技术、鱼虾混养技术、虾鳖混养模式与技术、罗非鱼健康养殖技术、鲑鳟健康养殖技术、池塘高效增氧技术、淡水池塘养殖水质工程化调控技术、池塘微生态制剂水质调控技术、渔用膨化饲料应用技术、池塘鱼菜共生综合种养技术和盐碱地生态养殖技术等，为推动我国池塘养殖的健康可持续发展发挥了重要作用。

图2-4-3　全国淡水池塘养殖产量及其占全国淡水养殖总产量贡献率的变化趋势[1]

(2) 湖泊养殖

湖泊养殖是我国淡水养殖业的重要组成部分，在20世纪五六十年代解决"吃鱼难"问题的历史时期，发挥了重要的作用。2015年湖泊养殖产量占全国淡水养殖产量的5.4%，湖泊养殖面积占全国淡水养殖总面积的16.6%。湖泊养殖产量从2003年的105万t增长到2015年的165万t，年均增长4.7%，然而湖泊养殖产量占全国淡水养殖总产量的百分比从2007年开始逐年下降（图2-4-4）。湖泊养殖面积从2003年的94万hm^2增长到2015年的102万hm^2。随着全国各地不断加强湖泊保护，国家层面的"水十条"正式颁布，地方层面的如《湖北省湖泊保护条例》颁布，传统的"三网"养殖正逐步退出，追求高产量的投饵-施肥模式将被制止，湖泊养殖产量下降是大势所趋，湖泊渔业的发展逐步从"以鱼为中心"转向"以水为中心"，即以保护生态环境和修复天然渔业资源为根本目标的可持续生态渔业，其技术手段主要依靠增殖放流、生境修复与重建和生态系统管理。

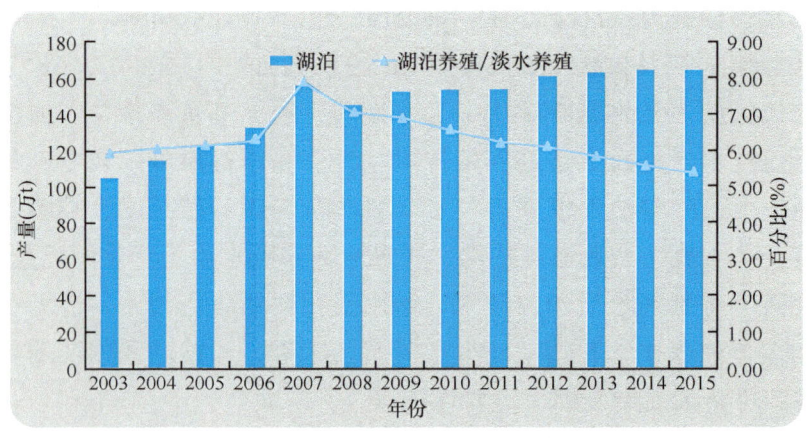

图2-4-4 全国淡水湖泊养殖产量及其占全国淡水养殖总产量贡献率的变化趋势[1]

(3) 水库养殖

数十年来，水库渔业对解决库区移民生计和库区经济发展问题有极其重要的意义。水库养殖作为我国淡水养殖的第二大养殖方式，2015年其养殖产量占全国淡水养殖总产量的12.7%，养殖面积占全国淡水养殖总面积的32.7%。水库养殖产量从2003年的184万t增长到2015年的388万t，年均增长8.5%，且其占全国淡水养殖总产量的百分比也保持增长态势，从2003年的10.4%到2015年的12.7%（图2-4-5）。

随着我国对清洁能源需求的持续增加，我国重大流域水库工程仍处在高速发展阶段，水库面积不断增加，水库养殖面积从2003年的166万hm²增长到2015年的201万hm²，年均增长1.6%。随着我国重大流域梯级水电站的深入开发，水库可养殖面积不断增加。近年来，国家和各级地方政府将水质保护作为水库管理的重要目标，不合理的渔业方式，如网箱养殖、施肥养鱼和投饵养鱼等逐步退出，水库等已受到严格限制，超负荷的大规模网箱养殖将逐步退出历史舞台。因此，基于环境承载力的环保型渔业是未来水库渔业可持续发展的方向。

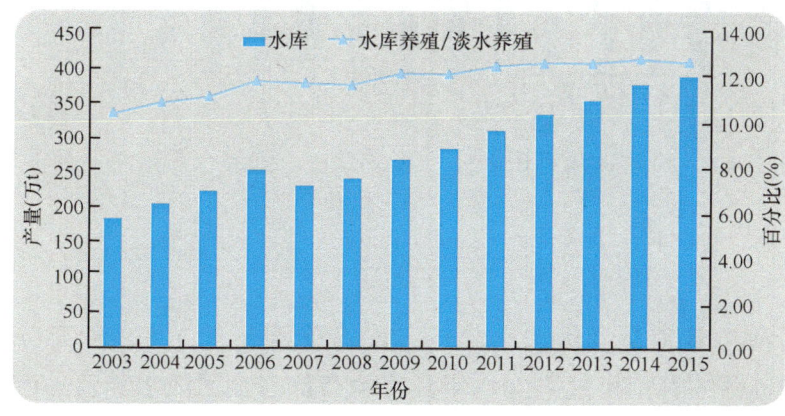

图 2-4-5　全国淡水水库养殖产量及其占全国淡水养殖总产量贡献率的变化趋势[1]

（4）稻田养殖

2015年，稻田养殖产量占全国淡水养殖总产量的5.0%，其养殖面积占全国淡水养殖总面积的24.4%。稻田养殖产量总体保持增长趋势，从2003年的102万t增长到2015年的156万t，年均增长4.1%（图2-4-6）。稻田养殖面积从2003年的156万hm²下降到2015年的150万hm²，下降幅度为3.8%。"十二五"期间，农业部重点主推稻田综合种养技术，具体包括稻-鱼共作、稻-鳖共作、稻-虾共作、稻-蟹共作和稻-鳅共作等十多种技术模式，是现代农业和生态农业集成创新的典型。稻田综合种养技术的推广应用，一方面大幅增加了我国的淡水养殖规模，拓宽了我国淡水养殖内涵和理论体系；另一方面大幅增加了稻田综合种养收益，大大提高了农民种粮的积极性，对国家粮食安全和社会稳定有重大意义；特别是稻田中套养鱼虾蟹等经济水产动物，提高了稻田系统的营养物质转化效率，大幅度减少了化肥和农药使用量，降低了种植和养殖的环境影响。近年的稻田养殖

不仅创新发展节能、节水、生态、高效和安全的养殖模式,也生产了大量受到市场欢迎的"蟹-米"、"虾-米"和"鳅-米"等有机绿色产品。

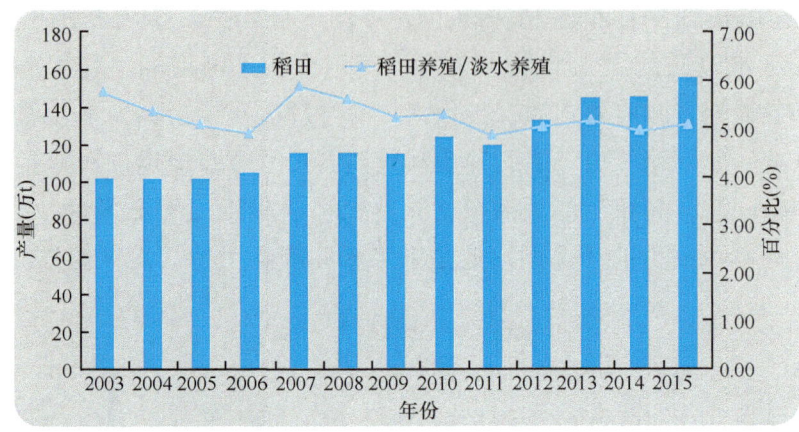

图 2-4-6　全国淡水稻田养殖产量及其占全国淡水养殖总产量贡献率的变化趋势[1]

（5）河沟养殖

河沟养殖是我国淡水养殖方式的重要补充,是一种充分利用水域资源的养殖模式。2015年其养殖产量占全国淡水养殖总产量的2.9%,其养殖面积占全国淡水养殖总面积的4.5%。河沟养殖产量从2003年的738 459t增长到2015年的888 695t（图2-4-7）。河沟养殖面积从2003年382 170hm^{2}下降到2015年的277 102hm^2,下降幅度为27.5%。我国的河沟养殖主要分布于江苏、安徽和黑龙江等省份,河沟养殖模式也不断创新,已从传统养鱼向鱼-蟹、鱼-虾、鱼-菜和鱼-莲（藕）混养模式转变,养殖品种逐步多样化和高档化,养殖方式不断优化,养殖效益逐步好转,生态环境效益显著提高。

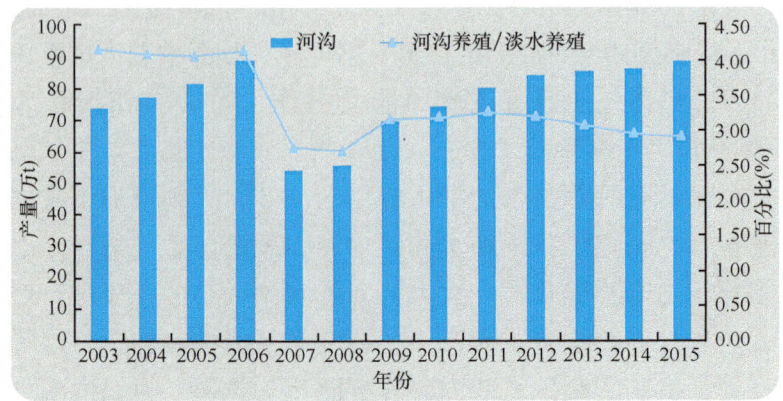

图 2-4-7　全国河沟养殖产量及其占全国淡水养殖总产量贡献率的变化趋势[1]

(6) 盐碱地养殖

我国是盐碱地资源大国，盐碱地面积约14亿亩[①]，但绝大多数处于长期荒置状态，如何兼顾农业生产与环境优化是农业开发过程中面临的重要问题。如果划出部分盐碱地开展水产养殖，养殖水体在丰水期蓄水、枯水期保水，既能提高农业经济效益，又能改善盐碱地的时空生态环境质量。山东、河南、甘肃、宁夏、内蒙古和青海等沿黄河地区有大量的盐碱地亟待合理开发利用，改善区域土-水-气生态环境质量，提高盐碱地的生物生产力，增加水产品的产量具有重要现实意义，是我国盐碱生态渔业开发的重点流域。黄河三角洲地区有600万亩盐碱地，蕴藏着巨大的渔业开发潜力，自20世纪80年代中期黄河三角洲就开始了对低洼盐碱地渔业改碱综合利用技术的研究，推广盐碱地"上农下渔"综合开发，已经证明了渔业发展与生态环境优化的和谐性，可以作为"十三五"期间的示范。

（二）我国海水养殖业发展现状

1. 海水养殖产业发展现状

我国大陆海岸线约18 000km，跨热带、亚热带和温带，不同气候带、不同的生态环境，造就了不同物种的生存繁衍条件，使我国的海水养殖呈现出养殖种类繁多、养殖方式多样的特点。据统计，目前海水养殖的鱼、虾、蟹、贝、藻等品种有70多种，主要包括：鱼类有梭鱼、鲻、罗非鱼、真鲷、黑鲷、石斑鱼、鲈、牙鲆、大菱鲆、大黄鱼、河鲀等；虾类有中国对虾、斑节对虾、长毛对虾、墨吉对虾和日本对虾等；蟹类有锯缘青蟹、梭子蟹等；贝类有牡蛎、贻贝、扇贝、蚶、蛏、蛤、鲍和螺等；藻类有海带、紫菜、裙带菜、石花菜、江蓠和麒麟菜等。2015年我国海水养殖总面积为2 317 760hm²，海水养殖产量1875.63万t，其中：鱼类130.76万t，甲壳类143.49万t，贝类1358.38万t，藻类208.92万t，其他类34.08万t[2]。我国在世界海水养殖的产量逐年提高，产业优势地位十分突出。在我国，山东、福建、浙江、广东、辽宁等地为我国海水养殖主产区，其中辽宁省的海上养殖面积最大，达到93.31万hm²，山东省的海上养殖产量最大，达到499.57万t，为全国海水养殖总产量的26.6%；山东省的滩涂养殖

[①] 1亩≈666.7m²。

面积最大，达到17.50万hm^2，占山东省海水养殖总面积31.1%，养殖产量达到125.02万t，占全国滩涂养殖总产量的20.8%；以广东、广西、福建、海南、浙江等省为代表的南方海水养殖产区，该区域所跨越的大陆海岸线全长1.2万多km，2015年南方海水五省的海水养殖总产量940.81万t，实现产值1371.3亿元，分别占全国海水养殖产量和产值总和的50.2%和46.7%。

2. 海水养殖模式发展现状

经过30年的发展，我国目前已经形成海水池塘养殖、浅海养殖、滩涂养殖、深水筏式养殖、深水抗风浪网箱养殖、集约化工厂化养殖等多种海水养殖模式，适宜于不同养殖水域的技术体系同步推行。

（1）海水池塘养殖

海水池塘养殖是我国水产养殖的传统方式，也是当前我国水产养殖的主要方式，在我国水产养殖发展中占有举足轻重的地位。我国的海水池塘养殖真正起步于20世纪70年代初，最初用于虾蟹类养殖。自20世纪90年代初对虾发生暴发型病毒病害后，对虾池塘养殖遭受了毁灭性的打击。为了获得经济效益，池塘养殖由单一的虾蟹类养殖转为多品种混养。混养是指对栖息于不同水层、习性不同的水产经济生物在同一池塘内按一定的比例搭配进行同时养殖的一种模式。其优点为既能充分利用水体空间，全面提高单位面积水体的综合生产效益，又有利于优化养殖环境。一般所采用的混养模式有虾蟹混养、虾鱼混养、虾贝混养、虾藻混养，华南地区最为常见的是对虾与锯缘青蟹混养。混养的对虾品种主要有斑节对虾、刀额新对虾等。虾蟹同属甲壳动物，其栖息习性、食性虽然有许多相同之处，但青蟹营底栖爬行活动，而虾类多营游泳活动，虾蟹混养可以充分利用水体空间，提高经济效益。

近年来池塘多营养层次综合养殖模式由于其环境友好、生态高效的特点得到了迅速发展。池塘多营养层次综合养殖模式可以利用有限的水体，根据其容纳量，如对虾+滤食性贝类+鱼类、刺参+海蜇、刺参+对虾+滤食性贝类等养殖模式在山东、浙江、福建等地推广应用，并取得了明显的经济和生态效益。同时，针对高密度池塘养殖水质富营养化和养殖自身污染等问题，开发了新型增氧机、生物滤器、微生物制剂等，缓解了池塘养殖富营养化和自身污染问题；这些技术的应用为池塘生态养殖技术研究和综合配套奠定了基础。

但是，由于陆源污染的加剧，以及为防治水产养殖病害而使用的违禁渔药，导致池塘养殖的水产品安全亦成为公众关注的焦点。

（2）工厂化养殖

工厂化养殖以鱼类养殖为主，是20世纪中期首先在淡水养殖领域发展起来的高密度集约化养殖生产方式，是我国水产养殖领域中装备应用水平最高的生产方式之一。与池塘养殖相比，在节水、节地、减排等方面的优势难以转化为价值优势，加上技术上的不成熟，工厂化循环水养殖发展陷入了低谷，但在水产苗种繁育、观赏水族饲养等领域，工厂化循环水养殖技术依然得到了显著的发展。90年代，以大菱鲆、牙鲆等海水工厂化养殖为代表的海水工厂化养殖在北方地区得到了广泛应用，促进了工厂化养殖的进步。虽然我国工厂化养殖取得了长足的进步，但与先进国家技术密集型的封闭式循环流水养鱼相比，无论在设备、工艺、产量和效益等方面都存在着相当大的差距，技术应用还属于工厂化养殖的初级阶段。特别是在水资源的循环利用、养殖环境的自动化控制、单位水体的产出，以及养殖鱼类的营养需求和饲料的营养配比等方面，将是我国今后工厂化高效养殖需要突破的关键技术。

近年来，浙江海水养殖研究所研发了陆基生态高效循环水养殖模式与技术，该系统以养殖种类生态位互补理论为基础，利用不同营养级的养殖品种建立多营养层次生态循环养殖模式，系统总占地面积276亩，主要由室内对虾高位精养区、室内虾贝苗种繁育区、室外贝类养殖区、耐盐植物栽种区和生态净化区及监测系统组成，系统整合后，海水循环利用，实现了真正意义上的养殖污染零排放。通过优化系统的养殖容量和调控措施，达到高效、生态、安全、节能减排的目的，单位面积利润达到了2万元/亩，取得了显著的经济和生态效益。这种陆基集约化生态高效养殖模式将是我国池塘和工厂化生态养殖的新发展方向。

（3）滩涂养殖

我国的滩涂养殖方式大部分为护养，养殖种类主要是贝类，种类繁多，是我国海水养殖的主要生产方式。与其他养殖方式相比，滩涂养殖生物多样性最高，属于传统养殖方式。近年来，为了提高产量，有的养殖者采用苗种补充的方式，从外地购进苗种，播放在

滩涂上进行护养。这种养殖方式虽然提高了养殖产量和效益，但生态风险亦相应增加，如病害的传播、外地物种的入侵对土著物种的影响等，值得关注。

江苏开展的滩涂贝类与紫菜立体养殖模式，山东荣成海草床多营养层次综合养殖，经济和生态效益显著，开辟了滩涂生态高效养殖的新途径，值得推广。

（4）浅海养殖

我国的浅海养殖在20世纪90年代以前，因受养殖器材和技术的限制，主要在港湾内发展。90年代以后，随着抗风浪养殖器材的应用和养殖技术的提升，海上养殖逐渐拓展至湾外，并逐步向深水区发展。如黄海北部的虾夷扇贝底播养殖，山东半岛的浮筏养殖等，已经拓展至50m水深。但我国东海、南海海域，因台风频发，海上养殖大部分集中在避风效果较好的港湾内。

因受风浪的限制，深水区浮筏养殖种类主要是大型海藻和附着性较好的贝类，如栉孔扇贝、贻贝等。深水区底播养殖种类主要有虾夷扇贝、蚶类等。

港湾内养殖方式多样化，但多营养层次综合养殖较为普及。深水区养殖方式大部分以单品种养殖为主，特别是深水区，主要是大型海藻。近年来开发构建的贝藻综合养殖、鱼贝藻、鱼贝藻参等多营养层次综合养殖模式，因其经济和生态效益显著，正在由港湾向深水区推广。

二、国外发展现状

（一）国外淡水养殖发展现状

1. 生态系统水平的水产养殖管理

FAO对生态系统水平的水产养殖（EAA）进行了定义：一种强调生态系统完整性、协调性和多方参与生态系统管理，促进水产养殖可持续发展的运行方式[4-6]，其最根本的目的是整合部门和政府在资源管理方面的工作，建立管理机制，有效地在水产养殖所涉及生态系统中活动的各部门及政府各级之间进行协调，以实现水产养殖部门在环境、经济和社会等方面的可持续发展[7]。为实现水产养殖全方位的可持续发展，需从养殖场、流域（或养殖区和地理尺度）和全球尺度水平上采取管理措施。在以色列，集约化池塘养殖产生的废水被用作半集约化养殖池塘的"肥料"，以资源化利用养殖废水中的营养物质。在匈牙利，"渔-农轮作"被长期采用，以资源化利用池塘底泥中的营养物质。在孟加拉国、越南和日本等国家，"稻-渔综合种养"技术被大规模应用，取得了良好的经济、社会与生态效益。在德国和美国，"鱼-菜共生"技术的产业化研发进展迅速，并取得了一定的产业化应用。在巴西，环境容量和承载力模型被应用于大型水库中网箱养殖罗非鱼的养殖容量估算与区域规划。英国和爱尔兰已开始采用水产养殖管理框架，包括区域管理协议和本地水产养殖协调管理系统，这些体系可确保水产养殖在收获、休耕和疾病治疗方面的协调管理。

2. 环境友好型健康养殖模式与技术

国外的淡水养殖业比较先进的发达国家有日本、美国、欧盟成员国等，这些国家经济实力较强，科学技术发达，将大量的工业化管理技术应用于水产养殖业，对水环境保护方面的要求相当苛刻，建立了完善的养殖对环境影响的评估体系和养殖废水排放标准，有些国家甚至制定了相关法律。这些国家普遍发展集约化养殖，在与集约化养殖相关环保饲料、投喂技术、复合种养、水质调控、养殖工程、养殖设施和水处理技术等已有较高的水平。20世纪90年代初期，在亚洲开发银行的支持下，亚太水产养殖网络（NACA）组织实施了亚洲现行主要养殖方式的环境评估项目，对亚洲的水产养殖可持续发展研究做出了建议。澳大利亚著名微生物学家Moriarty博士在养殖系统内部的微生物生态学方面进行了长期的研究，提出了利用微生物生态技术控制养殖病害的可行性及其对养殖可持续发展的重要意义。美国奥本大学在养殖系统内部的水质调控技术方面进行了大量的研究，并且形成了较为成熟的技术。

在健康养殖技术及健康养殖管理方面比较有代表性的是美国的淡水鲴养殖。他们的大多数技术措施均体现了健康养殖的思想，首先，对淡水鲴的养殖生物学、生态环境基础理论的研究比较深入，养殖设施先进；其次，操作机械化程度很高，如排进水、投饵施肥、清塘、苗种运输等，快捷方便，单位水体产量高；再次，水产品质量也很高，有明确的卫生标准；最后，建立了一系列法规和健康管理办法，

如控制养殖规模,建立疫病防疫体系等。

(二)国外海水养殖发展现状

1. 多营养层次综合养殖模式与技术

近年来,海水养殖的快速发展对环境带来的负面影响引起了人们的持续关注,实现产量增长和减轻养殖活动负面影响的可持续养殖的理念被广泛接受。海水养殖业面临的主要问题是单品种的高密度养殖,过高的养殖密度经常超出海湾或近海的养殖容量,造成产品质量下降及环境恶化等问题。改善这一现状的最佳解决方案就是多营养层次综合养殖(IMTA),将藻类和滤食性贝类加入养殖生态系统,滤食性贝类可以有效地利用鱼类产生的粪便和未利用的饵料,鱼类和贝类所产生的无机营养盐可以被藻类吸收,同时藻类碎屑又可以为鱼类和贝类提供额外的饵料[8]。IMTA使营养物质在生态系统实现了流通、再循环,降低了环境压力。以色列、澳大利亚和南非等国在陆基集约化多营养层次综合养殖模式与技术方面的研发进展较快,并广泛应用于产业。例如,南非、澳大利亚的鲍陆基循环水养殖系统中,引入石莼吸收鲍养殖过程排泄的氨氮,降低养殖对环境的负面效应,同时石莼又可作为鲍的饵料,实现了养殖与环境的双赢。加拿大已经构建了鱼贝藻多营养层次综合养殖模式,但由于养殖规模所限,尚未达到产业化水平。而挪威、新西兰等国家,为了解决各自国家单品种养殖对环境的污染问题,正在尝试构建适合自己国家的多营养层次综合养殖模式[9-11]。

近年来,多营养层次综合养殖模式已成为国际上研讨的热点,大型国际会议纷纷将IMTA列为专题研讨。多营养层次综合养殖理念是生态养殖的核心,也是健康养殖的基础,是世界水产养殖业的发展趋势。

2. 深水养殖技术

目前,开放水域的深水养殖技术正受到人们越来越多的关注,很多国家已经开展了离岸养殖的相关工作。2005年美国国会通过了国家深水养殖法令(National Offshore Aquaculture Act of 2005),成为世界上第一个为深水海域进行海水养殖立法的国家,充分说明了开展深水养殖的重要性。美国还成立了太平洋水产养殖中心(The

Pacific Marine Aquaculture Center, PMAC）进行外海水产养殖的研究和项目的演示，并承担了第一个外海海水养殖项目（夏威夷外海海水养殖研究项目）的研究。2000年墨西哥成立了墨西哥海湾外海养殖协会，目的是发展社会和环境可接受的外海水产养殖模式。

由于近岸养殖易受人类活动，特别是陆源污染的影响，海水养殖与环境间的关系如生态环境问题、食物安全问题日益紧密。因此，除了研究推广多营养层次综合养殖模式与技术外，发展外海深水养殖技术已成为国际公认的海水养殖新方向与趋势。目前国际上深水养殖技术的研发主要聚焦于鱼类网箱和养鱼平台方面[12]，关于深水抗风浪筏式生态养殖技术研究则很少。

3. 陆基工厂化养殖

国外的陆基工厂化养殖业比较先进的有日本、欧洲和美国等，这些国家和地区经济实力较强，科学技术发达，材料设备先进，而且与陆基工厂化养殖有关的基础研究，如养殖对象的营养生理、新品种开发、防病技术、水处理技术等已有较高的水平。发达国家十分重视陆基工厂化养殖中水质调控的自动化、机械化研究与应用，如美国、挪威在高密度养殖系统中，程序控制技术研究与应用在世界上处于领先水平。近年来，工厂化养殖已成为一些国家和地区的国策和水产发展的重点，海水封闭循环水养殖理论与技术也是欧盟建议的重要研究领域之一，封闭循环水养殖技术进步较快，在水体消毒净化、池底排污、增氧及控温方面，几乎采用了现代所有可以引用的实用技术，最高单产达$100kg/m^3$，主要是采用先进的水处理技术与生物工程技术。封闭循环水养殖在西方一些国家已产业化，研究、设计、制造、安装、调试，以及产品的产前、产后服务，如银行、保险、保安、信息等都形成网络，形成了一个新的知识产业。围绕封闭循环水养殖，形成了上、下游产业群体，有的正形成集团与跨国集团。

三、存在的主要问题与原因分析

近年来我国水产养殖业发展迅速，养殖产量已连续多年居世界首位，但是制约水产养殖可持续发展的因素也日趋凸显。

1. 水产养殖集约化和机械化程度亟待提高

我国现阶段水产养殖以零星分散的小农经济体制为主，集约化

养殖较少。以家庭联产责任制为主的生产经营形式，使得健康生态养殖标准组织生产和统一管理的难度较大，加大了发展健康生态养殖的难度。目前我国的水产养殖业仍然是一个劳动密集型产业，水产养殖劳动力紧缺已经成为制约水产养殖可持续发展的关键因素，水产养殖标准化、机械化和自动化程度亟待加强。

2. 水产养殖发展与资源、环境的矛盾不断加剧

我国水产养殖的发展在追求数量和增长速度的过程中是以占用、消耗大量资源为代价取得的，粗放式养殖生产占地盘、争水源，导致的生态失衡和环境恶化等问题已日益显现，各种养殖水域周边的陆源污染、工程建设、自身污染等对养殖水域的环境影响不断增大，养殖和工业用地之间的矛盾逐渐凸显。

3. 新型水产生态养殖模式亟待构建

目前的养殖模式在布局和容量控制方面缺乏科学依据的政策调控措施与养殖规划，片面追求产量和经济效益，品种搭配不够合理，养殖生产方式单一，对生态承载力和经济社会效益重视程度不够，养殖水域超容量开发，忽略了对水域生态环境的保护，不合理的布局也浪费了大量的海域空间资源。

4. 水产生态养殖管理制度有待加强

我国的养殖管理主要通过对水域使用证和养殖许可证的发放进行管理，养殖者获得两证后，可以在确权的水域从事养殖活动，但对于养殖密度、养殖种类结构和养殖布局则无任何限制。在20世纪90年代以前，这种管理方式对促进我国水产养殖业的发展发挥了重要作用。但随着养殖空间的不断拓展，养殖规模的不断扩大，单位水体养殖生物量的无限制增加，导致了养殖自身污染加剧，环境质量下降，病害频发，水产品质量越来越难以保障。此外，我国养殖许可证和海域使用证管理混乱，权责不明。养殖许可证的发放由农业部管理，而海域使用证的发放则由国家海洋局管理，两证发放隶属于两个政府部门管理，这种管理方式不利于对增养殖的统筹规划。

5. 科技引领作用有待加强

虽然我国水产科技成绩显著，但基础性研究严重滞后，主要表

现在以下几个方面：人工选育的良种很少、占水产养殖总产量70%以上的青鱼、草鱼、鲢、鳙等主要养殖种类目前仍依赖未经选育和改良的野生种；渔用药物研发，特别是禁用替代药物开发滞后，缺乏对鱼类的药效学、药代动力学、毒理学及对养殖生态环境的影响等基础理论的研究，水产品药物残留问题十分突出；水产养殖对天然水域的环境影响缺乏系统的研究；科研与推广应用脱节，科技成果转化率低。

6. 投入与基础设施有待提高

近年来，中央财政加大了对渔业的投入，促进了渔业各项工作的开展，但在支持力度上还不够。由于缺乏财政资金引导性投入和财政支持力度较小，导致水产养殖基础设施年久失修，良种繁育、疫病防控、技术推广服务等体系不匹配，严重制约养殖业可持续发展。因此，必须进一步改造和加强养殖基础设施建设，保障水产养殖的可持续健康发展。

四、发展战略与关键技术

（一）产业发展目标

新时期我国水产养殖业的发展目标是，大力发展可持续水产养殖业，进一步更新发展理念，加速发展方式转变，创新优化养殖模式，构建资源节约、环境友好和水产品质量安全有保障的高效生态养殖技术。

（二）产业发展战略

1. 提升陆基集约化高效养殖系统的规模化管理技术水平

虽然我国工厂化养殖取得了长足的进步，但与先进国家技术密集型的封闭式循环流水养鱼相比，无论在设备、工艺、产量和效益等方面都存在着相当大的差距。应提倡大力引进水产养殖发达国家的技术与管理理念，集成创新，建设高效的陆基集约化高效养殖模式与技术体系。同时，研发、推广具有我国特色，适合我国国情的，以多营养层次生态循环养殖为核心技术的陆基生态高效循环养殖模式与技术，达到高效、生态、安全、节能减排的目的。

2. 优化近海养殖模式

浅海和池塘养殖是我国水产养殖的主产区，改变单一品种养殖的生产方式，推广多营养层次综合养殖模式，优化养殖模式和种类结构，是提高近海和池塘养殖系统食物产出和效益的主要途径。滩涂生态系统具有食物产出功能和滨海湿地的生态环境调控功能，同时也是沿海城市化的潜在拓展空间。保障滩涂的食物产出和滨海湿地的生态环境调控双重功能，是我国面临的严峻考验。

3. 探索深远海养殖技术

目前世界上还没有成功的深远海养殖范例。深远海养殖面临诸多挑战，譬如养殖设施如何抗风浪，养殖系统如何获得效益，养什么种类才能获得效益，市场在哪儿，后勤保障体系是否健全和安全等，均需要大量的人力、物力和资金投入做大量的前期研发工作。因此，目前我国深远海养殖尚不具备进行大规模生产的条件，只能先依靠经济实力雄厚的大财团、大公司进行探索性研究，不断完善深远海养殖技术体系，为今后的深远海规模化养殖打好基础。

4. 优化内陆大水域渔业资源结构

内陆水产养殖业要坚持"生态优先，绿色发展"的理念，稳定发挥内陆水产养殖业多年来在提供有效供给、保障粮食安全、改善生态环境和增加农民收入、促进新农村建设方面的重要作用。在发展过程中，必须更加关注水生生物资源养护和生态环境保护，以渔业资源多样性和生态功能多样性增加为控制指标，提高内陆大水域的综合经济效益，明显改善水质。具体来说，要不断改善大水域渔业资源修复的配套生产条件（包括天然水产种质保护区、人工苗种繁育场等），提高轻简型、减劳（力）型等技术装备水平，增强综合生产能力，大力发展生态型、环保型养殖业模式，健全内陆大水域的现代科技创新体系和管理体系。

（三）关键技术

构建资源节约、环境友好、生态高效的现代水产养殖技术体系是我国水产养殖业可持续发展的重点。

1. 构建生态系统水平的大水域生态养殖技术体系

研究完善生态容量、养殖容量和环境容量评估技术，摸清我国主要水域的养殖潜力，以生态养殖为基础，以健康养殖为核心目标，开发不同类型渔业水体的多营养层次综合增养殖新模式与生态养殖技术。重点研发基于以生态系统自组织修复为主的生态渔业和水资源保护的协同技术，具体包括水产种质资源保护、土著鱼类繁殖生态环境修复与重建、生态水位调控技术、经济鱼类增殖与评价管理，以及多种类捕捞协同管理等技术，为天然渔业资源保护与增殖行动提供技术手段和产业示范。

2. 构建安全高效的设施养殖工程技术体系

研发开放深水水域抗风浪养殖系统与配套技术，构建增养殖水域生态环境监测及灾害预警预报系统，加强开放水域深水网箱设施系统与养殖技术研究，建立完善全封闭循环水养殖系统，通过以上关键技术研究与系统集成，达到节能、高效、安全的生产要求，并形成相应的生产管理技术，提高设施的生产效率，规范生产管理。

3. 研发浅海浮筏标准化养殖技术体系

根据不同的养殖种类和养殖方式，确定适宜于机械化作业的养殖器材与设施。根据养殖容量，统一养殖密度、筏架宽度和长度，构建浅海浮筏标准化养殖技术体系，为实现海水养殖机械化、自动化作业打下基础。

4. 构建淡水池塘环境友好型养殖技术体系

研发区域适应性的环境友好型关键养殖技术，系统深入研究养殖生物营养动力学，开发高效低排放的饲料投喂技术体系、低成本高效率的多营养层次综合养殖系统；研发集约化养殖条件下污染控制与环境修复技术。

5. 构建盐碱地生态养殖技术体系

集成与研发滨海盐碱地名优水产产业化过程中的关键技术，建立盐碱地区域名优水产养殖产业基地，打造河蟹、黄颡鱼、乌鳢、中华鳖、异育银鲫'中科三号'、团头鲂（俗名武昌鱼）等名优水产品品牌；推广生态环境优化的生态渔业技术与模式，实现由传统渔

业方式向以渔养水、以渔育地的生态渔业方式转变，保障渔业资源可持续利用及区域生态系统健康运转。

6. 构建水产养殖管理与环境控制技术体系

运用"3S"技术[遥感技术（RS）、地理信息系统（GIS）和全球定位系统（GPS）]及养殖承载力动态模型，重点研发生态系统服务功能评估、水产养殖管理决策支持系统、水产生态养殖环境控制关键技术等，解决水产养殖与生态环境和谐发展的技术难题。

五、保障措施与对策建议

"十三五"是确保全面建成小康社会的关键时期，是确保全面深化改革、加快经济发展的攻坚时期，也是加快水产养殖发展的战略机遇期。为了明确我国水产养殖发展的战略目标、发展思路和主要任务，促进水产养殖又快又好地发展，建议我国水产养殖主管部门在"十三五"期间应采取有效措施，加大支持力度，进一步推动和发展我国水产生态养殖技术和新养殖模式。

（一）制定全国各级生态养殖发展规划，提高渔业发展的全局性和战略性

从国家、省、市和县（区）各级开展水产养殖发展长期规划，以市场需求为导向，以生态养殖建设为目标，以水域生物承载力为依据，以产业科技为支撑，确立各级水产养殖区域的功能定位和发展方向。以国家规划为纲要，因地制宜地统筹协调各级水产养殖区域的科学发展。

（二）加快基础设施建设，提高水产养殖综合生产能力

根据2015年中央一号文件《关于加大改革创新力度加快农业现代化建设的若干意见》和农业部《全国农业可持续发展规划（2015~2030年）》的精神，开展水产养殖基础设施和支持体系的普查工作，全面摸清水产养殖业的基本状况，为制定养殖业发展规划、指导养殖业发展提供科学依据；针对目前养殖业较为突出的问题，继续实施标准化池塘改造财政专项，并启动浅海标准化养殖升级改造专项，以稳定池塘养殖面积，提高养殖单产，增强浅海养殖综合

生产能力，提高食物保障和食品安全水平。

（三）建立长期的科技投入机制，保障科技第一生产力的作用

建议在农业部现代农业产业技术体系、国家公益性行业（农业）专项、科技部产学研联盟的基础上，进一步加大现代渔业产业技术体系建设，增加支持力度，扩大体系建设品种，为水产养殖产业的发展提供持续长久的科技资金的支持，保障科技对水产养殖产业发展的原动力。

（四）完善生态系统水平的水产养殖管理体系

按照现代水产养殖业的要求，以生态系统养殖理论为基础，进一步科学地调整养殖许可证和水域使用许可证的发放管理制度。借鉴海水养殖管理先进国家的经验，改进两证审批过程和发放管理办法，将农业部负责发放养殖许可证、国家海洋局发放养殖水域使用证的两部门管理方式改为由一个部门统一管理。建议在两证发放时，由科研部门对申请养殖水域进行容纳量评估，政府部门根据科研机构的评估结果，严格明确限定申请水域的养殖种类、养殖密度和养殖方式，以便杜绝养殖者随意增加养殖密度的弊端，确保我国水产养殖可持续健康发展。由于我国水产养殖面积巨大、养殖水域类型多，养殖种类多，养殖模式多，建议在新的两证发放办法实施初始阶段，先从浅海筏式养殖和底播养殖开始，积累经验，完善管理办法后，逐渐扩大到滩涂、池塘等养殖水域。此外，建议设立长期专项经费，用于科研机构对养殖容量、养殖种类结构、养殖布局生态环境和养殖密度的评估，以便于保障新型养殖管理办法的实施。

六、重大工程建设与研究专项建议

（一）研发项目

1. 生态高效养殖系统构建的科学基础

（1）立项理由

水产养殖活动是在不同层次的生态系统水平下开展的。每一种

养殖模式有其自身的生态系统的特点和生态操纵技术。目前的养殖理论和技术不能满足我国水产养殖产业发展的需求。要真正实现我国水产养殖产量的提升、环境友好和质量安全的总体目标，需要构建全新的基于生态系统的养殖理论和技术体系，尤其是深层次地探索建立生态养殖系统的操控机制、养殖生态系统的生态关键控制点、能流和物流的合理分配、生态系统的下行和上行控制在维持生态系统平衡中的作用等，开发高效的生态系统养殖模式，提升养殖容纳量，保障我国水产养殖业健康可持续发展。

（2）发展目标

建立具有我国特色的生态养殖理论，研发生态操纵系列技术，开发高效的生态系统养殖模式，提升单位水体养殖效率，保障环境友好和质量安全，提高资源利用效率。

（3）建设内容

系统开展养殖生态系统结构及其功能、群落结构及种群相互作用、养殖生态系统能量流动和物质转化规律、养殖生态系统的调控机制、高效养殖生态系统构建和调控技术等研究。

2. 环境友好型海水健康养殖新模式的研发与示范

（1）立项理由

我国海水养殖发展正面临全球气候变暖、海洋酸化、养殖环境恶化和资源利用效率低下、围填海导致养殖空间日益缩小、劳动力紧缺等多重胁迫和挑战，研发推广环境友好型的健康养殖模式与技术势在必行。

（2）发展目标

遵循"生态优先、资源节约、环境友好、优质高效"的水产养殖发展导向，在"十二五"基础上，深入研究养殖生态系统中生源要素生地化循环关键过程和适应性养殖管理策略的理论基础，重点突破高密度养殖系统中排放的富营养化物质的消减和资源化利用技术、开放海域多营养层次综合高效养殖模式及抗风浪养殖技术与装备、池塘高效生态养殖关键技术、陆基集约化多营养层次综合养殖模式与技术、高效生态型工厂化循环水高密度养殖技术集成与示范、标准化养殖技术与规范，创建一批具有国际先进水平的环境友好型健康养殖模式和技术，提升我国养殖装备机械化、自动化水平，全面提高我国海水养殖和海洋循环经济的高新技术创新能力，引领我国海水养殖业的健康持续发展。

（3）建设内容

选择规模化养殖海域，系统研究养殖生态系统中生源要素生地化循环关键过程和养殖容量评估；在此基础上，开展浅海港湾养殖标准化、机械化养殖技术体系构建与示范、开放海域抗风浪设施研发与多营养层次综合养殖模式研究与示范、滩涂高效生态养殖模式研究与示范、陆基规模化生态高效智能养殖技术研发与示范、生态系统水平的海洋牧场构建技术与管理策略、池塘多营养层次综合养殖模式构建、生物絮团健康养殖技术应用与示范、盐碱水养殖降盐治碱与渔农综合利用技术。

3. 大水域渔业资源恢复与生态养殖技术研究与示范

（1）立项理由

长期以来，大水域渔业由于过度追求经济效益，忽视环境保护和资源可持续利用，大水域的生态功能受损尤为严重，主要表现在富营养化加剧，湿地生态系统退化，大量的水生植物消亡，而代之以蓝藻水华暴发、渔业功能与供水等其他功能的矛盾日益突出。在大水域渔业资源养护与合理利用上，由于对环境承载力认识不足，对渔业资源的恢复力预期过高，对大水域自净能力期望过高，大水域的渔业资源开发与资源养护未能协调兼顾，出现了一些与资源利用和生态环境相关的严重问题，一是由于生境丧失和生态阻隔或捕捞过度，许多经济价值高的鱼类严重衰退；二是过量放养草食性鱼类或河蟹，使沉水植被遭受破坏，水体透明度下降，水质变差；三是长期超环境容量的"三网"养殖会引起养殖水域局部生态环境恶化，加快了水体富营养化进程，导致供水和景观功能严重下降。

可持续发展已成为世界范围内的共识，大水域生态环境保护与渔业资源恢复已成为可持续发展的重要组成部分。通过增殖放流技术，恢复重要经济鱼类种群，同时对放流鱼类标记，综合评估放流效果；通过修复和重建鱼类栖息生境技术，营造良好繁殖场所，加快土著鱼类资源的恢复；采用新技术、新材料，诱导土著鱼类产卵，

恢复鱼类种群；通过研究基于可持续捕捞量的最佳捕捞策略，稳定土著鱼类种群规模，保障大水域渔业资源养护与可持续利用的协调发展。

（2）发展目标

建立基于我国渔业水域环境基础的渔业资源恢复与可持续利用协同技术，主要结合渔业资源调查、渔业生物的栖息环境、渔场的形成和资源的变动机制，研发大水域渔业资源恢复技术体系，开发渔业资源可持续利用技术集成，开发高效的生态养殖模式，保障大水域渔业可持续健康发展。

（3）建设内容

以增殖放流、生境重建与生态系统调控为主要技术手段，从种群、群落和生态系统三个层面，展开各类生物营养层次关键物种生态转换效率、水域水生生物资源与水环境特征、主要经济水生动物类群的养殖容量、渔业放流增殖生态效应等方面研究，建立渔业资源恢复与可持续利用协同技术体系，建立基于生态系统方法的生态养殖模式。

4. 湿地渔业综合管理与环境协调技术集成与示范

（1）立项理由

我国几乎所有流域都涵盖了湖泊、河流、水库、池塘、农田和森林等生产性子系统，这些子系统之间有着自然的关联性和嵌套性，但在过去的渔业开发中被分离考虑。在基于流域尺度的湿地渔业管理过程中，渔业湿地的营养物质循环、生物资源养护和水产养殖之间的动态关系极度缺乏综合平衡，湿地渔业综合管理和环境控制水平受到限制。湿地渔业仍存在统筹规划缺失、生产设施落后、生产方式粗放、养殖规模小农化、养殖标准缺乏、环境协调性缺乏、生态完整性和管理系统性不足等问题，湿地渔业发展与生态环境保护之间的矛盾不断加剧，开发基于流域尺度的湿地渔业综合管理与环境协调技术集成已十分紧迫。因此，必须加强基于流域尺度的湿地渔业区域规划和综合管理的技术体系构建，提高区域性湿地渔业综合管理水平，促进湿地渔业和环境保护协调发展。

（2）发展目标

建立具有我国特色的湿地渔业综合管理及治理技术体系，开发环境友好型高效湿地渔业模式，实现营养物质高效转化利用，大幅降低养殖的环境影响，提高湿地渔业的环境可持续性。

（3）建设内容

开发基于生态系统结构完整性和各生产子功能互补性的湿地渔业综合管理模式，大幅提高湿地生态系统服务功能和渔业综合管理效益。重点开展基于"3S"技术（RS、GIS和GPS）的湿地渔业统筹规划技术研究；开展基于渔业湿地环境承载力的养殖规模及模式研究；开发区域性养殖营养物质循环利用技术；建立环境友好型养殖场管理框架；开展养殖系统优化提升研究，开发因地制宜的环境友好型复合养殖模式。

（二）产业示范工程

1. 淡水养殖产业升级与生态养殖技术产业化示范

（1）立项理由

目前，我国淡水渔业发展面临转型关键时期。一是"水十条"在2015年4月正式颁布，湖泊水库广泛采用的"三网"（网箱、网栏和网围）养殖将被迫退出，占淡水养殖总面积近一半的大水面养殖方式被迫面临政策转型，如湖北省丹江口水库已将库区网箱养殖移除。二是我国淡水养殖产业集聚度低，国际竞争力弱，专业化分工不明确，一些地区盲目发展和片面追求产量，水域环境受到工业和生活废水污染的状况日益严重，导致淡水生物产业病害损失加大、渔药滥用、生境破坏加剧、产品质量下降、效益提升乏力、出口贸易受挫等一系列严峻问题，淡水养殖面临产业技术转型。三是鲢、鳙、鲤、鲫等大宗水产品产量占我国淡水产量的67%以上，外向型、创汇型产品少，大宗水产品价格甚至不及蔬菜价格，效益差，影响渔民收入。大宗水产品产量过剩而名优水产品严重不足，占淡水养殖总产量70%以上的池塘养殖面临迫切的产业结构转型，如江苏省洪泽湖流域的大宗淡水鱼类养殖池塘，已逐步转向河蟹生态养殖，并取得较好的经济和生态效益。如果这种状态不能尽快改变，淡水养殖产业发展将很难持续，并导致淡水水域生态灾难和食品安全危机，

严重制约新农村建设和现代农业发展。

（2）发展目标

建立大水面"三网"养殖退出后的增养殖技术体系，研发完全利用天然饵料生物的大水面生态复合渔业模式，饵料生物综合利用效率提高30%，实现有机水产品安全生产产业化。

创新池塘养殖模式，实现养殖投入品多级利用，利用效率增加10%；养殖废物排放减少20%；病害发生率降低60%。

（3）建设内容

研发大水面生物资源利用及生态环境保护技术创新与集成示范；研发池塘生态养殖技术集成与产业化示范。

2. 水产养殖工程化技术与示范

（1）立项理由

目前，我国水产养殖总体上仍存在生产设施落后、生产方式粗放、养殖各要素系统集成程度不高、水域环境受到来自工业与生活污水的影响、可以使用的养殖标准缺乏、资源短缺、集约化养殖的工业化程度不高等问题，严重制约了产业的进一步发展。离岸和陆基工程化水产养殖技术可以有效提升单位水体产出，实现环境友好，保障质量安全，节约土地资源和水资源，可以将现代工业技术和水产养殖技术融合，为水产养殖工业化发展奠定基础，是我国未来水产养殖发展的重要方向之一，也是解决上述问题的有效途径。

（2）发展目标

实现我国水产养殖工程化，成套装备产业化，养殖技术标准化，产品质量安全化，资源节约化，提高单位水体产出，实现水资源循环利用。

（3）建设内容

研发水产养殖工程化系列技术和装备、水循环利用技术、节能减排技术等，集成装备技术、养殖技术、管理技术等，开展规模化集成技术示范，并推广应用。

（三）平台建设

水产养殖水域生态环境监测体系平台

（1）立项理由

当前我国可养殖开发水域面积已近饱和，养殖与环境之间、养殖与社会经济发展之间的矛盾日益突出，对养殖环境容量的长期忽视已严重制约我国水产养殖产业的可持续性。挪威沿海已有近百年的生态环境连续监测数据，对保障该国近海生态系统的食物可持续产出和水产品食品安全发挥了主要作用。我国是水产养殖大国，水产品的产量和质量直接影响到我国的食物安全和食品安全。我国政府对水产品质量安全问题十分重视，已建立覆盖全国各地的水产品质量安全检测和认证机构，颁布了《水产养殖质量安全管理规范》，开展了质量标准体系、检验监测体系、食品安全控制体系及质量认证认可体系的建设。尽管经过多年努力，我国水产品质量安全水平已大幅度提高，但是，药物残留超标问题仍然是水产品质量安全监管的最突出问题，近几年相继发生了氯霉素、孔雀石绿、硝基呋喃类等药物残留的水产品质量安全事件。解决水产品药物残留问题，除了从源头上把握产地环境和养殖用水的绝对安全外，更重要的是在养殖过程中需要保持良好的生态环境条件，保障养殖种类健康；只有这样，才能防止水产病害暴发，避免大量渔药频繁使用。与发达国家相比，我国在水域生态环境监测、数据分析和综合利用方面差距较大，需要尽快发展建设我国的水产养殖水域生态环境监测体系平台，为我国的生态安全和食品安全提供保障。

（2）发展目标

以水产养殖"生态优先"战略需求为牵引，以建立完善我国流域/海域尺度水平水产养殖环境容量评估技术和养殖布局优化策略为核心，通过开展影响流域/海域主要水产品养殖生产的环境要素长期、定点、定时监测，建立覆盖我国流域/海域水产养殖主产区物理、水文、水化学、生物学、水产品质量安全、生态健康养殖模式、水质

调控、渔药管理、废水处理、废水排放及环境评估等方面的数据库平台，建立互联网共享机制，明晰我国主产区主要养殖品种养殖容量的动态变化特征，在我国各重要流域/海域水产养殖主产区形成互联网数据平台与共享机制，为我国海水及淡水高效、可持续养殖管理策略的建立提供基础数据支撑。

（3）建设内容

以黄渤海、东海、南海的典型水产增养殖区和黑龙江、长江、珠江、黄河流域的水库、湖泊等规模化养殖区域及其主要养殖品种为监测对象，建立生态环境监测系统，对养殖生态环境和养殖生产活动进行长期周年定点监测，掌握特定养殖区主要养殖对象养殖方式、水质调控、投喂管理、渔药管理、废水处理、废水排放及环境评估、经济效益和社会效益方面的数据，建立全国生态健康养殖数据库和技术共享平台；建立适用于特定养殖区域及其主养对象的环境容量评估方法，评估典型区域的养殖环境容量；建立典型水域的水产品养殖环境容纳量渔业基础数据库，建立覆盖所有监测站点的数据采集与质量控制系统及数据说明规范；分析养殖环境容量的年度变化及其与环境因子的关系，为我国主要水产品主产区的优化布局提供技术支撑。

参 考 文 献

[1] Wang QD, Cheng L, Liu JS, Li ZJ, Xie SQ, de Silva SS. Freshwater aquaculture in PR China: trends and prospects[J]. Reviews in Aquaculture, 2015, 7: 283-302.

[2] 农业部渔业渔政管理局. 中国渔业年鉴2004-2016[M]. 北京：中国农业出版社, 2016.

[3] Welcomme RL, Bartley DM. Current approaches to the enhancement of fisheries[J]. Fisheries Management and Ecology, 1998, 5(5): 351-382.

[4] Brown CJ, Mumby PJ. Trade-offs between fisheries and the conservation of ecosystem function are defined by management strategy[J]. Front Ecol Environ, 2014, 12: 324-329.

[5] Andersen KH, Brander K, Ravn-Jonsen L. Trade-offs between objectives for ecosystem management of fisheries[J]. Ecological Applications,

2015, 25(5): 1390-1396.

[6] Lin M, Li Z, Liu J, Gozlan RE, Lec S, Zhang T, Ye S, Li W, Yuan J. Maintaining economic value of ecosystem services whilst reducing environmental cost: A way to achieve freshwater restoration in China[J]. PLoS ONE, 2015, Doi: 10.1371/journal.pone.0120298.

[7] Wang Q, Liu J, Zhang S, Lian Y, Li Z, de Silva SS. Sustainable farming practices of the Chinese mitten crab (*Eriocheir sinensis*) around Hongze Lake, lower Yangtze River Basin, China[J]. Ambio, 2016, 45 (3): 283-302.

[8] Chopin T, Buschmann AH, Halling C, Troell M, Kautsky N, Neori A, Kraemer GP, Zertuche-González JA, Yarish C, Neefus C. Integrating seaweeds into marine aquaculture systems: a key towards sustainability[J]. J Phycol, 2001, 37: 975-986.

[9] Neori A, Chopin T, Troell M, Buschmann AH, Kraemer GP, Halling C, Shpigel M, Yarish C. Integrated aquaculture: rationale, evolution and state of the art emphasizing seaweed biofiltration in modern mariculture[J]. Aquaculture, 2004, 231: 361-391.

[10] FAO Fisheries and Aquaculture Technical Paper. No. 529. Integrated mariculture: a global review[R]. Rome: FAO, 2009.

[11] Troell M, Joyce A, Chopin T, Neori A, Buschmanng AH, Fang JG. Ecological engineering in aquaculture- Potential for integrated multi-trophic aquaculture (IMTA) in marine offshore systems[J]. Aquaculture, 2009, 297(1-4): 1-9.

[12] 郭根喜, 陶启友, 黄小华, 胡昱. 深水网箱养殖装备技术前沿进展[J]. 中国农业科技导报, 2011, (5): 44-49.

执笔人

方建光	中国水产科学研究院黄海水产研究所	研究员
李钟杰	中国科学院水生生物研究所	研究员
蒋增杰	中国水产科学研究院黄海水产研究所	副研究员
王齐东	中国科学院水生生物研究所	助理研究员

第五节　水产养殖动物营养与饲料工程

一、国内发展现状

我国是世界水产大国，水产品产量自1989年以来已连续24年位居世界首位，2015年全国水产养殖产量4938万t，水产养殖产量占国内水产总产量的73.7%，占世界水产养殖产量超过60%。水产养殖业的发展带动了农村劳动力的就业，优化了农业产业结构，增加了农民收入，为解决我国的"三农"问题等方面做出了重要贡献。

水产养殖的快速发展，主要是养殖模式的调整，饲料的支撑作用越来越大。饲料质量不仅影响水产动物的生长，还会影响到其健康、品质、水质，进而影响养殖效益。水产饲料在养殖成本中所占比例也越来越高，在高集约化养殖中可达70%。

20世纪80年代是我国水产饲料工业的萌芽期，到1991年我国水产饲料产量仅75万t，到2013年达约1900万t，22年间增加了24.33倍，占世界水产饲料总产量的51%（图2-5-1），也产生了世界最大的水产饲料生产企业，逐步建立了较为完整的水产饲料工业体系。水产饲料工业对我国水产养殖业的健康快速发展起到了决定性的支撑作用——没有现代化的饲料工业，就没有现代化的养殖业（图2-5-1）。我国水产饲料虽然发展较晚，但因养殖业的迫切需求，发展速度很快。目前年总产量超过世界的一半，成为国际上一个全新的水产动物营养研究中心、水产饲料生产中心，走出了一条符合我国国情、独具中国特色的发展道路，成为世界第一水产饲料生产大国。

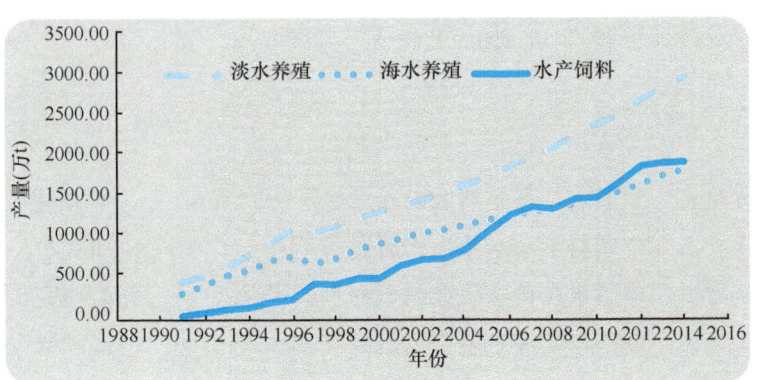

图2-5-1　我国水产养殖产量与水产饲料产量的关系（数据来源于中国渔业年鉴）

2015年我国水产养殖中扣除藻类后的总产量为4728万t，按70%精养投喂饲料（即3310万t水产品需使用饲料），扣除30%滤食性鱼类的鲢、鳙等，即2317万t水产品需用饲料，饲料系数按1.5计算，估计需要饲料约3475万t，而2015年水产配合饲料总产量约为1893万t，缺口仍然较大。由此可见，我国的水产饲料工业在数量上还需要跨越式的发展。目前的饲料技术仍然不能满足快速增长的产业发展需求，存在饲料系数偏高、饲料成本高、饲料利用效率低、废物排放高等问题。因此，水产养殖产业的发展对饲料和营养学研究有着迫切的需求。

伴随着我国水产养殖业对于优质配合饲料的迫切需求，我国水产动物营养与饲料学的研究无论在研究领域的广度和深度上，还是在学术水平上，正在迅速向国际水平靠拢，2015年我国学者在 Aquaculture 的营养学部分和 Aquaculture Nutrition 上发表的论文均占27%（图2-5-2、图2-5-3）。

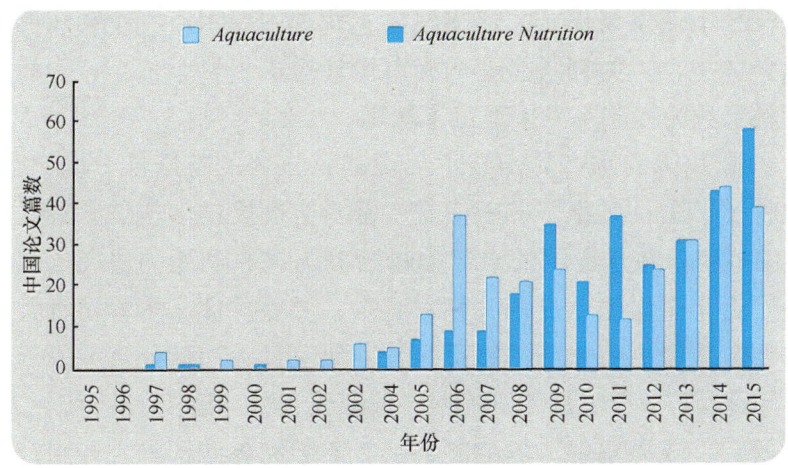

图2-5-2　1995~2015年中国科研人员在 Aquaculture 和 Aquaculture Nutrition 上发表的有关营养的论文

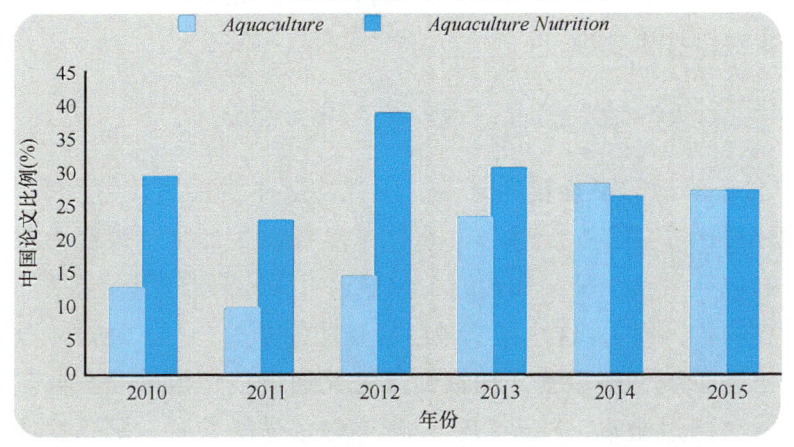

图2-5-3　2010~2015年我国在 Aquaculture 和 Aquaculture Nutrition 上发表的论文比例

（一）水产动物营养需要与高效饲料配制技术研究

近年来，通过国家科技攻关（支撑）、产业技术体系建设、农业行业专项及相关国家973计划、863计划等科技项目，主要完成的有草鱼、异育银鲫、罗非鱼、团头鲂、中华绒螯蟹、对虾、大黄鱼、鲈、军曹鱼、大菱鲆、牙鲆、半滑舌鳎和皱纹盘鲍等水产养殖动物不同生长阶段对营养素的需要参数及常规水产饲料主要原料的利用研究，逐步完善了我国主要水产养殖动物的营养参数公共平台，为饲料企业的配方设计提供了科学依据，为我国水产饲料工业的兴起与发展奠定了基础。同时，部分大型饲料企业自行开展了主要养殖品种的商业配方的营养需求研究，为商业配方的应用提供了科学数据。从基础理论到应用技术，形成了我国独具特色的水产动物营养研究与水产饲料工业发展模式，逐步建立了我国主要水产养殖动物的营养参数公共平台，为饲料企业的配方设计提供了科学依据，为我国水产饲料工业的兴起与发展奠定了基础。

但是我国的水产养殖在世界上具有显著的特殊性：地域分布、养殖种类、食性类型、养殖模式等都具有高度的多样性，种类更替也非常快[1]。并且我国的水产动物营养与饲料利用的研究比国外起步晚了近半个世纪、投入又相对有限，要完善那么多养殖种类的营养需要参数是不可能的。零星的营养研究又无法满足产业发展的需要。因此，下一步还是需要根据"选择代表种、集中力量、统一方法、系统研究、成果辐射"的战略思路，不断完善我国的主要水产养殖动物营养参数数据库，系统开展不同生长阶段及不同养殖条件下的营养需要及主要水产饲料主要原料的利用研究，为高效优质饲料配制技术提供技术支撑。

（二）水产动物摄食与饲料投喂技术的研究

水产动物的摄食较为复杂，不仅与其本身的遗传背景有关系，还随环境因子如年龄、季节、食物丰度等发生变化。摄食调控的内在因素包括激素、神经和代谢（营养素），外部调节因子包括环境因子和食物（饲料），这些调节最后经脑的信号整合后，通过体液信号和下丘脑系统影响摄食，而摄食反之又通过消化道反馈影响体液信号，同时通过激素、神经和代谢影响脑信号的整合。研究发现饲料的营养水平会影响到水产动物的摄食率，动物循环系统中的代谢产物水平、摄食节律及禁食均会通过一系列与食欲控制有关的调节控制摄食。例如，高糖饲料或者注射氨基酸均可降低鱼类的摄食；饲料蛋白水平会影响鱼类的摄食量，多数鱼类摄食高能量的饲料时，其摄入量较低；而在摄入低能量饲料时，其摄入量较高。脑神经肽Y（NPY）的水平已经被证实受到常量营养素的影响[2]。饲料的营养成分如氨基酸等会影响生长激素（GH）、类胰岛素样生长因子Ⅰ（IGF-Ⅰ）的分泌[3,4]，从而影响鱼类的摄食，而不同营养素之间还存在着复杂的交互作用。前期摄食含较高鱼粉饲料的鱼类在改喂豆粕为主的饲料时，其摄食率明显下降。饥饿后恢复摄食期的摄食调控也具有特殊性，多数鱼类在饥饿后恢复摄食前期，摄食率均有明显提高，一般维持一周到数周后才恢复到正常水平。已有研究证明鱼体血糖水平影响鱼类的摄食节律。消化道中食物的刺激也可以通过神经和化学信号传送到脑的食欲控制中心而调节摄食。

科学投喂能够显著提高饲料效率、养殖效益和环境效益。最佳投饲频率和投饲量与养殖品种、不同生长阶段、养殖环境及气候变化密切相关。合理的投喂可以显著降低饲料消耗，提高饲料转化，降低成本，改善产品品质[5]。通过改变投喂频率，可以提高部分鲤科鱼类对晶体氨基酸和蛋白质的利用效率[6,7]。"十二五"期间在农业行业专项及产业技术体系的支持下，对主要养殖对象的投喂技术进行了研究，确定了最佳投喂频率及投喂量，建立了这些品种的投喂技术体系，为精准投喂、提高养殖效益提供了科学依据。

（三）仔稚鱼营养及微颗粒饲料的研发

我国对仔稚鱼的摄食行为、消化生理和营养需要的研究相对薄弱，近几年虽然在仔稚鱼摄食行为、消化生理和营养需要方面开展了一些工作，但我国已有的人工微颗粒饲料，其品质与国外知名品牌相比存在较大差异，主要表现在水中稳定性低、溶失率高、诱食性差、可消化率低等，因此，加工工艺的改进是亟待解决的重要问题。

仔稚鱼处于鱼类生长的早期阶段，其个体小、消化系统发育不完善，属营养转型期，但生长迅速。其外部形态、内部结构和生理代谢方式均与幼鱼、成鱼存在较大差异[8]。大黄鱼的人工微颗粒饲料必须按照仔稚鱼口径的大小来设计[9]。不同的饵料选择和投喂技术对仔稚鱼的存活、生长、消化酶发育等影响较大[10,11]。蛋白源作为重要的营养素，对仔稚鱼的影响很大。在饲料中添加外源性消化

酶可以显著地提高半滑舌鳎仔稚鱼的生长，对体内消化酶的影响却不显著[12,13]。低分子质量小肽对于鱼体的生长和消化道发育起到了一定的促进作用[14]。饲料中适宜含量的脂肪水平、磷脂可以改善半滑舌鳎仔稚鱼的生长、存活及酶活力，饲料脂肪和脂肪酸水平还能够在转录水平上不同程度地影响脂肪合成及分解代谢相关基因的表达[15-17]。一些添加剂的作用包括促进消化道发育和提高免疫力两方面。饲料中添加谷氨酰胺能够增强舌鳎仔稚鱼消化酶活力，提升抗氧化能力和抗低氧应激水平，谷氨酰胺的最适添加水平为0.5%[18]。

（四）亲鱼营养与繁殖性能和幼体质量

苗种的数量与质量是水产养殖成功的关键。亲本的营养和幼苗开口后的营养摄入对鱼虾幼苗的成活率和质量起着决定性的作用。然而，有时成活率不低，但是苗种的质量不高。为获得大量的优质苗种，亲鱼的培育显得尤为重要，而使亲鱼获得足够的营养物质又是关键。目前，不少苗种生产尤其是海水苗种仍然采用投喂鲜饵的办法。由于存在来源少、储存不便、污染水质、营养不全面等缺点，效果并不理想。因此，研究优质的亲鱼饲料是亟待解决的重要课题。近年来对必需脂肪酸和抗氧化物质对鲆鲽类亲鱼的影响进行了研究，结果表明在饲料中添加维生素A可以显著改善大菱鲆亲鱼的产卵量、卵子上浮率、受精率及初孵仔稚鱼体长，提高亲鱼机体的抗氧化能力及卵子中不饱和脂肪酸的含量，大菱鲆亲鱼饲料维生素A的适宜添加水平为10 000~80 000IU/kg饲料[19]；维生素E可显著提高大菱鲆雄鱼的产精量、精子寿命、精子密度及精子的线粒体个数，大菱鲆雄鱼精子中多不饱和脂肪酸的含量随着饲料中维生素E添加量的增加而呈现增加的趋势[20]。饲料中添加高剂量维生素C能显著提高大菱鲆亲鱼的性腺指数、相对产卵量、受精率、产卵次数和孵化率等；能显著提高大菱鲆亲鱼组织中维生素C的积累量，显著提高大菱鲆亲鱼组织中超氧化物歧化酶（SOD）活性，显著降低亲鱼组织中丙二醛（MDA）含量，维生素C的适宜添加量为4800mg/kg[21]。饲料中添加适宜比例的n-3/n-6脂肪酸对提高半滑舌鳎亲鱼繁殖性能和仔鱼质量是非常重要的，n-3/n-6脂肪酸适宜比例为2.81~5.21[22]。饲料中添加高剂量维生素C磷酸酯（1.0%和1.5%）更有利于促进亲鱼性激素的合成，提高亲鱼的繁殖性能，改善卵子和精液的质量，促进受精卵的孵化，降低仔鱼畸形率[23]。饲料中添加适量维生素A可促进半滑舌鳎亲鱼性腺的发育，提高产卵量，改善卵子和仔鱼的质量，维生素A的适宜添加量为20IU/g[24]。在半滑舌鳎亲鱼饲料中添加适量维生素E会促进亲鱼性腺的发育，增加产卵量，提高卵子和仔鱼的质量，维生素E的适宜添加量为1200mg/kg[25]。饲料中添加牛磺酸能够提高半滑舌鳎亲鱼繁殖性能、抗氧化功能、卵子及仔鱼质量，牛磺酸适宜添加量为0.5%。饲料中添加10%磷虾粉能够提高半滑舌鳎亲鱼繁殖性能、仔鱼质量及抗氧化功能。

饲料中特定的氨基酸（如精氨酸）和蛋白质会影响异育银鲫亲鱼的生长、代谢和饲料效率。饲料豆粕的添加会使鱼类成熟的时间提前[26]。而有些有毒有害物质如藻毒素会明显影响鱼类的繁殖能力[27]。

（五）饲料添加剂研制技术

饲料添加剂工业是饲料工业发展水平的一个重要标志。2015年全国水产饲料添加剂预混料近25万t。国内在添加剂方面的研究较多，包括诱食剂的种类、复合模式、使用方法，营养添加剂的剂型和剂量，不同酶类的作用模式等。近期因食品安全的迫切需求，对添加剂的功能也从关注生长到关注水产动物的健康和改善饲料利用，更加关注绿色添加剂的开发。在饲料营养调控水产动物抗病力和免疫力、维持水产动物健康方面开展了比较系统的研究，并已初步构建起水产动物营养免疫学的研究框架，研发出一系列提高鱼类免疫力和抗病力的添加剂产品，取得了较好的产业效果。对提高我国水产动物健康养殖水平、保证水产品安全起到越来越重要的作用。

（六）水产饲料加工工艺与装备技术研究

中国水产饲料工业随着改革开放而兴起、发展、壮大，短短三十几年经历了一个从无到有、从小到大、从弱到强的过程，逐步建立了较为完整的水产饲料工业体系。一些饲料品种质量达到世界领先水平。例如，对虾饲料的饲料系数达到1.0~1.2，远低于国际上1.5~1.8的水平。因此，相应的饲料加工工艺也在不断发展。

挤压膨化技术已成为国外发展速度最快的饲料加工新技术。它具有传统加工方法无可比拟的优点，市场发展潜力巨大。目前在发达国家水产饲料挤压膨化造粒是最常用的手段。目前，我国对膨化

技术研究和设备开发工作做得还很不够，近年来这方面的研究逐渐增多，如膨化参数的变化对饲料营养素保真性的影响、膨化对饲料养殖性能的影响等。

二、存在的主要问题与原因分析

（一）水产饲料产业发展存在的问题

1. 配合饲料使用比例不高，饲料系数高、浪费严重、环境排放大

我国水产饲料生产发展很快，但是目前配合饲料的使用比例仍然不超过40%。在东南沿海的广东省、福建省、海南省、江苏省、浙江省等，冰鲜杂鱼仍是主要饲料源，海水鱼配合饲料的普及率不到30%，北方的山东省、河北省、天津市及辽宁省海水鱼配合饲料的普及率较低，配合饲料的开发空间较大[28]。调查发现，饲料系数普遍在1.8~2.5，少部分在1.2~1.8，很少部分在1.0左右。过高的饲料系数不仅导致生产成本提高，而且造成粮食资源浪费，环境污染增加。高的饲料成本与低迷的养殖水产品价格直接制约了配合饲料在水产养殖中的大规模推广使用。

不合理的饲料使用会浪费粮食资源、污染环境、滋生病害，进而导致药物滥用，威胁食品安全和环境安全。由于资源、环境保护意识差，缺乏公众教育和法规约束，水产养殖在带来经济收入的同时，其废物排放也带来了对水环境的危害。例如，在一些养殖强度高的地区，养殖海湾、池塘甚至水库的水多为黑色，底泥中沉积了大量的营养物。而由于底泥清理需耗费大量的人力、财力，很多池塘多年底泥沉积，池塘养殖生态系统越来越脆弱，经常导致大面积的翻塘事件发生，渔民收入受到极大的影响。我国是一个水资源、粮食资源紧缺的国家，在大规模的养殖尤其是产品的出口中，如果不合理保护我国的粮食资源、水资源，在经济上有所收获的同时，将给我们的环境和资源造成越来越大的威胁。而很多养殖者甚至地方政府，为了提高经济效益，盲目增加养殖规模，这不仅会造成养殖风险加大，而且造成粮食资源浪费和水资源污染等[29]。

2. 饲料原料缺口大、饲料成本高

我国虽然是一个农业大国，但不是一个饲料资源大国。我国饲料原料的数量和质量都不能满足我国饲料工业高速发展的需要。我国水产养殖业发展迅速，而饲料原料国内供应缺口越来越大[30-32]。主要饲料蛋白源鱼粉和豆粕70%以上依靠进口，50%以上的氨基酸依靠进口，成为饲料行业和水产养殖业发展的极为核心的制约因素。部分饲料添加剂的国内供应量严重不足，存在品种单一、产品生产成本偏高等问题，在质量和数量上均难以满足需要。

在使用配合饲料的养殖中，饲料成本占养殖总成本的60%~70%甚至更高。近几年鱼粉价格经几轮飞涨，豆粕、玉米等大宗原料也不断上涨。在成本推动下，配合饲料价格经历了几轮涨价，一直在高位运行。与此同时，由于竞争激烈，养殖水产品价格却一直在低位运行。鱼产品价格相对低而饲料原料价格相对高，饲料成本对养殖发展造成较大的限制。追求降低饲料成本导致的不合理的饲料配方，不仅不能使鱼类获得平衡的营养，造成饲料浪费，反而提高成本，造成水质污染，增加病害暴发机会，降低水产品品质。因此，高效的饲料成为促进养殖业发展的重要因素。

3. 配合饲料的养殖效益不稳定

由于我国地区跨度较大，养殖模式多样化，还有加工工艺的差别及养殖管理技术的差别，同样的饲料配方在不同养殖模式下其养殖效益差别很大。

由于加工工艺等问题，膨化饲料的推广受到限制，国内还不到20%[33]。目前，我国对膨化技术研究和设备开发工作做得还很不够，对膨化颗粒饲料加工工艺及技术参数进行系统研究的工作甚少，造成膨化颗粒饲料生产线生产效率不高、能耗高、产品性能稳定性不够的现状。

作为一个专业化的机械制造业，我国水产饲料机械设备制造在改革开放后才逐步发展起来。应该说，直到20世纪80年代中期我国尚无真正适用的水产饲料机械设备。即使是从美国、荷兰、法国及我国台湾地区引进的设备，在熟化调质、制粒、干燥等技术环节也不能完全符合我国实际情况的要求。与欧美等发达国家相比，我国饲料机械、饲料设备的质量和规模均相对落后，且饲料厂所需的成

套设备生产能力欠缺。原料前处理和饲料加工技术不能满足养殖种类的多样性，尤其是水产饲料膨化设备，国产主机性能明显低于国外产品，因此，许多饲料企业仍然依靠从国外进口相关设备，从而使生产成本显著上升。

4. 饲料市场竞争无序，产业发展不可持续

饲料企业生产规模小、起点低。调查数据显示，1000多家水产饲料企业，年均产出0.8万t。专业化程度不高，科技含量低。80%以上的水产饲料生产企业是综合型或加工型。监管失控，水产饲料质量较差。行业自律性差，导致市场以次充好、恶性竞争等现象普遍存在。制售假冒伪劣产品问题，扰乱市场秩序、侵害消费者利益、引发安全问题，如在鱼粉中掺杂石粉、羽毛粉、皮革粉等。

目前我国饲料生产、经营归口农业，饲料管理部门跨行业管理，现实情况是养殖者可以很容易从市场上多渠道购得各种饲料，而渔业部门只有使用环节的监管职能，难以从源头上进行监管。在饲料原料质量控制、配方管理、生产经营等方面没有形成系统的标准，或者有些标准是参考国外的而不适合国内的养殖品质，导致执法部门执法困难等。此外，在小杂鱼的捕捞和使用方面及养殖环境的污染排放控制方面，没有明确的法律法规或者监管力度不够，导致一些养殖者因经济利益驱使仍然使用大量的小杂鱼、劣质饲料、饲料原料和化学肥料等。

（二）存在这些问题的主要原因

1. 养殖品种多，育种与饲料联系不够

我国的养殖品种达100多个，多数品种未经过选育，良种覆盖率低，且大多数的品种选育以生长速度和抗病（逆）为主，对饲料利用考虑不够。此外，国家的科技投入太强调"创新"，缺乏对主养品种的持久支持。真正为人类提供食物蛋白的养殖品种，应该是高度选育且适合集约化养殖的，对饲料转化效率高。研究工作应全面、系统，而不是照顾到所有品种。

2. 养殖环境复杂，饲料精准配给不够

我国养殖地域广阔，养殖模式差别较大，而饲料配方和配给模式没有结合实际养殖条件。此外，目前的营养和饲料研究工作多数是在适宜条件下开展的，没有考虑到环境，如水温、密度、溶氧、氨氮等的变化，没有考虑鱼类在不同健康状况下的营养需求变化，没有结合投喂模式等，饲料配方和投喂技术不够精准。精准的配方设计、合理的加工工艺、精准的投喂模式等可以有效地提高饲料利用效率，降低饲料成本。

3. 加工工艺研究不足

在保证饲料原料质量控制和配方技术的前提下，加工工艺与关键装备对饲料的质量提升和安全保证起着重要的作用；先进的饲料加工工艺对提升水产饲料质量水平，扩大非常规饲料原料的使用范围，提高饲料资源利用效率，降低或消除自源性抗营养因子和环境有毒有害物质，提高原料营养素消化率和生产产能，降低能耗和富营养物质排放具有重要的促进作用。目前的加工工艺研究甚少，和营养学研究不配套，例如，我国主要养殖品种的营养需求基本都是基于实验室冷挤压处理工艺的参数，完全不适用于目前应用最广泛的环模挤压硬颗粒和正在迅速发展的挤压膨化饲料加工工艺，限制了先进的饲料加工设备的发展。此外，由于加工工艺参数不明确，无法保证饲料中热敏性营养素的保留率，饲料配方的质量得不到保证。

4. 养殖门槛低，法规不健全，执法不严

我国的水产养殖、饲料及环境等方面的法规不健全，执法不严。养殖门槛低，饲料经营模式多，管理混乱。很多养殖是以水资源、粮食资源、环境资源的浪费和破坏为代价。有人计算过，如果把我们目前废水排放的费用加进去，所有的养殖均无利可图。此外，与饲料和养殖等相关的标准不健全，执法不严，导致产业竞争无序，影响可持续发展。

三、国外发展现状

营养物质是生物生长、发育、繁殖等一切生命活动的基础，所

以通过营养操作就能够有目的地人为调控动物的生理、生化过程，以达到维持动物的正常生长、繁殖和健康等目的。由于科技发展和产业需要，营养调控已经超越传统的仅仅对养殖产量的追求，现在的目标更加多元化，要求调控更加精准化。基于对营养物质（或可通过饲料途径的非营养成分）的调控机制的详尽研究，就可能通过营养饲料学途径对养殖动物的繁殖、生长、营养需要、健康、行为、对环境的适应能力，养殖产品质量、安全，甚至养殖环境的持续利用等加以精准地调控。

（一）繁殖性能和幼体质量的营养调控

已经发现适量和比例适当的长链多不饱和脂肪酸（LC-PUFA）、磷脂、胆固醇和维生素A、E、C对鱼类和甲壳动物的繁殖性能及早期幼体质量都有重要的调控作用，能显著改善性激素合成、性成熟、繁殖力、受精率、孵化率和仔稚鱼的质量。类胡萝卜素、虾青素等色素不仅影响水产养殖动物的体色，而且对其卵子质量和早期幼体的健康有显著的改善作用。

苗种的数量与质量是水产养殖成功的关键。亲本的营养和幼苗开口后的营养摄入对鱼虾幼苗的成活率和质量起着决定性的作用。然而，有时成活率不低，但是苗种的质量不高。常见的苗种质量问题是畸形苗，如脊椎弯曲、鳃盖畸形和比目鱼苗的白化等。多数畸形是不可逆的，因此，这些苗种没有商业价值。研究证明，除了育苗容器的水力学特征和其他环境因子外，影响仔稚鱼畸形的主要因素是营养物质。适量的磷脂、高不饱和脂肪酸（HUFA）、肽、色氨酸、维生素A和C等对降低仔稚鱼的畸形率和白化率具有显著的作用，它们通过参与骨组织生物矿化或色素代谢过程而产生调控作用。

（二）营养素需要的定量调控

和陆生动物一样，水产养殖动物的食性也不尽相同。通常，肉食性种类比草食性种类有更高的蛋白质（氨基酸）需要。但是，肉食性种类不比草食性种类具有更高的蛋白质效率，它们把更多的氨基酸用于分解代谢，而不是用于生长。纯肉食性动物有非常高的氨基酸分解代谢率，可能是食草或食水果动物的5~10倍。后者能有效地降低氨基酸分解代谢的内源性损失，以便把有限的氨基酸用于体蛋白合成。

饲料（尤其是蛋白质原料）成本是动物养殖成本的主要构成成分。任何不必要的氨基酸分解代谢都导致养殖效益的降低。同时过量氨基酸分解代谢排出的氮化合物将污染环境并危害养殖动物的健康和福利。赖氨酸常常是许多动物的限制性氨基酸。因此，动物对赖氨酸的需要量往往决定了饲料的蛋白质水平和成本。赖氨酸在肝脏中在氨基己二酸半醛合成酶（AASS）的作用下进行不可逆的分解。Cleveland等[34]利用RNA干扰技术（RNAi）成功地部分抑制了小鼠肝细胞系AASS的基因表达，从而降低了赖氨酸的氧化分解，使赖氨酸需要量降低了26%。

近来的研究更加关注营养素代谢的生理生化过程及其分子生物学调控基础。在传统的营养学研究基础上，开始更加关注系统性，关注营养素之间的相互作用及其与环境因子的关系，例如，在研究必需氨基酸作用的同时，开展了条件性必需氨基酸或非必需氨基酸（如牛磺酸、谷氨酰胺、脯氨酸、甘氨酸等）功能的研究。新的生物技术手段如组学（基因组学、转录组学、蛋白质组学、代谢组学等）技术等及模式水生动物研究的引入，使得对水产动物的营养代谢机制的了解更深入、更准确、更全面[35-37]。

（三）动物健康的营养调控

近十多年来，基因组学、蛋白质组学等生物技术的进步，对营养素与动物的免疫功能、抗病力的关系及作用机制的阐明起到巨大的推动作用，为动物免疫力和疾病预防及治疗的营养调控提供科学依据。在20世纪90年代中期把动物健康的营养调控研究与应用推广到了水产养殖领域。逐步阐明了各种营养素，如脂肪酸，维生素A、E、C、B_6和多种微量元素对鱼类、甲壳类、贝类动物的免疫调控作用，认识到科学的饲料配方不仅考虑动物的生产性能，还必须考虑动物的健康。例如，考虑到增强免疫功能，饲料维生素C和E的含量通常是满足其生长需要量的10~100倍。而有些无机盐如铁、锌等在饲料中含量的适当提高，对鱼抗病能力的提高有一定的效果。为了提高越冬鱼类对病害的抵抗能力，适当投喂具有明显的效果，不仅可以保证养殖鱼类的体重，还可以有效提高攻毒后的存活率及对爱德华氏菌的抗体滴度和吞噬细胞指数，在长吻𫚉的越冬期中，适当投喂也可以明显提高抗病能力（柳明等未发表资料）。饲料中葡聚糖和核苷酸的添加可降低虹鳟感染鳗弧菌后的累计死亡率。近期对益生素

与抗病的关系研究也成为热点。显然，深入研究水产动物健康的营养调控理论才能为水产动物健康的营养调控提供更可靠的依据。

（四）动物行为的营养调控

动物行为尤其是摄食行为调控机制的研究对养殖管理十分重要。水产动物的摄食较为复杂，不仅与其本身的遗传背景有关系，还随环境因子如年龄、季节、食物丰度等发生变化。摄食调控的内在因素包括激素、神经和代谢（营养素），外部调节因子包括环境因子和食物（饲料）。研究发现，饲料的营养水平会影响水产动物的摄食率，动物循环系统中的代谢产物水平、摄食节律及禁食均会通过一系列与食欲控制有关的调节控制摄食。如高糖饲料或者注射氨基酸均可降低鱼类的摄食；饲料蛋白水平会影响鱼类的摄食量，多数鱼类摄食高能量的饲料时，其摄入量较低；而在摄入低能量饲料时，其摄入量较高。脑神经肽Y（NPY）的水平已经被证实受到常量营养素的影响。饲料的营养成分如氨基酸等会影响GH、IGF-Ⅰ的分泌，从而影响鱼类的摄食，而不同营养素之间还存在着复杂的交互作用。

根据动物行为的营养调控原理，我们可以通过对饲料配方的调整，改变动物一些不良的行为，为生产服务。例如，相残是许多肉食性鱼类、甲壳类的行为特征，在育苗和高密度养殖过程中会因它们的相残行为造成损失。如果在其饲料中适当提高色氨酸的含量，就可能减少相残行为，提高成活率。例如，在饲料中适量添加L-色氨酸能有效地抑制虹鳟幼鱼的自相残杀行为，并能减少应激反应的负面影响。

（五）动物对环境适应能力的营养调控

良好的营养状态能提高养殖动物的抗环境应激能力。同时，科学的饲料配方调整也可以适应由于环境的变化而导致的养殖动物营养需求的变化，从而维持良好的生产性能。把生活在热带、亚热带的尖吻鲈移到水温20℃左右的环境养殖，其生长表现就很差。但是，如果把饲料的消化能从15MJ/kg提高到17~19MJ/kg，同时把HUFA含量从0.5%提高到2.0%，就可以获得与在热带地区相似的生长效果。而适当提高饲料中维生素C的含量，可以使长吻鮠有效地应付环境中的高浓度氨氮[38,39]。通过对不同环境因子对营养代谢影响的研究，可以更为有效地结合养殖环境的变化，精确研究鱼类的营养需求和饲料技术。

（六）养殖动物产品质量与安全的营养调控

西方发达国家早在十多年前就开始研究水产养殖产品的调控问题了，近几年来更关注养殖产品的安全，并且要求建立从鱼卵孵化到餐桌的生产全程可追溯系统，而包括我国在内的发展中国家仍然未很好地从资源消耗、规模扩张、追求数量的发展模式转变到注重质量、安全与持续发展的模式上来。对大西洋鲑和虹鳟等的研究也证明了营养与饲料对其颜色、外观、风味、口感、质地、营养价值和食用安全的直接影响。

饲料因素除了一般的营养成分对养殖产品的食用品质影响外，现在摆在科学家面前的一个新问题是用其他蛋白源和脂肪源取代日益短缺的鱼粉、鱼油后对水产养殖产品的风味、营养价值的影响。这在西方发达国家已经开始研究。Leaver等利用基因芯片检测发现植物油脂替代鱼油后胆固醇和高不饱和脂肪酸的生物合成相关基因上调。国外的研究者特别关注鱼肉产品中脂肪酸组成的变化，并深入到分子层面，探讨替代油脂对去饱和酶和碳链延长酶基因表达的影响[40]。

把好原料质量关，实现无公害饲料生产，从饲料安全角度来保证养殖产品的安全已经是人们的共识。从另一个角度研究有毒有害物质在养殖动物体内的代谢、积累、排出规律和动物的解毒机制，将为通过饲料途径添加螯合剂、促解毒剂等手段以达到营养调控主动排毒的目的提供科学依据。

（七）养殖环境持续利用的营养调控

保护养殖环境、保证养殖业的可持续发展是当今人们追求的另一个重要目标。水产养殖的自身污染是养殖业可持续发展的重要限制因素之一。为了保护环境，丹麦早在1989年就限制饵料系数不得超过1.2，1992年限制饵料系数不得超过1.0。并且对饲料中氮、磷最高含量均有限制。通过科学的配方提高饲料效率，减少氮、磷、硫的排出，是实现营养调控、保证养殖环境可持续利用的重要途径。在养猪场和奶牛养殖场进行营养调控和科学管理都成功地大大减少了氮、磷、硫的排放。

四、发展战略和任务

(一) 战略定位与发展思路

为实现水产养殖业"高效、优质、生态、健康、安全"的可持续发展战略目标,水产动物营养与健康饲料工业发展将围绕"安全高效,节约环保"的中心,通过从基础理论到应用技术的全创新链的系统研究,从动物营养代谢、饲料原料利用、饲料加工工艺、饲料与养殖环境关系,以及水产品安全等多方面,结合现代分子生物学及"组学"手段,深入研究水产养殖及产品加工全过程中密切相关的营养学和饲料学的理论技术问题。

(二) 战略目标

水产动物营养与饲料工业的发展目标是:通过系列研究与典型示范,深度优化饲料配方,开发新型饲料原料替代品及绿色环保添加剂,加快饲料生产及投喂管理技术升级,建立现代饲料工业体系,以提高养殖产品品质、降低饲料成本、减少环境污染;积极发展现代水产饲料与加工流通业,提高市场信息化水平,加强饲料源头和过程控制,利用物联网和溯源技术,保障水产品的品质和安全;此外,还要重视动物福利,最终实现水产养殖业的绿色、生态、健康和可持续发展。

(三) 战略任务与重点

1. 利用分子手段进行水产动物营养代谢研究

将动物营养生理、生物化学、免疫学、分子生物学及"组学"等学科相结合,在动物环境、动物组织细胞、动物体内营养物质的分子代谢水平等不同层次上,进行水产动物的营养需要量、代谢调控机制的研究,为促进水产养殖动物生长发育、提高其抗病能力、最大限度地实现动物的遗传潜能提供理论和技术支持。

2. 动物的营养需要与精准饲料配方技术的研究

加强对水产动物饲料原料的营养价值评定研究,根据饲料的有效养分、水产动物不同生长阶段和不同养殖条件下的营养需求量、养殖水体可持续精养的营养调控和市场需要等方面，开发精准环保饲料配方，以满足养殖动物的生长、健康、品质及市场要求。

3. 饲料质量控制与加工工艺

从原料、配方、工艺和参数配置与管理等方面进行水产饲料质量控制，以稳定饲料品质，并在饲料加工过程中注意提高饲料转化效率，钝化饲料中抗营养因子，消除致病菌和真菌毒素等有害物质，从而降低粮食浪费和渔业的次生污染，保证食品安全。

4. 科学规范的投喂技术

根据养殖种类、健康体征、动物营养需求、环境因素及饲料营养成分等，确定投喂量和投喂频率，建立数据库，最终形成一整套针对不同种类水产动物的投喂技术规范，以便达到饲料的最高利用效率并减少废物排放。

5. 水产品品质调控技术

研究水产品中有毒有害物质的摄入、代谢、积累及清除关系，揭示水产品中异味物质的形成和清除机制，建立水产品营养、风味、口感等形成及其调控的营养学技术，以实现水产动物养殖中的营养适宜、环境稳定和品质安全。

五、工程专项建议

根据国家中长期科学和技术发展规划纲要的总体部署，针对若干制约我国水产产业可持续发展重大难题中的关键科学问题，以及可能成为我国未来技术发展瓶颈的重要基础科学问题，提升我国自主创新能力，兹建议开展如下重点科研计划项目与重大工程，力争对社会和经济发展产生长远影响，引领科技未来发展。

（一）重点科研计划

1. 水产动物主要营养素的利用与调控机制研究

蛋白质、脂肪和糖类是水生动物饲料的主要营养素，相关原料也是饲料配方的最主要组成。然而，人类至今对水产动物蛋白质、

脂肪和糖类的代谢过程细节和调控机制的了解仍非常匮乏，对矿物质、维生素和其他饲料添加剂对主要营养素的代谢调控机制也缺乏足够认识。这也是人类目前很难从生物学机制上理解并解决水产营养和饲料界时时出现的新问题、新困境的原因。因此，必须大力开展水产动物对主要营养素从摄入、消化、感知、代谢到调控机制的自然营养过程的基础研究。在当前鱼粉和鱼油的短缺已严重制约水产饲料业，乃至整个水产养殖业健康快速发展的背景下，尤其要探讨在利用非鱼粉蛋白源和非鱼油脂肪源情况下，增加蛋白沉积率、提高脂肪和糖类供能率的理论可行性，探讨不同的营养配方组成和饲料成分对水产动物健康和品质的影响，并以此为理论指导，提高水产动物对于非鱼粉蛋白源和非鱼油脂肪源的利用效率，并尽快应用于实际配合饲料的生产实践中。

主要科学问题与重点研究内容如下。

1）水产动物对不同原料组成饲料的摄食选择及其调控机制。

2）水产动物对主要营养素的营养代谢调控网络构建。

3）基于不同的生理阶段、环境和饲料组成条件下的水产动物营养素需求量的动态变化。

4）营养和饲料对水产动物机体健康和品质的影响。

2. 水产动物与微生物的功能研究

微生物与水产养殖动物的关系密不可分。作为病原生物的水产病菌和病毒是水产病害频发的主要原因之一，但是养殖环境中的很多微生物又同时起到提供营养、净化水质、维持生态平衡的有益作用。近年来，肠道细菌在宿主自身的生理代谢过程中的作用也正在得到越来越多的关注。可以说，水产动物与微生物的互作关系贯穿了水产养殖的全过程。对水产动物体内外病原微生物和有益微生物数量和比例的调控，是绿色生态养殖研究和发展的重点内容。尤其对于我国这样一个水资源日益匮乏、水体环境污染日益加重的国家，要发展保水节水的环境友好型水产养殖模式，通过微生物调控达到减少水产药物的使用、提高饲料利用效率，具有重要的战略意义。因此，水产学与微生物学、微生态学的结合和交叉，势在必行。我国目前虽然在病害微生物与宿主的互作机制方面已取得大量优异成果，但是在养殖水环境微生物和宿主肠道微生物方面的研究仍非常薄弱，需要大力扶持和发展。

主要科学问题与重点研究内容如下。

1）水环境微生物与宿主及养殖环境的互作机制。
2）肠道微生态的营养生理功能。
3）肠道微生态与营养素消化吸收及信号网络的交互作用机制。
4）益生菌（元）的营养调控作用。

3. 水产动物的营养遗传性状改良

水产遗传育种是水产学科的重点研究内容。传统的遗传育种往往更多地关注生长和抗逆性状，对营养性状的研究则相对较少。然而，在水产业可持续发展的过程中，随着养殖产量和规模的不断扩大，水产动物营养性状不佳或者天然营养性状与现实条件不符合等问题，已经逐渐成为限制产业发展的重要瓶颈。在解决这些问题的诸多途径中，通过营养遗传学手段，改良水产动物的营养遗传性状，是当今最新的国际研究趋势。在欧美发达国家，水产动物营养性状的遗传学特性研究正在蓬勃兴起；在国内，也已有学者开始在重要水产动物品种间寻找重要的营养遗传性状。此外，在其他动物和人类的营养遗传学研究中，营养性状通过"印记基因"调节和改变营养遗传性状的机制，尤其是其中的表观遗传学机制，已成为当前的研究热点，而这也同样是解释和指导水产动物营养遗传学发展的理论基础，需要得到重点关注。

主要科学问题与重点研究内容如下。

1）水产动物营养性状的遗传学特性研究。
2）水产动物营养基因组学的研究。
3）营养状况对水产动物营养遗传性状影响的表观遗传学研究。
4）水产生物现有不同遗传品系间营养代谢差异的机制研究。

4. 水产品品质形成机制的营养学研究

水产养殖品种的品质除了由其本身养殖种类的内在品质决定之外，也受到养殖水体、健康程度、饲料等多种因素的影响。目前，在大黄鱼等养殖品种中都观测到了不当养殖造成的水产品肉质、色泽、弹性等指标下降的现象，并直接影响了养殖品种的商业价值。如何从营养学的角度研究水产品品质形成机制，探究肌纤维增殖分化、体色沉积，以及有益物质（如高度不饱和脂肪酸、共轭亚油酸等）的富集，对于提高养殖品种的商品价值，保证养殖业健康发展，

都有重要意义。

主要科学问题与重点研究内容如下。

1）鱼类肌肉理化性质的调节机制。

2）鱼类富集高度不饱和脂肪酸等生物活性物质的机制。

3）鱼类体色调节的机制。

4）水产品风味物质形成机制。

5. 水产饲料理化性质与水产动物营养过程的相互关系研究

长期以来，饲料本身的品质、生产工艺与饲料效价的关系经常被研究者所忽略，但是，实践和前期研究均证明，基于不同原料、制作和工艺方式所造成的不同饲料理化特性，能极大地影响饲料的品质和营养效应的发挥。因此，深入而系统地比较水产饲料不同理化特性对不同水产动物的营养效果影响，并由此总结和归纳出适合不同生长阶段的不同水产动物的饲料生产和加工工艺体系，是水产动物营养与饲料学的重要内容。此外，微生物在水产动物营养过程与饲料理化特性形成中的重要作用日益受到人们关注，通过外源和水产动物内源微生物在体内外改造饲料理化特性、提高饲料的利用效率，已成为当今的研究热点，也需要得到重点关注。

主要科学问题与重点研究内容如下。

1）水产饲料不同理化特性对水产动物饲料利用效率和氮磷排放的影响及其生物学机制。

2）水产饲料不同理化特性对水产动物健康与水产品品质的影响及其生物学机制。

3）在体内外改善水产饲料理化性质以提高饲料利用效率的生物技术原理基础研究。

（二）重大工程建设

1. 水产动物分子营养学研究体系构建

随着水产动物营养与饲料学研究的日益深入，营养素不再被认为单纯是提供养殖动物自身生长所需的基本物质与能量维持。营养物质的多功能性，包括对于养殖动物健康免疫的调节、对于其品质形成的重要作用都得到了充分证明。现代生物学技术的深入发展，特别是组学技术的发展，使得研究者可以不再局限于对单一营养素单一功能的孤立分析，而能够从基因-蛋白质-代谢不同层面，全面评估养殖动物在摄入不同饲料后消化、感知和代谢生理的变化。从而更深入、更准确、更全面地实现多营养素、多功能信号网络构建。由此可对饲料作出更为客观、全面和精准的营养生理学评价。因而从理论上可以实现饲料某种特定功能的定向分子设计。

主要科学问题与研究内容如下。

1）水产动物表观遗传学与营养遗传学研究。

2）水产动物营养感知机制研究。

3）水产动物营养代谢调控网络与分子预测。

4）水产动物营养调控的分子设计。

2. 水产饲料新蛋白源的开发与示范推广

水产养殖动物尤其是鱼类的显著营养特点是需要高达30%~60%的饲料蛋白质，而且依赖高质量的鱼粉。由于海洋捕捞资源的日益枯竭，作为水产饲料主要蛋白源，鱼粉的世界产量近年来已经由高位时的700万t逐渐下降到现在的500万t左右，同时，鱼粉价格也持续攀升。目前，世界鱼粉产量的68%以上都已用于水产饲料。而我国是世界第一大鱼粉进口国，每年进口120万~200万t（占全球鱼粉流通量的50%~60%）。尽管如此，目前鱼粉的产量仍然远远不能满足中国水产养殖业发展的需求。在2011年年末，中国水产养殖总产量已经达到4023万t的规模，但根据唐启升院士估计，如果要稳定我国目前水产品的人均消费量，到2030年我国水产品还需要再增加1000万t，否则可能出现粮食安全问题。而要实现这个目标，优质水产配合饲料的产量必须提高到3000万t以上，而这就意味着至少需要增加超过1200万t饲料蛋白源。基于目前世界鱼粉产量已经达到极限的事实，这么多的新增蛋白源来自何处？显然，对于鱼粉这一有限资源的依赖，已经成为限制我国水产饲料行业发展的主要瓶颈和制约我国水产养殖业可持续发展的关键因素。因此，实现蛋白质的高效利用、开发新蛋白源是保证我国水产养殖业可持续发展、保障我国粮食安全的重大需求。

主要科学问题与研究内容如下。

1）鱼用新蛋白源饲料的开发与示范推广。

2）鱼类蛋白质高效利用的机制研究。

3）适应低鱼粉水产养殖品种的选育。

3. 精准功能性饲料的合理设计

当前，我国的水产养殖模式正在逐步实现从粗放型向集约型转变，逐渐从追求产量转向更注重健康养殖与水产品品质提升。优质安全的水产品是保障我国消费者权益、实现水产养殖可持续发展的必然趋势和重大社会需求。精准设计、开发实现优质安全水产品产出的功能性饲料是完成这一转变的必要保障。

我国学者已初步构建了主要养殖代表种的营养需求数据库，为今后我国水产配合饲料进一步规范化和精细化打下了坚实的基础；在蛋白质、糖类和脂肪代谢研究中综合使用组学和分子、细胞技术，初步了解了不同营养素在水产动物体内的代谢通路与对机体生理功能的影响；克隆并验证了大量营养素代谢的相关基因，并初步阐明其分子特性及与饲料营养的相关性；初步建立了饲料营养与养殖动物品质相互关系的评价模型，并在通过饲料营养调控水产品肉质、体色和营养价值的工作中获得了重要的基础数据。这些研究为进一步实现水产饲料的定向功能设计奠定了良好的工作基础。

营养饲料与水产动物健康和品质的关系是国际水产动物营养与饲料学界最为关心的领域之一。以营养代谢信号网络为研究平台，实现能够提升水产动物健康与品质的功能性饲料的合理设计，不论是为了应对国家重大产业需求，还是为了提升我国水产动物营养与饲料学研究的水平，都亟待开展。

主要科学问题与研究内容如下。

1）营养素的免疫调节功能研究。
2）肠道微生态与免疫调节。
3）鱼类抗逆饲料的合理设计。
4）水产品品质提升的营养学基础。

六、保障措施与对策建议

我国的水产营养与饲料工程研究与相应的产业体系在近年来得到了迅猛的发展，尤其体现在主养水产品种的营养参数的日趋完善、配合饲料使用率的稳步上升和饲料品质的逐步提高。然而，我国水产营养与饲料领域的创新和发展的系统性、深入性和全面性都有相当的不足，导致至今我国成规模的养殖品种有限、对养殖动物在不同环境条件下的营养生理特性和各阶段的营养参数研究不足，饲料工业体系发展缺乏科学而准确的理论指导。同时，我国水产养殖动物的营养与饲料工程还缺乏国家重大工程、计划和项目的支撑。这些问题严重制约了我国水产养殖动物营养与饲料工程研究及饲料产业的发展。

因此，应按照如下保障措施，通过一系列研究计划和项目及工程的实施，提高水产养殖动物营养与饲料的研究水平、技术水平，促进产业发展。

（一）主要保障措施

1. 了解我国水产经济动物的营养生理特性与营养价值，梳理和确定重点养殖品种

我国是水产养殖大国，也是水产养殖品种最为丰富的国家。然而，我国至今尚没有为我国人民提供主要蛋白食物的主养品种，缺乏对主养动物的营养生理特性和营养价值全面的梳理与研究，导致养殖品种的选择定位不清、市场竞争力不足、现有品种繁杂而缺乏明确的指导。参考国际水产强国挪威在三文鱼和鳕鱼养殖中的成功经验，重点养殖品种种类无需繁多，但必须具备在营养价值、饲料转化效率、环境适应性等方面的突出优势，之后通过举国协作攻关和产业的配套建设，形成若干个高效和有国际竞争力的单一品种产业体系，打造水产强国。由此，我国需要对主要经济动物的营养价值、摄食特性、饵料转化效率、环境适应性等进行全面的梳理，明确若干种具有明显产业发展潜力和国际竞争力的品种，作为今后水产养殖的重点发展品种并进行相应的产业布局和配套，这将极大地促进我国水产养殖动物营养与饲料工程领域的力量和资源的集中配置，高效而有针对性地促进科技和产业的发展，为打造水产养殖强国奠定坚实的发展基础。

2. 完善主要养殖种类的基础营养参数，奠定配合饲料的研发基础

动物在不同生理阶段和不同环境下对于不同营养素的不同需

求,以及在不同营养素需求下的机体营养生理学表现,即构成了相应动物的营养参数。营养参数,也正是养殖动物饲料配制和饲料工业发展最基本和最重要的科学依据和前提。近年来,我国的水产营养和饲料工程领域采用"选择代表种、集中力量、统一方法、系统研究、成果辐射"的战略思路,对我国具有代表性的水产养殖动物的营养参数开展系统研究,这对推动我国水产饲料工业的发展,迅速将科研成果转化为生产力,并使我国成为世界第一水产饲料生产大国起到了关键的作用。然而,目前有关养殖品种的全周期营养需求和不同养殖条件(如密度、溶氧、氨氮、投喂模式等)及健康状况下的营养需求的研究仍然缺乏。

随着世界水产养殖品种营养参数的日趋完善,通过对饲料配方的精准化设计,达到充分利用饲料原料、减少养殖动物的环境排放,已成为当前国际水产营养与饲料领域的发展趋势和潮流。为达到饲料配方的精准化,就必然要聚焦少数主养品种,了解其从亲鱼、仔稚鱼、幼鱼到商品鱼全生长周期不同阶段对于不同营养素的需求量和相应的生理学表现,为配制不同生理阶段和不同养殖条件下的专用配合饲料提供科学的参考。同时,配方的精准化也要求必须精确了解养殖动物对不同饲料原料的生物利用率。如果能准确及时地把握国际发展趋势,认清精准化营养参数研究的重要性,充分借鉴已有的研究成果,综合采用多元化、标准化和系统化的研究手段与策略,从起步阶段就开始设计和开展基于配方精准化思路的研究开发工作,积极建立和完善主要水产养殖品种的营养素需要量和饲料原料生物利用率数据库,将会使水产养殖动物的营养和饲料工程研究处于较高的起点,大大加快科研发展和产业化应用的速度,保障水产养殖动物营养与饲料工业的健康快速发展。

3. 开展基于组学和整合生物学的多层次营养代谢研究,实现对重点水产养殖动物营养过程的精准调控

动物的营养过程是一个与机体绝大部分功能都密切相关的生理学过程,因此,要深入了解动物营养代谢的机制、表型与调控机制,必然要以整合生物学的思路和相应手段来进行相应研究。我国海水养殖动物的营养研究起步较晚,但在国家和社会的迫切需求下,必须实现快速的跨越式发展,尽快缩短与国际先进水平的差距。因此,

水产养殖动物的营养与饲料工程领域的发展与革新，必须依赖科技进步来实现。当前，随着生物学技术的突飞猛进，以基因组学、转录组学、蛋白质组学和代谢组学等生物组学技术与相应的生物信息学为代表的整合生物学研究策略和手段已在多个生物和医学领域得到广泛应用，并极大地提高了人们研究生命现象的效率和深度。在营养研究领域，利用整合生物学研究策略，结合基因操纵、细胞遗传和传统生理生化等研究技术，可以高效而准确地了解机体内发生的各类代谢过程和调控通路网络，这使得人们可以在较短时间内从各个层面准确判断机体的营养代谢状态及相关的生理功能变化，获知关键代谢调控节点，从而及时而准确地设计出对机体生理状态的精准调控策略并进行验证。当前，这些生物学最新研究技术和研究理念，也正开始在水产养殖动物营养与饲料工程领域得到逐步应用，而这必将巨大地改变传统营养学的研究模式和产出效率。

就当前面临的水产动物营养与饲料工程领域的瓶颈问题而言，尤其需要积极开展营养基因组学（nutrigenomics）研究，研究营养物质在基因学范畴对细胞、组织、器官或生物体的基因、蛋白质、代谢产物各个层面的影响，并将基于组学和整合生物学的研究模式结合到海水养殖动物营养与饲料工程领域的重要前沿科学问题上来。例如，植物蛋白源、脂肪源降低海水养殖动物的摄食率和饲料效率的分子生物学机制；海水养殖动物对糖利用能力低下的分子生物学机制；提高海水养殖动物抗逆抗病能力的营养调控机制；海水养殖产品的品质形成机制及其与营养和投饲策略的关系；绿色添加剂的筛选与作用机制；营养素、饲料添加剂与有害物质在养殖动物体内的积累和代谢规律；养殖动物内外环境微生物与宿主营养代谢的相互关系；等等。这些工作，将为全面理解重点养殖动物的营养代谢与调控机制、全方位开发精准营养调控技术、实现我国水产养殖动物营养研究与饲料工业的跨越式发展提供重要保障。

4. 研究水产养殖动物的投喂及营养素代谢过程与养殖环境的互作关系，确定环境友好的养殖动物精准投喂策略

改革开放以来，我国工农业经济快速发展，在提高人民整体生

活水平的同时，也给内陆和沿海的水环境造成了很大的负担。根据环境法规的要求，我国的水产养殖必须严格控制养殖排放，最大限度减少饲料投喂浪费、提高饲料利用效率、减少养殖动物的氮磷排泄，以最大可能地保护养殖水域的环境健康。因此，以下几个方面的研究应得到充分重视：养殖动物的摄食特性与相应的绿色诱食剂的研发；养殖动物消化机制及促进饲料消化吸收的酶制剂、微生物制剂、益生元的研发；养殖动物磷代谢机制与低磷排放饲料的研发；养殖动物能量代谢机制与蛋白质节约效应；养殖动物对不同饲料蛋白源的消化利用率与差异机制；养殖动物不同营养素配比下的氮磷排放规律。

一方面，关于环境因素（如水温、溶氧、氨氮、养殖密度、投喂模式等）对水产动物营养素代谢和利用影响的研究较少，现有的饲料配方多数是以理想模式下的需求量为基础，难以代表不同养殖条件下的营养代谢模式；另一方面，至今尚没有研究人员对海水养殖中的关键环境因子对养殖鱼类的营养生理特性与饲料投喂效率的影响进行系统深入研究。事实上，若能清晰地阐明不同养殖海域的盐度、水温、潮汐、浮游生物等因子对于养殖鱼类营养过程和投喂效率的影响，将有助于设计针对性更强、参数更为精准的专用配合饲料和投喂策略，也有助于对养殖海域环境的保护。

5. 加大对饲料原料开发与预处理技术研究的支持，提高养殖动物对于饲料原料的利用率

过去20年，我国的水产饲料工业飞速发展，从1991年到2011年，水产饲料产量由75万t增至1684万t，占全球60%以上。尽管如此，我国水产饲料工业的发展速度仍然与水产养殖业的发展不协调，为解决水产养殖的饲料问题，中国每年消耗下杂鱼400万t，直接投喂豆粕、麸皮等饲料原料3000万t。这些喂养方式造成了严重的环境污染、浪费有限资源、药物滥用等问题，直接影响产业发展和水产品安全。要解决这些问题，唯一的途径就是大力开发和制造优质配合饲料。

然而，随着我国水产饲料工业的快速发展，饲料原料供应缺口越来越大。水产养殖动物尤其是海水养殖鱼类的显著营养特点是，需要高达30%~60%的饲料蛋白质和10%~15%的脂肪，饲料生产依

赖高质量的鱼粉和鱼油。由于海洋捕捞资源的日益枯竭，作为水产饲料主要蛋白源，鱼粉的世界产量近年来已经由高位时的700万t逐渐下降到现在的500万t左右。我国是世界第一大鱼粉进口国，每年进口120万~200万t（占全球鱼粉流通量的50%~60%）。尽管如此，目前鱼粉的产量仍然远远不能满足中国水产养殖业发展的需求。同样，自2001年以来，世界鱼油产量也已不再增加，但用于饲料生产的鱼油用量仍在迅速增加。以我国为例，仅2013年就进口鱼油65 540t，同比增加50.40%。据统计，至2015年水产饲料用鱼油量将接近世界鱼油总产量的80%。在2011年年末，中国水产养殖总产量已经达到4023万t的规模，但根据唐启升院士估计，如果要稳定我国目前水产品的人均消费量，到2030年我国水产品还需要再增加1000万t，否则可能出现粮食安全问题。而要实现这个目标，优质水产配合饲料的产量必须提高到3000万t以上，而这就意味着至少需要增加超过1200万t饲料蛋白源和超过300万t鱼油。基于目前的世界鱼粉、鱼油产量已经达到极限的事实，这么多的新增蛋白源和脂肪源来自何处？显然，对于传统鱼粉、鱼油饲料原料的依赖已经成为限制我国水产饲料行业发展的主要瓶颈和制约我国水产养殖业可持续发展的重要因素。因此，实现现有饲料原料的高效利用，开发新蛋白源、脂肪源是保证我国水产养殖业可持续发展、保障我国粮食安全的重大需求。

当前的非鱼粉蛋白源，如豆粕等植物性蛋白源和血粉、肉骨粉、羽毛粉等非传统动物蛋白源往往存在营养拮抗因子含量高、氨基酸不平衡、适口性差等问题；而非鱼油脂肪源，如植物油、陆生动物油和藻油等往往存在脂肪酸组成不平衡、价格昂贵等问题。因此，至今尚无可以在水产养殖动物中完全普遍替代鱼粉、鱼油的蛋白源和脂肪源。为保障水产养殖规模的进一步扩大，必须以战略的眼光和决心开发新饲料原料、改造现有饲料原料、提高养殖动物对现有饲料原料的利用率，并维持甚至提高养殖对象的健康水平、品质和食用安全性。因此，以下方面应该得到重点关注和支持：新饲料原料的开发及其在水产养殖动物中的营养生理学研究；饲料原料营养拮抗因子和有毒因子的作用机制和脱毒技术研发；通过微生物、功能酶等生物手段和膨化、熟化、细化等饲料工艺手段改造饲料原料、提升饲料原料安全性和营养价值的探索和相关研究；养殖动物对蛋白质和脂肪的代谢和调控机制；基于遗传选育获得对非鱼粉、鱼油原料具有高度利用能力的水产养殖动物新品系。这些研究，将极大

地有助于摆脱对鱼粉、鱼油资源的依赖，提高水产养殖动物对于饲料原料的利用率，成为推动水产养殖快速可持续发展的重要保障。

6. 加强水产养殖动物饲料添加剂的研发，研制绿色环保型高效配合饲料

饲料添加剂是当代绿色高效配合饲料的重要组成部分。我国目前的水产饲料添加剂往往借用畜禽饲料添加剂，而并没有根据水产动物本身的生理特点来进行设计、生产和添加。事实上，我国水产品种繁多，其生活环境、生理特点、营养特性迥异，现有的水产饲料添加剂的添加和使用，远没有达到目标品种配方精准化的要求。水产动物处于复杂的养殖环境中，更需要使用各类营养性和非营养性饲料添加剂对其进行营养、免疫或繁殖性能的增强和调节，使其发挥最大的健康生长效能。由此，必须加快养殖动物专用饲料添加剂的研发，如鱼虾诱食剂、专用酶制剂、氨基酸（如对水产动物来说苏氨酸、精氨酸常常是限制性氨基酸）、替代抗生素的微生态制剂和免疫增强剂等。同时，需要在不同养殖环境和不同养殖品种中系统研究饲料添加剂的生理功效、适用剂量和配伍效应；也需要评估饲料添加剂对提高饲料效率、降低代谢废物排泄和对海水养殖动物健康、品质和食用安全性的影响，以最大限度地发挥饲料添加剂在提升饲料转化效率、促进养殖动物健康和品质、保护环境中的显著功效，推动绿色安全功能性饲料的研发。基于以上理由，研发水产养殖动物专用饲料添加剂，合理设计饲料添加剂添加策略，将成为提升饲料效能、保护环境、提高养殖产品品质和国际竞争力的重要保障。

7. 明确营养过程与饲料投喂对养殖动物健康、品质和食品安全的影响，建立养殖动物品质与安全的保障与调控体系

保证养殖品种的健康快速生长，是水产业所有领域的一致目标。然而，当前的养殖模式下，水产品种的外源性病害与营养性病害发生频繁，成为水产业发展中的瓶颈问题之一。在我国内陆和沿海养殖水域，由于环境污染严重、养殖方式粗放、饲料营养组成不合理、投喂策略不科学等原因，海水养殖动物遭受病害侵袭和发生营养性疾病的概率更大，导致多种养殖品种的健康遭受严重的威胁。多项

研究已经表明，水产生物的营养供给和投喂模式能显著影响其自身的代谢效率与免疫系统的活性，从而给水产生物抵御病原生物、抵抗环境应激、调节代谢障碍带来正面或者负面的影响。因此，探讨利用合理的营养搭配和饲料投喂技术，以预防养殖动物的营养性病害、提高其自身免疫能力、增加其对环境应激的抗逆性，是水产动物营养与饲料工程领域的重点研究内容之一。

此外，配合饲料的品质、成分与投喂方式也是决定水产品营养品质、风味口感及食用安全性的主要因素之一。水产品的品质与安全是消费者选择水产品的主要原因，保障水产品的品质与安全关系到水产业的兴衰。因此，深入探讨不同饲料成分、饲料质量与投喂方式对海水养殖水产品肉质的生化组成、口感、风味与有害物质残留的关系，能够为建立水产品品质与安全控制体系提供基础性的数据和理论支持。当前，我国研究者对饲料源和水体污染物对养殖动物的生物学和毒理学效应，尤其是在食用部分的积蓄和代谢规律及相应的分子机制尚缺少深入的认识，而对受污染的海产品对人类的健康和危害风险的评估研究更是基本空白，这严重阻碍了快速敏感生物检测技术的开发、养殖环境标准和饲料安全标准的设立和水产品健康风险评价标准的制定，这些都大大阻碍了我国社会公众急迫期待的水产品安全和质量控制体系的开发和建立。因此，当前情况下，迫切需要对重要饲料源有害因子、水体污染物和毒素对养殖动物的毒性效应，在生物体尤其是食用部位的沉积和代谢规律及相关的分子机制的研究。同时，兼顾养殖动物营养素的健康价值，定期和随机地开展对不同养殖模式下水产品对人类健康产生潜在影响的"风险-受益"评估（risk-benefit evaluation），从人类消费者健康的角度，为水产品安全和质量控制体系的开发和建立提供客观标准。这些相关的工作，不但有利于理解饲料营养和投喂影响海水养殖动物健康、品质和食品安全的内在机制，更为建立水产养殖动物品质与安全的保障与调控体系提供了有力的科学保障。

8. 开发和优化水产养殖动物饲料的生产和加工工艺，完善现代饲料生产加工机械工业体系，推动水产动物饲料生产的标准化和规范化

大量实践和研究表明，饲料的生产和工艺本身也是提高水产动

物饲料效率、降低环境排放的重要因素。由于水产养殖动物的生理生态学特性，对相应的饲料生产加工工艺提出了很高的要求。这就要求必须通过系统而深入的研究，阐明饲料理化性质、生产和加工工艺对水产动物营养和代谢过程的影响，并在此基础上建立适合不同养殖品种的饲料生产和加工方式规程。这是保证水产品质量和保证水产生物实际营养摄入量的重要途径。在此过程中，需要加强对不同饲料制作和加工工艺对饲料物理化学性质、水中的沉降与溶失、营养素保留率、生物效价和消化吸收率影响的研究，也需要开展饲料品质影响水产品品质的研究，并通过不同类型不同层次的研究成果，总结规律，推动水产动物饲料生产的标准化和规范化。同时，以此推动和完善更为专业和全面的饲料生产加工机械工业体系，促进更为高效的异型制粒和干燥设备、输送系统、清理装置（以防止不同批次的交叉污染）、水溶性和脂溶性添加剂的喷涂与干燥设备、饲料厂的废水废气处理设备等核心装备的研发。

9. 推行饲料生产和养殖企业的产品质量可溯源制度，完善养殖产品质检体系建设，保障饲料与水产品食品安全

水产饲料和水产品本身都是引入水产品安全风险因子的重要源头。在饲料和水产品的生产、流通与使用/消费等一系列的流程中，都有可能因生物、环境和自身理化性状改变而导致饲料或水产品被有害物质所污染，从而为人类带来健康风险。因此，建立饲料和水产品的全程可追溯体系，是当前保障水产品安全的重要措施。在如今互联网和物联网日益普及的时代，采用电子条码、电子标签等现代标识技术，对不同批次的饲料或者水产品进行标识，并且在生产、流通、使用/消费各环节进行电子扫描并保存相关信息，可以有效保证产品质量安全。一旦有安全隐患或重大食品安全事件发生，可以在最短时间内被追溯和紧急处理，从而有效减少公共食品安全事件的发生。此外，电子标识溯源系统的建设和应用，也将有助于建设和完善更为全面的水产品质量监督体系。由于社会的发展和人类的进步，人们对自身健康的关注和生活水平的要求越来越高，食品安全日益成为饲料和养殖行业发展需要十分重视的方面，未来必须通过一系列基础研究，明确通过饲料途径影响水产养殖产品食品安全的主要因素，设立水产养殖动物食品安全的保障措施，通过国家立法，

保障动物福利，保障市场食品安全，保障人民健康。

10. 提高对水产养殖动物营养与饲料工程领域研究人才的扶持力度，扩充科研和应用开发力量

我国的水产动物营养与饲料研究起步较晚，目前的科技含量远没有达到国家和社会所期待的规模和水平。其中，我国的水产养殖动物营养与饲料工程领域的科研和应用开发力量相对薄弱，是限制此领域发展壮大的重要限制因素之一。因此，需要国家加大对人才的扶持力度，通过有针对性地设立重点、重大项目和高层次人才基金，建立若干具有国际一流水平的科研团队，培养学科带头人，扶持一批具有科研潜力的青年研究人员，打造出一支具备国际一流水平，团结高效，能为我国水产养殖动物营养与饲料工程领域获得跨越式发展奠定坚实科学基础的强大研究团队。

同时，也要重视充分发挥高等教育在水产养殖动物营养与饲料领域专业技术人才培养中的重要作用。当前应鼓励高等院校适应我国海洋发展战略、行业发展和对创新人才的需求，及时完善和修订水产类专业设置，加大对养殖动物营养与饲料领域专业人才的培养。同时，鼓励水产科研院所与高等院校合作培养高端专业人才，并加强水产养殖职业教育、知识与技能更新教育和在岗培训，加大水产养殖科技教育培训设施建设力度。这些措施，将极其有助于扩充水产养殖动物营养与饲料工程领域的科研和应用开发力量，为我国水产养殖产业的健康快速发展提供坚实的人力资源保障。

（二）重大对策建议

1. 结合养殖模式，完善主养品种的全阶段不同条件下的营养需求参数

养殖动物营养与饲料工程领域的产业主体是饲料企业，而饲料配方则是饲料企业的核心与立足之本。没有科学合理的饲料配方，就没有高质量的水产养殖动物饲料，更不可能建设绿色可持续的养殖产业。而当前，制约水产饲料发展的最重要瓶颈问题之一就是养殖动物的营养参数极不全面，某些重要品种关键生长阶段的营养参数不全，对不同环境条件下的研究较少。当前水产养殖动物营养参

数研究的主要薄弱之处包括以下几点。

1）研究对象规格单一：已有的养殖动物营养参数研究基本使用幼龄动物作为研究对象，而对于更大规格乃至商品规格的成鱼营养参数则极其缺乏。事实上，实际养殖生产中，大规格的动物才是消耗饲料的最大群体，因此，必然要对大规格养殖品种的营养参数进行系统研究。

2）亲体与幼体动物营养参数严重缺乏：动物亲体的营养供给与产卵质量密切相关，然而我国对动物亲体营养与卵质量的相关性至今尚无系统研究；同样，对刚孵化后的动物幼体营养参数的研究也极为不足，这也直接导致我国大量鱼虾类幼体的开口饵料需要进口而无法自给。

3）考虑实际养殖环境下的营养参数研究几乎空白：目前，多数水产动物的营养参数研究采用标准化的实验室内养殖系统进行实验。尽管标准化的实验室研究可以得到可重复的准确参数，然而，这些参数在实际应用中，必须要根据实际养殖情况进行调整。事实上，养殖环境的温度、水质状况、养殖密度等均会导致养殖品种的生理状态发生改变，从而改变其对某些营养素的需求。要达到配方精准化的目标，必然要将各养殖相关因素纳入营养参数的研究上来。

4）基于新饲料源使用的"营养参数再评估"工作尚未引起重视：随着传统鱼粉、鱼油资源量的日益萎缩，越来越多的新饲料源进入水产饲料的配制中。然而，不同的饲料原料营养成分、消化率和所含非营养成分均有很大差异，以纯化饲料所得到的实验室营养参数在面临实用饲料原料多样化时，必然要进行相应调整。目前，以挪威为首的国际水产营养学界已将基于新饲料源的传统营养参数再评估工作作为配方精准化的具体实践路线之一，也将其纳入今后的研究重点，而此项工作在我国尚未引起完全重视。

从以上几点可见，完善我国主要水产养殖动物的营养参数是一项涉及面广、所需人力物力浩繁、时间周期较长的大科学工程，但又是我国海水养殖产业得以快速可持续发展的基础保障。因此，必须要以战略的眼光，统筹规划，实行全国区域内的科研院所和产业力量的大协作，联合攻关，在符合科学规律的基础上，尽早完成我国主要水产养殖动物营养参数的积累，并制定相关参数动态调整的标准和策略。

2. 学科联合攻关,摆脱水产养殖动物对鱼粉、鱼油饲料原料的严重依赖

在鱼粉、鱼油资源日益短缺的今天,以非鱼粉蛋白源和非鱼油脂肪源替代鱼粉、鱼油是水产养殖动物配合饲料发展的必然趋势。在生产应用中,虽然已有多种养殖动物在经过驯化后能够部分摄食非鱼粉蛋白源和非鱼油脂肪源饲料,然而,非鱼粉蛋白源和非鱼油脂肪源对养殖动物的正常生长和营养价值也具有一定的负面效应,在某些品种和某些养殖模式下,这种负面效应甚至可以严重影响产品的品质与正常生产。在普遍需要高蛋白、高脂肪的海水肉食性养殖动物中,这种趋势更为明显。因此,必须从根本上理解养殖动物对于鱼粉、鱼油的利用机制,并设法进行科学的调控与改造,尽量尽早摆脱水产养殖动物尤其是肉食性养殖动物对鱼粉、鱼油的依赖。由于动物对于蛋白质和脂肪的代谢利用是一个复杂的代谢体系,受到复杂的信号网络调控,因此,对此领域的研究,必须要联合多个学科进行协作攻关。目前,国际学界对水产动物利用蛋白质和脂肪的生理过程,包括摄食、感知和代谢机制都不明确,也就缺少对蛋白质和脂肪高效利用的理论依据,无从找到提高替代鱼粉蛋白源和鱼油脂肪源利用的有效途径。事实上,要达到水产动物对蛋白质的高效利用,必然要了解蛋白质在水产动物体内的完整营养过程和代谢调控体系。近年来,现代生物学技术,尤其是组学技术为系统阐明代谢和基因调控网络提供了契机。现代营养学的发展对于营养感知基础信号网络的构建,为阐明营养素代谢调节的机制奠定了基础。新技术、新知识的应用使得从分子水平揭示营养素高效利用机制、提出营养调控策略成为可能。由此,建议应从以下几方面开展相关工作。

1) 水产养殖动物对蛋白源和脂肪源的摄食选择机制。

2) 蛋白源与脂肪源所导致的水产养殖动物消化道功能改变与机体正常代谢和健康维持的机制。

3) 水产养殖动物对蛋白质和脂肪的营养感知与调控机制。

4) 水产养殖动物的能量代谢调节机制及其与蛋白质和脂肪高效利用的关系。

希望通过以上研究,阐明水产养殖动物对非鱼粉蛋白源和非鱼油脂肪源利用低的分子基础,为找到替代鱼粉蛋白源和鱼油脂肪源的可行途径奠定理论基础。

3. 推进国家立法，禁止将冰鲜杂鱼作为饲料直接投放

目前，在我国的水产养殖中，将冰鲜杂鱼作为饵料使用的情况仍然比较普遍。据估算，近年来我国每年直接向养殖水域投喂了300万t的冰鲜杂鱼。而大量直接投喂的冰鲜杂鱼，不仅对海洋渔业资源造成破坏，还进一步引发养殖海区的水质污染，并带来严重的水产病害隐患。同时，未经检测和质量控制的冰鲜杂鱼也给海水养殖水产品的食用安全性带来了很大的安全风险。而若将这些冰鲜杂鱼进行正规加工，我国每年300万t的鲜杂鱼可以增加75万~80万t鱼粉产量，相当于我国目前鱼粉用量的50%以上，其对于缓解我国鱼粉短缺的困境十分有利。考虑到当前我国配合饲料的饲料转化率远高于直接投喂冰鲜杂鱼，因此用配合饲料进行养殖，可以节约大量渔业资源。由此，建议国家在通过大量数据调研的基础上，推进立法，严格禁止使用冰鲜杂鱼作为饲料原料或者直接投喂的饵料，以保护我国的鱼类资源和养殖水环境，减少病害发生，提高海水养殖产品的食品安全性和国际竞争力。

4. 布局战略预研，探索未来新型水产养殖模式下的饲料配方和投喂策略

随着社会民众对水产品的需求日益上升，以及我国水环境的日益恶化，我国的水产养殖需要进行革命性的调整。考虑到我国人口众多、资源压力大的现状，淡水养殖将更加集约化和环保，海水养殖必然也要走向深海、走向远洋。因此，就营养和饲料工程的角度而言，研究淡水高集约化养殖条件下、深海环境和远洋工船养殖环境下的养殖对象营养生理特性、营养素需求、摄食节律及代谢废物排泄规律，阐明养殖对象营养和投喂过程对环境的影响，将有力地促进养殖模式的革新，推动中国水产养殖的战略发展。

总之，水产动物饲料不仅影响动物的生长和饲料利用，同时影响养殖成本、养殖效益，还会影响动物的健康、动物产品的品质和环境的排放，只有通过系统的研究，建立一定养殖模式下的精准饲料配方、加工工艺、投喂技术，才能提高饲料生产效率，促进养殖模式的革新，推动中国水产养殖的战略发展。

参 考 文 献

[1] Wang QD, Cheng L, Liu JS, Li ZJ, Xie SQ, de Silva SS. Freshwater aquaculture in PR China: trends and prospects [J]. Reviews in Aquaculture, 2015, 7: 283-302.

[2] 王朝勇, 杨琳. 神经肽Y和瘦素对动物摄食行为的调控[J]. 畜牧与饲料科学, 2010, 31(9): 28-29.

[3] Tu Y, Xie S, Han D, Yang Y, Jin J, Liu H, Zhu X. Growth performance, digestive enzyme, transaminase and GH-IGF-I axis gene responsiveness to different dietary protein levels in broodstock allogenogynetic gibel carp (*Carassius auratus gibelio*) CAS III [J]. Aquaculture, 2015, 446: 290-297.

[4] Tu Y, Xie S, Han D, Yang Y, Jin J, Zhu X. Dietary arginine requirement for gibel carp (*Carassis auratus gibelio* var. CAS III) reduces with fish size from 50g to 150g associated with modulation of genes involved in TOR signaling pathway [J]. Aquaculture, 2015, 449: 37-47.

[5] 李海燕, 朱晓鸣, 韩冬, 杨云霞, 解绶启, 金俊琰. 上市前限喂对池塘养殖异育银鲫生长及品质的影响[J]. 水生生物学报, 2014, 38: 525-532.

[6] 赵帅兵. 投喂频率和饲料蛋白配方对异育银鲫生长、饲料利用和血液游离必需氨基酸动态的影响[D]. 武汉: 中国科学院大学博士学位论文, 2014.

[7] Zhao SB, Han D, Zhu XM, Jin JY, Xie SQ, Yang Y. Effects of feeding frequency and dietary protein levels on juvenile allogynogenetic gibel carp (*Carassius auratus gibelio*) var. CAS III: growth, feed utilization and serum free essential amino acids dynamics [J]. Aquaculture Research, 2016, 47: 290-303.

[8] 宫官, 薛敏, 王嘉, 吴秀峰, 韩芳, 郑银桦. 仔稚鱼营养需要及生长发育的营养调控[J]. 动物营养学报, 2014, 26(4): 843-851.

[9] Ma HM, Cahu C, Zambonino J, Yu HR, Mai KS, Duan Q, Le Gall MM. Activities of selected digestive enzymes during larval development of large yellow croaker (*Pseudosciaena crocea*) [J]. Aquaculture, 2005, 245: 239-248.

[10] Liu BZ, Zhu XM, Lei W, Yang YX, Xie SQ, Han D, Jin J. Effects of

different weaning strategies on survival and growth in Chinese longsnout catfish (*Leiocassis longirostris* Günther) larvae [J]. Aquaculture, 2012, 364: 13-18.

[11] 刘变枝, 朱晓鸣, 雷武, 韩冬, 解绶启, 金俊琰. 卤虫投喂下长吻仔稚鱼消化酶发育和口宽变化的研究[J]. 水生生物学报, 2013, 37(1): 125-131.

[12] Chang Q, Liang MQ, Wang JL, Chen SQ, Zhang XM, Liu X. Growth and survival of tongue sole (*Cynoglossus semilaevis* Günther, 1873) larvae fed a compound diet with different protein sources [J]. Aquaculture Research, 2006, 37: 643-646.

[13] Chang Q, Liang MQ, Wang JL, Chen SQ, Zhang XM, Liu X. Influence of larval co-feeding with live and inert diets on weaning the tongue sole *Cynoglossus semilaevis* [J]. Aquaculture Nutrition, 2006, 12: 135-139.

[14] 柳旭东, 梁萌青, 张利民, 王际英, 常青, 王家林, Yannis Kotzamanis. 饲料中添加水解鱼蛋白对半滑舌鳎稚鱼生长及生理生化指标的影响[J]. 水生生物学报, 2010, 34(2): 242-249.

[15] 韩冰. 大豆卵磷脂、胆固醇及其交互作用对半滑舌鳎（*Cynoglossus semilaevis* Günther）稚鱼生长、消化酶活力及相关基因表达的影响[D]. 青岛: 中国海洋大学硕士学位论文, 2013.

[16] 袁禹惠, 艾庆辉, 麦康森. 不同脂肪水平对半滑舌鳎（*Cynoglossus semilaevis*）稚鱼生长、存活及脂肪酸组成的影响[C]. 第九届世界华人鱼虾营养学术研讨会论文摘要集. 中国, 厦门, 2013.

[17] Yuan YH, Li SL, Mai KS, Xu W, Ai QH, Zhang Y. The effect of dietary arachidonic acid (ARA) on growth performance, fatty acid composition and expression of ARA metabolism-related genes in larval half-smooth tongue sole (*Cynoglossus semilaevis*) [J]. British Journal of Nutrition, 2015, 113: 1518-1530.

[18] Liu J, Mai K, Xu W, Zhang Y, Zhou H, Ai Q. Effects of dietary glutamine on survival, growth performance, activities of digestive enzyme, antioxidant status and hypoxia stress resistance of half-smooth tongue sole (*Cynoglossus semilaevis* Günther) post larvae [J]. Aquaculture, 2015, 446: 48-56.

[19] 黄利娜, 梁萌青, 张海涛, 曲江波, 王新星, 郑珂. 饲料中添加不同水平维

生素A对大菱鲆亲鱼繁殖性能的影响[J].渔业科学进展, 2013, 34(4): 62-70.

[20] Xu HG, Huang L, Liang MQ, Zheng KK, Wang XX. Effect of dietary vitamin E on the sperm quality of turbot (*Scophthalmus maximus*) [J]. Journal of Ocean University of China, 2015, 14: 695-702.

[21] 张海涛, 梁萌青, 郑珂珂, 王新星. 饲料中维生素C对大菱鲆繁殖性能的影响[J].渔业科学进展, 2013, 34(2): 73-81.

[22] Liang MQ, Lu QK, Qian C, Zheng KK, Wang XX. Effects of dietary n-3 to n-6 fatty acid ratios on spawning performance and larval quality in tongue sole *Cynoglossus semilaevis* [J]. Aquaculture Nutrition, 2014, 20: 79-89.

[23] 肖登元, 梁萌青, 郑珂珂, 赵敏. 维生素C对半滑舌鳎亲鱼繁殖性能及后代质量的影响[J].动物营养学报, 2014, 26(9): 2664-2674.

[24] 肖登元, 梁萌青, 王新星, 郑珂珂, 赵敏, 李庆华. 饲料中不同水平维生素A对半滑舌鳎亲鱼繁殖性能及后代质量的影响[J].渔业科学进展, 2014, 35(3): 50-59.

[25] 肖登元, 梁萌青, 王新星, 郑珂珂, 赵敏. 饲料中添加不同水平的维生素E对半滑舌鳎（*Cynoglossus semilaevis*）亲鱼繁殖性能及后代质量的影响[J]. 渔业科学进展, 2015, 36: 125-132.

[26] 刘昊昆. 饲料中豆粕替代鱼粉蛋白对不同生长阶段异育银鲫的影响[D]. 武汉: 中国科学院大学博士论文, 2014.

[27] 赵敏, 梁萌青, 郑珂珂, 肖登元, 李庆华. 牛磺酸对半滑舌鳎(*Cynoglossus semilaevis*)亲鱼繁殖性能及仔鱼质量的影响[J].渔业科学进展, 2015, 36: 101-108.

[28] 陈人弼. 中国水产配合饲料工业发展现状与前景分析[J].中国饲料, 2012, (23): 43-45.

[29] 戈贤平, 缪凌鸿, 孙盛明, 刘波, 周群兰. 水产饲料对养殖环境调控的研究与探索[J].中国渔业质量与标准, 2014, 4: 1-6.

[30] Tacon AG, Metian M. Global overview on the use of fish meal and fish oil in industrially compounded aquafeeds: trends and future prospects [J]. Aquaculture, 2008, 285: 146-158.

[31] 麦康森. 水产饲料的蛋白源问题[J]. 科学养鱼, 2014, (6): 4.

[32] 阮征, 米书梅, 印遇龙. 我国大宗非粮型饲料蛋白资源现状及高效利用[J]. 饲料工业, 2015, 36: 51-55.

[33] 张璐. 2013年国内水产饲料行业发展特点及2014年展望[J]. 科学养鱼,

2014, (6): 5-6.

[34] Cleveland BM, Kiess AS, Blemings KP. α-Aminoadipate δ-semialdehyde synthase mRNA knockdown reduces the lysine requirement of a mouse hepatic cell line [J]. The Journal of Nutrition, 2008, 138: 2143-2147.

[35] Smith RW, Wood CM, Cash P, Diao L, Pärt P. Apolipoprotein AI could be a significant determinant of epithelial integrity in rainbow trout gill cell cultures: a study in functional proteomics [J]. Biochimica et Biophysica Acta (BBA)-Proteins and Proteomics, 2005, 1749: 81-93.

[36] Klasing KC. Minimizing amino acid catabolism decreases amino acid requirements [J]. The Journal of Nutrition, 2009, 139: 11-12.

[37] Camara M, Symonds J. Genetic improvement of New Zealand aquaculture species: programmes, progress and prospects [J]. New Zealand Journal of Marine and Freshwater Research, 2014, 48: 466-491.

[38] Liu H, Xie S, Zhu X, Lei W, Han D, Yang Y. Effects of dietary ascorbic acid supplementation on the growth performance, immune and stress response in juvenile *Leiocassis longirostris* Günther exposed to ammonia [J]. Aquaculture Research, 2008, 39: 1628-1638.

[39] 刘海燕, 雷武, 朱晓鸣, 杨云霞, 解绶启, 薛敏. 饲料中不同维生素C含量对长吻鮠的影响[J].水生生物学报, 2009, 33: 682-689.

[40] Leaver MJ, Villeneuve LA, Obach A, Jensen L, Bron JE, Tocher DR, Taggart JB. Functional genomics reveals increases in cholesterol biosynthetic genes and highly unsaturated fatty acid biosynthesis after dietary substitution of fish oil with vegetable oils in Atlantic salmon (*Salmo salar*) [J]. Bmc Genomics, 2008, 9(1): 299.

执笔人

解绶启	中国科学院水生生物研究所	研究员
张文兵	中国海洋大学	教授
韩　冬	中国科学院水生生物研究所	副研究员
麦康森	中国海洋大学	教授/院士

第六节　水产养殖设施装备与深水养殖平台

按照设施构建的方式，池塘养殖、筏式养殖、网箱养殖、工厂化养殖是水产集约化养殖的主要生产方式。水产养殖在我国有悠久的发展历史，现代意义上的养殖技术，发端于20世纪五六十年代。改革开放以后，在科技进步的支持下，我国水产养殖开始快速发展，产业规模不断攀升，并保持持续增长，已成为世界水产养殖大国。在此过程中，以池塘设施、增氧机械为代表的渔业设施装备科技进步发挥了重要的作用。设施装备是水产养殖实现集约化、规模化养殖的重要前提和保障。限于社会生产力发展条件，与世界先进水平相比，我国水产养殖装备科技发展水平相对落后，养殖产业装备化程度不高，生产效率与资源利用率低，养殖环境管控手段有限，养殖排放对环境造成负面影响。落后的水产养殖设施装备是水产养殖生产方式粗放的主要原因。

对应"十三五"发展，在国家生态文明建设、海洋强国战略和提升劳动生产率的发展要求下，按照现代渔业"调结构，转方式"建设要求，水产养殖产业的发展方式，必将由"传统粗放型规模化养殖，保障水产品供给数量"向"以生态优先为前提的高效集约化养殖，保障安全优质水产品有效供给"转变，需要有效控制养殖环境，提高生产效率，提升资源生态利用效能，节水减排，并且拓展生产新空间，发展新型生产方式。在此过程中，需要提高养殖设施装备和系统模式的科技水平，以发挥重要的支撑与保障作用，同时也需要制定科学的战略方向与研发重点。

一、国内发展现状

（一）池塘养殖设施装备

1. 产业发展现状

池塘养殖是我国水产养殖的主要生产方式之一。统计资料表明，2015年，我国共有水产养殖池塘315万hm^2，其中淡水池塘270万hm^2，占池塘养殖总面积的85.7%；池塘养殖总产量2430万t，占水产养殖总产量的49%、水产品总产量的36%；淡水池塘养殖产量2195万t，

占池塘养殖总产量的90%[1]，是池塘养殖的主体。池塘养殖是我国渔业中产业规模最大的生产方式，是我国成为世界渔业大国、保障社会水产品供给的基础产业。

我国池塘养殖主产区具有较为显著的地域性特点。淡水养殖池塘以草鱼、鲢、鳙、鲤、鲫等大宗淡水鱼为主，主要分布在长江中下游地区、珠江三角洲和黄河沿岸地区。因气候条件、生产力水平等因素的影响，不同地域的单产水平呈显著差异，亩均产量南方高、北方低。分布于沿海的海水养殖池塘，北方地区以海参养殖为主，南方地区以对虾养殖为主，除普通池塘外，海南和广东还建有池塘底部高于海面、可有效排污和彻底排水的设施化高位池塘。

养殖环境劣化是池塘养殖面临的主要问题。随着现代社会的发展，社会工业化进程对水域环境造成的污染日趋严重，已大大超出健康养殖的水质标准。对水产养殖发展而言，由于土地资源紧张与水产品需求日益增加，提高养殖生产单位产出率愈显重要，使得池塘养殖密度越来越高，受养殖水体自净能力限制，池塘水质趋于富营养化，水生态系统极为脆弱。大量的氮、磷等营养物质沉积于池底，造成池塘老化，养殖环境劣化，严重危害健康养殖生产。

我国池塘养殖设施系统的特点是："鱼池+进排水沟渠"，设施系统构造简易，主要配套设备为增氧机、水泵、投饲机等。淡水池塘以养殖鱼类为主，海水池塘以对虾、海参等为主。南方高位池海水养殖池塘及部分北方地区淡水养殖池塘，为防渗漏，整池铺设地膜。养殖池塘系统大多建于20世纪八九十年代，经过了长期集约化养殖生产，普遍存在设施陈旧、塘埂坍塌、池底淤积、设备技术落后、水体自净能力差、养殖环境恶化等问题。

基础设施改造工程正在改善池塘养殖基本生产条件。我国养殖池塘设施改造工程关系到渔业生产、渔民增收和区域生态与环境等各方面。养殖池塘改造工程首先根据养殖产品的市场价值、工程所在地的环境条件、现有的生产力水平等定位建设水准，再根据区域发展规划和生产需求确定养殖小区的基本功能与建设规模，并依据水源条件确定水量和进排水系统，进而按照池塘设施建设规范构建池型、塘埂、进排水沟渠，确定护坡方式。一些池塘养殖改造工程集成了人工湿地、生态沟渠、生物浮床等净化设施及设备，形成了池塘循环水养殖系统，构建了渔农复合型养殖小区。

农业部将池塘规范化改造工程列为"十二五"推进我国水产产业发展的重点任务，对进一步开展全国性的池塘标准化改造进行了战略部署，组织编制了改造工程技术手册，规范了设施建设与设备配备标准，全国各主产区的渔业管理部门根据各自区域发展水平，设立了养殖池塘标准化改造专项工程，着力推广了微孔增氧机、涌浪机、水质监控与信息化管理系统等新型装备，初步建立了水产养殖物联网系统。从实施效果看，改造工程显著改善了健康养殖环境，提高了单产水平和生产效益，建立了一批设施规整、环境优美、功能多元的现代化池塘养殖小区。

2. 科技发展现状

"十二五"以来，在国家大宗淡水鱼产业技术体系养殖与工程设施装备研究室（2009）、国家公益性行业（农业）科研专项"淡水池塘工程化改造与环境修复"（2012）、国家科技支撑计划项目"淡水健康养殖关键技术研究与集成"（2012）等项目的支持下，我国在池塘养殖装备与设施领域的研究与技术创新，主要集中在高效生产设备、生态工程化调控、信息化装备、设施工程化与养殖小区构建等方面。

高效生产设备研发以养殖环境调控与生产过程机械化为重点。围绕水质有效控制，研发了根据光照强度启动池塘底泥营养释放、上下水层交换的太阳能底质改良机[2]，有效提升了池塘初级生产力，减少了底泥淤积；太阳能移动式增氧机，实现了池塘水体低耗能均衡增氧[3]；涌浪机兼具水面造波增氧、上下水层交换、旋流集污等功能，在池塘综合增氧、高位池增氧集污等方面有明显作用，与增氧机配合使用，节能效果更好[4]。围绕生产机械化，研发了基于拖拉机液压动力平台的池塘拉网机械，提高了劳动效率，降低了劳动强度[5]；饲料集中投饲系统，实现了由定点料仓向多个池塘的远程投喂[6]。

生态工程化调控技术研发主要围绕池塘水质理化指标与环境生态调控，应用生态工程学原理，研究池塘藻相、菌相及理化指标关联机制及关键影响因子，探索调控模型，构建工程化调控设施及系统调控模式。开展了池塘复合人工湿地基质微生物多样性及其对铵

态氮、总磷净化效果研究，研发了潜流式人工湿地，包括水平流设施与垂直流设施，确定了水力参数及基质、植物构建工艺，以及设施配比[7-9]；研发了筏架式植物浮床、基质微生物-植物复合浮床，利用微生物转化与植物吸收进行原位净化；形成了生态沟、生态塘等池塘设施工程技术。

池塘信息化装备研发主要围绕环境监控与精准养殖，构建水质理化指标、环境气象因子等监测系统，构建水质预判模型，建立精准调控模式，建立溶氧、饲喂精准控制模式。开展了基于神经网络的水质分析系统、测量误差影响因子等关键技术研究，研发基于控制器局域网络（CAN）总线和监视与控制通用系统（MCGS）组态软件的分布式监控系统，以无线传感网络技术实现通信与控制，对盐度、pH、溶解氧、温度等进行实时监测，实现对增氧、调控设备自动控制[10-12]；初步建立水质预判模型，构建池塘养殖系统智能化控制系统；建立池塘养殖物联网系统[13]，构建了基于监管的分布式水产品可追溯系统[14]；研发了基于无线传感网络的投饲机远程控制系统，建立了基于养殖环境信息与饲喂策略的投喂模型。

池塘设施工程化技术主要围绕全国性养殖池塘标准化改造工程，以及节水、减排要求，研究设施构筑技术规范，构建节水减排系统模式，建设健康养殖小区。开展池塘池型、护坡、塘埂、沟渠等技术规范研究，建立工程化参数，制订行业标准；开展区位规划及养殖小区生产功能、水系构建、设备配置、设施配套等功能研究，提出配置原则；开展养殖场改造工程土方计算与平衡技术研究，提出工程概算编制方法[15]；开展池塘循环水养殖系统研究，组合潜流式人工湿地、生态沟渠、生态塘等技术，进行异位净化与循环利用。形成的主要系统模式包括：大宗淡水鱼池塘循环水养殖模式、河蟹池塘循环水养殖模式等。

"十二五"以来，以生态工程调控、设施规范化构建、机械化装备、精准化调控及节水减排等技术为核心，集成健康养殖技术，在国家大宗淡水鱼产业技术体系核心示范片构建了一批核心示范点，相关技术直接应用50万亩，在全国池塘标准化改造工程中发挥了主要的支撑作用。我国在池塘养殖装备领域的综合技术水平达到了国际先进水平，局部成果达到国际领先水平。

（二）筏式养殖

1. 产业发展现状

筏式养殖，包括吊笼式养殖，是我国海水养殖的主要生产方式之一。筏式养殖利用浅海水面，由成排的浮子（浮标）和绳索（筏绳）组成浮筏，并用缆绳固定于海底，固着养殖大型藻类、贝类等养殖生物的吊绳，或者在浮筏绳索上吊挂圈养贝类的吊笼，构成规模化养殖系统。2015年，我国拥有筏式养殖面积45万hm^2（包括养殖吊笼），养殖产量653万t，占海水养殖总量的34%[1]。

筏式养殖分布于我国沿海各省，南方以福建为代表，主要开展海带、紫菜和江蓠等养殖；北方以山东为代表，主要开展海带、贻贝、扇贝等养殖；牡蛎养殖在广东和福建最具规模，紫菜养殖以福建和江苏沿海最多。不同地域的养殖筏架因品种和环境条件不同，构建方式上有所不同，如紫菜的潮间带养殖筏架与水中浮式筏架、不同的贝藻混养模式等。

我国筏式养殖设施主要由养殖渔民因地制宜逐步发展形成。养殖工艺粗放，养殖设施不规范，生产作业机械化程度很低，主要依靠人力，劳动强度非常大。随着社会的发展，劳动力成本不断上升，如何提高筏式养殖生产过程的轻简化、机械化水平，已经成为行业发展非常紧迫的问题。

宏观上看，筏式养殖的藻类和贝类可以有效吸收海水中的营养物质和有机质，具有"碳汇"效果。但就局部水域而言，由于养殖密度过大，密集设置的筏架对潮流的滞缓作用很强，严重影响了海水交换，致使养殖生物的排泄物等营养物质沉积于养殖水域，对环境造成很大的影响。因此，需要解决筏式养殖标准化问题，转换方式，发展新生产模式。

2. 科技发展现状

筏式养殖设施有效构筑及安全性研究主要采用数值模拟的方法，以提出与改进新型浮筏模型。针对筏架稳定性构建问题，建立浮标和筏绳受力模型和运动方程，采用4阶Runge-Kutta法求解运动方程进行模拟，研究浮标在波浪作用下的运动响应及筏绳受力[16]；利用有限单元法建立了水流作用下筏架设施动力响应计算模型，通

过数值求解对浮标和吊笼结构的最大位移及锚绳受力进行分析，提出最大位移与受力值[17]；利用ANSYS有限元软件对设施结构进行数学建模，对不同位置浮标与吊笼的位移和最大锚绳力进行分析，探索筏架整体结构在波浪作用下的周期性运动特点，发现各个浮标和吊笼在水平与垂直方向的位移幅度均随着波高的增加而增大，且垂直方向位移幅度更大[18]。

"十二五"以来，以筏式养殖工程化为目标，在相关研究课题的支持下,开展了"生态化筏式养殖工程技术研究及产业链构建"研究，初步构建了筏式养殖工程技术体系，研发可配套装备，获得了一批自主知识产权，示范效应明显。

（三）网箱养殖装备

1. 产业发展现状

网箱养殖是水产集约化养殖的主要形式之一，分为普通网箱和深水网箱，前者主要应用于风浪平缓的沿海内湾水域和内陆湖泊水库，形成连片鱼排，结构简单；后者具有一定的抵御风浪、水流的能力，设置在沿海较深海域，设施化程度高，在一些大型水库中也有应用。普通网箱的养殖排放对水域环境影响很大，养殖规模受到限制或控制，许多湖泊水库正在限制网箱养殖，深水网箱养殖是正在发展的生产方式。

2015年，我国深水网箱养殖水体936万m^3，产量超过10万t [1]，主要分布在沿海海湾水域，形成了以卵形鲳鲹、军曹鱼养殖为主的海南岛、雷州半岛主产区，以大黄鱼养殖为主的福建、广东、浙江沿海主产区，以鲆鱼养殖为主的山东、辽宁沿黄海主产区，网箱总量在8000只以上。高密度聚乙烯（HDPE）管材圆形重力式网箱是我国深水网箱的主要形式，其他形式的还有浮绳式网箱、方形HDPE重力式网箱、方形钢质框架式网箱。HDPE圆形重力式网箱一般成组设置，通过组合的锚绳、锚碇系统连片构成。网箱周长一般为40m，深度6~8m；最大周长80m，养殖密度20kg/m^3。

我国深水网箱设施技术主要源自挪威，从1998年海南引进挪威Refa公司HDPE深水网箱开始，从此开始了设施装备国产化发展之路。对应中国沿海恶劣的台风造成的波浪流海况，经过10多年的努力，进行了设施结构再创新，网箱设施的抗风浪能力进一步提升，最大抗水流能力为1m/s，台风安全指数12级。在地方政府引导政策和配套资金的支持下，深水网箱养殖产业规模迅速扩大。在此过程中，还开展了浮式网箱、方形HDPE网箱的研发，探索了蝶形网箱、HDPE圆形沉浮式网箱、钢质框架沉式网箱、钢质框架顺流式网箱的应用。

面对走向深水、减少环境影响和健康养殖的发展要求，我国深水网箱设施的安全性问题依然有待进一步突破。目前的深水网箱养殖水域，主要在水深20m以内的背风海湾，至多在湾口水域，安全风险依然存在，一旦遇到超强台风的正面袭击，损毁概率很大。灾害气候造成的过大水流，还会造成网箱变形、容量减少，以及海底泥沙翻涌等状况，直接危害养殖品种。我国历次超强台风袭击沿海地区，都会有深水网箱养殖设施遭破坏、养殖生产受损失的报道。设置在较浅水域的深水网箱养殖，依然没有从根本上摆脱环境的影响，养殖时间一长，病害问题随之而来。如石斑鱼养殖，在新开发的水域，养殖效果很好，但2~3年以后，病害问题便会越来越突出。

从社会生态文明建设与可持续发展要求来看，网箱养殖生产的富营养物质排放，加剧了沿海水域的富营养化，需要转变生产方式，控制排放，发展适应更深开放性水域的网箱设施。

2. 科技发展现状

"十二五"以来，在国家科技支撑计划项目"南海区深水网箱高效健康养殖技术集成与示范"（2011）、国家海洋经济创新发展区域示范专项"深水网箱养殖产业工程技术研发公共服务平台"（2014），以及国家鲆鲽类农业产业技术体系"专用网箱养殖岗位及团队"（2009）等项目的支持下，在网箱设施安全性构建与高效装备方面取得了一定的进展。

网箱设施安全性研究以水动力特性与设施构建为重点，提升设施结构性能，降低网箱变形。开展HDPE圆形重力式网箱受力实测[19]研究，为设计与优化提供经验参数；开展水动力特性水槽实验，建立了数学模型[20]；利用数值模拟技术，研究网箱框架、网衣及锚泊结构受力与变形特性，研究表明：网衣高度和网目尺寸是网箱受力的最大影响因素[21]；圆台形网箱变形率更低[22]；提出HDPE重力式网箱设置以0.75m/s水流为选择上限[23]。利用数值模拟技术，分析网箱群网格化布局水动力特性；双体相连网箱与单体相比，连接锚绳受力平均增加2.6倍，锚定锚绳受力增加65%[24]；波流作用方向由正向变为斜向（45°）时，锚碇锚绳与连接锚绳受力增加最大[25]。

深水网箱高效装备以海上投喂、自动检测和配套设备为重点，开展装备研发。研发了基于可编程逻辑控制器（PLC）控制的网箱集中投喂系统，最大投送距离320m，最大投喂量1100kg/h[6]；设计了高压射流式水下网衣清洗装置[26]；研制了利用水声多波束探测技术的远程监测系统，可对网箱鱼群的总体存在进行监测[27]。

深水网箱在我国从引进、消化吸收，到再创新，实现了装备技术的国产化，整体技术水平已接近国际先进水平，并在设施抗风浪技术上处于领先水平。

（四）工厂化养殖设施装备

1. 产业发展现状

工厂化养殖以工业化生产方式构建为目标，运用工程化设施、设备及养殖技术，构建环境可控、水质稳定的高密度养殖系统，是装备化程度最高的养殖方式。初级阶段的工厂化养殖，以"车间设施+换水"为基本形式，养殖环境可控度较低。先进的工厂化养殖以循环水净化系统替代换水，实现了对养殖环境的控制，具有节地、节水和高效生产的优点，具备了实现工业化生产的基本条件。工厂化养殖是引领未来的先进水产养殖生产方式。

2015年，我国工厂化养殖设施规模6009万m^3，养殖产量39万t[1]，淡水养殖与海水养殖的规模接近，生产方式主要有海水鲆鲽类养殖模式、石斑鱼养殖模式、鲍养殖模式、淡水鲟、河鲀、美洲鲥等名优鱼类养殖模式，以及苗种工厂化繁育模式等。因养殖生态环境构建要求和生产条件不同，这些模式在车间设施构筑等方面各有特点。

鲆鲽类工厂化养殖系统主要分布于北方黄渤海沿岸地区；石斑鱼养殖系统在沿海均有建设，南方较多；鲟养殖系统主要在长江以北地区；鳗养殖系统主要在南方各省。我国工厂化养殖大多处于初级阶段，增氧与换水是水质控制的主要手段，大多使用地下水，用水量大，排放难以控制。近年来，随着生产规模的增大及地下水位的下降，抽水能耗不断增加，用水及排放的问题愈加突出。在政策引导下，节水改造的规模不断扩大，应用循环水养殖技术，建立了一些循环、半循环系统模式，一些地区的循环水养殖已具规模。

循环水净化系统以固液分离、生物膜吸收转化、消毒杀菌、控温增氧等为主要环节。经过多年的科技进步，我国循环水养殖系统，其固液分离以粪便、残饵快速脱离鱼池及水体系统、减少破碎为目的，主要采用旋流集污、分流排污、旋流沉淀、旋筛过滤等技术装备；生物膜吸收转化，以高效净化、性能稳定、结构紧凑为重点，主要采用浸没式生物滤池、浮粒反冲式生物滤池，以及移动床生物滤池等技术装备；消毒杀菌以安全、高效、节能为目标，主要采用紫外、紫外-臭氧等强氧化杀菌技术装备；增氧环节以高效节能为目的，主要采用中低密度养殖充气增氧、中高密度养殖纯氧增氧等技术装备。上述技术装备的集成构建，形成了我国工厂化循环水净化系统装备。

在技术进步的推动下，我国工厂化循环水养殖系统模式，对应渔业生产力和能源水平，围绕主养品种及主产区地域特点，形成了一些典型生产模式，包括：密度为20~30kg/m³的鲆鲽类养殖模式；密度为20~30kg/m³的鲟养殖模式；密度为50~60kg/m³的罗非鱼养殖模式，以及名优品种苗种工厂化循环水繁育模式。国外的先进技术及系统装备正在进入我国水产养殖业，如大西洋鲑循环水养殖系统、鲆鲽类养殖系统等。

2. 科技发展现状

"十二五"以来，在国家863计划项目"工厂化海水养殖成套设备与无公害养殖技术"（2007）、国家科技支撑计划项目"节能环保型循环水养殖工程装备与关键技术研究"（2011）、"淡水鱼类工厂化养殖系统技术集成与示范"（2012）及国家鲆鲽类农业产业技术体系"设施与设备岗位团队"（2009）等项目的支持下，在高效净化装备研发与系统模式构建方面取得显著进展。

高效生物滤器以生物膜形成机制与填料生物膜优化研究为重点，开展机制性研究与设备研发。围绕氨氮转化效率，开展填料形式、盐度、温度、碳氮比、水力负荷等条件下的挂膜效应、最佳水力停留时间、氮化物去除与转化效率等实验研究；构建了海水条件下竹环填料硝化动力学模型及其污染物沿程转化规律[28]；研发了填料移动床、流化沙床、活性炭纤维填料、气提式沙滤罐、往复式微珠等新型生物滤器，其中填料移动床和流化沙床生物滤器具有更高的反应效率及净化功能[29-31]。

高效净化装置研发以水体颗粒物有效分离、气水混合装置为重点。水体颗粒物有效分离技术的关键，是减少固形物在水中停留时间与防治粪便破碎、溶解，以减缓生物滤器的负荷。研发的多向流沉淀装置，融合斜管填料技术，具有水力停留时间短、分离效率高等特点[32]；研发的结构更为简单的旋流颗粒过滤器，具有实用性[33]。研发的多层式臭氧混合装置，以高效节能为目标，运用等高径开孔填料（鲍尔环）提高溶解效率，有效减小了装置的气水比，简化了结构[34]。

工厂化循环水养殖系统构建，以鱼池与车间设施构建为基础，集成了循环水处理系统、水质在线监控系统、自动投喂系统与信息化管理系统，以及针对养殖对象的系统工艺与操作规范，形成专业化的系统模式。超高密度模式以罗非鱼为养殖对象，构建了养殖密度$100kg/m^3$以上循环水系统[35]，以及$30\sim40kg/m^3$大西洋鲑循环水养殖模式。

为应对社会可持续发展的要求与压力，我国以往的换水式工厂化养殖，包括北方沿海"车间+深井水"的鲆鲽类养殖模式，内陆一些地区"设施大棚+深井水"的鲟养殖模式，以及传统苗种繁育设施等，正在政策的引导和扶持下实施转变。在此过程中，工厂化循环水养殖科技正在发挥积极的支撑作用。"十二五"以来，通过技术进步，我国工厂化循环水养殖装备的科技水平在装备系统构建上已接近国际先进水平。

（五）深远海养殖平台

1. 产业发展现状

我国水产养殖生产方式比较粗放，受外部水域环境恶化与内部水质劣化的影响，内陆和沿海近岸的养殖空间受到挤压，养殖产品安全问题日益突出。水产养殖走向深远海、发展绿色养殖生产方式、提升养殖水产品品质已成必然趋势。

我国海域幅员辽阔，远离大陆的深远海水域拥有发展水产养殖的优良环境条件，包括优质的水源、适宜的区域性或洋流性水温，以及远离陆源性污染与病害等，一旦具备安全可靠的设施装备及海上物流保障系统，发展规模化水产养殖具有极好的条件。深远海养殖平台是设置在深海水域、远离大陆或岛屿基站、以养殖为主要功能的渔业综合生产平台，其辅助功能还可以包括海上捕捞渔获物周转、渔船物资补给、水产品加工、养殖饵料加工等功能。

深远海养殖平台需要具备的基本条件包括：安全可靠的设施，可以不受恶劣海况的影响；足够的物资储备能力，应具有1个月以上的自持力；可靠的扒载装备，用于装卸必要的物质；饵料加工与饲喂，需要构建可控的装备系统；平台环境监控系统，用于养殖过程及环境的近、远程监测、预警与控制等。

我国深远海养殖产业还未形成，但是迈向深水、进入深远海、构建深远海养殖平台的实践一直没有停止。利用远海岛礁及潟湖水域自然条件，构建远海养殖生产平台，是我国水产养殖进入深远海的第一步，早在2000年就开始在南海美济礁水域开展网箱养殖试验，将鱼排设置在潟湖入口处15~16m水深处，开展军曹鱼、美国红鱼等品种养殖试验[36]。

南海海域利用环礁潟湖构建网箱养殖生产平台正在初步形成[37]，南沙美济礁制定了水产养殖发展规划，逐步完善养殖与配套设施，建立了10个直径12m的圆形深水网箱和52个4m×4m的方形网箱，配备了两艘多功能船和粉碎机、发电机等设备，设置了防鲨网、防台风柱、锚链等设施，主要养殖石斑鱼类、军曹鱼和鲷科及笛鲷科等高值品种；在西沙永乐群岛石屿海域，投放了130只方形镀锌管网箱，并在晋卿岛设置了3个80t级冷库，配备饲料粉碎机等设备。

2. 科技发展现状

为了推进我国海洋强国建设，中国工程院启动了"海洋生物资源工程发展战略研究"（2012），在其中的专题二"海水养殖工程技术与装备研究"中，开展了"离岸深海巨型网箱养殖的生物学、海洋学与海洋工程"课题研究，提出了我国离岸养殖工程发展策略[38]，以及发展深远海养殖基站和大型养殖工船的战略构想。前者依托远海岛礁或退役钻井平台，发展巨型网箱设施，配套机械化、信息化生产装备，构建规模化海上生产系统工程；后者以老旧大型船舶为平台，进行专业化改造，配套高效装备，进行集约化生产，构建多功能游弋式深远海渔业生产平台。

发展深远海养殖工程是我国水产科技工作者早有的构想，例如，丁永良先生20世纪90年代末期开始跟踪国外养鱼工船研发进程，梳理总结技术特点，提出深远海养殖平台构建全过程"完全养殖"，自

成体系"独立生产",机械化、自动化、信息化"养殖三化",以及"结合旅游"、"绿色食品"、"全年生产"、"后勤保障"等技术方向。"十二五"期间,中国水产科学研究院渔业机械仪器研究所开展了大型养殖工船系统研究,形成了自主知识产权(发明专利CN102939917A、CN102939918A,2012年),与有关企业联合启动了设计项目(2014年)。所构建的养殖工船,建立在10万t级阿芙拉型油船船体平台上,设计有养殖水体7.5万m³,以及苗种繁育车间、水产品加工冷冻车间、海上渔获物扒载系统、深层海水测温取水装置、电力驱动与动力系统等,可以形成年产4000t以上石斑鱼养殖能力,以及50~100艘南海渔船渔获物初加工与物资补给能力。

二、存在的主要问题与原因分析

我国水产养殖设施装备的总体发展水平与整个养殖产业的发展水平相符,在规模上与产业发展相配套,对应现代渔业建设与产业可持续发展的要求,其在设施化、装备化、精准化及系统模式构建等方面的滞后,是水产养殖生产方式整体粗放的主要原因。"十二五"以来,围绕着"健康养殖,资源节约,环境友好,高效生产"的发展目标,在社会发展压力和科技进步动力的驱动下,我国水产养殖的基本生产方式正在发生转变,取得了一些成效,尤其是在先进设施装备研发与集成应用方面,形成了一些示范模式,证明了产业生产方式转变的有效性,但在科技成果的质量上还有待持续提升,对产业发展的支撑上还有待持续加强。

(一)池塘养殖设施装备

1. 生态调控技术应用简单,未能稳定促进池塘生态功能

我国池塘生态调控技术以人工湿地、生物浮床、水层交换等技术为代表,在促进养殖水体营养物质微生物转化、植物吸收和初级生产力提升等方面有明显的效果,但在应用层面,还主要处于单一技术的净化效果上,其时效性不确定,对池塘生态系统构建的促进效果不明显。由于缺乏池塘生态工程学基础研究,对池塘生态形成与变化机制研究不深,对关键因子影响机制与操纵模型把握不够,相关技术还未能围绕池塘生态系统构建与功能强化,整体构建生态

工程学模型，形成集成效应。

2. 控制技术方式简单，精准化程度不够，覆盖面有限

应用自动化、数字化技术对池塘养殖实施监测与控制的对象，主要是水质参数与增氧机、投饲机等，目前的应用水平还处于物理性的传感器监测与控制输出上，对于多变的池塘生态系统及生产过程，应对手段单一，传感器维护不易，造价高，难以实现所有池塘的全覆盖。提升精准化监控水平的关键在于：基于养殖模式、池塘生态变化机制及关键因子关联模型的简单因子感知、水质预判与控制输出；基于养殖品种营养模型、饲喂策略、环境因子、生产周期与摄食行为的智能化投喂控制等。

3. 机械化装备技术发展滞后，劳动强度与效率问题愈发突出

社会劳动力成本不断升高对池塘养殖业带来的影响是从业人员的短缺与老龄化，降低劳动强度、提高生产效率、培养高素质生产人员成为发展之需。我国池塘养殖机械化装备应用很少，需要加强研发在规模化生产条件下提高饲料搬运、设备管控、起捕分级、分塘清塘、疫苗注射等环节劳动效率的先进装备。

4. 对应"生态、低耗"要求的新型设施装备模式亟待构建

实施传统粗放池塘养殖生产方式转变，需要构建符合"健康养殖，资源节约，环境友好，高效生产"要求的新型生产模式，设施装备及其与养殖技术的系统性融合是关键。在社会生态文明建设与食品安全的基本要求下，池塘养殖设施装备将围绕"生态、高效"的基本要求，构建生态功能稳定、生产过程可控、水土资源高效利用、排放物质再循环的集约化、设施化、智能化、信息化系统模式，以有效引领池塘养殖生产方式的现代化转变。

（二）筏式养殖设施装备

1. 筏架设施标准化程度低，工程化水平有待提高

根据经验、就地取材、因地制宜发展而来的养殖筏架，没有一致的建设规范，筏绳排列与浮标及吊绳、吊笼设置各异，筏架控制

及升降工程化程度低,制约了生产的规模化、标准化发展。形式各异的养殖筏架已成为实施机械化采收作业的主要制约因素。

2. 生产过程劳动强度大,机械化水平亟待提高

养殖生产主要依靠大量的人力,劳动强度很大,已经成为产业发展及效益保障的主要制约因素。需要发展的装备包括:吊绳植苗机械,海带、紫菜等大型藻类养殖采收机械,吊笼养殖饲喂、收获轻简化工具,以及专业化养殖工程船等,以减少人力,减轻劳动强度。

3. 养殖环境问题较为突出,需要对水域养殖方式进行整体性构建

筏式养殖主要在海湾水域进行,海水的交换量有限,加上筏架的阻流作用,死亡的养殖生物和养殖贝类的排泄物沉积于局部水域,对环境造成不利的影响,需要对养殖水域进行基于海洋动力学和生态系统水平的整体性构建。通过合理确定养殖容量,构建生态循环的养殖模式,保证必要的水流条件,整体性发挥筏式养殖的生产与生态效应。

(三) 网箱养殖设施装备

1. 设施安全性依然是主要问题,限制了网箱养殖产业向深水发展

我国以HDPE圆形重力式网箱为代表的深水网箱,经过十多年的发展,抵御风浪的性能比原型网箱有很大的提高,养殖水域比传统网箱离岸距离远了许多,但安全性问题依然存在,要走向深水及开放性海域,实现可靠的安全生产,任重道远。提升深水网箱设施安全性的重点在于:基于养殖区域海况与地质条件的网箱设施锚泊技术标准与工程规范;发展安全性能更为可靠的大型钢结构网箱。

2. 海上工程化装备配备不足,制约了网箱养殖生产效率的提高

我国深水网箱养殖正在走向专业化生产、企业化经营的产业化之路,一些龙头企业的养殖规模达成百上千个深水网箱,但养殖过

程依然依靠人力完成,人力成本愈来愈高,企业效益和规模难以提升,需要机械化高效工程装备的支持。深水网箱专业化工程装备研发的重点主要包括:具有饲料投运、活鱼运输、起捕作业、设施维护等功能的养殖工程船;具有远程投喂、养殖监测和生活保障功能的浮式平台等。

3. 健康养殖环境难以保障,养殖区域生态修复与集约化养殖需要结合发展

我国沿海水体富营养化问题日益突出,水域环境的生态容纳量越来越小,养殖排放更加剧了养殖水体的富营养化。一些新设置的网箱养殖水域使用不久,病害问题就随之而来,一些优良品种,如石斑鱼的养殖受到限制。需要发展基于水域生态系统水平的网箱养殖,其重点是:基于养殖水域海洋生态动力学机制的网箱养殖容纳量;基于水域生态工程学构建的"网箱-人工鱼礁-藻场"复合生产系统。

(四)工厂化养殖设施装备

1. 实施传统工厂化养殖模式升级,需要发展经济适用的系统装备

在节水减排的要求下,大量的换水型工厂化养殖模式迫切需要实施升级,需要发展结构紧凑、配置标准的循环水净化装备,以降低改造工程成本,便于补贴政策有效实施。针对升级改造需求发展循环水养殖的关键在于对应于养殖密度,建立节水、循环标准,以此研发高效筛过滤设备和生物滤器,减小设备空间,构建标准化、模块化、组合式配套装备。

2. 循环水养殖系统生产粗放,需要提高系统的精准化程度

我国循环水养殖系统构建以水质理化指标控制为目的,按照预定的最大养殖密度,构建水体循环净化工艺及系统装备,对养殖环境的调整度很低,养殖过程及品质难以控制,养殖系统产能利用率不高。需要针对主养品种发展精准化养殖模式,建立可控条件下养殖生物生长与营养操纵模型、品种管控与水质控制模式,针对不同养殖容量调控系统循环量,以降低能耗;针对不同养殖周期与时段,

调控养殖密度、饲喂方式、水体温度、盐度及鱼池流场，以控制生长过程与产品品质。

3. 循环水养殖系统排放无控制，需要构建污水净化与再利用配套工程

由于养殖系统的排放无限制，我国循环水养殖工厂水处理过程中夹带大量粪便等固形物的高浓度反冲水，没有被有效处理便排入了自然水域，对环境造成污染。循环水处理系统只是在节水上发挥了作用，相对于池塘养殖的面源排放而言，工厂化循环水养殖系统做到了排放物质的集中，但没有后续处理，是一种点源污染。需要发展基于物质循环与氮转化的排放水净化技术与设施装备工程，将反硝化技术、湿地技术、池塘养殖技术、渔农复合技术等有机结合，实现工厂化养殖小区的物质循环再利用。

4. 需要构建专业化养殖工厂，以示范未来工业化水平的养殖生产方式

摆脱自然条件限制，按照产品品质要求，实施生产过程标准化管控，实现订单式高效生产，是农业工业化的发展标志。水产养殖工厂化的发展目标是实现工业化生产方式的养殖工厂，需要积极探索，构建示范模式，带动产业发展。循环水养殖是养殖工厂建设的基本条件，精准调控是养殖工厂实现有效管控的基本手段。在此基础上，还需构建功能化鱼池设施、机械化操作装备、智能化投饲系统、数字化专家系统，建立序批式养殖工艺，实现订单式养殖生产。

（五）深远海养殖平台

1. 发展深远海养殖平台需要以优质规模化生产及设施安全、物流保障为前提

深远海养殖平台远离大陆基地，平台与物流保障系统的构建需要相当的投入与运行成本，必须以高品质产品与规模化生产为前提，形成规模经济效益。养殖对象的选择，必须充分发挥水质优势，发展近海陆基养殖难以形成规模的品种，生产规模必须建立在高度集约化、工业化的生产方式上。由于人员不便撤离，养殖平台的构建

需要确保绝对的安全。需要发展集生产设施、生活补给和活鱼运输为一体的多功能专业运输船，配套陆基周转基地。

2.发展深远海养殖平台依然需要考虑环境生态效应

深远海水域生态的环境容纳量远高于沿岸近海，但在选址与布局过程中依然要以环境保护为基本原则。需要就集约化、规模化养殖系统的物质排放进行评价，合理选择生态系统水平的养殖水域。设置在岛礁潟湖内的养殖系统应尤为慎重，确保避免养殖排放与设施工程对生态环境不可修复的影响。

3.发展深远海养殖平台需要全面构建海上渔业生产体系

高度集约化、规模化的深远海养殖平台是驻扎在远海水域的大型生产平台，需要与海上捕捞生产紧密结合。在养殖鱼类人工配合饲料技术未能解决的情况下，海上低值渔获物是必需的生产保障。围绕深远海养殖平台的运行，需要形成全面的远海渔业生产体系：围绕养殖平台的捕捞渔船，其渔获物交给平台处置，并获取油、水等生产生活物资补给；平台上设有分类加工系统，饲养鱼进入养殖生产系统，其他渔获物经分级加工后及时冷藏、冷冻；物流船还可带回品质优良的捕捞产品。进一步的发展还可设置配套加工船，对养殖产品和捕捞渔获物进行产品化深加工，以获得更高的经济效益。

三、国外发展现状

基于生产力水平和劳动力成本，发达国家水产养殖设施装备整体水平较高，支撑其发展的科技进步，在应用基础研究与现代工业科技运用等方面处于领先地位，在其优势养殖生产领域，如网箱养殖、工厂化养殖等领域发展成效明显。

（一）池塘养殖设施装备

池塘养殖主要集中在中国、东南亚等发展中国家。发达国家的池塘养殖规模一般很小，但其建设水平符合环境生态与高效生产的要求，在基础研究、设施装备及系统构建方面有独到之处，一些技术也应用于发展中国家。

1. 构建了养殖池塘生态工程学基础研究体系，阐述了主要的生态学机制

对养殖池塘生态系统的构成与变化机制研究，是国外农业工程学研究者所关注的重点。例如，美国的奥本大学，围绕池塘水质、底质生态机制及其影响因子，建立了研究体系，其研究成果以 Claude E. Boyd 所著 *Water Quality in Ponds for Aquaculture*、*Bottom Soils, Sediment, and Pond Aquaculture*、*Dynamics of Pond Aquaculture* 为代表，系统总结梳理了池塘水质特性、池塘底质特性、池塘动力学与池塘增氧机制，建立了池塘生态工程学基础；提出的水产养殖生态工程化系统设计原则[39]对我国池塘生态工程学研究产生了重要影响。

2. 池塘养殖装备化程度不断提高，生产效率处于较高水平

澳大利亚研发了利用水听器侦听对虾摄食情况的投饲设备；美国使用较多的是气力式饲料分送器；瑞典、丹麦的一些虹鳟养殖场设有窄轨式运输投饵车，或采用气力式自动投饵机。以色列使用内螺旋转筒式池塘起鱼机，吸鱼泵使用较多；配套的电力驱赶装置或电栅栏可将鱼集中至起鱼口；研发了轨道式池塘拉网机械，也有的使用围网滚筒起网机械。水质监控设备应用较早，对池塘水质及养殖场环境水域进行实时监测。

3. 养殖小区设施化、生态化构建，对环境的影响基本得到控制

池塘养殖小区以生态系统构建方法为基本原则，围绕区域环境、小区物质循环、排放控制及高效生产设施，构建了多种形式的养殖场。在设施化构建方面，利用潜流式人工湿地对对虾养殖池塘排水进行循环处理；美国克莱姆森大学的分区循环水养殖池塘，使水体在跑道中循环流动，维持稳定的光合作用，将鱼集中在一端的笼内集中养殖，方便操作；美国大豆协会推出了池塘流水养殖模式，将鱼集中在池塘一端的跑道设施中进行高密度养殖和集中管理。

（二）筏式养殖

筏式养殖是世界水产养殖主要的生产方式之一。在发达国家，

针对养殖对象形成了多种工程化水平较高的设施模式，其设施及器件的标准化、系列化程度很高，配以机械化的作业装备，具有很高的生产效率。

针对不同的养殖要求，形成了典型的设施模式。筏架的主要形式包括平台式，浮绳式、半潜式等，虽然结构不尽相同，但构件统一、排列整齐，工程化水平较高[40]。平台式筏架主要设置于半封闭的海湾水域，易于装拆，便于管理；浮绳式筏架具有一定的下沉功能，能躲避风浪的侵袭；半潜式筏架将筏绳吊置于水下更深处，使吊养的贝类免受浪流、海鸟的侵损与漂浮物的羁绊，一些贝类养殖还采用单体浮动管件，潜入水中放置，便于转移和搬运。

在设施工程化的基础上发展机械化装备，作业效率很高。国外养殖筏架设施系统的构建，设施的排列及部件的标准化程度高，充分考虑了生产过程的机械化。如浮筏式贻贝养殖设施，采用一根吊绳连续挂置，浮绳间保持标准间隔，配备专业化作业船进行连续作业，船上配以采收与分级装备，自动化程度很高。

（三）网箱养殖设施装备

深水网箱养殖在欧美国家已有30多年的发展历史，是水产养殖主要生产方式之一。沿岸水域养殖网箱以挪威HDPE重力式网箱和日本浮绳式网箱、金属框架式网箱为代表。为了寻求更好的水质环境、减少养殖系统对水域环境的影响，各种大型的钢结构网箱应运而生，设置在开放性深水区域开展养殖生产。

1. 网箱结构形式根据使用地域海况条件及安全风险而有所不同

HDPE重力式网箱适用于类似挪威峡湾没有飓风、大浪和强大海流影响的海况，采用圆形双管框架可保证设施安全；而在澳大利亚林肯港开放水域数百个大型金枪鱼养殖网箱，因更好的海况条件，多采用单管框架。在海况条件差、可能受到飓风影响的海域，金属结构网箱具有可靠的安全性能，如碟形网箱、球形网箱、纺锤形网箱和铜合金网箱等，也有的使用在水面以下躲避风浪的柔性结构网箱。

2. 网箱设施结构可靠、安全性强，迈向深水水域

基于养殖生物生理学和网箱设施水动力学研究的网箱设施，形式多样，结构可靠，多具备沉浮功能，具有很强的抗风浪能力，能抵御5~10m大浪、1~3m/s水流的侵袭。美国SeaStation柔性网箱在流速1m/s时的有效容积可保持在90%以上；以色列开发的柔性网箱可设置在水深60m的开放性海域，能抵御15m波高的风浪；德国GAATEM公司开发的BECK-Fish可移动下潜式圆柱形网箱，在风暴天气时可下潜到海面波谷下7m深处，使养殖鱼类不会受到波浪带来的应激压力，能抵御26m波浪侵袭。美国Oceansphere^{TM}球形网箱设置在20m水深处进行金枪鱼深水养殖。

3. 系统装备配备全面，自动化程度高

深水网箱养殖的规模化和集约化程度很高，在整个养殖生产过程中主要依靠系统装备保障运行，包括饲料投喂系统、养殖监控系统、养殖工程船及网衣清洗装置、起网设备等。例如，挪威Akvasmart CCS饲料投送系统，可并联40个送至网箱的饲料投送管道，并基于投喂策略、摄食状态和水流速度等进行投喂控制，可在电脑或智能手机操控下运行；水质监测包括温度、溶氧、盐度、电导率、氧化还原电位、pH等环境水质参数；利用摄像监控、水声探测技术对养殖对象的游动状况、摄食状态、生长情况进行观测和评估。

4. 网箱设施呈大型化发展趋势

以大型游泳性鱼类为养殖对象的网箱养殖，为获取更好的养殖效果和规模效益，不断向大型化发展。例如，澳大利亚林肯港的金枪鱼养殖网箱，周长都在100m以上；苏格兰Meridian公司在设得兰群岛的14个鲑养殖网箱直径为100m，并连接成鱼排；加拿大Mainstream公司在温哥华岛鲑养殖场安装了两个铜合金网箱，单个容量近1万m³。大型化的网箱设施对装备提出了更高的要求，尤其是在起捕、投喂等环节，配套的设备具有相当高的机械化、自动化程度。

（四）工厂化养殖设施装备

工厂化养殖是发达国家陆上水产养殖的主要生产方式，以高效生产、节水减排、品质可控为特点，随着工业化的理念与科技手段

的不断融入,工厂化的生产方式基本形成。

1. 系统性开展养殖密度、光照、温度、盐度、CO_2等主要环境因子对养殖生物生理影响研究

开展养殖密度与应激反应研究[41],证明舌齿鲈的最高福利养殖密度为70kg/m^3,虹鳟为100kg/m^3,军曹鱼为30kg/m^3,以及养殖密度对龙虾幼体发育期生长、新陈代谢和氨氮排泄及对大菱鲆生长和代谢参数等的影响;开展光谱和养殖密度对鳞鲤和镜鲤生长性能的影响,以及光谱和光照周期对舌齿鲈生长发育和存活的影响;开展臭氧、紫外线对养殖系统生物毒性研究;开展CO_2浓度对虹鳟生长及品质,以及对鲑科鱼类生理影响等研究,为专业化循环水养殖工厂提供设计依据。

2. 循环水处理工艺及装备研究更为深入

对移动床生物滤器、悬浮颗粒生物滤器和流化床生物滤器进行商业化应用比较实验,证明其对氨氮的去除率显著低于实验结果;证明海藻生物过滤的性能优于传统的微生物过滤;开展了浸没式生物滤池与潮汐式生物滤池脱氮效应与微生物群落变化等研究。形成了鱼池流速控制技术,确定其与养殖对象生长、摄食及水质氮素指标之间的关系;研发了多种形式的鱼池快速排污技术,包括双排水和旋流分离工艺,并针对不同养殖对象,组合不同比例的排水方案,以提高系统净化工效、降低能耗;结合养殖对象生长特性,研发不同形式与体量的鱼池结构。

3. 商业化的循环水养殖工厂都经过专业化设计

为保障投资效益,国外商业化的循环水养殖系统构建追求最佳的工程经济性,除基本建设工程以外,养殖系统的构建工艺以养殖对象的生理及饲料特性为基点进行分类优化,其水质理化指标、鱼池结构及水流、生物滤器填料结构及组合、物流过滤等工艺方法有明显的不同,典型的如常规游泳性鱼类、鲆鲽类、鲑鳟类、鳗鲡类等。例如,鲷科鱼类的养殖密度达50kg/m^3;花狼鱼达600kg/m^3;大菱鲆养殖密度达8kg/m^2,池底栖息覆盖率为262%;大西洋鲑幼鱼养殖密度达20kg/m^3,成鱼达80~100kg/m^3;小规格欧洲鳗鲡养殖密度达

60kg/m^3，成鳗达250kg/m^3；建立了有针对性的生产规范[42]。

4. 水处理排放后的净化技术受到重视

在优化提高水循环率的同时，重视对系统排放水处理技术的研究与构建，以控制对自然水域的影响。主要技术包括：对养殖系统废水采用厌氧反硝化与厌氧氨氧化技术，对分类出的淤泥进行厌氧发酵、与人工湿地结合进行废水净化处理等，建立了有效的养殖废水净化利用装备及设施系统。

（五）深远海养殖平台

由于高度的集约化养殖与规模化生产，国外的深水网箱养殖包括设施、饲喂、操作、管理等全过程的系统技术与装备，形成了完整的生产平台。随着养殖设施不断向外海发展，生产平台逐渐脱离陆上基地，向深远海发展，并进一步走向装备化。

1. 构建了海上养殖平台的基本功能

围绕海上规模化网箱养殖生产，利用岛礁或浮式船体平台，国外先进的养殖系统形成了功能全面的生产平台，包括环境监控、投喂管理、视频监控、维护作业等系统功能，实现集中控制、远程操控、机械化作业和信息化管理。例如，挪威Akva公司的海水网箱生产管理平台，围绕网箱设施群，装备有具备集中投喂与生产管理功能的浮式船体平台、作业工程船及专业化设备。

2. 提出了深远海养殖平台的构建设想

英国提出利用北海油田大量退役钻井平台作为基站，配以大型网箱设施，构建深海养殖系统。挪威SalMar公司设计了基于钻井平台的巨型鲑鱼养殖设施，结构高度达67m，下部形成网箱养殖面积245m^2，上层建筑可储存600t饲料，并带有4人办公室，能承受9m高的海浪，目前正在建设中。

3. 游弋式养殖工船形成了多种设计方案并开始实施

具备移动功能的养殖平台可寻找最适宜的养殖环境，躲避恶劣海况的侵袭，防止养殖水域因长期使用所造成的环境影响，是发达国家一直在探索的离岸深远海养殖生产方式。美国研发的自行式网箱，直径19m，配备4.6kW的推进螺旋桨。欧洲渔业委员会计划建造的大型半潜式增殖船，船长189m，宽56m，高27m，航速8节，载员30人，在鱼苗养殖舱内设置有浮游生物收集系统进行鱼苗养殖。西班牙设计的半潜式金枪鱼养殖工船，以蓝鳍金枪鱼幼鱼蓄养为目标，船体下部可开启延伸网箱，养殖容量达12万m^3，可养殖400t金枪鱼。法国10万t级养殖工船，船长270m，载员10人，每天从20m水深处取水150t，年产鲑鱼3000t。

四、发展战略与关键技术

（一）战略定位

1. 发展要求

推进水产养殖设施装备现代化，必须符合现代水产养殖发展的基本需求，按照国家战略及现代社会发展的基本要求，针对渔业生产力现实水平和生产实际，科学制定发展目标。

品质保障是现代水产养殖业的基本任务，需要实现养殖过程的有效控制。我国以养为主的渔业生产经过长期的连续增长，基本实现了社会水产品数量的全面供给，然而由于生产方式粗放所带来的质量安全问题，愈来愈受到社会关注，对安全优质水产品供给的要求愈加迫切。保障质量安全、提高产品品质的关键是健康养殖水质环境的构建与有效调控。在水域环境恶化、集约化养殖的条件下，通过设施装备的系统性构建实现养殖水体的有效控制，是现代水产养殖业发展的必由之路。池塘养殖的设施工程化、调控精准化，工厂化养殖的工业化、产品化将是陆基水产养殖发展的基本趋势；依靠自然水质条件的海上设施养殖，在现代设施装备的可靠保障下，将向条件更好的深远海发展。

生态优先是现代水产养殖业面对的基本要求，需要提高资源利用效率、控制排放。我国以池塘养殖为代表的水产养殖业占用了大量的水资源和土地资源，养殖排放成为面源污染，在国家生态文明建设的要求下，传统粗放的水产养殖方式需要做出改变与升级，以担负对水资源占用与尾水排放的社会成本。池塘养殖需要以生态工程技术及设施装备，构建水体循环使用、物质循环利用、土地单产

更高的生态工程化循环水养殖模式；工厂化养殖需要全面实现高效循环水利用与排污处理；网箱养殖需要配备精准投喂、固形物收集装置。

按照"调结构，转方式"的发展要求，需要建立高效养殖新模式。在社会生态优先、品质安全与渔业增效、渔民增收的双重压力下，水产养殖的产业结构必将向更为可控的池塘养殖与工厂化养殖调整，进一步推进网箱养殖进入更深水域，拓展深远海养殖新空间。其生产方式将以生态资源高效利用、生产过程高效控制为核心实施转变，形成高效养殖新模式。养殖系统设施化构建、精准化调控、机械化生产和信息化管理等设施装备关键技术及其集成效应将发挥基础性作用，工业化生产要素更多地融入，养殖生产不再依赖传统经验与劳力。

对应国家海洋战略，水产养殖产业将成为未来深远海耕耘的"蓝色粮仓"。作为世界水产养殖大国，我国水产养殖产业主要依托陆地发展，其资源殆尽、潜力无几，沿岸近海海水养殖的发展空间也愈来愈有限。蓝色海洋是现代农业的"新大陆"，深远海养殖可以形成优质蛋白质生产的"蓝色粮仓"。发展深远海养殖符合国家海洋战略需要，可以成为国家海洋经济的主要组成部分。在远离大陆、海况多变的深远海建立养殖生产平台，安全、经济、高效的现代化设施装备及工业化生产方式是基本前提。

2. 战略定位

按照现代水产养殖"调结构，转方式"对设施装备发展的基本要求，对应现实生产力水平，结合现代工业科技进步，以高效设施装备研发、设施养殖技术集成与模式升级为基本定位，开展养殖对象生理、生态机制、养殖环境生态调控机制等应用基础研究，为养殖设施装备技术创新、养殖环境有效构建与精准调控奠定理论基础；开展养殖环境高效调控设施装备、养殖过程高效作业机械化装备研制，提升水产养殖设施装备现代化水平；开展可控养殖环境系统构建技术研究，结合高效养殖技术、信息化管理技术，构建高效养殖模式，引领养殖生产方式转变；开展开放海域规模化养殖设施装备技术研发，构建深远海工业化养殖生产平台。

构建"生态、高效"工程化池塘养殖模式。以主产区、主要养殖品种、规模化生产为对象，养殖环境可控、物质循环利用为核心，运用生态工程学原理，集成高效调控设施装备与健康养殖技术，构建循环型集约化养殖小区；研发高效设施装备，集成信息化控制技术，建立精准高效养殖模式。

开展工程化筏式养殖模式构建，研发机械化装备与轻简化工具。以浅海筏式养殖设施标准化构建和机械化采收为目标，对主要养殖模式及生产过程进行系统化构建，研发机械化种苗、采收装备，研制轻简化劳动工具，提升筏式养殖的工程化水平，有效降低劳动强度，提高劳动效率。

建立专业化水产养殖工厂。针对养殖品种，以养殖环境精准构建为核心，运用工程经济学原理进行专业化设计，研究构建基于养殖品种生产模型与循环水流的可控生境，研发高效设施装备，集成智能化控制技术，构建工业化管理规程，建立不同类型的专业化养鱼工厂。

研发大型深水网箱设施及系统装备。以开放海域网箱养殖规模化生产系统构建为目标，开展大型网箱设施、系统装备及综合管理平台关键装备研发，建立基于高海况水文与养殖区域底质构造条件的设施安全规范，集成高效养殖与远程控制技术，推进网箱养殖向深水发展。

构建深远海养殖及渔业综合生产平台。以深远海规模化养殖、渔获物加工物流、渔船补给为基本功能，开展海洋渔业工程装备研发，集成构建大型浮式养殖平台及技术装备，在南海深远海海域建立规模化渔业生产系统。

（二）"十三五"发展目标

按照国家生态文明建设要求与海洋强国战略需求，对应现代渔业建设"调结构，转方式"实施重点、主要生产方式及产业需求，注重发挥现代设施装备在健康养殖、资源节约、环境优化、高效生产等方面的关键作用，通过应用基础研究、装备技术创新和系统技术集成，着力提升水产养殖设施装备科技及产业化应用水平。

1）在池塘养殖主产区及规模化生产企业，围绕主养品种与区域环境，突破养殖生境有效控制与养殖过程精准管控关键技术，建立标准化养殖工艺与品质控制规范，构建一批工程化高效养殖池塘及生态循环型健康养殖小区，有效提升池塘养殖品质、生产效益与

资源利用效率。

2）针对海带、贻贝（牡蛎）、扇贝、紫菜等的主要生产方式，突破机械化作业关键技术，构建工程化筏架模式。

3）针对鲆、鲽、大西洋鲑、石斑鱼、鲟等养殖工厂主要品种，突破养殖生境精准构建、养殖过程自动化控制关键技术，构建一批鲆鲽类底栖型、鲑鳟类游泳型、石斑鱼类聚集型的立体化设施装备及系统模式，以及名优品种苗种生产全程控制繁育模式，建立排放污染物生态化集中处理、循环利用工业化养殖小区。

4）针对我国沿海适养水域30~50m等深线开放海域的环境特点及主养品种生长特性，突破大型网箱设施安全构筑与机械化作业关键装备技术，研发潜式、半潜式巨型网箱及系统装备，构建规模化养殖生产系统。

5）突破养殖鱼舱构建与船体改造关键技术，研发船载工业化养殖、繁育及海上物流加工关键装备，建立海上渔业综合生产技术体系，构建游弋式大型养殖工船暨深远海渔业综合生产平台。

（三）关键技术

（1）养殖池塘工程化构建与机械化装备技术

在基础研究方面，开展池塘生态因子影响机制研究，建立养殖池塘生态与养殖生物循环、固液界面物质流、气象因子影响等机制与控制模型，完善池塘生态工程学理论基础。在技术研发方面，开展精准投喂技术研究，研发智能化投喂系统；开展高效装备技术研究，研发池塘围捕装置、起鱼分塘装置、集中投喂装置；开展生态因子在线监控系统研究，研发视觉监测系统与精准控制系统。在集成构建方面，开展池塘循环水养殖技术集成研究，构建工程化池塘循环水养殖示范模式；开展信息化技术集成研究，构建养殖全程物联网技术体系。

（2）工程化筏式养殖模式构建与机械化装备研发

在基础研究方面，开展养殖筏架结构与锚泊水动力学研究，提出浮式、半潜式养殖筏架设施模型，建立数值模拟技术平台。在技术研发方面，重点开展主要生产环节机械化装备技术研究，研发专业化采收装备。在集成构建方面，开展工程化筏架与机械化装备筏式养殖模式研究，建立规模化筏式养殖技术体系、设施规范与构件标准系列，构建浅海筏式养殖主要示范模式。

（3）专业化养殖工厂模式构建与自动化装备技术

在基础研究方面，开展可控水体养殖应激机制研究，建立最佳密度、流场与水质边界参数；开展饲喂营养操纵机制研究，建立饲喂策略、生长模型与品质调控模型。在技术研发方面，开展设施高效利用技术研究，研发立体化功能鱼池；开展鱼池水质、水流构建技术研究，研发精准控制系统；开展循环水净化技术研究，研发快速启动型高效生物滤器；开展高效装备技术研究，研发集中投饲系统、机械化起捕、分池、疫苗注射、鱼苗计数等装置。在集成构建方面，开展养殖系统技术集成，建立养殖工艺与标准体系，构建专业化成鱼养殖工厂、苗种繁育工厂典型示范模式。

（4）大型半潜式网箱设施结构与系统装备技术

在基础研究方面，开展高海况网箱结构及锚泊方式海洋动力学研究，提出潜式、半潜式网箱设施优化与安全评价模型，建立数值化模拟技术平台。在技术研发方面，重点开展球形、纺锤形、碟形网箱结构与锚泊系统研究与设计，研发大型网箱设施及机械化投喂与收获装备、信息化监控系统、浮式管理平台和作业工程船。在集成构建方面，开展主养品种高效养殖技术研究，建立规模化大型网箱设施生产技术体系、设施安全技术规范，构建开放性海域深水网箱养殖示范模式。

（5）深远海养殖平台研发与系统装备技术

在基础研究方面，开展养殖平台结构功能及稳定性研究，创建开闭舱式养殖平台设计模型；开展泊稳与定位操纵性研究，构建平台水动力学模型；开展安全性综合研究，构建平台设计基础理论。在技术研发方面，重点开展平台结构技术研究，研发锚泊、定位与推进装置，研发下潜式取水装置；开展舱养系统构建技术研究，研发推流结构、排污结构和栖息平台；开展机械化技术研究，研发精准集中投喂装备、围捕装备及生产监控系统。在集成构建研究方面，开展平台系统技术集成研究，建立产业化平台；开展系统优化，集成海上养殖、船载加工、扒载物流、信息化管理等关键技术，构建深远海规模化养殖技术模式。

五、重点科研计划项目与重大工程建设项目建议

（一）科研计划项目：大型养殖平台研发与深远海"养-捕-加"渔业生产新模式构建

1. 产业需求

（1）我国渔业可持续发展需要新空间

我国是世界渔业生产大国，以内陆淡水养殖与近海捕捞为主，水产养殖产量占世界养殖总产量的70%。我国渔业依赖水域自然条件，经过数十年的持续增长，发展空间越来越受限制。内陆水土资源承载量有限，水产养殖空间越来越受到工业化、城镇化和基本农田保护的多重挤压，以及水域环境劣化与排放限制的重要影响，近海渔业资源衰竭，水质状况堪忧，现代渔业发展迫切需要寻找新出路。海洋是人类的新"大陆"、食物供给的新"粮仓"。我国深远海领土广袤、资源丰富，有开展水产养殖得天独厚的条件：优良的水质、适宜的水温、与陆源性病害隔绝等，还有较为丰富的捕捞资源。发展深远海养殖及海上渔业生产，有利于促进渔业生产结构调整，拓展现代渔业可持续发展新空间。

（2）社会优质水产品保障供给需要新方式

由于生产方式粗放、水域环境污染，我国水产养殖的病害问题日渐突出，水产品质量的安全问题已成为备受关注的产业性问题。我国现代渔业"转方式"的关键，是从传统粗放的数量保障型生产，向健康高效的质量保障型——现代渔业生产方式转变。在现代化设施装备的保障下，克服海洋生产条件的不利影响，建立规模化生产、工业化管理的深远海养殖、捕捞渔船海上物流补给与加工的新型生产方式，可以形成优质水产品规模化养殖与远海渔获物保鲜、保值生产能力，为社会提供安全、优质的水产品。

（3）南海现代渔业建设需要新模式

我国南海幅员辽阔，海域面积210万km²，拥有众多岛礁，平均水深1212m，中南部海域表层水温26~28℃，东、西沙海域多受台风影响，南沙海域受台风影响较少。南海渔业资源丰富，既有乌贼、

灯笼鱼等中上层资源，又有黄鳍、蓝鳍等高价值金枪鱼物种。由于南海远海作业路途遥远，保障条件不足，渔业发展受到极大限制。发展深远海养殖，以大型养殖工船为核心平台，辅以大型深海网箱设施、水产品加工和冷链物流系统，可以在南海深远海海域开展石斑鱼、金枪鱼等名优品种的规模化养殖与苗种生产，为捕捞渔船提供补给与渔获物中转加工，形成以工船为母船平台、岛礁及网箱设施为基站群、捕捞渔船为生产群的深远海航母船队，形成南海渔业生产新模式。

（4）构建大型深远海养殖平台及其生产模式符合国家重大战略需求

发展深远海规模化养殖，形成优质水产品渔业生产新模式，可以改变传统渔业对于大陆性资源的依赖与影响，是现代渔业建设"调结构、转方式"的重要途径，符合现代社会可持续发展的根本要求。其规模化的海上渔业生产能力，可以有效利用和开发远海渔业资源，促进海洋经济的发展，符合国家海洋强国战略的基本要求。其多点布局、移动作业的特点，可以形成安全、机动的生产功能，躲避超强台风等灾害性海况的侵袭。布局于边远海疆，有利于屯渔戍边、维护国家主权。在国家"一带一路"战略中，大型海上养殖平台可以沿着"丝绸之路"海上经济带，延伸布局，促进世界经济及国际水产品贸易的发展。

2. 主要任务

（1）改造大型退役船舶，集成构建深远海养殖平台

开展大型退役船舶改造设计，建立船舱集约化养殖系统，下层甲板苗种繁育系统、饲料集中投喂系统、水产品加工系统和冷藏车间等，以及上层甲板渔获物、补给品扠载系统等，研发工船取水、锚泊、动力定位等专用装备，构建船舶动力系统，建立产业化生产平台。

（2）开展船载集约化养殖技术研究，建立海上工业化养殖技术体系

以石斑鱼、大西洋鲑、金枪鱼为养殖对象，开展集约化船舱养殖技术研究,构建深水高密度石斑鱼舱养模式,研发金枪鱼幼鱼捕获、驯养技术及装备；开展船载苗种工厂化繁育技术研究，构建主养品

种规模化苗种繁育技术体系及系统装备。

（3）开展船载水产品加工技术研究，构建海上信息化物流加工生产系统

以南海渔获物和主养品种为对象，构建船载加工系统工艺与装备，研发海上渔获物、淡水、燃油等大宗物资扒载装备，集成生产运行、船队管理、物流冷链等数字化监控技术，构建深远海渔业生产系统及信息化管理平台。

（4）开展深水网箱装备技术研究，研发大型抗风浪新型网箱设施及装备系统

以大型游泳性鱼类为养殖对象，开展以养殖工船、岛礁基站为依托的大型网箱设施及系统装备研究，研发潜式大型球形网箱、纺锤形网箱、半潜式蝶形网箱，研制专业化养殖饲喂与作业管理船舶及系统装备。

3. 发展目标

针对目前我国深远海渔业发展现状，立足于现代船舶与海洋装备科技，以工业化渔业生产系统建设为定位，在"十三五"期间，研发养殖工船平台，研制大型养殖网箱设施及配套装备，形成船载石斑鱼苗种繁育及养殖系统技术，突破金枪鱼养殖驯养关键技术，建立大西洋鲑商品化养殖系统，集成构建以养殖功能为主、加工与物流补给功能为辅的深远海渔业生产平台及示范船队，年产优质养殖鱼3000~5000t，形成50艘远海作业渔船生产能力。"十四五"期间全面构建深远海渔业生产平台及技术体系，每个航母船队及生产系统形成1万t以上养殖生产能力和100艘以上渔船作业规模，建立5~10个深远海养殖航母船队。

（二）工程建设项目：水产养殖重点区域污染减排工程

1. 产业需求

（1）水产养殖无节制排放，不符合社会生态文明建设的迫切要求

水产养殖污染物排放主要有两类：一类是养殖生产投入品，主

要为饵料、渔药等；另一类是养殖生物的排泄物、残饵和养殖生物的死亡尸体等，其中所形成的富营养物质是养殖排放的主要内容。研究表明，以现在的饲喂方式，投喂饲料的80%被鱼摄食，但其中只有20%用于鱼体增重，其余60%作为粪便排出体外；另外的20%作为残饵直接排放到水环境中。鱼粪与残饵的排放对水域环境造成很大影响。我国水域环境污染情况严重，农业富营养物质排放所形成的面源污染加剧了水域环境的劣化，水产养殖产业发展也因此受到越来越多的限制，其所造成的环境生态成本，终将由产业自身承担。

（2）治理养殖污染排放的技术基础已经基本具备

不同的养殖生产方式，其污染物排放的特点也不同。池塘养殖生产中，沉积于底泥中的残饵、粪便所形成的营养物质，在收获清塘、清淤过程中集中排放；溶于水体的物质则在换水过程中排放。网箱养殖和换水型工厂化养殖所形成的营养物质全部排入环境水域。工厂化循环水养殖系统排放出高浓度废水，由于没有后续处理，也被排入环境水域。治理水产养殖排放的关键：一是优化饲料营养、饲喂策略，提高营养物质的利用与转化效率；二是建立精准投喂方式，减少饲料浪费；三是分离残饵、粪便，减少排放；四是实现水体与物质循环利用，限制排放。相应的技术基础已经基本形成，通过优化提升，可以形成全面的科技支撑。

（3）构建污染控制型养殖生产方式，需要实施设施装备改造工程

在养殖生产效益有限、排放治理未计入生产成本的前提下，养殖生产企业乃至渔民对控制污染没有基本的动力与能力，对生产方式实施改造需要政府的引导和支持。设立专项工程，建立健全规范与技术标准，在基础设施改造专项资金的引导和农机购置补贴等现有政策的辅助下，重点围绕营养策略与精准投喂、养殖排放循环利用、污染物分离与生态化利用等关键环节，构建集成示范模式，可有效推进我国水产养殖面源污染的整体治理。

2. 主要任务

（1）主养品种营养策略与精准投喂构建工程

优化主要养殖品种颗粒饲料营养配方，建立基于生长模型与环

境因子的饲喂策略，对商品饲料实施饲料系数限定标准；推广基于饲喂策略、水质及主要环境因子、摄食状况的精准投喂系统，包括池塘养殖分布式投喂系统、网箱养殖集中式投喂系统和工厂化养殖移动式投喂平台等；建立集成示范点，制定技术规范，通过政策推动与资金引导，形成有效推广。

（2）养殖排放循环利用改造工程

优化工厂化循环水与池塘循环水净化设施装备，以鲆、鲽、石斑鱼、对虾、冷水鱼等品种为对象，建立工厂化循环水养殖系统模式；以大宗淡水鱼混养，鲈、鳜、鳢、黄颡鱼喂养，虾、蟹等底栖养殖等方式为对象，构建池塘循环水养殖系统模式；集成优化设施化池塘、网箱集污技术及装备；建立鱼-稻复合、鱼-菜复合、鱼-贝、藻复合等养殖排放循环利用系统模式；建立集成示范点，形成循环水养殖系统构建技术标准和建设规范，通过政策推动与资金引导，形成有效推广。

3. 发展目标

针对我国水产养殖主产区及主要养殖方式，以提高物质利用效率、减少排放为目标，实施精准投喂构建与循环模式改造两大任务。在"十三五"期间，通过技术集成与优化，围绕工厂化循环水养殖模式，在北方沿海地区建立10个鲆鲽类养殖示范点，在南方沿海地区建立5个石斑鱼养殖示范点、3个对虾养殖示范点，在西南地区建立10个冷水鱼养殖示范点；围绕池塘循环水养殖，在养殖生产主产区建立20个大宗淡水鱼养殖示范点，15个鲈、鳜、鳢、黄颡鱼养殖示范点，15个虾蟹类养殖示范点；形成技术标准与建设规范，为"十四五"以后的全面推广奠定技术基础，发挥示范作用。

六、保障措施与对策建议

（一）多学科融合，加强基础性、关键性问题研究，提升水产养殖设施装备创新水平

对农业装备而言，"良机"需要以"良法"为前提。水产养殖设施装备创新，需要基于对养殖生物生理生态机制的准确把握，建立有效的干预方法，进而通过设施装备的创制来实现。我国渔业装备

创新水平落后的重要原因之一，是以往设施装备创制的"良法"主要来自国外先进装备和自身的实践经验，而自主创新的研究基础不够。开展养殖品种生理生态机制研究，研发有效干预技术，需要生物学、生态工程学、环境工程学等多学科的融合，并以设施装备及系统工程构建为目标，开展基础性生理生态机制研究与关键性技术方法创制，以此形成促进设施装备研发水平提升的"良法"。我国在渔业装备科技的科研团队构建、项目立项定位、基础性研究布局等方面，需要进行调整与优化。

（二）多技术集成，加强系统模式集成与示范研究，建立引领性水产高效养殖新方式

单一技术进步已经很难显著解决现代生产方式整体性转变问题。水产养殖生产方式转变同样需要多技术集成，将生物生产技术与设施装备技术进行整体性融合，并作为互为研究的前提与条件，在单一技术进步的基础上发挥其系统性功能。建议加强水产养殖模式多技术集成创新与示范效应，重视中试实验对技术集成的优化作用及技术标准的建立，加强中试基地建设，尤其是深远海养殖中试平台建设，需要具备设施装备及生产系统运行安全性实测评价能力。通过中试系统的生产运行与展示，示范先进设施装备及系统模式的运行效果，在现代渔业结构调整、生产方式转变中发挥引导作用，有效带动产业的整体发展。

（三）设立重点专项，整体性解决水产养殖设施装备制约性问题

新一轮国家科研立项机制改革重点要解决的问题之一，是防止科研工作的碎片化。水产养殖设施装备技术创新与多个学科或技术领域相关，在以往的立项机制中，往往各个项目都可能有所涉及，但关联性很差，致使原本不充裕的科研投入严重碎化，整体性效果难以体现。建议以新型养殖模式构建为目标，以"生态、高效"工程化池塘养殖模式、专业化水产养殖工厂、大型深水网箱设施、工程化筏架设施、深远海渔业综合生产平台为核心内容，设立水产养殖工程装备研发专项，融合相关生物生产技术，进行整体性设计、协同性研发，在共同的目标下开展技术创新，解决瓶颈性制约问题，

有效推动产业发展。

（四）设立扶持专项，推进"生态、优质、高效"养殖示范工程

国家政策扶持对现代农业产业升级及基础设施改造、生产条件提升至关重要，需要加强与水产养殖设施装备相关的惠农政策及扶持经费的支持力度。例如，在农机购置补贴政策实施中增加水产养殖装备的比例，提高池塘设施改造补贴力度，鼓励发展深远海养殖装备，并且在政策的实施中，注意鼓励先进设施装备、生产方式的运用，避免造成对落后生产方式的保护，发挥科技集成示范的引领性作用。鉴于此，建议在强化扶持力度的实施中进行系统性设计，设立"生态、优质、高效"水产养殖模式建设示范工程，以设施装备集成示范基地建设为参考，充分发挥科技支撑作用，制定建设规范，规划实施工程。

参 考 文 献

[1] 农业部渔业渔政管理局. 中国渔业统计年鉴[M]. 北京: 中国农业出版社, 2016: 23-55.

[2] 田昌凤, 刘兴国, 张拥军, 邹海生, 唐荣, 杨家朋, 苗雷. 池塘底质改良机的研制[J]. 上海海洋大学学报, 2013, 22(4): 616-622.

[3] 吴宗凡, 程果峰, 王贤瑞, 刘兴国, 张拥军, 邹海生, 唐荣. 移动式太阳能增氧机的增氧性能评价[J]. 农业工程学报, 2014, 30(23): 246-252.

[4] 管崇武, 刘晃, 宋红桥, 张成林. 涌浪机在对虾养殖中的增氧作用[J]. 农业工程学报, 2012, 28(9): 208-212.

[5] 江涛, 徐皓, 谭文先, 张勋, 徐志强, 徐中伟, 王志勇, 谌志新. 养鱼池塘机械拖网捕鱼系统的设计与试验[J]. 农业工程学报, 2011, 27(10): 68-72.

[6] 王志勇, 谌志新, 江涛. 集中式自动投饵系统的研制[J]. 渔业现代化, 2011, 38(1): 46-49.

[7] Liu XG, Xu H, WANG XD, Wu ZF, Bao XT. An ecological engineering pond aquaculture recirculating system for effluent purification and water quality control[J]. CLEAN-Soil, Air, Water, 2014, 42(3): 221-228.

[8] 姚延丹, 李谷, 陶玲, 李晓莉, 张世羊, 赵巧玲, 林玉良. 复合人工湿地-池塘养殖生态系统细菌多样性研究[J]. 环境科学与技术, 2011, 34(7): 50-55.

[9] 刘兴国, 刘兆普, 徐皓, 顾兆俊, 朱浩. 生态工程化循环水池塘养殖系统[J].

农业工程学报, 2010, 26(11): 237-244.

[10] 刘世晶, 陈军, 刘兴国, 汤涛林, 唐荣. 集中式养殖水质在线监测系统测量误差影响因子分析[J]. 渔业现代化, 2013, 40(5): 38-42.

[11] Tai HJ, Liu SY, Li DL, Ding Q, Ma D. A multi-environmental factor monitoring system for aquiculture based on wireless sensor networks[J]. Sensor Letters, 2012, 10(1-2): 265-270.

[12] 曹晶, 谢骏, 王海英, 王广军, 胡朝莹. 基于BP神经网络的水产健康养殖专家系统设计与实现[J]. 湘潭大学自然科学学报, 2010, 32(1): 117-121.

[13] 李慧, 刘星桥, 李景, 陆晓嵩, 宦娟. 基于物联网Android平台的水产养殖远程监控系统[J]. 农业工程学报, 2013, 29(13): 175-181.

[14] 孙传恒, 杨信廷, 李文勇, 刘学馨, 李道亮. 基于监管的分布式水产品追溯系统设计与实现[J]. 农业工程学报, 2012, 28(8): 146-153.

[15] 王健, 吴凡, 程果锋. 基于Excel的标准化水产养殖场工程概算编制方法[J]. 渔业现代化, 2011, 38(2): 32-36.

[16] 邓推, 董国海, 赵云鹏, 李玉成. 波浪作用下筏式养殖设施的数值模拟[J]. 渔业现代化, 2010, 37(2): 26-30.

[17] 崔勇, 蒋增杰, 关长涛, 万荣. 水流作用下筏式养殖设施动力响应的数值模拟[J]. 渔业科学进展, 2012, 33(3): 102-106.

[18] 崔勇, 关长涛, 黄滨, 李娇, 蒋增杰. 波浪作用下筏式养殖结构的动力分析[J]. 渔业科学进展, 2014, 35(4): 125-130.

[19] 郭根喜, 黄小华, 胡昱, 陶启友, 古恒光. 高密度聚乙烯圆形网箱锚绳受力实测研究[J]. 中国水产科学, 2010, 17(4): 847-852.

[20] 董国海, 孟范兵, 赵云鹏, 曾启东, 白晓东. 波流逆向和同向作用下重力式网箱水动力特性研究[J]. 渔业现代化, 2014, 41(2): 49-56.

[21] 黄小华, 郭根喜, 陶启友, 胡昱. HDPE圆形重力式网箱受力变形特性的数值模拟[J]. 南方水产科学, 2013, 9(5): 126-131.

[22] 黄小华, 郭根喜, 胡昱, 陶启友, 张小明. HDPE圆柱形网箱与圆台形网箱受力变形特性的比较[J]. 水产学报, 2011, 35(1): 124-130.

[23] 黄小华, 郭根喜, 胡昱, 陶启友, 张小明. 波流作用下深水网箱受力及运动变形的数值模拟[J]. 中国水产科学, 2011, 18(2): 443-450.

[24] 陈昌平, 赵卓, 郑艳娜, 赵云鹏. 波浪作用下单体与双体深水网箱水动力特性研究[J]. 大连大学学报, 2012, 17(6): 29-36.

[25] 陈昌平, 李玉成, 赵云鹏, 董国海. 波流入射方向对网格式锚碇网箱水动

力特性的影响[J].中国水产科学, 2010, 17(4): 828-838.

[26] 张小明, 郭根喜, 陶启友, 黄小华, 胡昱. 歧管式高压射流水下洗网机的设计[J]. 南方水产科学, 2010, 6(3): 46-51.

[27] 张小康, 许肖梅, 彭阳明, 洪华生. 集中式深水网箱群鱼群活动状态远程监测系统[J]. 农业机械学报, 2012, 43(6): 178-182.

[28] 张延青, 陈江萍, 沈加正, 侯沙沙, 刘杨, 刘鹰. 海水曝气生物滤器污染物沿程转化规律的研究[J]. 环境工程学报, 2011, 31(11): 1808-1814.

[29] 张海耿, 张宇雷, 张业韡, 单建军, 吴凡. 循环水养殖系统中流化床水处理性能及硝化动力学分析[J]. 环境工程学报, 2014, 34(11): 4743-4751.

[30] 张海耿, 吴凡, 张宇雷, 宋奔奔, 宋红桥, 倪琦. 涡旋式流化床生物滤器水力特性试验[J].农业工程学报, 2012, 28(18): 69-74.

[31] 宋奔奔, 宿墨, 单建军, 吴凡. 水力负荷对移动床生物滤器硝化功能的影响[J]. 渔业现代化, 2012, 39(5): 1-6.

[32] 张成林, 杨菁, 张宇雷, 吴凡, 徐皓, 陈石, 倪琦, 刘葳. 去除养殖水体悬浮颗粒的多向流重力沉淀装置设计及性能[J]. 农业工程学报, 2015, 31(1): 53-60.

[33] 顾川川, 刘晃, 倪琦. 循环水养殖系统中旋流颗粒过滤器设计研究[J]. 渔业现代化, 2010, 37(5): 9-12.

[34] 刘鹏, 倪琦, 管崇武, 单建军. 水产养殖中多层式臭氧混合装置效率研究[J]. 广东农业科学, 2014, 41(10): 115-119.

[35] 张宇雷, 吴凡, 王振华, 宋红桥, 单建军, 管崇武. 超高密度全封闭循环水养殖系统设计及运行效果分析[J]. 农业工程学报, 2012, 28(15): 151-156.

[36] 李纯厚, 贾小平, 刘国钧, 陈炎, 刘桂茂, 高东阳, 张汉华. 南沙群岛美济礁泻湖网箱养殖初步研究[J]. 技术研究, 2001, 29(3): 12-14.

[37] 冯全英, 陈傅晓, 谭围, 李向民, 罗鸣, 隋昕融. 三沙海域发展深水网箱养殖探析[J]. 中国渔业经济, 2013, 31(3): 156-160.

[38] 徐皓, 江涛. 我国离岸养殖工程发展策略[J]. 渔业现代化, 2012, 39(4): 1-6.

[39] Scoatt D. Bergenetal design principles for ecological engineering [J]. Ecological Engineering, 2001, 18(2): 201-210.

[40] 刘镇昌. 国外贻贝养殖工程设施发展近况[J]. 渔业现代化, 2009, 36(1): 14-17.

[41] 张建华, 丁建乐. 国外水产养殖工程技术研究进展[J]. 渔业现代化, 2013, 40(4): 40-49.

[42] 宋奔奔, 吴凡, 倪琦. 国外封闭循环水养殖系统工艺流程设计现状与展望[J]. 渔业现代化, 2012, 39(3): 13-18.

执笔人

徐　皓	中国水产科学研究院渔业机械研究所	研究员
黄一心	中国水产科学研究院渔业机械研究所	副研究员
张建华	中国水产科学研究院渔业机械研究所	副研究员

第七节　水产养殖产品精制加工与质量安全

我国是世界第一水产养殖大国，据最新的中国渔业统计年鉴资料显示，2015年，我国养殖产品与捕捞产品的产量比例达到73.7∶26.3，已形成一定产业规模的养殖品种超过100种。随着我国水产养殖业的快速发展，我国水产品加工产业也进入了快速发展期，养殖水产品的加工规模不断壮大，质量安全水平不断提升。已经形成了以冷冻加工品、鱼糜制品、干腌制品、罐制品等水产食品为主的加工体系，以批发市场为主体的流通体系，以及以国家标准、行业标准、地方标准及企业标准为主体的质量安全保障体系。

水产品加工是农产品加工业的重要组成部分。通过对世界发达国家农产品加工业发展历程的研究发现，当一个国家或地区的人均GDP超过3000美元时，农产品加工业开始进入快速发展期；当人均GDP超过5000美元以后，农业产前、产中和产后的结构会发生革命性的变革，其中产后的农产品加工业（包括保鲜、物流等）将取代传统的种养殖业并成为农业产业的主体和支柱，推动传统农业向现代农业快速转变[1]。据国家统计局最近发布的《国民经济和社会发展统计公报》显示，2015年我国人均GDP已超过8000美元，预示着我国农业产业将进入数量安全与质量安全并重的新阶段。在现代水产业中，水产品加工将成为原料生产与消费的主导因素；而质量安全则成为影响大众消费和产业健康持续发展的关键因素。"坚持保障供给与提高质量并重"和"高效、优质、生态、健康、安全"已成为我国渔业发展的新目标。通过完善养殖水产品质量安全保障体系，

发展和壮大养殖水产品加工业，不仅可以实现水产业"三产贯通"，推动水产养殖业的发展，还可以通过促进渔民增收，确保水产业的健康可持续发展。

一、国内发展现状

（一）养殖水产品精制加工现状

传统水产业是指利用各种可利用的水域或开发潜在水域（包括淡水和海水水域），以采集、栽培、捕捞、增殖、养殖具有经济价值的鱼类或其他水生动植物产品的行业，传统水产业以为人类提供食物为主。现代水产业还包括水产品的贮藏、加工、综合利用、流通、销售等产后部门，渔具、渔船、渔业机械、渔用仪器及其他生产资料的制造、维修、供应及渔港的建设、渔业资源环境修复等产前部门，以及贯穿整个产业链的质量安全保障体系。按联合国粮食及农业组织及多数西方国家分类，它是一个独立的产业。中国将其作为大农业产业的组成部分，主要包括渔业、渔业工业和建筑业及渔业流通和服务业三大主要产业部门。

改革开放30多年来，我国现代水产业稳步发展，成效显著，已成为大农业中发展最快、活力最强、经济效益最高的产业之一。据农业部渔业局统计公报显示，2015年，全社会渔业经济总产值22 019.94亿元，实现增加值10 203.55亿元；其中渔业产值11 328.70亿元，实现增加值6416.36亿元；渔业工业和建筑业产值5096.38亿元，实现增加值1848.35亿元；渔业流通和服务业产值5594.86亿元，实现增加值1938.84亿元。三个产业产值的比例为51∶23∶26，增加值的比例为63∶18∶19。

1. 水产加工品总量快速提升，精深加工品比例不断加大

自2002年以来，在水产品产量保持缓慢增长的同时，水产品加工总量与加工产值快速上升。据统计，水产加工品总量由2002年的794.6万t提高到2015年的2092.3万t，水产品加工业产值由2002年的761.1亿元提高到2015年的3880.6亿元，占渔业总产值的比例达到17.6%。随着水产品加工产业结构的不断优化调整和产业升级，我国水产品精深加工的比例也逐年提高。以冷冻加工品、鱼糜制品、罐

头制品等为主的精深加工品产量由2005年的480万t增加到2015年的1413.25万t，水产精深加工品的比例由36%提高到67%。

2. 水产品加工能力稳步增长，特色水产加工产业带逐步形成

经过改革开放以来30多年的发展，我国水产品加工产业的企业规模及水产品加工能力都保持了较高速度的增长。水产品加工业整体实力明显提高，一批龙头加工企业与名牌企业相继涌现。至2015年，全国水产品加工企业9892家，其中规模以上加工企业2753家。水产品加工能力达2810.3万t/年，冷库8654座，冻结能力91.9万t/天，冷藏能力达500.7万t/次，加工产品2274.3万t，约占原料总量的31.8%。中国已成为世界上最大的水产品加工国，并形成了广东、海南、广西的对虾和罗非鱼加工，福建和广东的烤鳗加工，江苏的紫菜加工，浙江的大黄鱼加工，湖北的淡水鱼加工，山东、辽宁的海藻、贝类、海参加工及水产医药类产品加工等特色鲜明的水产品加工区域产业带。其中，海藻化工及食品产业经过50多年的发展，褐藻胶、卡拉胶、琼胶等三大海藻胶的产量位居世界第一，海藻肥、海藻功能食品、海藻功能材料等新兴产业不断发展；中国对虾产业已逐步形成从苗种、养殖到加工、贸易及饲料配套等较为完整的现代化产业发展模式，对虾产品已经成为水产品出口的拳头产品；随着罗非鱼产业化的发展，中国已经成为世界最大的罗非鱼养殖生产国家，产量占世界的50%以上，也是我国水产品出口的优势产品，冻罗非鱼片等精细化加工产品比例不断增加；随着第五次海水养殖浪潮的兴起，海参产业已成为我国最具有鲜明特色的水产产业链，其技术水平、产业规模和产值都位居世界第一，成为我国海水养殖产业链中最大的亮点[2]。

3. 水产品加工产业的机械化水平不断提升

我国的水产品加工装备制造业起步于20世纪70年代，是一个新兴行业，起步低、历史短。经历了从完全依赖进口到引进仿制，再到自主创新的过程。近年来，随着水产品加工产业规模的壮大、劳动力成本的持续上升及对加工机械需求的不断增加，一些从事食品加工通用机械研发与制造的企业也加大了在水产品加工装备方面的研发投入，不断涌现出了具有自主知识产权的现代化水产品加工装

备，使海洋水产品加工企业的机械化水平不断提高。

在水产品流通装备方面，冷冻与保鲜装备的连续化、节能化水平不断提高。平板冻结、隧道冻结等冻结装备，冷海水喷淋保鲜、冰温保活、无水保活等技术装备，以及集杀菌、水质净化、充氧等设备于一体的保活运输车、船、箱等成为海洋水产品流通企业的主流设备。在水产品前处理方面，滚筒清洗分级、刷辊去鳞、直线切割去头等单机设备在部分企业实现了应用。在精深加工技术装备方面，冷冻鱼糜加工及鱼糜制品加工生产线、调味紫菜加工生产线、烤鳗加工生产线、鱼粉加工生产线等研究比较早的装备已经实现国产化，并不断得到改进，接近和达到了世界先进水平。但一些研究起步比较晚的装备，如鲟鱼子酱加工生产线、鱼油精炼设备、胶原蛋白生产线、罗非鱼深加工生产线、小包装休闲食品生产线、水产罐头生产线等大型的生产线，除部分单机已经国产化外，关键设备还主要依赖于进口[3]。

4. 水产品冷链流通体系初步建成

水产品流通贯穿水产品整条产业供应链，是将生产、采购、运输、仓储、库存、装卸搬运及包装等活动综合起来的一种新型的集成式过程。水产品的自然特性（贮存期短、易腐烂变质等）决定了水产品流通体系必须建立在冷链物流的基础上。水产品只有从产地捕获及在加工、贮藏、运输、分销、零售等环节始终处于适宜的低温环境下，才能最大限度地保证水产品品质和质量安全，减少损耗、防止污染。目前，全国现有冷藏库近2万座，冷库总容量880万t，其中冷却物冷藏量140万t，冻结物冷藏量740万t；机械冷藏列车1910辆，机械冷藏汽车20 000辆，冷藏船吨位10万t，年集装箱生产能力100万标准箱，水产品冷链流通设施具备一定规模。在水产流通方式方面形成了以批发市场为主体，加工、配送、零售为核心的市场交易物流体系，并形成了以沿海大城市群为中心的3大区域性物流圈：以北京、天津、沈阳、大连和青岛为中心的环渤海物流圈；以广州和深圳为中心的珠江三角洲物流圈；以上海、南京、杭州和宁波为中心的长江三角洲物流圈。目前，我国有专业水产批发市场340多家，国家定点水产批发市场20家，通过批发市场流通的比例超出50%。年交易额超过亿元以上的水产品交易市场由2001年的57个增加到2010年的150个，市场成交额更是由2001年的340.8亿元骤增至

2010年的2096.6亿元。并且水产品产业市场呈现出集聚特性,山东、浙江、江苏、广东、上海、辽宁规模以上水产品交易市场活跃,年成交额均逾百亿,六省市水产品专业市场交易额占全国市场交易总额的72%[4]。但承担全国70%以上生鲜水产品批发交易功能的大型水产品批发市场、区域性水产品配送中心等关键物流节点缺少冷冻冷藏设施[5]。

5. 水产品加工进出口贸易发展迅速

水产品出口额占农产品出口总额的25%以上,已连续多年位居大宗农产品出口首位。据海关统计,2015年我国水产品进出口总量814.15万t,进出口总额293.14亿美元。其中,出口量406.03万t,出口额203.33亿美元;进口量408.13万t,进口额89.82亿美元。美国、欧盟、日本及韩国仍是我国水产品主要出口市场,占水产品出口总额的72.3%,日本及韩国市场进一步萎缩。我国出口的养殖产品品种主要包括对虾、贝类、罗非鱼、鳗、淡水小龙虾、大黄鱼和斑点叉尾鮰等大宗水产品。

6. 水产品加工的共性关键技术研究取得重要进展

"十一五"以来,农业部相继启动了"现代农业产业技术体系"和"水产品加工技术研发中心"建设项目。在沿海地区和淡水鱼主产区建立了包括海水鱼类、虾类、贝类及海藻在内的39个研发分中心及对虾、鲆鲽类、贝类、罗非鱼及大宗淡水鱼等现代农业产业技术体系,水产品加工产业的技术创新体系基本形成。在国家自然科学基金、863计划、科技支撑计划、国家海洋公益性行业专项计划及省市各类科技计划的资助下,在水产品精制加工与副产物综合利用的共性关键技术的开发与集成方面,攻克了一系列水产品精深加工的关键技术难题,开发了一批在国内外市场具有较大潜力和较高市场占有率的名牌产品,建设了一批科技创新基地和产业化示范生产线,扶持了一批具有较强科技创新能力的龙头企业,储备了一批具有前瞻性和产业需求的技术,并建成了一批产业化示范生产线和成果转化基地。

海洋寡糖制备技术取得重大突破。我国是海藻养殖大国,已形成了以海带、紫菜和麒麟菜等为主要养殖品种的规模庞大的海藻养殖业。20世纪70年代又以此为基础形成了海藻工业。进入21世纪以

来，我国在海藻多糖高值化加工也取得了重大突破，建立了具有自主知识产权的制备特征寡糖的技术体系，并已构建了国内外第一个海洋寡糖糖库。同时，在传统海藻加工产业技术升级及海藻新产品开发方面也取得一定突破，突破了坛紫菜深加工技术，使产品附加值提高到200%以上。

水产品蛋白质、糖类及脂质资源精深加工技术研究取得重要进展。与陆生动植物资源不同，水产品不仅含有丰富优质蛋白质资源，还含有结构新颖、活性独特的糖类及脂质等功能成分。国内科研单位在水产品主要营养成分的精深加工方面取得了一系列技术成果，"大宗低值蛋白资源生产富含呈味肽的呈味基料及调味品共性关键技术"及"海洋水产蛋白、糖类及脂质资源高效利用关键技术研究与应用"成果先后获得国家科技进步奖。

海洋贝类精深加工技术取得重要进展。我国贝类养殖产量已逾1000万t，居世界第一位，占我国海水养殖产量80%。"贝类精深加工关键技术研究及产业化"形成了贝类食品加工及活性成分高效利用的技术体系，实现了贝类精深加工和高值化利用。"热带海洋微生物新型生物酶高效转化软体动物功能肽的关键技术"成果针对海洋软体动物的高效利用，从海洋发掘产酶微生物新属种，创制新型生物酶，发明功能肽的定向酶解新技术，以及营养免疫新型功能肽和珍珠角蛋白的定向制备及改造技术，创建功能肽评价模型，发掘肽的新功能，实现了海洋功能肽定向制备技术的工程化应用。

养殖海参等海珍品精深加工的理论与技术取得突破。以海参养殖为代表的海珍品养殖业形成了我国的第五次海水养殖浪潮，成为我国海水养殖业的新兴经济增长点。在海参加工的基础理论研究、精深加工技术开发及海参产品质量保障体系构建等方面开展了系列研究，取得了阶段性成果，海参产业技术水平明显提高。

淡水鱼精深加工的理论和技术研究取得一定进展。我国淡水鱼加工业起步较晚，从20世纪90年代才开始发展淡水鱼加工业。受出口创汇和农民增收需求的推动，2000年以后国家和主产区当地政府开始重视淡水鱼加工业发展，并投入经费资助淡水鱼加工和保鲜关键技术研发，农业部先后启动了国家大宗淡水鱼类产业技术体系和国家大宗淡水鱼加工技术研发分中心建设工作，在淡水鱼肌肉特性、贮藏过程中品质变化、生鲜调理水产品品质变化与保鲜方法、淡水鱼品质评价、淡水鱼糜胶凝机制、腌腊制品风味形成机制、副产品的营养评价与资源化利用等方面取得重要进展[6-8]，并开发出淡水鱼生鲜制品、鲢发酵鱼肉香肠、砂锅鱼头、风味花式鱼糜制品、裹粉调理鱼糜制品、特色风干鱼制品、即食鱼羹、鱼面、重组织化鱼制品及低盐腌腊鱼制品等多种淡水鱼精深加工产品[9-11]。特别是在罗非鱼规模化加工与加工副产物高效利用方面取得突破。

（二）养殖水产品质量安全现状

水产品质量安全是专门探讨在水产品原料生产、加工、存储、流通、销售等过程中确保水产品卫生及食用安全，降低疾病隐患，防范食物中毒的一个跨学科领域。近年来，我国的食品质量安全问题受到党中央、国务院等各级领导和部门前所未有的重视，通过相关部门、机构的不懈努力，并借鉴国际上先进的监测、监管和评估模式，我国的水产品质量安全保障技术已经有了显著的提高和改善，并不断取得新成果。研究机构制定的国家标准GB/T 21290—2007《冻罗非鱼片》，在安全指标（如卫生指标和药残指标）与理化指标（如磷酸盐含量、冻品中心温度等）方面设计了多项自主创新指标，提高了质量安全要求，达到或超过国际水准，提高了我国冻罗非鱼片产品质量和竞争力，提升了农业生产安全与加工技术水平。海洋食品中危害因子的检测与控制技术研究，部分成果归纳提高后上升为国家/行业标准，创立了海洋食品中化学危害、生物危害和物理危害等检测的基础理论框架，引领了相关检测方法的发展，构建了海洋食品质量安全控制技术体系，引导企业对相关危害因素进行消减与控制，从无到有构建了海洋食品质量标准基础研究的理论框架。

水产品质量安全的科研进展主要体现在检测鉴别、全程质量控制与预警、追溯与溯源体系、风险分析与限量标准制定、标准体系建设、机制研究6个方面。

1. 水产品质量安全检测鉴别技术发展迅速

近年来，我国在水产品安全检测技术方面重点构建了实验室高灵敏高通量精准分析及现场快速筛选检测两大技术体系，特别是基于高效液相色谱（HPLC）、气相层析（GC）、感应偶联等离子体（ICP）等大型设备发展起来的高灵敏高通量检测技术体系，技术能力不仅已覆盖渔药、重金属[12]、添加剂、环境污染物[13,14]、海洋生物毒素[15]及食源性致病微生物等典型危害物，而且由原来检测单一组分扩展

至数十种乃至上百种物质的同时检测和确证，为我国日常监管、隐患排查、应急事件处置及国际贸易提供了不可或缺的技术支撑。此外，为满足我国水产品现场管控需求，以免疫学、生物传感器技术、生物芯片技术、分子生物学等为原理的水产品中危害物快速筛选、检测、鉴别新技术发展迅速[16,17]，实现了水产品质量安全的一线管控目标，大大拓宽了水产品质量安全监管的覆盖率，同时形成了多种具有良好市场前景的速测产品。

2. 水产品质量安全控制技术与预警研究逐渐开展

我国水产品质量安全控制日益得到重视，在多个领域开展了研究与应用工作。等离子体杀菌、臭氧杀菌、紫外线杀菌、超高压杀菌、高能电子束杀菌等冷杀菌技术开始逐渐应用于水产品质量安全控制领域，有效延长了水产品保质期[18]。对于水产品的过敏原性，已证明了部分现代化食品加工技术如辐照技术、超声波技术，能够比较有效地改变或降低其致敏性[19]。在重金属、贝类毒素等典型有害物控制方面，研发出相对完善的预警技术，并在养殖环境、生产过程等领域已经初步得到应用和示范。在贝类净化技术方面，已取得了较为突出的研究成果，并已经开始产业化应用。此外，我国正不断借鉴国际食品安全预警预报系统的管理经验，逐步建立和完善水产品安全预警预报信息的收集、评价、发布系统，并交叉融合应用多元统计学、空间统计学、模糊数学、数据挖掘、统计模式识别等多学科理论方法，结合大数据与云计算，构建具备可视化、实时化、动态化、网络化的食品安全预警系统。

3. 水产品质量安全产业链追溯与溯源技术日趋完善

在追溯技术研发方面，我国各地各部门结合追溯体系试点工作，在相关自动识别技术、自动数据获取和数据通信技术等方面取得一系列研究进展，特别是在EAN/UCC编码、IC卡、射频识别（RFID）电子标签、全球定位系统（GPS）等技术和设备上取得了很多重要突破，初步研发出贯通养殖、加工、流通全过程，适合多品种的农产品质量安全可追溯技术体系，并在大菱鲆等我国重要养殖鱼类得到规模化示范[20,21]。在水产品质量安全可追溯技术体系研究方面，研发了水产品供应链数据传输与交换技术体系、水产养殖与加工产品质量安全管理软件系统、水产品市场交易质量安全管理软件系统和水产品执法监管追溯软件系统，配套编制完成了水产品质量安全追溯信息采集、编码、标签标识规范等三项行业标准草案，基本解决了追溯体系建设中的关键技术标准问题，为水产品追溯体系建设打下了良好的标准基础[22]。

4. 水产品质量安全风险评估研究与安全限量建议值制定初见成效

从2011年起，农业部着手部署风险评估实验室体系建设，先后批准建立了98个风险评估实验室，145个风险评估实验站。2012年，在农产品质量安全领域全面推行和实施风险评估工作，在重点水产品品种隐患摸查、有害物甄别及药物残留代谢规律等方面做了卓有成效的工作，科学地阐明了大菱鲆、海参、鳜、乌鳢等政府最关注品种的药残发生原因和监管重点环节，提出孔雀石绿和硝基呋喃等危害因子风险分级的原则和关键限值[23,24]，另外，针对"蓬莱19-3溢油"、"长江毒鱼"、"日本核泄漏"等事件，开展应急性评估，为及时平息可能引起的食品安全舆论提供技术支撑；在全面摸查污染物残留本底含量的基础上，先后提出取消鲜海蜇中铝限量、藻类制品中无机砷限量的建议[25]，并被国家卫生和计划生育委员会采纳，确保了行业的可持续发展；应用定量评估方法，获得了不同暴露途径下我国消费者日均摄入甲醛的暴露量，提出了我国鲜活水产品中甲醛安全限量标准为30mg/kg的建议值；通过研究饲料中不同形态镉在养殖对虾体内的蓄积及其对对虾生长的毒性机制，提出限量标准建议值3.0mg/kg。上述风险评估研究最大限度地为行业主管部门提供技术支撑。

5. 水产品质量安全标准体系建设取得显著成效

在标准制修订方面，从保障消费者身体健康出发，结合危害分析和关键控制点（HACCP）的理念对水产品养殖、加工、流通等环节进行分析，充分依据基础研究的成果，建立了水产品加工操作规范的国家标准；建立了基于大型仪器如液相色谱仪、气质联用仪、液相-原子荧光等的水产品中渔药残留、有害重金属检测的理论与方法，形成多项国家/行业的标准；综合运用现代风险分析理论，并结合我国海洋食品产业的现状和技术发展的要求，形成了多项产品行业标准；不断强化标准的完整性、协调性、先进性、科学性和公正性，

重视基础标准的制定，突出安全、卫生标准，注重生产环境标准化和环境保护，在发展产品标准的同时发展管理标准，在WTO贸易技术壁垒（TBT）的原则下，成为市场竞争的重要技术手段[26]。

6. 水产品中危害物质蓄积残留规律等机制研究逐渐深入

针对水产品中药物、贝类毒素、重金属、食源性致病微生物及甲醛、组胺等重要安全危害因子，重点进行了传播途径、残留规律及消除能力方面的研究。目前，已基本摸清孔雀石绿、硝基呋喃、磺胺类、喹诺酮类等禁限用药物在鱼、虾、蟹及海参等重点养殖品种中的代谢消除规律，建立了部分药物的代谢动力学模型[27]；掌握了甲醛在不同水产品中的本底含量和产生机制；明确了多种贝类毒素在不同食物链中的蓄积代谢规律，并对其污染来源进行识别；弄清了铅、镉、砷等重金属在对虾类、贝类及经济藻类中分布的形态价态差异性，以及重金属在不同水生动物品种体内的特异性蓄积特征[12]；明晰了贝类季节性、特异性富集诺如病毒分子机制[28]。质量安全形成基础理论研究的系统开展，为水产品全链控制技术的实施提供了科学基础。

二、存在的主要问题与原因分析

（一）养殖水产品精制加工

1. 水产品加工产业的定位不明确

一是水产品加工业在大农业产业中的定位不明确。水产品加工企业至今没有专门的政府部门管理，造成水产品加工企业的隶属关系没有理顺。农业部仅管理初级加工，而对于初级加工的概念却没有清楚和明确的定义。水产品的初级加工最重要的是冷冻，历史上水产品的流通所需的大型冷库一般为商业冷库，很少由农业（渔业）部门管理。同时，大型水产加工企业往往是综合性企业，包括冷冻加工、储运、水产食品加工、副产物利用（鱼粉、鱼油、海藻化工、海洋保健食品、海洋药物、鱼皮制革、化妆品和工艺品）等，从而其企业定位更加困难。

二是水产品加工产业在整个现代水产产业链中的定位不明确。虽然强调水产品加工与流通产业是现代水产产业链的关键环节，但在我国保障国家粮食安全大政策的前提下，科技和产业以实现"丰产"为主，忽视了加工对养殖、消费的引导作用，造成产业扶持错位。国外水产发达国家通过加大产后农业产业的科技投入，已经形成了以加工带动生产的大农业良性发展的格局。在水产业发展到全新阶段的今天，应形成"以加工流通带动养殖、以加工流通保障消费"的新型现代水产发展模式，才能保障现代水产业健康持续发展。

2. 水产品加工仍处于初级加工阶段

一是水产品的加工率仍处于较低水平。据统计，2015年我国用于加工的总量为2274.3万t，占水产品总量的33.9%，其中海水产品加工转化率为50.2%，淡水产品的加工转化率仅为17.1%。水产品，特别是养殖水产品的加工比例仍处于较低水平，目前仅有海带、海参、南美白对虾、大黄鱼、罗非鱼、紫菜等少数品种建立了比较完善的加工体系，并形成一定产业规模。大宗淡水鱼的加工量不到20%，海水养殖贝类的加工率也处于较低的水平。水产品加工转化率远低于发达国家主要农产品初加工转化率为80%~90%的水平。

二是水产品加工仍以初级加工为主，产品增加值率低。受消费习惯及部分养殖品种加工特性的限制，在消费市场上，除了鲜活水产品外，经简单冷冻加工的水产品仍处于支柱地位，约占水产加工品总量的30%，而精细化加工的方便食品及精深加工的功能食品等比例偏低，加工产业的增加值率远低于海水养殖及水产苗种等行业。据农业部渔业局统计公报数据显示，2015年，我国渔业、渔业工业和建筑业、渔业流通和服务业三大产业产值的比例为51∶23∶26，增加值的比例为63∶18∶19。我国水产品加工业产值仅为渔业产值的44%，水产品加工产业增加值仅为渔业产业增加值的26%，远低于发达国家200%~400%的水平[29]，加工对养殖、消费的带动作用远未显现。

三是规模化以上水产品加工企业的数量偏低。2015年我国规模以上水产品加工企业仅有2753家。由于小企业仍然占主导，大中型企业偏少，行业规模化、集约化水平及产业集中度偏低。而从统计数据可以看出，我国肉类加工企业的规模化程度和聚集度较高，2010年，肉类加工企业前4家企业的总销售额达到2077亿元，占肉类加工企业总产值的28.3%，前8家企业的总销售额占39.4%。由于企业规模小，缺乏技术创新能力和资金，大部分产品仍以传统技术

和作坊式加工为主，产品质量安全风险高，市场竞争力低，抵御国际市场风险的能力弱。同时由于劳动力成本的急剧增加，我国近年来水产品的出口竞争力呈现出逐年下降的趋势。

3. 基础理论研究对水产品加工技术创新的支撑不够

世界发达国家十分重视对水产品精深加工基础理论的研究，并以重大理论的突破带动关键技术创新和产业发展。例如，日本在20世纪60年代，以蛋白质抗冷冻变性理论的突破带动了冷冻鱼糜及鱼糜制品工业的快速发展；诞生于20世纪70年代的冰温技术，在日本已应用于水产品的冰温贮藏、冰温成熟、冰温发酵、冰温干燥、冰温浓缩及冰温流通等多个领域，成为水产品加工领域的共性关键技术[2]。我国水产品养殖产量占世界水产养殖总量的70%，可以说可供加工的原料品种丰富、产量巨大，但我国在上述养殖水产品的精制加工的基础理论研究方面仍处于较低水平，大部分科学研究仍以跟踪研究为主，对产业关键技术提升及转型升级缺乏足够的支撑。

一是对鱼、贝、虾、藻类等大宗养殖水产品中蛋白质、脂肪及多糖等主要营养与功能成分缺乏系统研究，水产品在养殖、加工、贮藏及冷链流通过程中品质变化过程与调控机制不明。对数量众多的养殖品种的加工特性及是否适于加工不明确，无法选择适宜的加工品种。

二是对水产品加工副产物综合开发利用的基础理论和关键技术研究起步较晚，学科间渗透不够，缺乏自主技术创新，缺少拥有自主知识产权的规模化利用核心技术和具有国际先进水平的重大科技成果。例如，从副产物中开发水产功能食品过程，研究提取工艺技术较多，但对功能因子构效关系、量效关系、作用机制不清楚，造成制备的功能性产品质量不高。

4. 机械化与智能化加工装备研发速度慢

我国的水产品加工企业大多是劳动力密集型企业，用工人数多，劳动力成本不断增加。在劳动力资源日益短缺的约束下，大力发展机械化与智能化水产品加工装备，提升企业机械化水平，是保障水产品加工产业健康发展的重要途径。但目前，我国研发水产品加工装备的能力仍与发达国家有较大差距。中国水产科学研究院渔业机械仪器研究所，是目前我国唯一专业从事水产品加工与流通装备研发的科研单位,承担了我国水产品加工专用装备的大部分研究任务；大连水产学院、中国海洋大学、华中农业大学等单位,在从事水产品加工工艺技术研究的同时,也部分涉及加工装备技术的研究。但由于加工装备开发是一项综合性强、投资大的研究,不仅涉及水产品加工工艺,还包括机械制造、材料制造、自动化控制等多个学科。加工装备的研制,需要制作样机,并通过中试实验进行不断的改进和完善,需要的周期较长,而且研发过程中需要有很大的投入,目前,国家在加工装备基础研究方面的科研投入力度不够,加工装备研发机构普遍面临科研经费不足的问题,影响加工装备的研发和更新换代。

5. 水产品加工企业技术创新能力弱、成果转化率低

一是在国家层面上科技创新投入不足。在现代水产业科技创新方面,国家比较注重第一产业,即水产品原料的生产（水产养殖）方面的科研投入,在第二产业,即水产食品制造与流通方面投入较少,缺乏国家层面上的有效关键技术的创新、集成与产业化示范方面的资助。而国外在农业产业的科技投入主要以产后（加工）农业为主,约占整个农业产业科技投入的70%,形成了以加工（产后）带动生产（产前）的大农业良性发展格局[2]。

二是水产品加工企业规模普遍偏小,科技创新投入不足。国外大型的水产品加工企业都有自己的技术中心,而我国的水产品加工企业中仅有山东东方海洋科技股份有限公司等少数几家企业拥有国家级技术中心。由于小企业众多,面临的投资风险较多,在科技创新方面的投入明显不足。据资料显示,2010年,我国食品工业大中型企业科技投入强度约为0.48%,远低于发达国家2%以上和新兴工业化国家1.5%的水平。

三是企业科技成果转化能力弱。国外发达国家的产业技术创新以企业为主体,科技成果转化率可高达70%以上。而目前我国的产业技术创新仍以大专院校和科研院所为主,缺乏足够的成果孵化和转化技术平台,水产品加工科技成果的转化率不足30%。虽然国家层面的科技支撑计划在实施过程中也倡导以企业为创新主体,但缺乏能够真正互利互惠的产学研结合创新机制,关键技术的集成性差,工程化率低,真正用于企业、实现产业化应用的

工程化技术少。

（二）水产品质量安全

1. 监测与预警体系的建立与存在的两类难题

我国水产品质量安全监测与预警体系，在历经"十一五"、"十二五"的多年研发与布局后，已初见成效，基本避免了对社会影响面广、对健康危害严重、对行业冲击程度大的质量安全事件，但部分隐患仍不同程度地影响着我国的水产品质量安全，建立完善的监测与预警体系依然面临如下难题。

一是污染来源多样，风险隐患不清。水产品的特点决定了养殖生态环境对质量安全的影响程度较大，在养殖、流通、加工过程中的违法使用、违法添加、过量添加投入品也增加了质量安全隐患，再加上我国水产品种类多、加工方式多样的特点，形成了我国水产品中污染来源多样、种类不清、含量不明、风险隐患不明确的被动局面[30]。

二是支撑预警预报技术的研究基础积累尚不完善，预警预报机制尚未健全。我国水产品的预警信息内容多是食品安全事件的个案，由人工发布报道产生，受人的主观意识左右的程度较大。缺乏对水产品安全快速反应系统的研究，对国内外的水产品安全动态信息系统跟踪不足，对国内监测数据系统的汇集和科学评析不够，快捷、直观的预警预报技术尚不成熟，因此难以获取时效性强的预警预报信息。另外，现有的数据不符合预警的总要求，导致预警系统尚不能达到预期效果。

2. 质量控制存在三方面缺陷

一是未形成覆盖全产业链的质量保证体系。许多养殖和加工企业没有建立质量安全控制体系，现行许多管理标准可操作性不强。据不完全统计，我国通过HACCP质量控制体系认证的水产品加工企业仅500多家，占6.4%，通过欧盟认证的企业196家，占2.5%，数量明显偏低。管理部门、科研机构现阶段的分段式管理、片段化研究也导致无法从全产业链的层面确保质量安全[31]。

二是针对养殖生产链和加工生产链的质量安全控制技术尚不完善。养殖环节的质量安全控制技术与风险预警体系基本处于空白，缺乏对重要、关键危害因子的监控预警，水产品指纹化合物鉴定、可追溯等领域研究积累不足也制约了覆盖全生产链质量安全控制技术的建立和应用[32]。

三是对水产品品质的关注度不够。在食品安全受到高度关注的今天，涉及水产品质量安全的控制技术多偏向于杀菌、有害物减除等环节，对水产品品质控制的关注和深入研究明显滞后，对品质标志性因子的发掘、检测评价与控制方法的建立等尚在起步阶段，无法为具有优良品质的水产品提供技术支撑，无法体现"优质-优价"的市场原则，也必然会带来一定的安全隐患[33]。

3. 追溯体系的建立面临三个障碍

一是法规和标准缺乏。法律及法规体系尚未完善，相关技术标准还不健全，标准化程度较低，可追溯体系的建立和推广缺乏必要的法律和技术支撑。

二是配套技术不成熟。处于不同状态下的水产品，由于环境的不同，其标识技术要求也就不一样，对于目前国内养殖鱼类鲜活上市、追求生猛海鲜的消费习惯，在追溯标识技术方面还不能满足需求。食品生产企业的多元化给食品质量溯源系统的研发和推广带来困难。来自世界各地的供应商，让信息追溯成本昂贵。企业缺乏前期投入的动力，消费者也会担心由此增加成本，建立成熟的低成本的追溯技术是当务之急[31]。

三是信息收集和传递不通畅。我国现有的食品安全追溯系统仅停留在信息的追溯上，溯源链条较短，没有实现上、下游企业之间的溯源信息的传递。目前，食品质量溯源系统多是以单个企业为基础开发的内部系统，开发目标和原则不同，信息内容不规范、信息流程不一致、系统软件不兼容，造成溯源信息不能资源共享和交换、信息在传递和流通过程中被人为篡改等问题。而如何衔接和转换不同阶段的标识和信息也是个难题。我国包装技术相对落后，没有包装的食品将缺乏可追溯信息的标志载体，而养殖水产品的溯源信息不全或缺乏，也造成后续环节信息搜集的困难[22]。

4. 风险分析的研究应用与发达国家存在差距

与发达国家相比，我国的水产品安全风险分析处于起步阶段，主要表现为以下几方面。

1)风险分析各环节隶属于不同的系统和部门,难以及时完成科学、全面、具有前瞻性的风险评估工作。加之技术手段和专家资源都集中在国家级业务机构中,因此出现了不同地区"闭门评估"、不同部门"分段评估",导致方法不统一、结果不一致等问题。风险分析在食品安全标准制定和技术贸易壁垒中的应用研究也比较薄弱[34]。

2)对水产品质量安全的风险评估能力急需提高。水产品品种众多、样本量小,检测监测手段有限、技术缺乏、设备不足、技术人员少,使相关科学数据匮乏、不全、缺乏系统性,对于评价水平、评价结果有很大的影响。对不断涌现的新型水产品及食品原料的安全性,以及新出现的生物、物理、化学因素及食品加工技术对水产品安全的影响和危害,尚没有开展科学风险评估。

3)我国现有的暴露评估数据,项目少,数据不连续,覆盖的地区较少,生物学标志物的研究薄弱。在源头污染资料方面缺乏产地环境安全性资料和产地档案数据库,水产品中渔药兽药残留、生物毒素及其他持久性化学物的污染状况缺乏长期、系统的监测资料[35,36]。

5. 基础性研究系统性不足,难以满足更高的水产品质量安全要求

近年来,随着国家的重视与科研的逐步深入,水产品质量安全从最初的开展单一性检测工作,已逐步向污染物共性提取、蓄积机制、代谢规律等基础性研究领域拓展,并取得了一系列进展。然而目前基础性研究多属于"点"的阶段,远未形成"链"和"面",不系统,未贯穿、覆盖产业链,无法为产业的转型、升级和改造提供原创性的研究成果。

由于目前水产品质量安全领域的研究队伍整体创新能力有待提高,政策支持与项目来源又极不稳定,有限的项目又多依赖于研究人员的研究背景与研究兴趣,仅就某一品种、某一因素、某一方面开展基础研究,研究关注点分散,造成我国水产品质量安全研究基础积累不足,现有的研究积累目前难以达到相互借鉴以产生新的研究思路,并形成研究链与研究面,最终促进应用性研究高速发展的良性循环阶段。

三、国外发展现状

(一) 水产品精制加工

在全球经济一体化快速发展的国际背景下,全球水产品产业整体正在向多领域、多梯度、深层次、低能耗、全利用、高效益、可持续的方向发展。目前,世界现代水产品加工产业的发展现状如下。

1. 以新技术开发提升水产品原料利用率

据FAO统计数据显示,自20世纪90年代早期起,渔业产量中直接用于人类消费而不是其他用途的比例不断增加。20世纪80年代,生产的大约68%的鱼供人类食用,90年代这一份额增加到73%,2010年超过86%,总量为1.283亿t。在食用水产品中,最重要的产品类型是活体、新鲜或冷藏,占46.9%,随后是冷冻(29.3%)、制作或保存(14.0%)和腌制(9.8%)(FAO,2012)。虽然冷冻仍然是食用水产品加工的主要形式,但随着全球经济迅速发展和生活水平的不断提高,人们对水产加工食品的要求也越来越高,不仅要求营养、美味,还要方便、保健。在发达国家,生物加工技术、膜分离技术、微胶囊技术、超高压技术、无菌包装技术、气调包装技术、新型保鲜技术、微波能及微波技术、超微粉碎和真空技术等高新技术在海洋食品生产中不断得到应用,使海洋食品原料的利用率不断提高,产品质量不断提升;并开发出多层次、多系列的海洋食品,满足了不同层次、不同品味消费群体的需求。例如,日本早在1998年就实施了"全鱼利用计划",2002年开始积极推进实施水产品加工的零排放战略,形成了低投入、低消耗、低排放和高效率的节约型增长方式。目前,日本的全鱼利用率已达到97%~98%。

2. 水产品消费形式向方便化、功能化发展

方便食品是在传统食品和现代科学技术基础上适应人们不断增长的需要应运而生的,它是适应食品科学化、加工专业化、生活社会化和食物构成营养化的食品发展趋势而发展起来的。目前,全球方便食品在整个食品工业中所占份额为13%左右,而中国仅为3%。在水产食品产业中,冷冻调理食品、即食食品及中间素材食品等方便食品的快速发展,不仅满足了人类生活方式改变的需要,还极大

地减少了传统消费习惯带来的废弃物排放。进入21世纪,全球经济发展将更为迅速,国际交流更加频繁,工作步伐更为快捷,生活水平和质量更加提高,休闲及旅游业更加兴旺。适应社会快速发展和节能减排的需求,需要重点开发方便食品、营养早餐、快餐食品、调理食品等新型加工食品及其他精细化加工方便水产食品。

因膳食结构和生活方式等引起的亚健康人群数量不断增加及老龄化进程的加快,使血脂异常、高血压、糖尿病、心血管疾病及阿尔茨海默病等成为威胁我国人民健康的突出问题。从水产品中提取的安全、生理活性显著的天然活性物质,是制造高品质保健食品的良好原料。海洋保健食品不仅在有着几千年药食同源、饮食养生文化的中国,在欧、日、美等国家也有着广阔的市场。在世界发达国家,对海洋水产品废弃物、低值水产品进行加工,对海藻、鱼油、牡蛎和水解蛋白进行深加工,用现代科技手段将其中具有生理调节功能的物质提取并制成功能食品已迈出了产业化步伐。

3. 机械化与智能化装备支撑水产品产业向工业化生产模式发展

水产品加工过程的机械化、智能化,是水产品加工实现规模化发展、保证产品品质、提高生产效率、应用现代科技的必然趋势。欧美等国家在水产品加工与流通方面具有相当高的装备技术水平,主要体现在鱼、虾、贝类自动化处理机械和小包装制成品加工设备。德国BAADER公司是世界上最先进的水产品加工设备生产企业之一。该公司2008年生产的鱼片细刺切割、鱼片整理和分段一体机,鳕鱼片生产能力每分钟高达40片;形成了鲶加工生产从原条鱼开始到产出鱼片和鱼糜的一整套生产流水线。加拿大Sunwell公司以开发浆冰设备而闻名,2006年为日本提供了世界上第一套船用低盐度深冷浆冰系统。著名的瑞典Arenco VMK公司2008年开发的渔船用全自动鱼类处理系统能精确地去除鱼头和鱼尾,并采用真空系统抽空鱼的内脏,开片、去皮操作全自动且可调节。智利Tharos公司开发的南极磷虾油船上加工技术与装备,可在2h内将捕捞上船的磷虾加工成磷虾油,保证产品的新鲜度并可避免其氧化,挪威等西欧国家发明的连续拖网泵吸渔法磷虾捕捞与连续干燥技术及装备技术,实现了南极磷虾粉的连续生产,减少了中间环节,从而提高了捕捞效率并保证了磷虾品质[3]。

4. 水产品冷链物流体系从人工管理向智能化管理发展

在水产品流通体系建设方面，积极采用良好农业规范（GAP）、良好兽医规范（GVP）等先进的管理规范，建立"从产品源头到餐桌"的一体化冷链物流体系，通过先进、快速的有害物质分析检测技术和原产地加工等手段，从源头上保证冷链物流的质量与安全。在贮藏技术装备方面，积极采用自动化冷库技术，包括贮藏技术自动化、高密度动力存储（HDDS）、电子数据交换及库房管理系统应用，其贮藏保鲜期比普通冷藏延长1~2倍。在运输技术与装备方面，先后由公路、铁路和水路冷藏运输发展到冷藏集装箱多式联运，而节能和环保是运输技术与装备发展的主要方向。在信息技术方面，通过建立电子虚拟的海洋食品冷链物流供应链管理系统，对各种货物进行跟踪，对冷藏车的使用进行动态监控，同时将各地需求信息和连锁经营网络联结起来，确保物流信息快速可靠的传递，并通过强大的质量控制信息网络将质量控制环节扩大到流通和追溯领域。

5. 新食源、新药源与新材料开发速度加快

随着陆地资源的日益减少，开发海洋、向海洋索取资源、开发新药源、新食源和新材料变得日益迫切。各国科学家期待从海洋生物及其代谢产物中开发出不同于陆生生物的具有特异、新颖、多样化化学结构的新物质，用于防治人们的常见病、多发病和疑难病症。鱼、虾、贝、藻等加工副产物中含有各类功能活性因子，是开发海洋天然产物和海洋药物的低廉原料，合理利用水产加工副产物中丰富的活性物质，已经成为当代开发和利用海洋的主旋律。从水产品加工副产物或低值海产品提取制备功能性活性成分已成为提高企业市场竞争力、推动水产品产业健康持续发展的有力保证。

（二）水产品质量安全

1. 水产品质量安全检测技术更灵敏、更高效、更快速

现代科学技术的发展及人们对高质量、安全水产品的需求决定了水产品检测技术必然呈现痕量、超痕量检测技术与高通量、多通道、多参数、系列化、速测化、便携化结合的发展趋势，同时实现

对目标物质结构的精确解析。高分辨检测器及智能化芯片技术的发展使检测技术趋向于高技术化，可提高对未知化合物的筛查解析能力和对不同形态的鉴别能力；高效分离材料的应用、多残留检测技术及通用化检测器的发展将检测技术推向高通量化；先进前处理技术和高灵敏检测仪器的出现可提高对痕量污染物的检出能力，推进检测技术向微量、痕量的方向发展；高效的样品前处理技术和便携的快速检测仪器，使检测速度不断加快，推进检测技术向快速筛查方向发展；结合微电子技术、生物传感器、微生物与分子生物学方法、微型色谱装置和智能制造等先进技术，使检测仪器向小型化、便携化方向发展，使实时、现场、动态、在线检测成为现实。

2. 预警技术正不断增强突发事件的应急处置能力

预警技术体系是保障食用安全的主要手段，发达国家自20世纪80年代始就开始实施监测制度，已经建立了比较固定的监测网络，并积累了比较齐全的污染物与食品监测数据，其主要目的是监测全球食品中主要污染物的污染水平及其变化趋势，保障消费者的食用安全。而我国目前缺乏信息主动监测和统一管理机制，缺乏信息预警预报技术，缺乏对质量安全快速反应系统的研究，对国内外的动态信息系统跟踪不足，对国内监测数据系统的汇集和科学评析不够，因此难以获取时效性强的预警预报信息，难以满足确保食用安全的要求。预警技术急需解决的一个技术问题是如何通过水产品质量安全的污染物或其标志物，建立生物传感器的可视化识别技术，结合智能调节设备建立自预警技术[37]。水产品质量安全相关标志物的快速检测、筛查、在线质控和现场速测技术与设备，是许多成熟的技术、设备和新机制、新方法的拓展、整合、衍生和嫁接，今后还将有更多的新技术及更新的机制、技术、工艺、材料不断涌现，并在实践中得以运用。预警技术大规模结合计算机科学、神经网络模型、超灵敏传感器等跨学科、跨领域技术，实现在线实时监测与预警将是未来发展的重要趋势。

3. 溯源体系在质量安全监管中的重要作用正在凸显

欧盟在水产品溯源技术及法规方面一直走在世界的前列，是水产品可追溯性强制实施的坚决拥护者。从2006年起，欧盟开始实施三部有关食品卫生的新法规，即EC852/2004、EC853/2004、

EC854/2004。其中EC853/2004指出了食品的可追溯性是确保食品安全的重要组成部分，除了遵守一般食品法EC178/2002外，食品经营者应当保证其放置于市场的所有动物源食品都有健康标识或身份标识。欧盟在水产品可追溯性的实践方面也非常具有代表性。由英国食品标准局支持，北欧多个国家组成了致力于发展可追溯体系和信息标准的水产品联盟组织——TraceFish（水产品可追溯联盟）。通过研究多个国家的许多企业的生产过程和水产品供应链，总结出纸、代码、计算机技术三种技术在养殖和加工及流通中的应用，以作为指导。美国在一些食品法规中已经有了针对可追溯性的最基本的概念，并做出了相关规定。在2002年颁布的《反恐怖主义法》中，美国要求国内外食品加工设备的拥有和操作者都要在2003年12月12日之前去食品药物监督管理局（FDA）登记，并要求食品企业创建和保持记录，能明确原始资料和下一级产品的接受者。2003年5月6日，FDA又颁布了《食品安全跟踪条例》，要求所有涉及食品运输、配送和进口的企业必须建立和保全有关食品流通的全过程记录。此条例不仅适用于美国进出口企业，也适用于其国内从事食品生产包装和贮运的企业。

4. 水产品质量安全风险评估技术更加科学有效

食品安全风险评估技术已经成为制定、修订食品安全标准和对食品安全实施监督管理的科学依据，在国外已经成为贸易技术壁垒（TBT）协定和卫生与植物卫生措施协定（SPS）用以保护本国产业的主要手段。发达国家和地区首先是利用现有比较成熟的风险评估手段，针对已知的风险因子开展风险评估分析，其次是加强对新发现的潜在风险因子的风险评估。发达国家今后的评估对象将进一步扩展，用于长期微量食用造成的蓄积性及累积性风险评估技术，多个风险因子的共评价技术，结合后基因组学、代谢组学成果的新毒理学评价技术将成为未来发展的重要趋势；探索水产品中特定风险因子的形成与富集机制、代谢与转归途径、赋存形态与安全性评价，是发达国家在风险评估领域的研究热点，从蛋白质、基因转录等分子水平上开发毒理学评价新靶标，建立新的、更为快速灵敏的毒理学评价技术，也成为风险评估研究的热点与未来发展趋势[38]。另外，伴随计算机科学的新理论与新算法，对现有的评估模型进行不断改进乃至重新构建新的评估模型，使得评估模型更为科学合理，评估

结果更加接近实际,同时在大数据背景下对风险评估相关数据的挖掘、整合、共享也将大大促进风险评估的运用。

5. 水产品质量安全基础性研究更为前沿而系统

发达国家历来重视基础性科学研究,形成了众多原创性强、潜在应用价值大的科研成果,并据此不断引领着全球科研理念。一方面,发达国家依靠先进的检测技术与充足的经费支持,不断积累、跟踪本国、本地区、甚至全球范围内的重要污染物的产生、迁移、变化规律,基础性数据丰富而系统,为从宏观上把握研究重点提供了强大的数据信息。另一方面,发达国家利用强大的科研系统与人才队伍,不断拓展跨学科、跨领域的深层次研究,尤其在涉及生命科学的食品安全领域,基于基因组、后基因组、转录组等组学技术的海量数据,不断挖掘体外新型毒理学评价指标与分析技术,以改变传统动物实验带来的如动物福利不足、试验周期长等不利因素[39];利用模式生物充分研究某种药物的代谢途径、代谢产物后再投入商业化运营,避免后期因残留而引发的食品安全隐患;欧美研究团队从特异性噬菌体入手,已研发出绿色环保、无安全隐患的微生物控制技术;加拿大依靠分离、纯化、培养、高纯提取等坚实的基础研究,长期保持贝类毒素标准品制备技术的全球领先地位;伴随着预测微生物学的迅猛发展,国际上已经针对不同食品的贮运流通过程,研究建立了许多分析预测模型,如美国农业部食品安全研究部门研发了病原菌模型程序(pathogen modeling programme),英国农业、渔业和食品部开发了食品微生物预测模型(food micromodel),丹麦渔业研究所开发了海洋食品腐败预测程序(Ssp)软件,法国研究所和农业部支持开发了SymPrevius软件等,广泛用于货架期预测与风险评估领域[40]。基础研究的不断深入,不仅在一定时期内引领世界的研究思路,其形成的科研理念,转化的科研产品、科研成果(如污染物安全限量标准)也不可避免地为本国利益服务。

四、发展战略与关键技术

(一)发展战略

瞄准国际水产业科技发展前沿,构建以企业为主体、大学和科研院所为依托、产学研用紧密结合的产业技术创新和技术服务体系，形成以加工带动养殖、以加工保障消费的现代水产业发展新模式，解决制约我国水产业持续健康发展的问题；研究、开发主导大宗水产品资源加工的新工艺、新产品，攻克水产品加工副产物规模化利用的关键技术及产品的质量安全保障技术，发掘新型水产食品资源，提高水产品在国民饮食中的比例，逐步形成以营养需求为导向的现代水产食品加工产业体系；构建全产业链质量安全保障体系，实现养殖水产品"从养殖场到餐桌"的全过程安全。

（二）发展目标

到2020年，构建完成5~10种主导养殖水产品的全产业链精制加工与质量安全保障技术体系，建成5~10个养殖水产品精深加工的区域性产业基地，建设30~50条养殖水产品精深加工的产业化示范生产线。主导养殖水产品的加工率提升到50%，养殖水产品的冷链流通率提高到90%以上，科技贡献率达到65%。

1）加强水产品加工基础理论研究。系统研究水产品中营养成分、特殊功效成分及危害成分在加工过程中的转化动态和相互作用机制，养殖水产品在养殖、保活、保鲜、加工及贮藏流通过程中的品质变化机制及调控机制，在水产品加工领域基础研究方面取得重大研究进展。

2）攻克水产食品加工新技术，研制高值化精深加工产品。研究传统水产加工品品质提升等关键技术，形成传统水产品加工新模式，促进传统水产品加工手段的转型升级；开展水产生物活性物质提取，蛋白质、多糖与脂质高效利用，副产物规模化生物转化等工业化技术开发与集成，开发一批高值化精深加工产品，进一步提升资源利用率。

3）构建覆盖水产养殖全产业链的质量与安全保障技术。研发水产品污染物的多参数精确定量和快速筛查技术，全面提升水产品污染物监测水平；研发质量安全监控与预警技术，构建水产品危害因子监控和预警体系；建立健全我国自主知识产权的质量安全风险监测评估数据库，实现水产品"从养殖场到餐桌"的全过程安全。

(三)关键技术

1. 水产品保活、保鲜流通技术

包括水产品运输前期渔船暂养与规模化暂养技术,水产品休眠麻醉保活处理技术,鲜活水产品现代流通的装备技术集成,水产品无水保活运输技术与装置,鲜活水产品人工运输环境调控技术,鲜活水产品新型智能化包装技术与包装材料等。

2. 生鲜、调理、即食、中间素材等超市水产食品加工技术

主要包括水产品的无残留减菌技术,鲜味降解抑制技术,产品质构保持技术,腥味控制技术,营养保持杀菌技术、化学危害物残留控制技术及速冻保鲜、超冷保鲜、高压保鲜、气调保鲜、冷冻干燥保鲜、辐照杀菌保鲜等新型保鲜技术。

3. 水产品加工副产物规模化生物转化利用技术

包括水产品原料固液态自动化连续发酵技术,组合酶定向水解技术,自溶酶与固态发酵耦合技术等生物技术与装备,水产品精深加工专用工具酶和功能菌株的发掘和制备,水产品活性成分的提取、分离纯化、结构活性与活性稳态化技术。

4. 水产品蛋白质、糖类及脂质资源的高值化工程技术

包括蛋白质的靶向可控酶解技术、膜组合分离技术、活性脂质的亚临界提取技术与分子蒸馏技术、磷脂的磷脂酶促转化技术、微胶囊技术等现代食品高值化加工高新技术,寡糖的定向制备与活性修饰技术等。

5. 大宗养殖水产品前处理技术与装备

包括养殖鱼类的鲜度识别技术与设备、分级设备、鱼体脱鳞设备、鱼类切头机、剖鱼去脏机,设计和组建养殖鱼类加工的前处理(清洗、分级、去鳞、剖鱼、去脏、去头)成套设备,贝类清洗、去壳技术与装备,养殖海藻的机械化收割与干燥设备等。

6. 水产品质量安全高效检测技术

包括水产品中危害物的高效提取与净化技术,基于色谱-质谱串

联、红外光谱、核磁共振、分子生物学等方法的重要危害物结构解析、形态学分析、基因型分析技术，水产品内源性、外源性危害物的快速筛选、现场速测、在线智能检测技术，水产品品质的快速无损检测技术，水产品品种真实属性鉴别与定量分析技术。

7. 水产品质量安全控制与预警技术

主要包括养殖水产品中关键危害因子的甄别技术，化学性风险因子的传递阻隔及净化消减技术，生物性风险因子的新型控制技术，关键危害因子预警技术，潜在有毒物种智能识别与安全控制技术，安全高效的保鲜技术，海水中毒素实时在线监控与预警技术，新型污染物的生物标志物及分子预警新技术等。

8. 水产品质量安全风险评估技术

主要包括有害污染物甄别技术，关键危害因子的生物效应与变化规律，多因子联合毒性标志性代谢物甄别技术，多因子有害污染物联合毒性效应，基于细胞模型的多因子污染物联合毒性评价技术，危害因子的生理毒物动力学和毒效动力学模型构建，特定危害因子的风险评估程序与方法，多类、多因子复合污染联合效应评估方法等。

9. 追踪溯源技术及现代物流信息化技术

包括水产品的产地识别及溯源用技术，鲜活水产品无损标识技术，质量安全全程管理和追溯技术，可视化准确指示水产品货架期的智能包装新技术和以物联网、云计算等为核心的现代物流新技术等。

五、重点科研计划项目与重大工程建设项目建议

（一）重点科研计划项目

1. 养殖水产品精制加工与质量安全控制的基础研究

综合利用现代分析化学、生物化学及分子营养学等技术和手段，系统研究鱼、贝、虾、藻类等主导养殖水产品原料的化学组成、结构、性质及分布，水产品营养成分的膳食价值、功能特点、吸收方式及生物活性，构建完善的养殖水产品化学与营养数据库；系统研

究养殖水产品中蛋白质、脂肪及多糖等主要营养成分，以及产品鲜度、品质等在养殖、加工、贮藏、流通过程中的变化机制及调控机制；明确水产品危害因子的生物蓄积及代谢机制，为养殖水产品的精制加工与质量安全控制提供理论基础。

2. 养殖水产品精制加工与质量安全关键技术研究

（1）冷链流通关键技术与装备

重点攻克养殖水产品的净化提质、无水保活运输、人工运输环境智能化调控、生鲜水产品的快速冷却、鲜活水产品智能化包装等关键技术，构建低能耗、低流通损失率的养殖水产品的保活物流、生鲜物流技术体系。

（2）超市产品开发关键技术

重点攻克养殖水产品的宰后脱腥、无残留减菌、质构调控与组织化重组、生物增香、营养保持杀菌、感官品质改良与控制、品质动态监控、智能包装等关键技术，研制生鲜、调理、食品中间素材及风味即食等新型超市水产加工品。

（3）副产物规模化高值加工关键技术

重点攻克水产品加工副产物的规模化生物加工、活性成分高效制备、活性修饰与活性稳态化等关键技术，研究功能食品、生物肥、生物材料、生物农药等高附加值加工产品。

（4）产品质量安全全程控制关键技术

研发水产品质量安全多残留精密检测技术与设备、现场快速检测技术与设备、指纹化合物鉴定技术与设备、主要危害因子来源甄别与预警预报技术、水产品中危害物消减与控制技术与装备、可视化追踪溯源与现代物流信息化技术；攻克（半）干、腌制、熏制、发酵、糟醉等传统水产加工品的生物胺脱除、脂肪氧化控制、快速发酵、低温腌制等品质提升关键技术，构建传统水产加工品的现代工业化加工技术体系。

3. 养殖水产品规模化前处理与精深加工关键装备开发与集成

重点开展鱼类新鲜度识别设备、连续式鱼类前处理技术与装备、贝类新型开壳技术与装备、养殖海藻的机械化收割与干燥设备、海洋水产品的连续式浸渍冻结技术与装备、水产品高频电场解冻技术与装备、海洋水产品联合干燥技术与装备、水产品蒸煮液的机械式蒸汽再压缩技术（MVR）、高效蒸发浓缩技术及装备、冷冻浓缩技术及装备的研发，并进行产业化集成与应用。

（二）产业示范工程

养殖水产品精深加工与全产业链质量安全保障体系建设内容为：建立对虾、罗非鱼、大黄鱼、鲆鲽类、海带、贝类及海参等大宗养殖品种的精深加工技术体系及贯穿养殖、加工、流通的全产业链质量安全保障体系，并在20个以上大型水产企业集团进行产业化示范，建成5~10个主导养殖水产品精深加工的区域性产业化基地。

（三）平台建设

1. 水产品风险分析技术平台

建设内容为：①危害评估，通过对我国主要养殖水域环境评估，建立养殖水质状况数据库，探讨常见污染源对不同水产品质量安全的影响程度，为水产品养殖提供技术支持；②风险分析，对主要养殖水产品中的重点污染因子开展风险分析，建立相应的质量安全保障体系；③污染物监测和预报，建设污染物监测和预报系统，建设污染物数据库和信息交流系统。

2. 水产品追溯与溯源平台

建设内容：发掘水产品产地/品种溯源用地理标识/标志物及构建检测技术体系；研发低成本、高信息容量、操作便捷的活体及产品标识技术；基于大数据、无线传输、物联网等技术，研发全信息采集技术，构建水产品全链全信息监管追溯平台。

3. 水产功能食品研发平台

建设内容：①营养与功能因子的分离纯化、结构鉴定及定量检测技术平台。开发养殖水产品所含营养成分及生物活性成分的分离纯化与结构解析技术，构建从分离纯化到定量解析的多用途平台，

在此基础上初步搭建养殖水产品营养成分与功效因子的数据库平台。②营养成分与功能因子（功效成分）的营养健康活性评价技术平台。开发以体外细胞培养实验和动物实验相结合的活性评价技术，构建以开发保健食品和健康食品为目的的营养健康活性评品研发平台。开发水产品活性成分的高效提取、结构修饰、活性稳态化等关键技术，构建水产功能食品研发平台。

六、保障措施与对策建议

（一）构建以加工带动养殖、保障消费的现代水产业发展新模式，促进养殖、加工与物流业同步发展

过去我们一直将养殖业作为渔业的产中环节，而将水产品加工业作为产后环节，导致人们对水产品加工业在渔业中的作用认识不足，忽视水产品加工业对原料及品质的需求。因此，我们必须充分认识水产品加工业在现代渔业中的巨大作用，同步推动养殖、加工与贮运（物流）技术研发，构建集养殖、加工、流通业于一体的现代化渔业产业技术体系，形成以加工带动生产与消费的良性发展机制，才能统筹安排渔业生产、加工和流通，并保障水产品加工企业所需原料鱼的周年均衡供给。

（二）强化源头创新，研发关键配套技术，解决水产加工产业发展的瓶颈问题

在产品创新方面，从以单纯水产食品开发为主，拓展至新型水产食品、水产品与粮食的复配食品、水产品与肉类的复配食品的开发，实现大宗低值鱼的高效利用与增值目标。在技术研发方面，针对我国水产业的需求，开展水产原料特性、运输应激机制、宰后品质劣变机制、加工化学机制等研究，建立冷链物流、鱼糜制品质构调控、发酵鱼制品工程化生产等技术体系，大力发展生鲜、调理、即食等水产食品、新型鱼糜制品、风味即食水产食品等生产。在产业模式创新方面，针对不同产品及其所需的产业化关键配套技术，组织力量开展攻关研究，争取在应用基础研究和关键配套技术研究两方面同时得到突破，注重技术集成研究，形成一整套产业化技术体系。

（三）完善科研经费投入体制，构建以加工带动养殖的养殖渔业科技创新体系

世界农业发达国家都十分注重对农业科技开发的投入力度。据统计，发达国家对农业产业的科技投入占农业产值的2%以上，远低于发达国家，而且主要投入产前农业；而发达国家对产后农业的科技投入一般占整个农业科技投入的70%以上。我国农业科研投入占农业GDP的比例仅为0.6%左右[2]。因此，应首先从政府层面上建立逐年稳定增长的农业特别是产后农业科技的投入机制，加强养殖水产品精制加工、流通与质量安全控制的基础研究、前沿技术研究和公益性技术研究，保障水产养殖渔业的持续健康发展。

（四）加强顶层设计，增强政策与法律法规的引导，切实保障养殖水产品质量安全

我国渔业产业的可持续发展和水产品质量安全现状之间的矛盾，以及我国水产品质量安全研究水平及与国际水平的差距，决定了本学科领域必须且始终要以基础研究、应用基础研究作为重点，以提升我国水产品质量安全领域的研究水平，加快学科发展。而作为一个新兴的综合性交叉学科，其涉及的专业领域十分广泛，需要综合运用生物、化学、物理、信息等方面的知识，诠释水产品的环境、生产、流通、加工、消费等关键环节的质量安全。因此，需要更新观念，通过顶层设计，增强政策与法律法规的引导，使企业积极参与质量安全保障体系的运行，并由政策保障"优质-优价"的原则，确保在质量安全的前提下企业获得利益，从而激发企业参与质量安全保障的活力。

参 考 文 献

[1] 戴小枫, 张德权. 从农业现代化看我国农产品加工业[J]. 中国食品学报, 2013, 13(5): 6-10.

[2] 贾敬敦, 蒋丹平, 杨红生, 陈兆波. 现代海洋农业科技创新战略研究[M]. 北京: 中国农业出版社, 2014.

[3] 徐皓, 张建华, 丁建乐, 陈军, 刘鹰. 国内外渔业装备与工程技术研究进展

综述(续)[J]. 渔业现代化, 2010, 37(3): 1-5,19.

[4] 高小玲, 李怡芳. 我国水产品专业批发市场及其商业模式研究——基于面板数据的经验分析与沪粤浙三地例证[J]. 生态经济, 2013, (4): 133-139.

[5] 王大海. 海水养殖业发展规模经济及规模效率研究[D]. 青岛: 中国海洋大学博士学位论文, 2014.

[6] 包玉龙, 汪之颖, 李凯风, 罗永康. 冷藏和冰藏条件下鲫鱼生物胺及相关品质变化的研究[J]. 中国农业大学学报, 2013, 3: 157-162.

[7] 徐文杰, 洪响声, 熊善柏. 基于近红外光谱技术的大宗淡水鱼品种快速鉴别[J]. 农业工程学报, 2014, 30(1): 253-261.

[8] 袁美兰, 赵利, 卢琴韵, 苏伟, 刘华. 不同品种淡水鱼加工鱼糜的适应性[J]. 食品科技, 2014, 39(5): 135-139.

[9] 田沁, 吴珂剑, 谢雯雯, 贾丹, 熊善柏. 鲢鱼头汤烹制工艺优化及烹饪模式对汤品质的影响[J]. 华中农业大学学报, 2014, 33(1): 103-111.

[10] 毛文星, 许学秦, 许艳顺, 姜启兴, 夏文水. 高温蒸煮对鳙鱼块肌间小刺软化效果和质构品质的影响[J]. 食品与发酵工业, 2014, 40(11): 19-26.

[11] 艾明艳, 刘茹, 温怀海, 胡筱波, 熊善柏. 框鳞镜鲤鱼片注射腌制工艺的研究[J]. 食品工业科技, 2013, 34(7): 273-276.

[12] 赵艳芳, 宁劲松, 翟毓秀, 尚德荣. 镉在海藻中的化学形态[J]. 水产学报, 2011, 4: 405-409.

[13] 郭萌萌, 吴海燕, 卢立娜, 谭志军, 翟毓秀, 赵春霞, 付树林, 李兆新. 杂质延迟-液相色谱-四极杆/离子阱复合质谱测定水产加工食品中23种全氟烷基化合物[J]. 分析化学, 2015, 8: 1105-1112.

[14] 杨帆, 翟毓秀, 任丹丹, 郭萌萌, 吴海燕, 谭志军. 高效液相色谱-荧光/紫外串联测定海洋沉积物中16种多环芳烃[J]. 渔业科学进展, 2013, 34: 104-111.

[15] 谭志军, 吴海燕, 郭萌萌, 杨帆, 王联珠, 李兆新, 翟毓秀. 脂溶性贝类毒素安全评价与检测技术研究进展[J]. 中国水产科学, 2013, 2: 467-479.

[16] 刘欢, 李晋成, 吴立冬, 许玉艳, 宋怿. 现场快速检测在水产品药物残留监管中的应用及发展建议[J]. 食品安全质量检测学报, 2014, 8: 2302-2307.

[17] 钱蓓蕾, 王媛, 蔡友琼. 孔雀石绿快速检测试剂盒的比较研究以及在水产品监控中的应用[J]. 现代渔业信息, 2011, 26: 19-21.

[18] 陈胜军, 李来好, 杨贤庆, 吴燕燕, 郝淑贤, 岑剑伟, 戚勃, 邓建朝. 罗非鱼综合加工利用与质量安全控制技术研究进展[J]. 南方水产科学, 2011, 4: 85-90.

[19] 郑礼娜, 林洪, 刘一璇, 李钰金, 李振兴. 不同热加工方式对刀额新对虾过敏原活性的影响[J]. 水产学报, 2011, 35: 466-471.

[20] 隋颖, 宁劲松, 林洪, 翟毓秀. 鲆鲽类产地溯源编码设计及标识技术建立[J]. 渔业科学进展, 2011, 4: 20-25.

[21] 宁劲松, 隋颖, 尚德荣, 翟毓秀. 鲆鲽鱼类产地溯源系统平台研究[J]. 水产科技情报, 2015, 2: 84-87.

[22] 宋怿. 水产品质量安全可追溯理论、技术与实践[M]. 北京: 科学出版社, 2015: 1-300.

[23] 王群, 宋怿, 马兵. 水产品中孔雀石绿的风险评估（一）[J]. 中国渔业质量与标准, 2011, 1: 38-43.

[24] 李乐, 刘永涛, 何雅静, 宋怿. 食品安全风险排序研究进展[J]. 食品安全质量检测学报, 2014, 6: 1881-1884.

[25] 尚德荣, 宋怿, 许玉艳, 赵艳芳, 郭莹莹, 翟毓秀, 宁劲松, 盛晓风, 丁海燕. 食品中铝的风险评估研究进展[J]. 中国渔业质量与标准, 2013, 3: 6-13.

[26] 邵征翌, 林洪, 吴燕燕. SPS/TBT壁垒对水产品安全的要求与对策[J]. 南方水产, 2006, 3: 77-80.

[27] 陈培基, 李刘冬, 杨金兰, 黎智广, 杨宏亮, 王强. 孔雀石绿在凡纳滨对虾体内的残留与消除规律[J]. 南方水产科学, 2013, 9: 80-85.

[28] 姜薇, 姚琳, 江艳华, 李风铃, 牟海津, 翟毓秀. 太平洋牡蛎类$FUT2$基因的克隆与组织表达[J]. 渔业科学进展, 2014, 32: 70-75.

[29] 李锐, 郝庆升, 高可, 田欧南. 国外农产品加工业的发展经验及启示[J]. 黑龙江畜牧兽医, 2015, (1): 4-6.

[30] 陈胜军, 李来好, 杨贤庆, 吴燕燕, 胡晓, 戚勃, 邓建朝. 我国水产品安全风险来源与风险评估研究进展[J]. 食品科学, 2015, 36(17): 300-304.

[31] 中国养殖业可持续发展战略研究项目组. 中国养殖业可持续发展战略研究-水产养殖卷[M]. 北京: 中国农业出版社, 2013.

[32] 陈星, 缪忠明, 钱慧. 从农产品质量安全角度探析水产养殖中的几个关键制约因素[J]. 农村经济与科技, 2011, 12: 31-32.

[33] 林洪, 杜淑媛. 我国水产品出口存在的主要质量安全问题与对策[J]. 食品科学技术学报, 2013, 2: 7-10.

[34] 米娜莎, 曲欣, 林洪. 水产品质量安全监管理念及监管现状分析[J]. 中国渔业经济, 2014, 4: 34-39.

[35] 王玉堂. 水产养殖用药与水产品质量安全[J]. 中国水产, 2012, 5: 54-58.

[36] 孙伟红, 邢丽红, 翟毓秀, 卢立娜. 水产品药物残留检测研究中存在的主要问题与对策[J]. 食品安全质量检测学报, 2014, 1: 14-22.

[37] 杨健. 渔业生态环境指示生物诊断和预警技术研究进展[J]. 中国渔业质量与标准, 2015, 5: 1-7.

[38] Teng Y. The enlightenment of the risk analysis-based food safety regulation in developed countries [J]. J Harbin Commerce Univ (Soc Sci), 2008, 102(5): 55-57.

[39] Jitar O, Teodosiu C, Oros A, Plavan G, Nicoara M. Bioaccumulation of heavy metals in marine organisms from the Romanian sector of the Black Sea [J]. New Biotechnology, 2015, 32: 369-378.

[40] Pramanik S, Roy K. Modeling bioconcentration factor (BCF) using mechanistically interpretable descriptors computed from open source tool "PaDEL-Descriptor" [J]. Environmental Science Pollution Research, 2014, 21(4): 2955-2965.

执笔人

翟毓秀	中国水产科学研究院黄海水产研究所	研究员
薛长湖	中国海洋大学	教授
李兆杰	中国海洋大学	教授及高级工程师
姚 琳	中国水产科学研究院黄海水产研究所	副研究员

第八节 水产生物技术和物联网技术

以生物技术和物联网技术为代表的高新技术是大科学时代的产物,是科学技术进步和发展的先导与制高点,对于推动相关产业发展及社会经济进步具有深远影响。改革开放以来,中国渔业走出一条"以养为主"的特色渔业发展道路,水产品总产量和出口量雄居世界首位。然而伴随着经济社会的快速发展,我国水产养殖空间受到严重挤压,渔业生物资源日益匮乏,单纯以传统养殖技术已经不足以推动现代水产养殖跨越式发展。因此,将生物技术和信息技术应用到现代水产养殖产业技术体系,培育优良品种,革新养殖技术,创新养殖模式,将成为实现我国水产养殖业"高效、优质、生态、健康、安全"可持续发展的重要推动力。

水产生物技术是以水产养殖生物及其部分成分为对象，以现代生命科学为基础，结合先进的工程技术手段和其他基础学科的科学原理，按照预先的设计，改造水产生物体或加工生物原料，为人类生产出所需新产品或达到某种目的的技术。水产生物技术的主要研究内容包括水产生物的基因组水平和分子水平的研究与应用，如水产生物全基因组解析和基因资源发掘、重要经济性状基因鉴定及功能研究、基因组选择和分子设计等现代分子育种技术；水产基因工程产品的研制与利用；新种质鉴定、评估与保存技术，如精子和胚胎冷冻保存技术、分子鉴定技术等；以及新开发的其他类型的生物技术。尤其是近年来新一代测序技术、基因编辑技术的快速发展，为水产生物技术注入了新的活力。

物联网是现代信息科学技术的重要产物，指的是"物物相连的互联网"。物联网是在现代互联网技术、信息通信技术、管理技术、传感技术、服务与管理技术基础上发展起来的，将应用拓展到任何物体与物体之间的信息交换与通信[1]。目前物联网在交通物流、公共安全、环境保护、医疗保健、家居生活等领域已具有比较成熟的应用。农业上也开始将其应用于大田种植、畜禽养殖、农产品加工等领域，实现农业的自动化生产、智能化管理、电子化交易等。应充分利用物联网发展的历史机遇，开展水产物联网关键技术研究与应用示范，实现对水产养殖生产的转型升级，进而保证水产养殖业的可持续发展。

一、国内发展现状

（一）水产生物技术国内发展现状

1. 水产动物全基因组精细图谱构建及功能基因筛选

随着第二代测序技术的发展和测序平台的不断完善，对物种进行从头（de novo）测序和重测序的成本大大降低。近几年来，国内在水产养殖生物全基因组测序和精细图谱绘制方面取得重大进展和成果。中国科学院海洋所主持完成了长牡蛎全基因组测序，并揭示了潮间带逆境适应的分子机制[2]；中国水产科学研究院黄海水产研究所主持完成了世界上第一个鲽形目鱼类——半滑舌鳎全基因组精细图谱绘制，并揭示了ZW性染色体起源和进化及适应底栖生活的

分子机制[3]；黑龙江水产研究所主持完成了鲤全基因组测序和遗传多样性分析[4]；浙江海洋学院首次完成了大黄鱼全基因组测序[5]；中国科学院水生生物研究所（以下简称中科院水生所）主持完成了草鱼全基因组测序和精细图谱构建[6]。

此外，国内在筛选水产养殖动物性别决定、抗病免疫、生长发育等相关基因方面取得重要进展。中国水产科学研究院黄海水产研究所（以下简称黄海所）在解析半滑舌鳎全基因组结构的基础上，发现dmrt1基因是半滑舌鳎Z染色体连锁、精巢特异表达、雄性性腺发育必不可少的雄性决定基因[3]；克隆了半滑舌鳎tesk1、wnt4a等10多个性别分化和性腺发育相关基因[7, 8]；中科院水生所系统开展了鱼类干扰素基因及其调控机制的研究，绘制了鱼类干扰素ifn调控网络，解析了干扰素系统关键基因的抗病毒作用机制[9]。黄海所对大菱鲆stat2、hepcidin，牙鲆akirin1、c1q，半滑舌鳎ghc1q、irf1等免疫相关基因进行了基因结构、表达模式、调节作用等方面的研究[10-15]。在生长相关基因方面，在斜带石斑鱼中鉴定出了多个生长激素抑制激素和生长激素抑制激素受体基因，并发现半胱胺（cysteamine）可促进垂体生长激素（GH）的表达[16]；在日本鳗鲡、斜带石斑鱼中鉴定出神经肽Y（NPY），并发现其对生长激素的分泌具有促进作用[17]。

2. 水产动物高密度遗传图谱构建及重要性状相关分子标记筛选与应用

近年来，水产生物遗传图谱的研究取得了较好的进展。在微卫星图谱构建方面，构建了半滑舌鳎高密度微卫星遗传连锁图谱，雌性图谱包含828个微卫星标记，平均间隔为1.83cM；雄性图谱包含764个微卫星标记，平均间隔为1.96cM[18]。构建了牙鲆高密度微卫星遗传连锁图谱，雌性图谱包含1257个微卫星标记，平均间隔为1.35cM；雄性图谱包含1224个微卫星标记，平均间隔为1.44cM[19]。构建了鲤的微卫星遗传连锁图谱，共包含1025个标记[20]。构建了海湾扇贝微卫星遗传连锁图谱，包含161个标记[21]。构建了斑点叉尾鮰高密度单核苷酸多态性（SNP）遗传连锁图谱[22]。随着测序技术的发展和成本的降低，以大量SNP标记为主体的高密度遗传连锁图谱会更加普及，用于水产生物基因组学研究。利用限制性位点相关DNA（RAD）技术构建了半滑舌鳎、牙鲆和大菱鲆高密度SNP遗传连锁图谱，图谱间距分别达到0.326cM、0.47cM和0.40cM[3, 23, 24]。此外，构建了扇贝高密度SNP遗传连锁图谱，平均图距为0.41cM[25]。

在重要经济性状相关分子标记筛选和应用方面，尤其在性别相关标记方面取得重要进展。筛选到半滑舌鳎雌性特异的微卫星标记，建立了ZZ雄鱼、ZW雌鱼和WW超雌鱼遗传性别鉴定技术，攻克了ZW雌鱼和WW超雌鱼遗传性别鉴定的技术难题，发现半滑舌鳎养殖产业中存在生理雄鱼比例高达70%～90%、生理雌鱼比例仅为10%～30%的现象。通过建立不同家系并比较不同家系的雌、雄遗传性别和生理性别比例，发现伪雄鱼后代中的遗传雌鱼更容易性反转为伪雄鱼，从而导致普通苗种中的生理雄鱼比例大幅上升，在此基础上，研制了高雌性苗种制种技术，将半滑舌鳎苗种中的生理雌鱼比例提高了20%以上，解决了半滑舌鳎养殖产业中生理雄鱼比例高达70%～90%、生理雌鱼比例只有10%～30%的问题[26]。此外，筛选获得黄颡鱼性别特异的扩增片段长度多态性（AFLP）分子标记，利用基因组步移方法获得黄颡鱼性别特异标记Pf62-Y和Pf62-X的基因组序列，建立了黄颡鱼遗传性别PCR鉴定方法，已鉴定出近10万尾YY超雄黄颡鱼，批量化繁育超雄黄颡鱼繁育存活率达60%[27]。在抗病标记筛选方面，目前只筛选到牙鲆抗鳗弧菌病相关微卫星标记[28]。

3. 基因转移技术

过去10年，国内在转基因鱼研究上开展的研究工作不太多，主要是围绕转基因鱼不育和生态安全性评价等做了一些工作，并取得了一些进展。其中，中科院水生所构建了转草鱼生长激素基因的快速生长黄河鲤，将转基因鱼进行自交后，可以繁育后代，而当与非转基因鱼杂交后，则是不育的，从而避免了转基因鱼释放到自然环境后对鱼类资源可能存在的潜在影响；黑龙江水产研究所则对转鲢GH基因鲤的安全性进行了评价，采用实验动物投喂转基因鲤后的实验表明，在食用转基因鱼后，实验动物没有检测到明显的有害生理参数的变化。另外，国内近几年还开展了鱼类抗病相关基因转移的研究，如珠江水产研究所完成了转C3溶菌酶基因罗非鱼的构建[29]，初步表明，转该基因的罗非鱼具有较高的C3表达水平和较强的抗病力。

4. 全基因组选择和基因组编辑技术

全基因组测序产生海量的SNP标记，为利用大样本量开展水产动物全基因组关联分析及全基因组选择育种奠定了基础。全基因组选择就是利用全基因组水平的SNP标记对个体的基因组育种值进行估计，将遗传效应大、基因组育种值高的个体选择出来，具有准确、快速、高效等优点，已成为国际上最有潜力的动物育种技术之一。目前已完成了鲤高通量SNP分型芯片的设计和开发，该芯片包含25万个高质量的SNP位点，为近缘鲤科鱼类重要经济性状的全基因组关联分析（GWAS）和遗传基础解析，以及基因组辅助选育等工作奠定了重要的工具基础。"十二五"期间，我国启动了大黄鱼、半滑舌鳎、栉孔扇贝和对虾基于全基因组信息的遗传选育的课题研究，构建了参考群体，完成了部分参考群体的重测序，为建立这些种类的全基因组育种技术奠定了重要基础。

基因组编辑技术是近几年来发展起来的对基因组进行精确修饰的一种先进技术。主要包括锌指核酸酶（ZFN）、类转录激活因子效应物核酸酶（TALEN），以及CRISPR/Cas9系统（CRISPR/Cas9 system）。其中TALEN技术在模式鱼类斑马鱼上得到广泛应用。目前对养殖鱼类的报道还很少，例如，在罗非鱼上通过TALEN技术靶向敲除了罗非鱼*dmrt1*和*foxl2*两个与性别分化相关的基因，揭示了这两个基因在罗非鱼性别分化过程中的功能[30]。随着越来越多的水产动物的基因组被测序，它们的基因组功能研究会显得日益重要。基因组靶向修饰是基因功能研究和基因组改造的一个重要手段。在水产动物领域，基因组编辑技术还处于研究的初期阶段，但其在基因操作方面已经表现出巨大潜力，将对水产动物基因研究产生深远影响。

5. 水产动物细胞培养及种质保存

近两年来，国内水产动物细胞培养技术得到了进一步发展，先后建立了多种鱼类组织细胞系。例如，建立了杰弗罗大咽齿鱼（*Macropharyngodon geoffroy*）皮肤和鳍细胞系，并对其病毒敏感性进行了研究[31]；建立了海水鱼半滑舌鳎的卵巢细胞系，并检测了其性别特异基因的表达情况。国内现已建立鱼类细胞系50多个。

在水产种质保存及应用方面，近10多年来，我国建立了大口鲶、大菱鲆、牙鲆、半滑舌鳎、花鲈、真鲷、鲟、石斑鱼类、大黄鱼、石鲽、圆斑星鲽等40多种海水及淡水鱼类精子冷冻保存技术，并在国家科技基础条件平台中建立了30多种鱼类精子冷冻库。目前在国内建立了8个鱼类精子冷冻库，保存精子数量为10 000多份。并且已经将冷冻精子应用于牙鲆优良选择和杂交育种（黄海所），牙鲆全雌育种和优良苗种培育（中国水产科学研究院北戴河中心实验站），石斑鱼远缘杂交育种和杂交苗种培育，半滑舌鳎、大菱鲆、牙鲆、漠斑牙鲆、圆斑星鲽等鱼类雌核发育诱导及性别控制研究等方面。在胚胎冷冻保存方面，自2005年我国首次突破海水鱼类牙鲆和花鲈胚胎玻璃化冷冻保存技术，在-196℃获得冷冻复活且孵化出鱼苗的牙鲆胚胎以来，国内一些学者又相继在其他鱼类获得冷冻复活的胚胎，例如，在七带石斑鱼上获得了14粒冷冻复活胚胎，其中2个冻胚孵化出鱼苗[32]。另外，利用程序化和玻璃化冷冻保存方法对真鲷不同时期胚胎进行冷冻保存研究，获得了完整的胚胎。

6. 海洋生物酶基因工程技术

海洋生物酶是海洋生物分泌产生的具有特殊催化功能的蛋白质。随着对海洋生物酶研究的深入，人们发现复杂多样的海洋环境赋予了海洋生物酶独特的性质。海洋来源的酶不仅种类丰富，有些还具有极端酶特性，如具有显著的耐压、耐碱、耐盐、耐冷或耐热等特性，具有重要的理论研究意义和工业、农业应用前景。海洋生物酶工业化应用进程中最大的制约因素是酶的产量。从海洋生物中按照传统的分离纯化方法获取蛋白质的过程往往比较繁琐，并且酶的产率较低，严重限制了酶的工业化应用。随着基因组时代的到来，对越来越多的物种进行了基因组测序，对酶的获得由以传统的分离纯化为主到以基因克隆、重组表达为主。重组表达的蛋白质一般都带有标签序列，如His、Flag、MBP和GST等标签，可以通过亲和层析实现一步纯化，回收率通常很高，从而大大提高酶的产量，降低成本，为工业化应用提供了可能。目前多种海洋来源、性质优良的生物酶已经进行了基因工程产品开发，如来源于海底沉积物宏基因组文库的碱性脂肪酶Est_p6比活力高达2500U/mg，在pH 8～11的碱性范围条件下储放3天仍能保持70%以上活性，将其在生物工程菌株*Escherichia coli*中进行表达，表达量达1.19g/L；利用*Pichia pastoris*来生产来源于*Achaetomium sp. Xz8*的低温多聚半乳糖醛酸酶，产量达2.13g/L。

7. 海水养殖动物病害流行及病原检测生物技术

目前我国沿海地区的海水养殖动物主要包括大菱鲆、牙鲆、半滑舌鳎、石斑鱼、海鲈、军曹鱼、真鲷、黑鲷、大黄鱼、中华乌塘鳢、对虾、梭子蟹和海参等。目前我国海水养殖动物的病害种类达200余种，常年养殖病害发病率达50%以上，损失率达30%，估计每年因病害造成的直接经济损失达百亿元，病害问题已成为制约海水养殖业可持续发展的重要因素。进行病害防治的前提是对病原微生物进行快速、有效的检测。因此，开发病原微生物鉴定的生物技术很有必要。近几年我国在开发海水养殖动物病原微生物检测的PCR技术、免疫学技术及基因芯片技术方面取得一些重要进展，主要包括：建立了海洋病毒和细菌检测的实时荧光定量PCR技术，如海水鱼类淋巴囊肿病毒和灿烂弧菌的检测技术；建立了病原检测的多重PCR技术，在细菌属的级别同步鉴定气单胞菌属、弧菌属、爱德华氏菌属和链球菌属；对弧菌属不同种间的检测，可以同步检测溶藻弧菌、副溶血性弧菌、创伤弧菌和霍乱弧菌；从普通多重PCR技术中开发出扩增子拯救多重PCR技术，可以同时检测5种不同种属的病原菌；建立了海洋病毒和细菌检测的环介导恒温扩增技术，如检测桃拉病毒、鲍萎缩综合征病毒、黑呆头鱼套式病毒、迟缓爱德华氏菌等的环介导恒温扩增技术；与液相芯片技术联合同时检测对虾桃拉病毒和对虾黄头病毒。与微流控技术结合检测神经坏死病毒和虹彩病毒。利用免疫学技术进行病毒和细菌的检测也有新的进展，胶体金免疫层析快速检测试纸条在大菱鲆病原菌检测中得到了应用。对两种对虾病毒检测灵敏度可达10～100个拷贝，比国家标准PCR检测法高了10～100倍。

（二）水产养殖物联网技术国内发展现状

随着我国人口的增加和生活水平的不断提高，传统的水产养殖生产方式已难以满足人们对水产品不断增加的需求。高密度、集约化、规模化将是水产养殖发展的必然趋势。但由于养殖容量和现有养殖科技水平的限制，在高密度养殖生产状态下，会出现一系列的问题，如水的富营养化、水质严重超标、病害频发、产品质量不高、生产效率低下等。水产养殖物联网技术是集标准化生产、规范化操作、信息化管理为一体的智能化健康养殖方式。它是利用现代物联网的智能感知、智能传输、智能信息处理技术和手段，针对集约化水产养殖场的需求，按照人工繁殖、苗种培育、养成管理等生产阶段，建立一个完整的包括水质监控、科学投喂、疾病预测、水质处理乃至物流监管等全过程的数字化、智能化水产物联网平台，从而大大提高经济效益，降低养殖风险，确保水产品的安全。

我国水产养殖信息化、智能化的研究开始于20世纪90年代。2000年，由北京市水产总公司和中国农业大学共同承担的国家863项目"智能化水产养殖信息技术应用系统及产品"通过专家验收，标志着我国水产养殖信息化研究的开始。该系统以Internet技术（服务器、浏览器）为核心技术，集水产品种资源数据库、养殖模式库、饲料营养库、鱼病防治库、渔业环保库、政策文档库、科技成果库于一体，实现"网上养鱼"、"网上诊断"、"网上观鱼"，使养殖生产过程一定程度上得到科学有效的管理[33]。

随着集约化养鱼技术的不断发展与完善，特别是大型深水网箱养殖、高密度工厂化养殖、水库大面积网箱养殖和大面积池塘养殖等技术在全国各地推广应用，传统的池塘养殖技术已不能满足生产上的要求。因此，水质监测、自动投饵、病害诊断和防治及生产管理等一些符合我国国情、操作相对简便且经济性较高的自动化装备和技术应运而生。中国水产科学研究院渔业机械仪器研究所研制了一种"网箱气力投饵系统"，应用气力输送工艺来代替人工投饵[34]；中国海洋大学研究了适用于深水网箱养殖和其他高密度养殖方式的投饵机，利用水泵产生的高压水携带颗粒饲料与水的混合物，通过管道向网箱中心上空抛洒以实现投喂[35]；浙江海洋学院发明的投饵机具有调控饵料下料速度，并可以自动控制投饵的水深进行自动投饵的功能[36]。中国水产科学研究院南海水产研究所主持研发、渔业机械仪器研究所参与研制的"深水网箱养殖远程多路自动投饵系统"由投饵机组、自动控制系统、多路控制系统、多路饲料配送系统、饲料喷投系统、能源供给系统组成，以手动、自动、远程三种控制模式，可实现动态和固态的定时、定点、定量投喂[37]。大连海洋大学研制了一种"海洋牧场远程监控投饵系统"，由太阳能电源、投饵机、浮子、可编程以太网控制器、水下传感器、水下摄像头、音响放声装置及远程网络监控终端等组成，以可编程以太网控制器为核心，运用自动投饵、自动放声、水下摄像、传感器及无线通信网络

等技术，解决了海洋牧场对饵料定时定量精确投喂、音响驯化及水下视频监控等问题，实现了海洋牧场的远程控制和管理[38]。

水产养殖物联网是基于智能传感技术、处理技术及控制技术等物联网技术开发的，集数据、图像实时采集、无线传输、智能处理和预测预警信息发布、辅助决策等功能于一体的现代化水产养殖支撑系统，可对养殖塘的水温、溶解氧、pH、盐度、浊度等参数进行在线监测及控制，及时调节养殖塘水质，使养殖水产品可以在最适宜的环境下生长，以达到省工、节本、增产、增效等目的。我国首个物联网水产养殖示范基地于2011年在江苏建成。示范基地采用先进的网络监控设备、传感设备等将物联网和无线通信技术相结合，实现远程增氧、智能投喂、预警预报等自动控制。例如，水产养殖生产者通过手机终端登录水产养殖管理系统，就能随时随地了解养殖塘内的溶氧、水温、水质等指标参数。一旦发现水中溶氧指标预警，只需点击"开启增氧机"，就可实现远程操控。生产者也可用手机发送指令到管理系统，远程操控自动投喂机为池塘内的养殖动物投喂饲料[39]。通过网络视频监控器，生产者还可以实时监测池塘内的各种状况，随时采取相应的应急措施[40]。随着现代信息技术的迅速发展，水产养殖物联网系统已经在江苏、上海、天津、北京、山东、浙江、福建、广东等地出现了一些试点和应用[41]。目前物联网技术在水产养殖业中主要应用于以下几个方面。

1. 养殖水环境监控

与农业物联网在大棚种植中的应用类似，水产养殖物联网利用传感器来监测池塘水的水温、溶氧、pH、氨氮、亚硝酸盐等多个指标。通过无线传输并转换处理后，把这些数据和信息传递给养殖户。养殖户通过监控显示器、电脑、手机等手段可以随时了解养殖环境状况，不必人到现场就能做出判断并及时采取必要的措施[42]。

水产养殖物联网中的温度监控系统是利用物联网在线温度传感器，24h全天候监测养殖水体温度，并根据不同季节、养殖品种、养殖密度等信息进行系统报警值设定。当温度超出设定值时，系统报警，自动打开现场声光报警器，通过手机短信形式给管理员发送报警信息，同时电脑监测界面弹出报警信息，供值班人员及时发现。自动控制系统自动打开温控设备，温度参数恢复到标准值后，温控设备自动关闭。

光照度监控系统采用室内型光照度传感器，根据不同季节、养殖品种、天气情况等信息自动计算养殖对象所需光照强度、光照时间，从而判断天窗开启时间及是否需要人工关照。

溶解氧监控系统利用高精度溶解氧探头实时采集水体溶解氧含量，当水体溶氧量过低或遇到大雨空气压力大时，根据数据采集含氧值高低，自动打开增氧泵及时增氧，减少缺氧导致的死亡。

物联网水产养殖系统还可根据水质需要进行自动换水，管理员也可以根据系统提供的实时参数判断养殖池是否需要换水，并通过远程控制系统进行换水。

2. 养殖区域管理监控

养殖区域管理监控主要包括养殖区内气象环境变化的监控和养殖区内生产安全监控。前者是对气压、气温、干湿度、风力、风向等数据进行长期采集和积累，为各种不同气象条件下的养殖生产方案提供数据支持[43]。后者是在一些重要的生产管理场所设置摄像头（如养殖池塘、养殖场的出入口处等），实行养殖过程的全程监控，防止偷盗和养殖生物的逃逸，以确保养殖生产安全[44]。

养殖动物生长状况监控是通过数字化的养殖管理系统，科学地对养殖水质状况、养殖密度、饲料投放量等养殖参数进行分析，并根据分析结果进行分塘、分类、差别化的精准管理。如发现疾病，可以尽快进行诊断并提出治疗方案，或进行网络视频会诊。智能投喂系统还能利用手机发送短信指令到中心平台，操控自动投喂机，按预先设定的间隔时长、投喂量为塘区的水产动物投喂饲料。指令发送后，不在现场的养殖户还可以通过网络视频监控系统实时监测塘区水面状况，确认指令是否已经生效，避免误操作引发的损失。

3. 养殖产品储运、加工环节监控

物联网可以对养殖产品的生产、加工、销售等过程进行全程跟踪。只要在产品包装中植入标签代码，就可以通过查询系统，对产品信息进行查询。消费者在购买水产品时，如有疑问，只要用手机扫描标签中的二维码，就可以获取该产品的产地、产品批次号、生产日期、责任主体、联系方式等一系列的信息，以保证消费者追溯产品来源，查找责任主体[40]。

二、存在的主要问题与原因分析

（一）水产生物技术存在的主要问题与原因分析

经过十多年的努力，我国水产生物技术研究取得了快速发展和长足进步，在水产重要养殖动物全基因组精细图谱构建、基因资源发掘、性别特异分子标记筛选与性别控制、鱼类胚胎冷冻保存等少数方面处于国际领先水平，但仍存在很多薄弱环节，与现代渔业的要求还有相当差距，满足不了水产养殖业可持续发展的需要。目前存在的主要问题和原因如下。

1. 基因组资源开发进展迅速，但水产养殖动物基因功能分析平台尚未建立，满足不了基因功能研究的需要

近年来我国学者相继完成牡蛎、半滑舌鳎、鲤、菊黄东方鲀和大黄鱼的全基因组测序，开启我国水产生物技术基因组时代的新纪元，并在此基础上开展了基因组进化和免疫等基础生物学研究，原创成果陆续在Nature、Nature Genetics等国际顶尖期刊发表，得到国际知名专家的高度评价。然而，我们应该清楚地认识到，多个水产物种全基因组资源的深入发掘有赖于国家"十二五"期间在相关领域的重点资助，才使得相关研究得到跨越式发展，占据了国际同类研究的制高点。在后基因组时代，或者说功能基因组时代，重心将是对基因功能及其调控机制的精细解析。与模式生物和农业优势物种相关研究相比，水产基因功能精细研究的基础非常薄弱，缺乏长期积累：首先，缺乏对主要水产生物种质和性状数据的系统性采集、测量和评价，缺乏对海量基因型和表型数据的存储和深入分析，在材料和数据基础上制约了重要经济性状相关功能基因的遗传解析；其次，对生物技术前沿新思想、新方法和新技术消化滞后，也制约了重要功能基因的精细研究，如以TALEN和CRISPR技术为代表的基因组编辑技术已经在模式动物中成熟应用，成为基因功能验证的利器，但在绝大多数水产养殖动物尚未建立基因组编辑技术。

2. 水产养殖动物抗病基础研究及抗病分子育种研究投入低、进展慢，满足不了产业发展的需求

水产养殖动物抗病基础研究及抗病分子育种研究一直是国内外

研究热点之一。美国、英国、日本等国家在沟鲶、罗非鱼、虹鳟、大西洋鲑、牙鲆等鱼类中以构建cDNA文库及同源克隆方法，筛选并分析了一批免疫抗病相关基因，同时在沟鲶、大西洋鲑等抗病分子育种研究方面取得重要进展。我国在牙鲆、大黄鱼、大菱鲆等鱼类免疫基因筛选也取得一定成绩。尽管如此，对于鱼类抗病基因的功能及其机制的认识仍然不足，因此也限制了鱼类抗病分子育种的研究。主要原因一是在免疫基因功能研究方面，由于基因功能研究技术等因素限制，跟风多，原创少；二是尽管我国自21世纪初陆续启动了水产养殖动物（对虾、牙鲆等）抗病育种研究，但由于难度大、未设立重大项目、投入低、对生物技术要求高等原因，进展较慢。远远满足不了水产业对抗病高产良种的需求。

3. 性别特异分子标记和分子辅助性控技术研究满足不了鱼类养殖业发展的需求

水产动物中雌雄个体在产量性状方面的性别差异非常普遍，因此性别控制育种和相关性别决定基础研究是水产前沿技术研究的重要内容。尽管目前我们已经发现半滑舌鳎、圆斑星鲽和条石鲷的性别特异分子标记，在半滑舌鳎、黄颡鱼、罗非鱼等物种的性控育种方面取得了可供产业化应用的成果，但是，在大菱鲆、大黄鱼、鲟等其他许多水产养殖动物中尚未能够开发出性别特异分子标记，在此基础上的分子性控育种研究也比较滞后，且许多水产动物尚未获得成体四倍体，影响了其不育三倍体的研制工作。因此，建议国家设立海水养殖动物性别控制专项，开展海水养殖动物性别特异标记筛选、分子性控和多倍体育种技术的研究。

4. 基因组选择刚刚起步，离良种选育应用尚有距离

分子辅助育种和基因组选择育种将是未来极具发展潜力的育种方式，随着对数个重要水产养殖物种的全基因组资源的深入挖掘，以及遗传变异信息的日益丰富，许多水产物种均获得了大量的分子标记，建立或正在建立高密度遗传连锁图谱，为基因组选择育种提供了必要的标记基础，然而，与传统农业生物相比，水产基因组选择育种仍有很大差距，具体包括：系统的育种家系和性状测量、数据积累等较为薄弱；普遍缺乏高通量的基因型分析工具；养殖对象、养殖模式、繁殖生物学等极为多样，均对基因组选择育种技术在水

产生物中的成熟应用提出了挑战。尽管国内团队已经在个别物种中开展了基因组选择育种工作，但是，距离成熟的育种应用仍然有一定距离。如何利用好手中的资源、工具和研究平台，迅速开展育种研究和良种选育，将是未来十余年我国水产领域科学家的主攻方向之一。

5. 水产生物技术成果转化较慢，支撑产业发展的应用成果较少

尽管我国水产生物技术研究在重要养殖对象的基因组资源开发、性控育种等基础研究方面取得了一批重大突破，但是其作为一个年轻的综合性学科，整体研究水平仍然处于相对落后的地位，研究系统性较差，制约研究水平和研究进度的"短板"仍然较多，"产学研"脱钩现象突出，难以对良种选育、病害防治、高效饲料开发等产业重大需求形成良好的支撑。未来国内研究团队应在基础研究之上更进一步，同时加强产研结合，通过与公司合作等多种方式进行成果转化，促进应用成果的开发和转化，形成对产业发展的直接支撑。

（二）水产养殖物联网技术存在的主要问题与原因分析

水产养殖物联网技术是现代渔业发展的方向。它有利于保护养殖生态环境，提高劳动生产率，从而提高社会效益、经济效益和生态效益。但我国水产养殖中物联网技术应用还没有完全成熟，尚处在初级的摸索和尝试阶段。主要问题如下。

1. 水产养殖产业自身问题

21世纪以来，我国的工业化水产养殖虽然有了较大发展，但还未形成成熟的商业模式。我国水产养殖的发展还受到许多主客观条件的制约。

1）我国目前水产养殖领域相当程度上还处于粗放的资源消耗型生产阶段，传统的养殖方式一直沿用至今、缺乏根本性的创新，相当一部分先进技术仍处于研究和示范阶段，现代化养殖技术水平还不高。如鳗鲡、对虾池塘和工厂化养殖模式始于20世纪70年代，但除池塘养殖变为精养、工厂化养殖配备了简单的加热和充气设备外，水质管理、循环水利用、自动监测等技术尚未普及，资源、能源消耗大，生产力水平低，生产成本高。

2）在广大农村地区，现代化基础设施还比较落后，限制了现代化水产生产规模的发展和生产效率的提高。因投入不足，许多企业缺少必要的技术装备、技术改造和扩大再生产能力，在激烈的市场竞争中处于不利地位。目前我国许多养殖场的设施较为陈旧或者老化严重，缺少现代化和集约化生产所必需的物质条件及综合经营规模。

3）养殖企业管理水平和生产人员的素质还比较低，不能适应现代化水产养殖生产的要求。养殖管理大多依靠养殖从业人员经验，"靠天吃饭"的情况普遍存在，缺乏长期科学数据积累，缺少对影响养殖生产各类信息的有效获取手段和可靠的数据模型，缺乏有效的信息技术支撑和标准化、专业化的管理意识、管理体系。

4）养殖设施和装备智能化水平还比较低，精准度不高。水产养殖设施和智能化设备应用环境特殊，研发难度大，针对水产养殖的现代化、信息化产品研发力量不足。

5）科研滞后于生产，有关集约化、数字化、智能化、网络化的现代水产养殖技术成果尚不成熟，不能有效地为生产服务。

2. 物联网技术应用问题

1）水产养殖物联网关键技术尚不成熟，严重依赖国外。我国水产养殖物联网总体而言还处于起步阶段，关键技术还十分不成熟，这些关键技术主要包括先进传感机制与工艺，高通量、快处理、大存储的无线传感网技术，水产养殖云计算与云服务（模型、方法与平台）技术等。以传感器技术为例，信息感知是水产养殖物联网的基础，作为水产养殖物联网的神经末梢，它是整个水产养殖物联网链条上需求总量最大和最基础的环节。但由于水产养殖环境的复杂性及以水生生物为生产主体等特征，水产养殖专用信息感知方面的关键技术突破困难，多数国产设备稳定性和精确性低。目前我国农业信息感知装备还主要依赖进口。就感知技术而言，我国在射频识别（RFID）底层专利上并无主导权，全球RFID专利布局战已延续多年，美国占据主导地位，其专利申请总量超过了欧盟、世界知识产权组织、日本及中国大陆等多个地区及组织专利申请量的总和，占比高达53%。日本和欧洲在农用微型传感器技术上拥有巨大优势，国内农用传感器及相关芯片、无线传感网络、各类终端等关键技术的技术水平低，相关企业生产规模小，由于成本高导致生产厂商稀少，

企业盈利能力不稳定,且多为代工。

2)水产养殖物联网产业化程度较低。水产养殖物联网技术的应用跨度大,产业分散度高,产业链长,技术集成性高,因此从时间成本到经济成本都难以短期内大规模启动市场。由于水产养殖物联网处于发展初期,投入大、风险高、周期长,缺乏用户需求的持久动力,成果转化与产业化成本高,企业不敢"接盘",参与热情不高。一些比较积极的企业都只是在做局部的产品研发和小规模的应用实验,还难以形成规模化的产业发展格局。另外,由于缺乏科技成果转向产业化发展的运行模式,产业化程度低也带来了农用感知设备成本高的问题。这些问题只有当水产养殖物联网应用的产业链建立起来,产业结构转型升级后才能解决。

3)水产养殖物联网标准规范缺失。在物联网总体标准的制定上,中国基本保持了与国际同步,这在以往新兴产业的发展中十分罕见。但是,在农业物联网整体标准的规范上,目前国内还没有一套具体、详细和可靠的方案,具体的农业物联网标准规范还有较长的路要走。美国等起步较早的国家掌握着大部分国际标准的制定权,中国企业在个人计算机(PC)、软件、互联网、移动通信、数字影碟播放机(DVD)等诸多领域处处受制于自主标准的缺失。标准本身想一统天下是不可能的,因为有很深的利益牵涉其中,标准制定就是各方利益博弈与协调的过程。水产养殖物联网标准的制定受到我国水产养殖发展现状和信息化发展程度的制约。考虑到水产养殖物联网标准的制定受到自然因素和客观条件的特殊影响,迫切需要针对水产养殖生产现场,制定我国水产养殖现场信息全面感知技术应用标准、感知设备智能接口标准、感知设备性能检验标准。针对水产养殖生产环境制定信息传输规范和标准,针对水产养殖信息服务要求和特点制定中国水产养殖云服务标准规范。同时,在标准内容、规范管理等方面需要加速与国际接轨。我国农业部和标准化委员会于2011年年底成立了"农业物联网行业应用标准工作组",由于成立时间不长,尚未形成专门的农业物联网技术标准。我国许多的传感器、传感网、RFID研究中心及产业基地都在积极参与物联网标准的制定,但由于我国业界对农业物联网本身的认识还不统一,关于农业资源和农业设备标准制定更多的还只是停留在战略性的粗线条层面。

3. 政府支持力度不够

水产养殖物联网是一个新兴事物，资金投入巨大，需要政府对企业、高校和科研院所给予一定的政策支持，尤其是已制定的相关政策要落实到位。与其他领域相比，水产养殖物联网应用基础薄弱，在当前农民收入水平较低、农业信息化市场化运作还不完善的情况下，水产养殖物联网发展的投资主体应当是各级政府。

国务院2015年7月1日出台的《关于积极推进"互联网+"行动的指导意见》中指出：利用互联网提升农业生产、经营、管理和服务水平，培育一批网络化、智能化、精细化的现代"种养加"生态农业新模式，形成示范带动效应，加快完善新型农业生产经营体系，培育多样化农业互联网管理服务模式，逐步建立农副产品、农资质量安全追溯体系，促进农业现代化水平明显提升。随着我国经济发展的转型升级，农业结构调整进入了关键时期，水产养殖业正从传统的粗放式养殖模式逐步向工厂化、集约化、精准化养殖模式发展。渔业发展的内外环境正在发生深刻变化，加快建设现代渔业的要求更为迫切。如何适应新要求，建设智慧的水产养殖系统，方便、有效、实时地对水产养殖环境和养殖生物生长情况进行监测、控制并以此推动产业升级，已经成为目前水产养殖现代化发展的热点。因此，充分利用物联网发展的历史机遇，开展水产养殖物联网技术应用研究，实现对水产养殖全过程的自动控制及科学管理，对保障水产养殖业的可持续发展具有重要的意义。

三、国外发展现状

（一）水产生物技术国外发展现状

1. 水产动物基因组精细图谱绘制和功能基因筛选

在水产动物基因组研究方面，挪威完成了大西洋鳕全基因组测序和精细图谱绘制，并揭示了大西洋鳕具有一种特殊的免疫机制[45]；斯坦福大学和博德研究所完成了三棘刺鱼全基因组测序和精细图谱绘制，从全基因组水平鉴定出与海淡水适应性进化相关的位点[46]；由维尔康姆基金会桑格研究所完成了模式鱼类斑马鱼的全基因组精细图谱，比较基因组学表明，70%的人类基因在斑马鱼至少有一个直系同源基因（orthologue）[47]。此外，国外还先后完成了虹鳟、

蓝鳍金枪鱼、七鳃鳗和腔棘鱼等水产动物的全基因组测序和精细图谱绘制[48-51]。

在水产动物功能基因筛选方面，尤其是性别决定和分化相关基因研究方面，国际上取得重要进展，发现了多个鱼类性别决定基因，包括青鳉（*Oryzias latipes*）中的*dmy*、银汉鱼（*Odontesthes hatcheri*）中的*Amhy*、吕宋青鳉（*Oryzias luzonensis*）中的*Gsdf*、虹鳟（*Oncorhynchus mykiss*）中的*SdY*、河鲀（*Takifugu rubripes*）中的*Amhr2*等[52-56]。

2. 水产动物高密度遗传连锁图谱构建及重要经济性状分子标记筛选

构建了美国红鱼微卫星遗传连锁图谱，雄性图谱包含204个标记，平均间隔6.03cM；雌性图谱包含226个标记，平均间隔6.53cM[57]。构建了虹鳟的遗传连锁图谱，包含2226个标记、29个连锁群，总图距3600cM，将该图谱与青鳉、棘鱼和斑马鱼的基因组数据库比对，发现了鲑科鱼的基因组重复性及硬骨鱼之间的同线保守性[58]。构建了大西洋鲑高密度SNP遗传连锁图谱，共包含5950个标记，雌性图谱总长2403cM、雄性图谱1746cM[59]。构建了墨西哥脂鲤SNP高密度遗传连锁图谱，包含2235个标记，平均间隔0.94cM[60]。

欧美等国近几年对鱼类性别特异分子标记筛选项目非常重视，投资很大。例如，在欧盟第7框架项目中，法国牵头、多个欧洲国家和美国参加启动了20多种鱼类性别特异筛选和性别控制技术的研究。在青鳉*dmrt1*基因中发现了一个性逆转相关的SNP标记，研究发现具有$Dmrt1^{C53R}$突变体的雄鱼可发育变为雌鱼[61]；Ninwichian等在斑点叉尾鮰中发现一个雄性特异标记AUEST0678[62]；在大菱鲆中报道了两个雌性连锁的随机扩增多态性DNA（RAPD）和一个雄性连锁的RAPD标记[63]。而在抗病相关分子标记筛选方面，在大菱鲆中发现的与盾纤毛虫病密切相关的微卫星标记Sma-USC256，可解释22.30%表型变异率[64]；在斑节对虾中发现了1个与对虾白斑病（WSD）相关的RAPD-SCAR标记，随后又得到一个71bp的与该病相关的微卫星标记[65]；发现了3个与文蛤弧菌病相关的EST-SSR标记（MM959、MM4765、MM8364）[66]；从虹鳟鱼中筛选出12个与细菌性冷水病（CWD）及19个造血性坏疽病毒病（IHNV）密切相关的SNP标记[67]。

3. 基因转移技术

近10年来国外鱼类基因转移的研究主要集中在转基因鱼类的食用和生态安全性研究方面，美国奥本大学科学家构建了调控原始生殖细胞迁移的基因转移技术，并通过外源药物作为"基因调控开关"启动外源基因*dead end*和*nanos*的表达，并将这项技术用于控制美国沟鲶和亚洲鲤的性腺发育[68]。此外，美国近几年来在转基因鱼产业化应用上取得了重大突破。美国食品药品监督管理局（FDA）于2015年11月正式批准了转生长激素基因鲑上市，进入消费市场，这也是全世界首例人类可以食用的转基因水产动物，从而揭开了转基因鱼类商业化应用的序幕，将极大地促进转基因水产动物产业化应用的进程。

4. 基因组选择技术和基因组编辑技术

基因组选择作为一种新兴的水产动物育种方法，尽管有很大的应用潜力，但目前开展的研究还比较少。挪威起步较早，筛选到抗病分子标记，目前启动了大西洋鲑、虹鳟等鱼抗病全基因组选择项目研究。美国奥本大学开发了250K的斑点叉尾鲴SNP标记的基因芯片，推进了全基因组选择在鲶育种中的应用[69]。而有关水产动物全基因组选择，目前国外也只是进行了一些理论模拟研究，尚未见正式应用的报道。

在基因组编辑方面，利用TALEN技术得到两个斑马鱼的*r-spondin2*突变体，其神经和血管的弓和肋骨发育不全，为揭示在骨骼起源中*r-spondin2*的功能奠定了基础[70]。利用CRISPR/Cas9系统成功地使斑马鱼胚胎中*fh1*、*apoea*等基因定点突变；并获得了*drd3*、*gsk3b*基因位点突变体[71]。通过CRISPR/Cas9定向敲除了青鳉胚胎的*DJ-1*基因[72]。采用CRISPR/Cas9技术敲除了大西洋鲑（*Salmo salar*）色素沉积相关的两个基因*tyrosinase*和*slc45a2*，使突变体幼鱼阶段相对于野生型减少了色素沉积[73]。但总的来说，基因组编辑技术在养殖鱼类上的应用报道还很少。

5. 水产动物细胞培养与种质保存

在鱼类组织细胞系的建立方面，研究主要集中在亚洲国家。印度建立了南亚野鲮鳃组织细胞系并用细胞系检测了马拉硫磷的细胞

毒性；建立了印度热带观赏鱼*Puntius fasciatus*和*Pristolepis fasciata*的尾鳍细胞系[74]。在水产无脊椎动物的细胞培养方面，Mercurio等进行了食用海胆卵巢组织的原代细胞培养，并对培养基、促贴壁物质和促生长物质进行了筛选。研究出一种专门培养虾细胞的培养液SCCM，使用这种培养基，斑节对虾淋巴和卵巢细胞分别传了两代[75]。

国外有关鱼类精子冷冻保存研究，目前进入了产业化应用阶段。一方面冷冻精子技术在模式鱼类斑马鱼上进行了成功应用，国际上很多实验室都建立了大量基因敲除的斑马鱼品系和突变体。另一方面，冷冻精子在大西洋鲑、沟鲶、虹鳟等鱼类育种和养殖业中进行了产业化应用。例如，美国路易斯安那州立大学科研人员设计了鱼类精子高效冻存系统，实现了只用三个人工，可以日产1000管冻精的目标。鱼类的精子冷冻保存已经在三文鱼养殖中起到举足轻重的作用，北欧的三文鱼养殖已经全部实行了采用冷冻精子授精鱼卵生产鱼苗的生产模式。此外，鱼类胚胎超低温冷冻保存研究始终是国际上的热点之一，伊朗科学家在波斯鲟胚胎冷冻保存上取得突破性进展，他们采用玻璃化冷冻方法，成功获得在液氮中冷冻保存后复活的鲟胚胎，最高复活率达69%[76]。利用玻璃化方法对斑马鱼胚胎发育早期的原始生殖细胞进行分离和冷冻保存研究[77]。

6. 海洋生物酶基因工程技术

20世纪90年代以来，随着对海洋极端微生物培养技术、极端酶的酶学性质、蛋白结构生物学研究的深入，以及对产酶基因克隆和表达方法的成熟，越来越多的海洋生物酶用于食品、医药及其他工业行业。获得高活性和稳定性的酶是工业化应用的前提和关键。获得优良性质酶的途径包括利用物理、化学因素进行诱变，建立新的筛选方法及近几年兴起的分子定向进化等方法。近年来越来越多的酶的晶体结构被报道，这为其构效关系提供了研究数据，为酶学性质差异研究提供了分子基础，并为定向进化分析提供了参考材料。此外，国外也对海洋生物酶进行了基因工程产品开发，如将源于海洋细菌*Cobetia marina*的碱性磷酸酶CmAP在*E. coli* Rosetta（DE3）/Pho40细胞中进行重组表达，产量为2mg/L，它比目前所有商品化的碱性磷酸酶的催化效率高出10～100倍。

7. 海水养殖动物病害流行及病原检测生物技术

国际上在水产生物病原微生物快速、有效检测技术方面也取得重要进展。建立了新型的检测鱼类病毒性出血性败血症病毒（VHSV）的StaRT-PCR方法。从病菌感染的鱼体中同时检测迟缓爱德华氏菌、副乳房链球菌和海豚链球菌。与测流试纸联合快速检测对虾黄头病毒。基于微生物生理生化检测、分子生物学检测和免疫学方法的快速发展，国外已经开发了多种商品化的病原高灵敏快速检测试剂盒，可以用于对海洋生物致病病毒和细菌的快速检测。

（二）水产养殖物联网技术国外发展现状

水产养殖物联网技术在国外也是一个新生事物。发达国家现代水产养殖技术和装备的自动化、信息化及智能化发展很快，尤其在水质监控和科学投喂方面取得了很大进展。

水质监测与调控是实现水产生态健康养殖和保证产品质量的关键环节。主要目的是控制水体温度、pH、溶解氧、盐度、浊度、氨氮、亚硝酸氮、化学需氧量（COD）、生化需氧量（BOD）等对水生生物生长环境有重大影响的水质参数，为养殖对象提供最佳的生长环境。挪威、德国、美国、法国、日本等发达国家对于水质监测已完全实现了自动化，他们建立了养殖池塘水体环境智能监控管理系统，在线检测水体中的各项理化指标，并根据这些数据了解养殖水体的状况，从而有效地调节养殖环境，使养殖水体控制在养殖对象最适宜的状态，从而提高养殖产量和效益。

科学喂养技术是水产生态健康养殖最重要的技术之一。养殖对象的营养研究和科学喂养可保障集约化水产养殖过程中节约资源、降低成本、减少污染和病害发生、保证水产品食品安全，促进水产养殖的持续、健康发展。国外在水产养殖饲料及饲料投喂方面的研究已经相当成熟，并且也已结合了信息技术的应用。早在20世纪80年代，发达国家已出现了利用计算机技术优选主要养殖品种的最佳饲料配方，建立饲料工业体系、自动化精准投饲装备与系统，实现了真正意义上的智能化投喂。

目前随着通用分组无线业务（GPRS）、无线保真（WiFi）、紫蜂协议（ZigBee）等无线技术的发展，国外已经开始考虑水产养殖装备的远程控制，使装备变成网络中的一个控制终端，人们可以在任何时候、任何地方对设备的运行状态进行了解，并根据当前情况进行控制。

四、发展战略与关键技术

(一) 水产生物技术发展战略与关键技术

1. 发展战略

以服务于水产养殖业创新驱动战略，提高现代渔业科技竞争力为主要目标，加快水产生物技术研究的原始创新，围绕重要经济物种基因组结构和功能解析、经济性状调控网络、分子育种技术体系及种质资源评价与保护，力争在重要理论方面有重大发现，在关键共性技术方面有所突破，建立系统完整的水产生物技术研究与应用体系，支撑和引领水产种业发展。通过加快生产组织方式创新，引入市场机制和长效机制，构建以市场为导向、科研院所为依托、企业为主体、科技为支撑、产学研相结合的水产生物技术研发与应用体系，全面提升水产养殖业的现代化水平。同时以提高国际竞争力为目标，加快推进水产生物产业的形成与发展，围绕基础理论、前沿技术、基因资源发掘、基因产品研制和种质创制这一产业链条开展创新型研究，为建设水产生物技术强国、引领世界水产养殖业发展、实现我国从水产养殖大国向水产养殖强国迈进做出贡献。

2. 关键技术

(1) 水产生物高复杂度基因组的组装和分析技术

针对高杂合度、高重复序列水产生物的全基因组或性染色体基因组测序、拼接、组装及生物信息学分析技术目前还不过关。尽管目前已经完成了一些养殖鱼类全基因组测序和精细图谱绘制，但对于中国对虾、中华鲟这样的高杂合度、高重复序列水产生物，或多倍体水产动物，或具有高重复序列的W和Y性染色体的基因组测序和组装，目前还没有很好的技术。

(2) 重要水产养殖动物基因组编辑技术

近年来，多种新型高效的DNA靶向内切酶被发现并投入应用，其中应用最为广泛的为锌指核酸酶（ZFN）、类转录激活样效应因子核酸酶（TALEN）、规律成簇间隔短回文重复序列（CRISPR/Cas）系统。尽管基因组编辑技术在模式鱼类上应用很成功，但在大多数水产养殖动物目前还是个难题，而要进行不同鱼类基因的功能分析，又必须建立各自的基因组编辑技术。因此，建立适于不同水产养殖动物的基因组编辑技术和操作平台成为水产动物基因功能验证和基因工程育种中亟待解决的技术瓶颈。

(3) 水产动物重要经济性状关键基因筛选与遗传解析技术

许多水产养殖动物由于性染色体分化较小、雌雄个体基因组差异序列很小，因而难以筛选出性别特异分子标记，也难以鉴定出性别决定基因。因此，探索新的分子技术筛选水产养殖动物性别特异分子标记，以及发掘性别决定基因，成为水产生物技术领域拟解决的重要关键技术。此外，水产动物抗病关键基因的筛选及抗病性状的遗传解析始终是水产生物技术领域拟解决的重大问题。由于鱼类抗病性状多是由环境和机体相互作用导致的多基因复杂数量性状，单一研究某个抗病基因难以全面揭示抗病的分子机制，筛选抗病主要基因、解析鱼类抗病性状的分子机制的技术就成为水产生物技术的前沿关键技术。

(4) 水产动物基因组选择技术和分子设计育种技术

基因组选择育种是分子标记辅助选择育种的一种形式。由于分子标记辅助选择只能同时选择很少的几个生产性状，且微效基因控制的一些生产性状无法进行有效选择，因此，基因组选择能够对所有的遗传变异和遗传效应进行准确的检测和估计，并能在个体早期进行基因型检测而预测出基因组育种值，降低了后裔性能测定的成本。随着测序技术和基因分型技术的快速发展，实施基因组选择的有效成本越来越低，且对于较难实施选择的性状具有较大优势，并能更有效地平衡不同性状的遗传进展，基因组选择这一新型的育种技术必将在水产动物育种中发挥重要作用。分子设计 (molecular design) 是水产动物现代育种科技研究的发展方向，是依赖于系统生物学、生物信息学和遗传学的知识而发展起来的系统工程。其概念的提出虽只有几年时间，但它代表着今后遗传育种研究和品种改良实践的发展方向。与水稻和小麦等重要作物的分子设计育种规划和已取得的重大进展相比，水产动物的分子设计育种还处于起步阶段，今后很长一段时间，要集中开展少数代表性物种的主要经济性状的遗传基础与分子调控研究，积累分子设计育种的要素基础并建立技术平台。

(5) 水产动物细胞培养、生殖干细胞移植和种质保存技术

鱼类等水产脊椎动物细胞培养技术相对成熟，然而无脊椎水产

动物,如对虾、贝类等的细胞培养和细胞系的建立技术目前尚未成功,尚处于探索阶段。以海水、淡水重要养殖和濒危珍稀鱼类为对象,开展生殖干细胞分离、培养与移植技术的研究,建立在近缘异种鱼类培育重要或珍稀濒危鱼类精子和卵子的技术,探讨通过借腹怀胎保护珍稀濒危鱼类物种的可行性。以海水、淡水重要经济和珍稀濒危鱼类为材料,开展胚胎玻璃化冷冻保存技术的研究,建立不同水产养殖动物胚胎超低温冷冻保存的实用化技术,实现水产动物胚胎在液氮中的长期保存。

(二)水产养殖物联网技术发展战略与关键技术

1. 发展战略

从目前水产养殖物联网发展阶段出发,在宏观设计和微观突破两个角度,提出解决"十三五"期间水产养殖物联网发展的重大和关键问题,如下。

一是抓住水产养殖物联网缺乏产业整体设计的问题,通过技术体系研究,统领水产养殖物联网"十三五"及今后一段时间的发展,形成标准框架和发展思路,消除分歧、统一方向,集中产业内有限的人员、经费等科研力量,解决制约发展的主要问题。重点放在国家层面的水产养殖物联网发展规划编制和标准体系建设上。

二是从提升国家核心竞争力的角度,狠下工夫开展物联网传感器核心技术攻关,研究适合我国水产养殖现状的低价、高效、易用的专用传感器。重点应放在加大投入、整合资源、人才引进和技术创新上。

三是从不断提升水产养殖物联网技术经济效益和社会效益出发,结合云计算、大数据、移动互联等技术,加强应用服务体系建设和研究,充分发挥物联网服务生产、服务市场、服务渔民、服务公众的优势。重点应放在水产养殖生产大数据、智能分析技术和产业服务平台的建立上。

四是以推动水产养殖物联网技术大规模应用为目标,整合应用各个环节技术,形成可行、可用、可推广的应用技术体系,以点带面,实现水产养殖物联网技术的产业化应用。重点放在经济型养殖品种和工厂化养殖模式的大规模、市场化推广应用上。

2. 关键技术

水产养殖物联网自下而上可分为感知层、传输层、处理层和应用层。其中感知层是水产养殖物联网的神经末梢，通过各种水产养殖传感器、火焰离子化检测器（FID）、开放式可插拔规范（OPS）、摄像机等识别装置智能感知各种水产养殖环境和个体要素，这是我国水产养殖物联网技术的攻坚环节，是国内众多团队需要狠下力气的环节；传输层主要利用各种近距离、远距离、有线和无线传输渠道实现水产养殖现场数据、信息和处理后信息的双向传递，确保信息传输可靠通畅，这个环节是物联网相对成熟的环节，主要解决通信技术与水产养殖场景的结合问题；处理层综合运用高性能计算、人工智能、数据库和模糊计算等技术，搭建水产养殖物联网管理与处理平台，对收集的感知数据进行存储、分类、优化、管理等处理，这个环节也是较为成熟的环节，目前主要精力放在云存储、云计算、搜索引擎研究上；应用层是面向水产养殖具体应用领域需求，构建预测、预警、优化、控制、诊断、推理等各种水产养殖模型，开发水产养殖物联网应用系统，该环节是我国水产养殖物联网相对薄弱的环节，尤其是水产养殖知识模型需要多年的积累和实际的修正。"十三五"期间，应加强水产养殖物联网核心技术研发，突破关键核心技术。

1）感知层重点要突破复杂水产养殖环境下感知设备的小型化、低成本、低功耗、可靠性。小型化和可靠性主要体现在封装和结构设计，能够适应复杂的养殖环境条件；低成本和低功耗重点解决水产养殖大规模应用和设备使用持续时间的问题。

2）传输层重点突破具有高可靠性和节能的水产养殖无线物联网网络部署协议优化技术，主要包括传感器的自组织，多模式通信方式的高度融合，还有低成本、高覆盖、高实时性的信息传输。

3）应用层重点面向水产养殖的资源环境监测、生产信息管理、水产品质量安全监管等领域开展基于物联网的云计算服务，其关键是建立面向水产养殖知识的信息处理模型。

4）加强水产养殖物联网标准制定，保障发展。做好顶层设计，在国家物联网基础标准上，尽快制定物联网水产养殖业行业应用标准，主要包括水产养殖专用传感设备技术标准、水产养殖感知信息传输网络建设标准、水产养殖感知数据分析标准、水产养殖环境控制标准。

5）加强水产养殖生产信息处理技术的研发。水产养殖信息处理技术是以水产养殖信息知识为基础，采用各种智能计算方法和手段，使得物体具备一定的智能性，能够主动或被动地实现与用户的

沟通，也是物联网的关键技术之一。水产养殖信息处理技术包括养殖生产预测预警、养殖生产优化控制、养殖生产智能决策、养殖生产诊断推理和养殖生产视觉信息处理等。

五、重点科研计划项目与重大工程建设项目建议

（一）重点科研计划项目

1. 水产养殖动物全基因组结构解析及对基因资源的深度挖掘

重点内容：进行重要水产养殖动物全基因组测序和精细图谱构建，分析不同水产动物基因组的结构特征和进化规律，阐释不同水产动物基因组的结构和功能；进行基因资源的深度挖掘。

预期目标：完成6～8种鱼、虾、贝全基因组结构解析；完成比较基因组学研究，获得具有育种价值和产权的重大新基因和标记60～80个。

2. 水产养殖动物性别、抗病等重要经济性状的遗传解析及分子设计的基础研究

重点内容：进行半滑舌鳎和黄颡鱼等雌雄差异大的水产养殖动物W和Y染色体基因组组装和结构解析；筛选性别决定基因，揭示性别决定和调控的分子机制。建立鱼类性别决定基因定点突变（通过TALEN、CRISPR/Cas9）或转基因过表达控制鱼类性别分化的基因操作技术。筛选鲆鲽类、乌苏拟鲿、罗非鱼等水产养殖动物性别特异分子标记，建立遗传性别鉴定和分子标记辅助性别控制技术。开展重要水产养殖动物抗病相关定量性状基因座（QTL）精细定位及抗病新基因的筛选；抗病、易感群体的免疫组织转录组、蛋白组整合分析；抗病相关基因功能验证及抗病基因调控网络的构建；抗病性状的全基因组结构变异图谱绘制及抗病分子设计的基础研究。构建水产养殖动物重要基因高效重组表达技术体系，研制基因工程重组蛋白；探索重组表达产物提高水产养殖动物生长速率和抗病力的途径。

预期目标：完成2～4种水产养殖动物性染色体W和Y的基因组组装和结构与功能分析；筛选4～6种水产养殖动物性别特异分子标记和性别决定基因，建立遗传性别鉴定技术；揭示2～4种水产养

殖动物性别决定机制；建立3～5种水产动物分子性控技术；发掘10～20个重要水产养殖动物抗病关键基因；绘制全基因组SNP变异图谱，解析抗病性状的基因组变异机制；建立抗病高产性状全基因组选择的理论基础和技术；建立海水动物重要基因的产品开发及应用体系；建立不同性状功能基因产物的活性分析技术平台；开发免疫增强剂、性别和生殖调控因子、促生长因子、保鲜剂等多种功能基因产品。

3. 重要水产养殖动物经济性状形成的表观遗传调控机制

重点内容：以水产养殖动物生长、生殖、发育和免疫等重要经济性状为目标性状，通过基因组甲基化分析、组蛋白修饰及小RNA分析等技术手段解析重要经济性状形成的表观遗传调控机制；建立甲基化等表观修饰因子在水产动物中的检测技术体系，筛选与重要经济性状相关的表观标记。

预期目标：完成5～8种鱼、虾、贝等水产动物的全基因组甲基化图谱绘制；筛选与生长、生殖、发育和免疫等重要经济性状相关的表观标记20个以上；揭示重要水产养殖动物经济性状形成的表观遗传调控机制。

4. 重要水产养殖生物基因信息大数据平台构建及应用

重点内容：构建以种质资源数据和基因组数据为核心的水产生物基因资源信息大数据平台，收集、储存和分析我国重要水产养殖物种丰富多样的种质资源和基因资源信息；通过对数据的加工和大数据分析，为水产生物技术研发、遗传育种、病害防治和资源保护等提供必要的数据支撑。

预期目标：建立全国性的水产养殖生物种质资源数据和基因组序列数据保存与分析处理平台，为水产养殖生物育种和种业发展提供技术支撑。

5. 水产精准养殖物联网系统的开发与集成示范

重点内容：开发精准养殖环境感知技术、精准养殖模拟技术、精准养殖设备智能控制技术、精准养殖管理技术、精准养殖规模化生产集成技术等。

预期目标：建立精准养殖物联网控制系统；建立精准养殖物联

网网络；建立精准养殖物联网信息系统；建立精准养殖物联网专家系统；建立精准养殖物联网管理系统；精准养殖物联网系统集成与示范。

（二）重大工程建设项目

建立海洋生物基因工程技术研究中心，围绕"突破前沿技术、创制重大产品、培育新兴产业、引领现代农业"的总体方针，采用"先行先试、率先发展"的经营思路，将中心建设成为一个集基础研究和产品开发于一体的基因功能验证和基因工程产品研发平台，以鱼类基因产品开发为主导，同时展开对贝类、虾类、蟹类、藻类等其他海洋养殖物种功能基因的开发和研究，逐步将平台整合成国内一流、国际知名的综合性现代化海洋基因工程研究中心，全面提升我国海洋产品自主研发和应用的能力。平台的定位本着三个"多样性原则"原则：①物种多样化，以鱼类功能基因的研究为先导，逐步融入其他海洋经济生物，尤其是已测序的物种，最终覆盖我国海洋养殖物种。②基因多样化，发育和抗逆相关基因包括一大批基因，按功能可分为抗菌肽、酶、转录因子、激素受体等；按定位可包括膜蛋白、可溶蛋白、核蛋白等。因此，研究不是仅局限于通路的某个部分，而是同时关注通路的各个组分，包括感知蛋白、信号分子、效应分子等，开发针对不同生长阶段或不同靶标的基因产品。③表达系统多样化，针对目标基因的多样性，平台将建立原核、真核及细胞等不同表达系统，以便于表达和验证不同类型的基因产物。以中心为平台和支点，采用"对外开放、示范发展"的经营思路，面向一线科研人员及渔业生产者，注重示范辐射，推动从"传统渔业"向"现代渔业"的根本性转变，实现渔业渔民新发展。

六、保障措施与对策建议

（一）水产生物技术保障措施与对策建议

1. 加强水产生物技术基础理论和前沿技术研究，推动水产科技原始创新

在基础研究领域，针对主要水产养殖生物生殖、生长、抗病等性状，发掘鉴定具有重要育种价值的功能基因和分子标记，构建优

良品种高密度遗传连锁图谱。开展重要水产养殖生物的全基因组精细图谱绘制，解析重要经济性状的形成和发生机制。重点开展水生生物分子设计和细胞工程育种等前沿育种技术，发展和综合运用多性状复合选育、分子标记辅助选育及性别控制等技术，加快优质、抗逆、高产种质的分子设计，创新人工选育理论与方法。

2. 设立水产养殖生物抗病基础研究及抗病分子育种重大专项（多学科联合提出）

针对水产养殖动物抗病力差、病害频发、抗生素滥用、缺乏抗病优良品种等问题，建议国家科技部设立水产养殖生物抗病基础研究及抗病分子育种重大专项，组织多部门、多学科、多领域开展联合攻关，尽早培育出主要水产养殖动物多抗高产优质新品种。

3. 以水产生物技术研究成果为支撑，建立和健全水产种业体系

在建立水产重要经济性状解析及育种技术的基础上，着力加强核心种质材料体系建设和遗传评价工作，开展抗逆、抗病、高品质等性状选择方面的研究和新品种培育工作。根据水产育种研发链条各环节与水产种业发展的客观需求，完善水产良种选育、扩繁和推广体系，建设一批水产育种中心、水产原良种场、区域性和省级水产引种保护中心，着力转化推动现代种业发展的新技术、新成果，加速优质新品种产业化进程。同时加强国际交流，密切跟踪国际水产育种理论新进展，及时引进先进国家的育种新技术、新方法和新材料，提高我国水产育种重点领域的发展基点和产出效率。

4. 完善有利于水产生物技术发展的政策措施，逐步建立多元化的投入机制

积极推进水产生物技术知识产权保护和商业化运作，加快以科研院所为创新主体的生物技术研发体系及以企业为主体的商业化育种体系的建设进程，由政府引导，以科研院所为依托，以重点企业为核心，以产业技术创新战略联盟为载体，推进产、学、研深层次合作，扶持、培育一批覆盖水产生物技术与现代种业全产业链、符合市场化利益回馈机制的"产学研-育繁推"一体化的新型水产种业企业，推进产业集群发展。此外，加大财政资金对基础性、公益性

研究的投入及对水产生物技术重点实验室、工程技术研究中心、水产种质资源保存基地等科研平台建设的支持力度。

（二）水产养殖物联网技术的保障措施与对策建议

物联网不是科技狂想，而是又一场科技革命。我国物联网目前面临前所未有的发展机遇，同时也面临着关键技术不成熟、产业化程度低、标准规范缺失、相关政策不到位等一系列的挑战。水产养殖物联网技术的发展，将是实现传统水产养殖生产向现代水产养殖生产转变的助推器和加速器。建议我国水产养殖主管部门在"十三五"期间应采取有效措施，加大支持力度，进一步推动和发展我国水产养殖物联网技术的应用。

1. 提升水产养殖标准化水平，优化水产养殖物联网应用环境

规模化、信息化、自动化、设施化是物联网应用的基本条件。针对目前我国水产养殖现状，按照养殖规模、养殖模式、养殖品种对物联网技术应用环境进行分类，在条件成熟区域加大信息化基础建设投入，创造物联网技术应用的良好环境。

2. 提升信息化服务水平

支持互联网企业与水产养殖生产经营主体合作，综合利用大数据、云计算等技术，建立水产养殖信息监测体系，为灾害预警、水质监测、疫病防控、市场预测、经营管理等提供有效的信息服务。

3. 加强水产养殖物联网示范项目建设

紧紧围绕发展现代化水产养殖生产的重大需求，在全国范围内启动一批水产养殖物联网示范项目，研发一批适合水产养殖特点的物联网自主产权技术产品，建设一批国家级水产养殖物联网示范基地，创新物联网在水产养殖领域的应用技术模式，建立水产养殖物联网可持续发展的机制，以点带面，全面推进物联网技术在水产养殖生产经营管理领域中的应用。

4. 加大政府推动水产养殖物联网产业化发展的作用

产业化的发展离不开产业链的全面投入与建设，物联网是一个

技术应用庞大且复杂的体系,要实现产业化,更需要对整个产业链发展有严谨的规划与设计,否则产业化的发展就会陷入盲目与被动。由于水产养殖物联网是信息技术和渔业资源的利用发展到一定阶段的产物,而且跟互联网的发展密切相关,因此,水产养殖物联网产业链实质上就是水产养殖产业链与互联网产业链的延伸与拓展。在当前农民收入水平较低、农业信息化市场化运作还不完善的情况下,水产养殖物联网发展的投资主体应当是各级政府,建议政府部门把水产养殖物联网发展作为重点支持的项目。

参 考 文 献

[1] 朱洪波, 杨龙祥, 朱琦. 物联网技术进展与应用[J]. 南京邮电大学学报(自然科学版), 2011, 31(1): 1-9.

[2] Zhang G, Fang X, Guo X, Li L, Luo R, Xu F, Yang P, Zhang L, Wang X, Qi H, Xiong Z, Que H, Xie Y, Holland PW, Paps J, Zhu Y, Wu F, Chen Y, Wang J, Peng C, Meng J, Yang L, Liu J, Wen B, Zhang N, Huang Z, Zhu Q, Feng Y, Mount A, Hedgecock D, Xu Z, Liu Y, Domazet-Lošo T, Du Y, Sun X, Zhang S, Liu B, Cheng P, Jiang X, Li J, Fan D, Wang W, Fu W, Wang T, Wang B, Zhang J, Peng Z, Li Y, Li N, Wang J, Chen M, He Y, Tan F, Song X, Zheng Q, Huang R, Yang H, Du X, Chen L, Yang M, Gaffney PM, Wang S, Luo L, She Z, Ming Y, Huang W, Zhang S, Huang B, Zhang Y, Qu T, Ni P, Miao G, Wang J, Wang Q, Steinberg CE, Wang H, Li N, Qian L, Zhang G, Li Y, Yang H, Liu X, Wang J, Yin Y, Wang J. The oyster genome reveals stress adaptation and complexity of shell formation [J]. Nature, 2012, 490: 49-54.

[3] Chen S, Zhang G, Shao C, Huang Q, Liu G. Zhang P, Song W, An N, Chalopin D, Volff JN, Hong Y, Li Q, Sha Z, Zhou H, Xie M, Yu Q, Liu Y, Xiang H, Wang N, Wu K, Yang C, Zhou Q, Liao X, Yang L, Hu Q, Zhang J, Meng L, Jin L, Tian Y, Lian J, Yang J, Miao G, Liu S, Liang Z, Yan F, Li Y, Sun B, Zhang H, Zhang J, Zhu Y, Du M, Zhao Y, Schartl M, Tang Q, Wang J. Whole-genome sequence of a flatfish provides insights into ZW sex chromosome evolution and adaptation to a benthic lifestyle [J]. Nat Genet, 2014, 46: 253-260.

[4] Xu P, Zhang X, Wang X, Li J, Sun X, Liu G, Kuang Y, Xu J, Zheng X, Ren L, Wang G, Zhang Y, Huo L, Zhao Z, Cao D, Lu C, Li C, Zhou Y,

Liu Z, Fan Z, Shan G, Li X, Wu S, Song L, Hou G, Jiang Y, Jeney Z, Yu D, Wang L, Shao C, Song L, Sun J, Ji P, Wang J, Li Q, Xu L, Sun F, Feng J, Wang C, Wang S, Wang B, Li Y, Zhu Y, Xue W, Zhao L, Wang J, Gu Y, Lv W, Wu K, Xiao J, Wu J, Zhang Z, Yu J. Genome sequence and genetic diversity of the common carp, *Cyprinus carpio* [J]. Nat Genet, 2014, 46: 1212-1219.

[5] Wu C, Zhang D, Kan M, Lv Z, Zhu A, Su Y, Zhou D, Zhang J, Zhang Z, Xu M, Jiang L, Guo B, Wang T, Chi C, Mao Y, Zhou J, Yu X, Wang H, Weng X, Jin JG, Ye J, He L, Liu Y. The draft genome of the large yellow croaker reveals well-developed innate immunity [J]. Nat Commun, 2014, 5: 5227.

[6] Wang Y, Lu Y, Zhang Y, Ning Z, Li Y, Zhao Q, Lu H, Huang R, Xia X, Feng Q, Liang X, Liu K, Zhang L, Lu T, Huang T, Fan D, Weng Q, Zhu C, Lu Y, Li W, Wen Z, Zhou C, Tian Q, Kang X, Shi M, Zhang W, Jang S, Du F, He S, Liao L, Li Y, Gui B, He H, Ning Z, Yang C, He L, Luo L, Yang R, Luo Q, Liu X, Li S, Huang W, Xiao L, Lin H, Han B, Zhu Z. The draft genome of the grass carp (*Ctenopharyngodon idellus*) provides insights into its evolution and vegetarian adaptation [J]. Nat Genet, 2015, 47: 625-631.

[7] Meng L, Zhu Y, Zhang N, Liu W, Liu Y, Shao C, Wang N, Chen S. Cloning and characterization of tesk1, a novel spermatogenesis-related gene, in the tongue sole (*Cynoglossus semilaevis*) [J]. PLoS One, 2014, 9(10): e107922.

[8] Hu Q, Zhu Y, Liu Y, Wang N, Chen S. Cloning and characterization of wnt4a gene and evidence for positive selection in half-smoothtongue sole (*Cynoglossus semilaevis*) [J]. Sci Rep, 2014, 4: 7167.

[9] Zhang J, Zhang YB, Wu M, Wang B, Chen C, Gui JF. Fish MAVS is involved in RLR pathway-mediated IFN response [J]. Fish Shellfish Immunol, 2014, 41(2): 222-230.

[10] Wang N, Wang XL, Yang CG, Chen SL. Molecular cloning, subcelluar location and expression profile of signal transducer and activator oftranscription 2 (STAT2) from turbot, Scophthalmus maximus [J]. Fish Shellfish Immunol, 2013, 35(4): 1200-1208.

[11] Yang CG, Liu SS, Sun B, Wang XL, Wang N, Chen SL. Iron-metabolic

function and potential antibacterial role of Hepcidin and its correlated genes (Ferroportin 1 and Transferrin Receptor)in turbot (*Scophthalmus maximus*) [J]. Fish Shellfish Immunol, 2013, 34(3): 744-755.

[12] Wang L, Fan C, Xu W, Zhang Y, Chen S, Liu S, Sun D, Deng H, Xu Y, Tian Y, Liao X, Xie M, Li W. Characterization and functional analysis of a novel C1q-domain-containing protein inJapanese flounder (*Paralichthys olivaceus*) [J]. Dev Comp Immunol, 2016, 67: 322-332.

[13] Yang C. Wang X, Zhang B, Sun B, Liu S, Chen S. Screening and analysis of PoAkirin1 and two related genes in response to immunologicalstimulants in the Japanese flounder (*Paralichthys olivaceus*) [J]. BMC Mol Biol, 2013, 14: 10.

[14] Zeng Y, Xiang J, Lu Y, Chen Y, Wang T, Gong G, Wang L, Li X, Chen S, Sha Z. sghC1q a novel C1q family member from half-smooth tongue sole (*Cynoglossus semilaevis*): identification, expression and analysis of antibacterial and antiviral activities [J]. Dev Comp Immunol, 2015, 48(1): 151-163.

[15] Lu Y, Wang Q, Liu Y, Shao C, Chen S, Sha Z. Gene cloning and expression analysis of IRF1 in half-smooth tongue sole (*Cynoglossus semilaevis*) [J]. Mol Biol Rep, 2014, 41(6): 4093-4101.

[16] Li Y, Liu XC, Zhang Y, Ma XL, Lin HR. Effects of cysteamine on mRNA levels of growth hormone and its receptors and growth in orange-spotted grouper (*Epinephelus coioides*)[J]. Fish Physiology and Biochemistry, 2013, 39(3): 605-613.

[17] Li S, Zhao L, Xiao L, Liu Q, Zhou W, Qi X, Chen H, Yang H, Liu X, Zhang Y, Lin H. Structure and functional characterization of neuropeptide Y in a primitive teleost, the Japanese eel (*Anguilla japonica*) [J]. Gen Comp Endocrinol, 2012, 179(1): 99-106.

[18] Song W, Pang R, Niu Y, Gao F, Zhao Y, Zhang J, Sun J, Shao C, Liao X, Wang L, Tian Y, Chen S. Construction of a high-density microsatellite genetic linkage map and mapping of sexual and growth-related traits in half-smooth tongue sole (*Cynoglossus semilaevis*) [J]. PLoS One, 2012, 7(12): e52097.

[19] Song W, Pang R, Niu Y, Gao F, Zhao Y, Zhang J, Sun J, Shao C, Liao X, Wang L, Tian Y, Chen S. Construction of high-density genetic linkage

maps and mapping of growth-related quantitative trail loci in the Japanese flounder (*Paralichthys olivaceus*) [J]. PLoS One, 2012, 7(11): e50404.

[20] Zhang X, Zhang Y, Zheng X, Kuang Y, Zhao Z, Zhao L, Li C, Jiang L, Cao D, Lu C, Xu P, Sun X. A consensus linkage map provides insights on genome character and evolution in common carp (*Cyprinus carpio* L.) [J]. Mar Biotechnol, 2013, 15(3): 275-312.

[21] Li H, Liu X, Zhang G. A consensus microsatellite-based linkage map for the Hermaphroditic Bay scallop (*Argopecten irradians*) and its application in size-related QTL analysis [J]. PLoS One, 2012, 7(10): e46926.

[22] Li Y, Liu S, Qin Z, Waldbieser G, Wang R, Sun L, Bao L, Danzmann RG, Dunham R, Liu Z. Construction of a high-density, high-resolution genetic map and its integration with BAC-based physical map in channel catfish [J]. DNA research, 2015, 22(1): 39-52.

[23] Shao C, Niu Y, Pasi R, Liu Y, Xie Z, Li H, Wang L, Jiang Y, Tai S, Tian Y, Sakamoto T, Chen S. Genome-wide SNP identification for the construction of a high-resolution genetic map of Japanese flounder (*Paralichthys olivaceus*) Applied to QTL mapping of Vibrio anguillarum disease resistance and comparative genomic analysis [J]. DNA Research, 2015, 22(2), 161-170.

[24] Wang W, Hu Y, Ma Y, Xu L, Guan J, Kong J. High-density genetic linkage mapping in turbot (*Scophthalmus maximus* L.) based on SNP markers and major sex- and growth-related regions detection [J]. PLoS ONE, 2015, 10(3): e0120410.

[25] Jiao W, Fu X, Dou J, Li H, Su H, Mao J, Yu Q, Zhang L, Hu X, Huang X, Wang Y, Wang S, Bao Z. High-resolution linkage and quantitative trait locus mapping aided by genome survey sequencing: building up an integrative genomic framework for a bivalve mollusc [J]. DNA Res, 2014, 21(1): 85-101.

[26] Chen SL, Ji XS, Shao CW, Li WL, Yang JF, Liang Z, Liao XL, Xu GB, Xu Y, Song WT. Induction of mitogynogenetic diploids and identification of WW super-female using sex-specific SSR markers

in half-smooth tongue sole (*Cynoglossus semilaevis*) [J]. Marine Biotechnology, 2012, 14(1): 120-128.

[27] Dan C, Mei J, Wang D, Gui JF. Genetic differentiation and efficient sex-specific marker development of a pair of Y- and X-linked markers in yellow catfish [J]. Int J Biol Sci, 2013, 9(10): 1043-1049.

[28] Wang L, Fan C, Liu Y, Zhang Y, Liu S, Sun D, Deng H, Xu Y, Tian Y, Liao X, Xie M, Li W, Chen S. A genome scan for quantitative trait loci associated with *Vibrio anguillarum* infection resistance in Japanese flounder (*Paralichthys olivaceus*) by bulked segregant analysis [J]. Mar Biotechnol, 2014, 16: 513-521.

[29] Gao FY, Qu L, Yu SG, Ye X, Tian YY, Zhang LL, Bai JJ, Lu M. Identification and expression analysis of three c-type lysozymes in *Oreochromis aureus* [J]. Fish & Shellfish Immunology, 2012, 32: 779-788.

[30] Li MH, Yang HH, Li MR, Sun YL, Jiang XL, Xie QP, Wang TR, Shi HJ, Sun LN, Zhou LY, Wang DS. Antagonistic roles of Dmrt1 and Foxl2 in sex differentiation via estrogen production in Tilapia as demonstrated by TALENs [J]. Endocrinology, 2013, 154: 4814-4825.

[31] Ma J, Sun S, Zeng L, Lu Y. Establishment, characterization and viral susceptibility of two cell lines derived from leopard wrasse *Macropharyngodon geoffroy* [J]. J Fish Biol, 2013, 83(3): 560-573.

[32] Tian Y, Jiang J, Song L, Chen Z, Zhai J, Liu J, Wang N, Chen S. Effects of cryopreservation on the survival rate of the seven-band grouper (*Epinephelus septemfasciatus*) embryos [J]. Cryobiology, 2015, 71(3): 499-506.

[33] 沈庭栋. "智能化水产养殖信息技术应用系统及产品"研究课题通过专家验收[J]. 北京水产, 2001, (1): 25.

[34] 虞宗敢, 高翔, 虞宗勇. 气力投饲系统的研制[J]. 渔业现代化, 2006, (2): 45-46.

[35] 宋协法, 路士森. 深水网箱投饵机设计与试验研究[J]. 中国海洋大学学报(自然科学版), 2006, (3): 405-409.

[36] 徐梅英, 桂福坤, 徐佳晶, 吴常文. 深水网箱水下自动投饵机[P]. 中国: A01K61/02, 2008.

[37] 李璟. 我国首套深海网箱自动投饵系统研制成功[J]. 中国水产, 2009, (11): 69.

[38] 武立波, 刘运胜, 刘学喆, 杨君德, 张国胜, 李盛德. 海洋牧场远程监控投饵系统设计[J]. 渔业现代化, 2010, (2): 23-25.

[39] 关艳如. 工厂化养殖监控系统的研究与设计[D]. 湛江: 广东海洋大学硕士学位论文, 2013.

[40] 周燕侠, 魏友海. 产业升级, 渔业将进入"物联网"时代[J]. 科学养鱼, 2012, (2): 12-16.

[41] 李灯华, 李哲敏, 许世卫. 我国农业物联网产业化现状与对策[J]. 广东农业科学, 2015, 42(20): 149-157.

[42] 杨琛, 白波, 匡兴红. 基于物联网的水产养殖环境智能监控系统[J]. 渔业现代化, 2014, 41(1): 35-39.

[43] 张旭晖, 时冬头, 王欣欣, 何浪, 孔维财. 河蟹高温热害综合指数的构建及应用[J]. 中国农学通报, 2015, (2): 118-130.

[44] 涂俊明. 写好"智能渔业"这篇大文章[J]. 渔业致富指南, 2013, (5): 18-20.

[45] Star B, Nederbragt AJ, Jentoft S, Grimholt U, Malmstrøm M, Gregers TF, Rounge TB, Paulsen J, Solbakken MH, Sharma A, Wetten OF, Lanzén A, Winer R, Knight J, Vogel JH, Aken B, Andersen O, Lagesen K, Tooming-Klunderud A, Edvardsen RB, Tina KG, Espelund M, Nepal C, Previti C, Karlsen BO, Moum T, Skage M, Berg PR, Gjøen T, Kuhl H, Thorsen J, Malde K, Reinhardt R, Du L, Johansen SD, Searle S, Lien S, Nilsen F, Jonassen I, Omholt SW, Stenseth NC, Jakobsen KS. The genome sequence of Atlantic cod reveals a unique immune system [J]. Nature, 2011, 477: 207-210.

[46] Jones FC, Grabherr MG, Chan YF, Russell P, Mauceli E, Johnson J, Swofford R, Pirun M, Zody MC, White S, Birney E, Searle S, Schmutz J, Grimwood J, Dickson MC, Myers RM, Miller CT, Summers BR, Knecht AK, Brady SD, Zhang H, Pollen AA, Howes T, Amemiya C, Broad Institute Genome Sequencing Platform & Whole Genome Assembly Team, Baldwin J, Bloom T, Jaffe DB, Nicol R, Wilkinson J, Lander ES, Di Palma F, Lindblad-Toh K, Kingsley DM. The genomic basis of adaptive evolution in threespine sticklebacks [J]. Nature, 2012,

484: 55-61.

[47] Howe K, Clark MD, Torroja CF, Torrance J, Berthelot C, Muffato M, Collins JE, Humphray S, McLaren K, Matthews L, McLaren S, Derek KS. The zebrafish reference genome sequence and its relationship to the human genome [J]. Nature, 2013, 496: 498-503.

[48] Berthelot C, Brunet F, Chalopin D, Juanchich A, Bernard M, Noël B, Bento P, Da Silva C, Labadie K, Alberti A, Aury JM, Louis A, Dehais P, Bardou P, Montfort J, Klopp C, Cabau C, Gaspin C, Thorgaard GH, Boussaha M, Quillet E, Guyomard R, Galiana D, Bobe J, Volff JN, Genêt C, Wincker P, Jaillon O, Roest Crollius H, Guiguen Y. The rainbow trout genome provides novel insights into evolution after whole-genome duplication in vertebrates [J]. Nature communications, 2014, 5: 3657.

[49] Nakamura Y, Mori K, Saitoh K, Oshima K, Mekuchi M, Sugaya T, Shigenobu Y, Ojima N, Muta S, Fujiwara A, Yasuike M, Oohara I, Hirakawa H, Chowdhury VS, Kobayashi T, Nakajima K, Sano M, Wada T, Tashiro K, Ikeo K, Hattori M, Kuhara S, Gojobori T, Inouye K. Evolutionary changes of multiple visual pigment genes in the complete genome of Pacific bluefin tuna [J]. PNAS, 2013, 110(27): 11061-11066.

[50] Smith JJ, Kuraku S, Holt C, Sauka-Spengler T, Jiang N, Campbell MS, Yandell MD, Manousaki T, Meyer A, Bloom OE, Morgan JR, Buxbaum JD, Sachidanandam R, Sims C, Garruss AS, Cook M, Krumlauf R, Wiedemann LM, Sower SA, Decatur WA, Hall JA, Amemiya CT, Saha NR, Buckley KM, Rast JP, Das S, Hirano M, McCurley N, Guo P, Rohner N, Tabin CJ, Piccinelli P, Elgar G, Ruffier M, Aken BL, Searle SM, Muffato M, Pignatelli M, Herrero J, Jones M, Brown CT, Chung-Davidson YW, Nanlohy KG, Libants SV, Yeh CY, McCauley DW, Langeland JA, Pancer Z, Fritzsch B, de Jong PJ, Zhu B, Fulton LL, Theising B, Flicek P, Bronner ME, Warren WC, Clifton SW, Wilson RK, Li W. Sequencing of the sea lamprey (*Petromyzon marinus*) genome provides insights into vertebrate evolution [J]. Nat Genet, 2013, 45: 415-421.

[51] Amemiya CT, Alföldi J, Lee AP, Fan S, Philippe H, Maccallum I,

Braasch I, Manousaki T, Schneider I, Rohner N, Organ C, Chalopin D, Smith JJ, Robinson M, Dorrington RA, Gerdol M, Aken B, Biscotti MA, Barucca M, Baurain D, Berlin AM, Blatch GL, Buonocore F, Burmester T, Campbell MS, Canapa A, Cannon JP, Christoffels A, De Moro G, Edkins AL, Fan L, Fausto AM, Feiner N, Forconi M, Gamieldien J, Gnerre S, Gnirke A, Goldstone JV, Haerty W, Hahn ME, Hesse U, Hoffmann S, Johnson J, Karchner SI, Kuraku S, Lara M, Levin JZ, Litman GW, Mauceli E, Miyake T, Mueller MG, Nelson DR, Nitsche A, Olmo E, Ota T, Pallavicini A, Panji S, Picone B, Ponting CP, Prohaska SJ, Przybylski D, Saha NR, Ravi V, Ribeiro FJ, Sauka-Spengler T, Scapigliati G, Searle SM, Sharpe T, Simakov O, Stadler PF, Stegeman JJ, Sumiyama K, Tabbaa D, Tafer H, Turner-Maier J, van Heusden P, White S, Williams L, Yandell M, Brinkmann H, Volff JN, Tabin CJ, Shubin N, Schartl M, Jaffe DB, Postlethwait JH, Venkatesh B, Di Palma F, Lander ES, Meyer A, Lindblad-Toh K. The African coelacanth genome provides insights into tetrapod evolution [J]. Nature, 2013, 496: 311-316.

[52] Matsuda M, Nagahama Y, Shinomiya A, Sato T, Matsuda C, Kobayashi T, Morrey CE, Shibata N, Asakawa S, Shimizu N, Hori H. DMY is a Y-specific DM-domain gene required for male development in the medaka fish [J]. Nature, 2002, 417: 559-563.

[53] Hattori RS, Murai Y, Oura M, Masuda S, Majhi SK, Sakamoto T, Fernandino JI, Somoza GM, Yokota M, Strussmann CA. A Y-linked anti-mullerian hormone duplication takes over a critical role in sex determination [J]. Proceedings of the national academy of sciences of the USA, 2012, 109: 2955-2959.

[54] Myosho T, Otake H, Masuyama H, Matsuda M, Kuroki Y, Fujiyama A, Naruse K, Hamaguchi S, Sakaizumi M. Tracing the emergence of a novel sex determining gene in medaka, *Oryzias luzonensis* [J]. Genetics, 2012, 191: 163-170.

[55] Kamiya T, Kai W, Tasumi S, Oka A, Matsunaga T, Mizuno N, Fujita M, Suetake H, Suzuki S, Hosoya S, Tohari S, Brenner S, Miyadai T, Venkatesh V, Suzuki Y, Kikuchi K. A trans-species missense SNP in

Amhr2 is associated with sex determination in the tiger pufferfish, *Takifugu rubripes* (Fugu)[J]. PLoS Genetics, 2012, 8: e1002798.

[56] Yano A, Guyomard R, Nicol B, Jouanno E, Quillet E, Klopp C, Cabau C, Bouchez O, Fostier A, Guiguen Y. An immune-related gene evolved into the master sex-determining gene in rainbow trout, *Oncorhynchus mykiss* [J]. Current Biology, 2012, 22: 1423-1428.

[57] Portnoy DS. Renshaw MA, Hollenbeck CM, and Gold JR. A genetic linkage map of red drum, *Sciaenops ocellatus* [J]. Anim Genet, 2010, 41(6): 630-641.

[58] Guyomard R, Boussaha M, Krieg F, Hervet C, Quillet E. A synthetic rainbow trout linkage map provides new insights into the salmonid whole genome duplication and the conservation of synteny among teleosts [J]. BMC genetics, 2012, 13: 15.

[59] Lien S, Gidskehaug L, Moen T, Hayes BJ, Berg PR, Davidson WS, Omholt SW, Kent MP. A dense SNP-based linkage map for Atlantic salmon (*Salmo salar*) reveals extended chromosome homeologies and striking differences in sex-specific recombination patterns [J]. BMC Genomics, 2011, 12: 615.

[60] Carlson BM, Onusko SW, Gross JB. A high-density linkage map for *Astyanax mexicanus* using genotyping-by-sequencing technology [J]. G3 (Bethesda), 2014, 5(2): 241-251.

[61] Masuyama H, Yamada M, Kamei Y, Fujiwara-Ishikawa T, Todo T, Nagahama Y, Matsuda M. Dmrt1 mutation causes a male-to-female sex reversal after the sex determination by Dmy in the medaka [J]. Chromosome Res, 2012, 20(1): 163-176.

[62] Ninwichian P, Peatman E, Perera D, Liu S, Kucuktas H, Dunham R, Liu Z. Identification of a sex-linked marker for channel catfish [J]. Animal genetics, 2011, 43(4): 476-477.

[63] Vale L, Dieguez R, Sánchez L, Martínez P, Viñas A. A sex-associated sequence identified by RAPD screening in gynogenetic individuals of turbot (*Scophthalmus maximus*)[J]. Mol Biol Rep, 2014, 41(3): 1501-1509.

[64] Rodríguez-Ramilo ST, Fernández J, Toro MA, Bouza C, Hermida M, Fernández C, Pardo BG, Cabaleiro S, Martínez P. Uncovering QTL for resistance and survival time to *Philasterides dicentrarchi* in turbot (*Scophthalmus maximus*)[J]. Animal genetics, 2013, 44: 149-157.

[65] Dutta S, Biswas S, Mukherjee K, Chakrabarty U, Mallik A, Mandal N. Identification of RAPD-SCAR marker linked to white spot syndrome virus resistance in populations of giant black tiger shrimp, *Penaeus monodon* Fabricius [J]. J Fish Dis, 2014, 37(5): 471-480.

[66] Nie Q, Yue X, Chai XL, Wang H, Liu B. Three vibrio-resistance related EST-SSR markers revealed by selective genotyping in the clam *Meretrix meretrix* [J]. Fish & Shellfish Immunology, 2013, 35(2): 421-428.

[67] Campbell NR, LaPatra SE, Overturf K, Towner R, Narum SR. Association mapping of disease resistance traits in rainbow trout using restriction site associated DNA sequencing [J]. G3(Bethesda), 2014, 4(12): 2473-2481.

[68] Su BF, Peatman E, Shuang M, Thresher R, Dunham RA, Grewe P, Patil J, Pinkert CA, Irwin MH, Li C, Perera DA, Duncan PL. Expression and knockdown of primordial germ cell genes, vasa, nanos and dead end in common carp (*Cyprinus carpio*) embryos for transgenic sterilization and reduced sexual maturity[J]. Aquaculture, 2014, 420-421, suppl. 1: S72-S84.

[69] Xu J, Zhao ZX, Zhang XF, Zheng XH, Sun XW, Li J, Jiang Y, Kuang Y, Zhang Y, Feng J, Li C, Yu J. Development and evaluation of the first high-throughput SNP array for common carp (*Cyprinus carpio*)[J]. BMC Genomics, 2014, 15: 307.

[70] Tatsumi Y, Takeda M, Matsuda M, Suzuki T, Yokoi H. TALEN-mediated mutagenesis in zebrafish reveals a role for r-spondin 2 in fin ray and vertebral development [J]. FEBS Lett, 2014, 588(24): 4543-4550.

[71] Hwang WY, Fu Y, Reyon D, Maeder ML, Kaini P, Yeh JJR, Sander JD, Joung JK, Peterson RT. Heritable and precise zebrafish genome editing using a CRISPR-Cas system [J]. PLoS ONE, 2013, 8(7): e68708.

[72] Ansai S, Kinoshita M. Targeted mutagenesis using CRISPR/Cas system in medaka [J]. Biol Open, 2014, 3(5): 362-371.

[73] Edvardsen RB, Leininger S, Kleppe L, Skaftnesmo KO, Wargelius A. Targeted mutagenesis in Atlantic salmon (*Salmo salar* L.) using the CRISPR/Cas9 system induces complete knockout individuals in the F0 generation [J]. PLoS ONE, 2014, 9(9): e108622.

[74] Swaminathan TR, Basheer VS, Gopalakrishnan A, Rathore G, Chaudhary DK, Kumar Raj Jena JK. Establishment of caudal fin cell lines from tropical ornamental fishes *Puntius fasciatus* and *Pristolepis fasciata* endemic to the Western Ghats of India [J]. Acta Trop, 2013, 128: 536-541.

[75] Jayesh P, Seena J, Philip R, Singh ISB. A novel medium for the development of in vitro cell culture system from *Penaeus monodon* [J]. Cytotechnology, 2013, 65: 307-322.

[76] Keivanloo S, Sudagar M. Feasibility studies on vitrification of persian sturgeon (*Acipenser persicus*) embryos [J]. J Aquac Res Development, 2013, 4: 172.

[77] Higaki S, Kawakami Y, Eto Y, Yamaha E, Nagano M, Katagiri S, Takada T, Takahashi Y. Cryopreservation of zebrafish (*Danio rerio*) primordial germ cells by vitrification of yolk-intact and yolk-depleted embryos using various cryoprotectant solutions [J]. Cryobiology, 2013, 67(3): 374-382.

执笔人

陈松林	中国水产科学研究院黄海水产研究所	研究员
杨宁生	中国水产科学研究院	研究员
徐　鹏	中国水产科学研究院	研究员
袁永明	中国水产科学研究院淡水渔业研究中心	研究员
邵长伟	中国水产科学研究院黄海水产研究所	副研究员
孙英泽	中国水产科学研究院	副研究员

第九节 水产养殖环境评估与治理

一、国内发展现状

（一）我国渔业生态环境质量现状

2014年，全国渔业生态环境监测网对渤海、黄海、东海、南海、黑龙江流域、黄河流域、长江流域、珠江流域及其他重点区域的166个重要渔业水域的水质、沉积物、生物等18项指标进行了监测，监测总面积1033万hm²。中国渔业生态环境状况公报（2013年、2014年）[1, 2]显示，2014年我国渔业生态环境质量状况表现出4个主要特点：一是与2013年相比，我国渔业生态环境状况总体保持稳定。二是局部渔业水域污染仍然比较严重。与2013年相比，海水重点养殖区环境的无机氮和铜的超标范围有所减小，活性磷酸盐、化学耗氧量和石油类的超标范围有所扩大；江河重要渔业水域总氮、总磷、石油类、挥发性酚、铜和镉的超标范围有不同程度增加，非离子氨和高锰酸盐指数有不同程度减少，其中非离子氨降幅最为明显；湖泊、水库重要渔业水域的总氮、高锰酸盐指数、石油类、挥发性酚和铜的超标范围均有所减少，总磷超标范围有所增加。三是主要污染物仍然是氮、磷和石油类。在各类型水产养殖中，海水网箱和淡水网箱网围养殖的产排污系数最高。四是渔业水域中抗生素污染的潜在威胁增加，必须高度重视。

1. 海水重点养殖区环境质量状况

2014年，对我国23个海水重点养殖区水质进行了监测，总面积为77万hm² [2]。监测结果表明，根据各监测区域中每个采样点所代表面积计算，无机氮、活性磷酸盐、石油类、化学需氧量、铜和锌超标面积占所监测面积的比例分别为72.0%、33.7%、38.7%、17.8%、0.03%和0.2%（图2-9-1）[2]。与2013年相比，无机氮、石油类和化学需氧量超标范围有所扩大；活性磷酸盐和铜超标范围有所减小。无机氮、活性磷酸盐、石油类优于评价标准的监测水域数量分别占57.1%、69.6%、95.7%（图2-9-2～图2-9-4）[2]。锌、镉、汞优于评价标准的监测水域数量均为95.2%，化学需氧量、铜、铅、砷、铬所监测的渔业水域均优于评价标准。

2014年对24个海洋重要渔业水域中沉积物监测结果表明，石油类、铜、镉的监测水域数量超标比例分别为4.5%、12.5%、4.2%，锌、铅、汞、砷和铬平均浓度均优于评价标准[1, 2]。

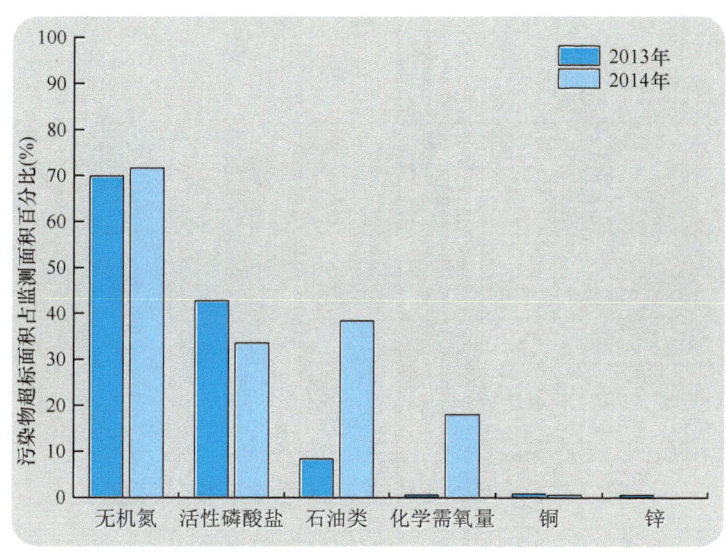

图 2-9-1　海水重点养殖区主要污染物超标面积占监测面积百分比

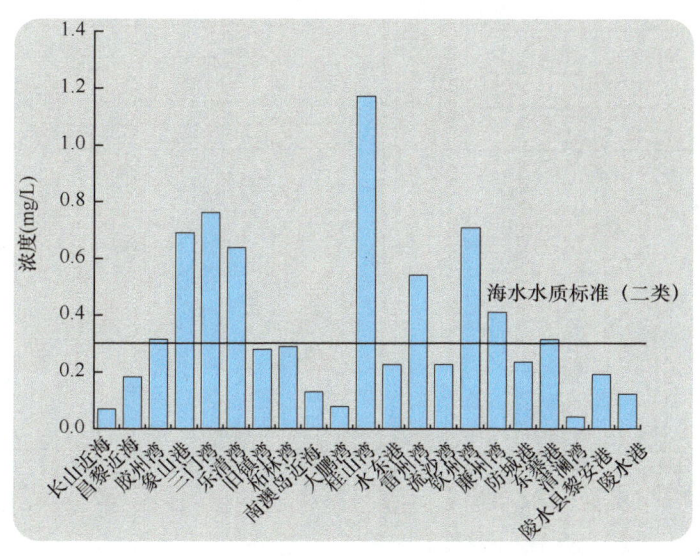

图2-9-2　海水重点养殖区无机氮浓度

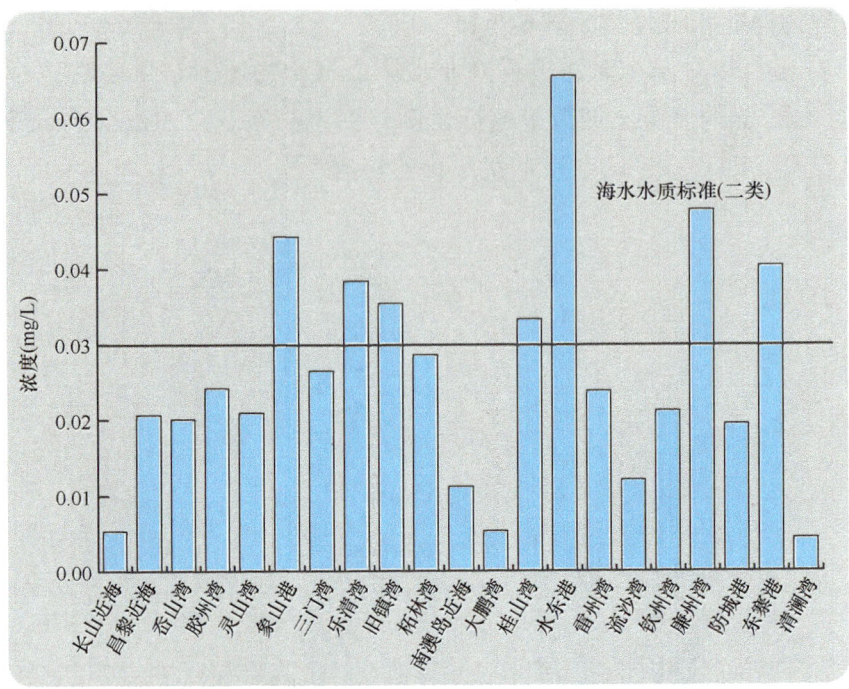

图 2-9-3　海水重点养殖区活性磷酸盐浓度

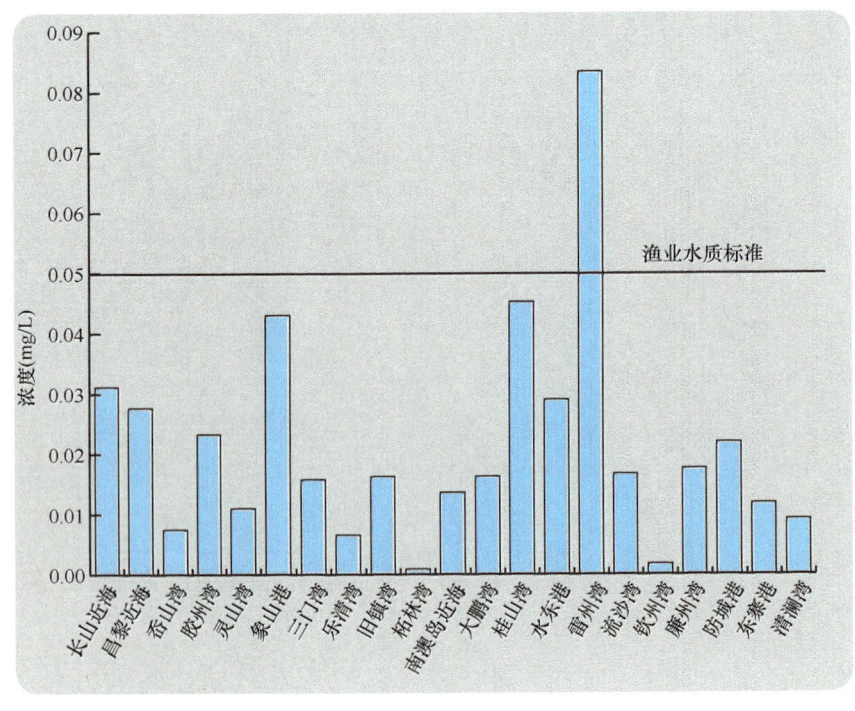

图 2-9-4　海水重点养殖区石油类浓度

2. 江河重要渔业水域环境质量状况

2014年,对我国江河53个重要渔业水域进行了监测,总面积为45.4万hm^2[2]。结果表明,根据各监测区域中每个采样点所代表的面积计算,总氮、总磷、非离子氨、高锰酸盐指数、石油类、挥发性酚、铜、镉的超标面积占所监测面积的比例分别为96.9%、54.6%、8.8%、23.9%、7.5%、9.0%、20.2%、2.0%(图2-9-5、图2-9-6)[2]。总氮各监测水域平均浓度值均超过评价标准,总磷、非离子氨、高锰酸盐指数、石油类、挥发性酚和铜优于评价标准的监测水域数量分别占48.1%、74.5%、77.4%、97.5%、95.9%和84.0%。铅、汞、镉、锌、铬、砷仅个别监测水域平均浓度超过评价标准,其他监测水域均优于评价标准。与2013年相比,总氮、总磷、石油类、挥发性酚、铜和镉的超标范围均有不同程度增加,非离子氨和高锰酸盐指数超标范围均有不同程度减小,其中非离子氨降幅最为明显[1, 2]。

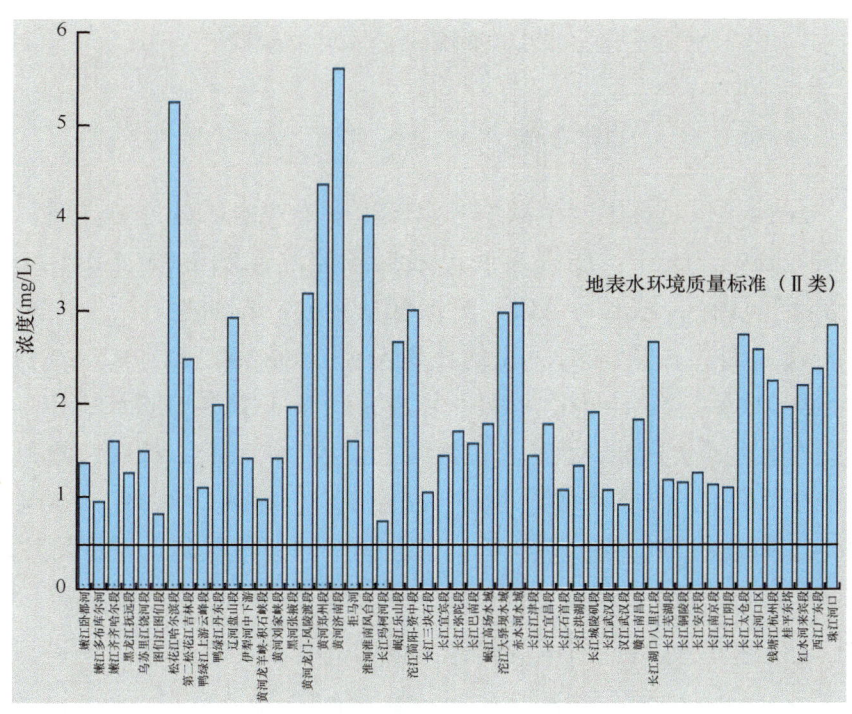

图2-9-5 江河重要渔业水域总氮浓度

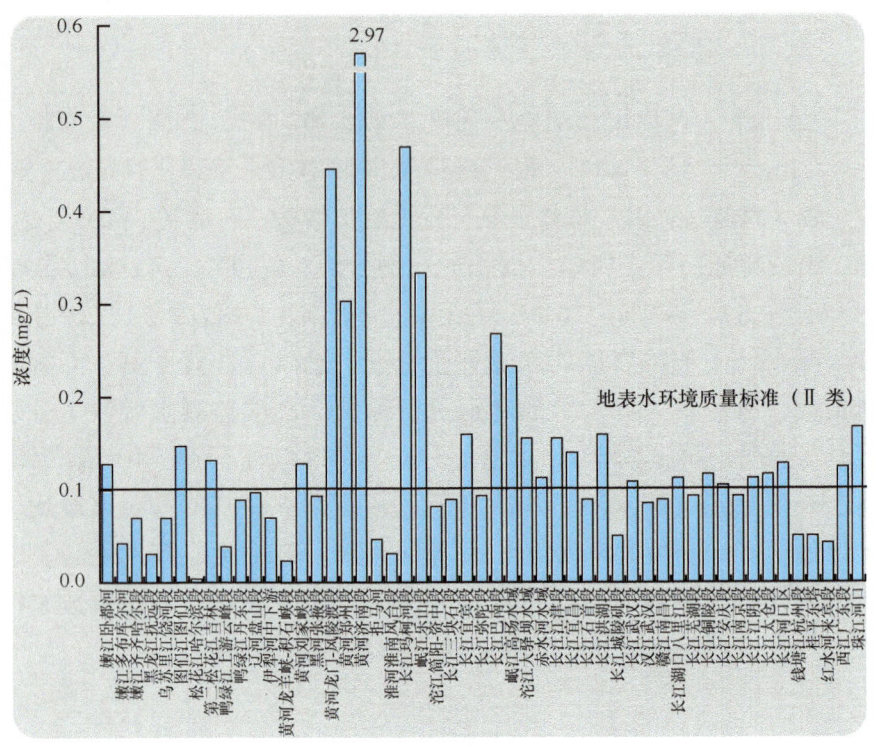

图 2-9-6　江河重要渔业水域总磷浓度

3. 湖泊和水库重要渔业水域环境质量状况

2014年，对我国29个湖泊、水库重要渔业水域进行了监测，总面积为149.0万hm²。结果表明，根据各监测区域中每个采样点所代表面积计算，总氮、总磷、高锰酸盐指数、石油类、挥发性酚及铜的超标面积占所监测面积的比例分别为89.2%、81.1%、59.1%、15.4%、0.2%、8.6%（图2-9-7、图2-9-8）[2]。总氮各监测水域平均浓度值均超过评价标准，总磷、高锰酸盐指数、石油类、挥发性酚和铜优于评价标准的监测水域数量分别占13.8%、48.0%、90.9%、100%和100%。挥发性酚、铜、汞、锌、铅、镉、砷的各监测水域平均浓度均优于评价标准。与2013年相比，总氮、高锰酸盐指数、石油类、挥发性酚、铜超标范围均有所减小，总磷超标范围略有增加[1, 2]。

4. 江河流域和近岸海域抗生素污染状况

在国内常用的36种抗生素中，使用量前五位的分别为阿莫西林、氟苯尼考、林可霉素、青霉素、诺氟沙星。尤其是阿莫西林，无论在人类医用还是在动物养殖中的用量都是最大的。研究表明，抗生

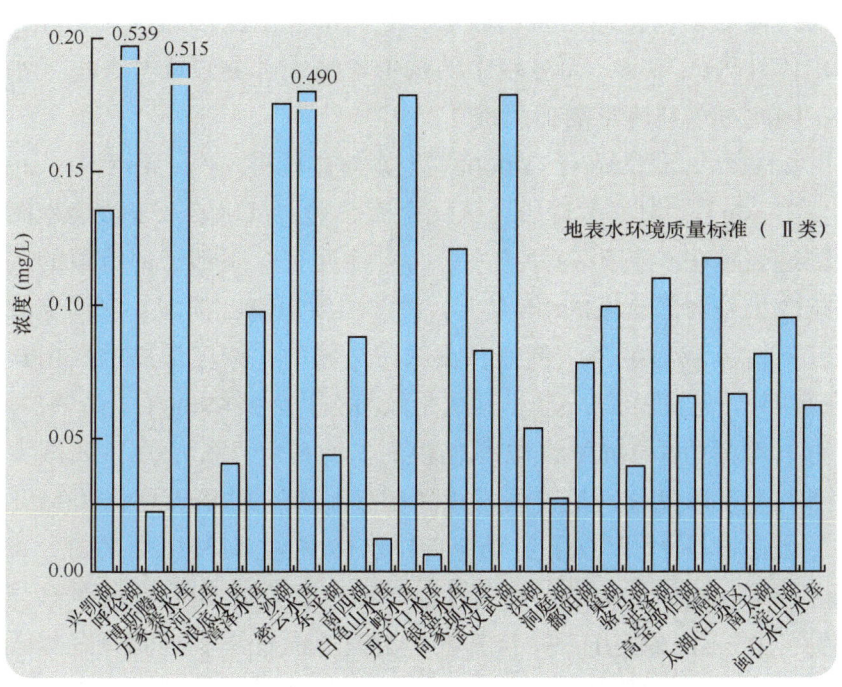

图 2-9-7　湖泊、水库重要渔业水域总磷浓度

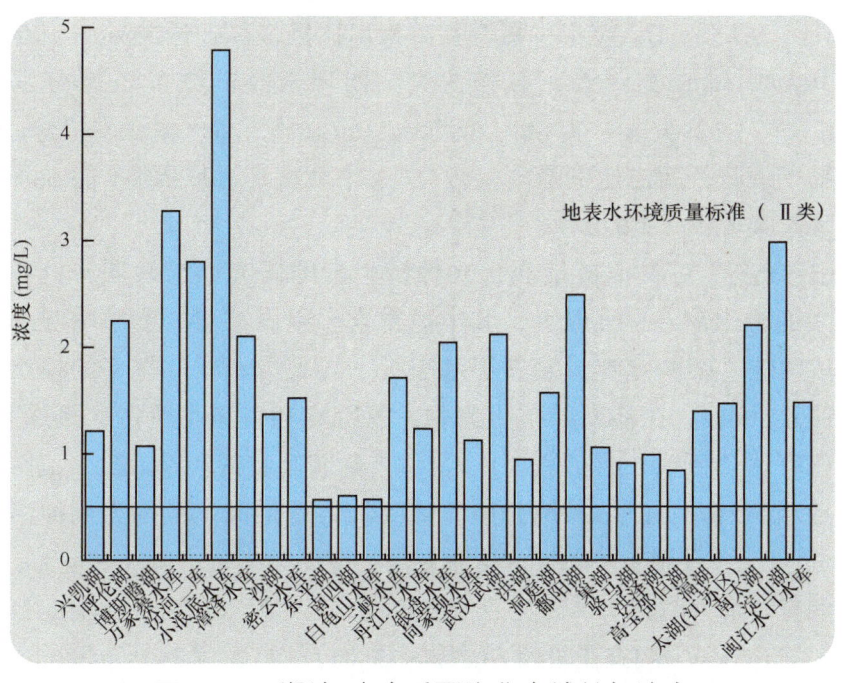

图 2-9-8　湖泊、水库重要渔业水域总氮浓度

素被人体或动物机体摄入吸收后，绝大部分以原形通过粪便和尿液排出体外进入环境，而环境中的抗生素绝大部分最终都会进入水环境，因此对水环境影响最严重[3-5]。

2013年，我国约有54 000t抗生素被排放进入水土环境中。2015年，Zhang等[5]发表了首份全国58个流域的"抗生素环境浓度地图"，我国地表水中检测出68种抗生素，总体而言，东部江河流域的抗生素排放量是西部流域的6倍以上，排放强度以珠江流域、海河流域和长江下游流域为最高。例如，在珠江流域中，浓度最高的抗生素是阿莫西林，达到3384ng/L；其次是氟洛芬，为2867ng/L；诺氟沙星、青霉素等另外5种抗生素浓度也较高，均高于1000ng/L。我国大陆河流抗生素浓度分别是美国、德国和意大利的2.5倍、15倍和34倍。

Zhang等[6, 7]调查了黄渤海近岸水体中3类11种抗生素的分布情况。结果表明，红霉素、复方新诺明和甲氧苄啶3种抗生素的含量范围为0.10～16.6ng/L，并且其浓度由河流向近岸和近海呈现指数下降的变化规律；螺旋霉素、克拉霉素、阿奇霉素等其他抗生素的检出率（＜10%）和浓度（＜0.51ng/L）较低。Na等对大连沿岸海水、沉积物中3类20种抗生素的分析结果表明，海水中磺胺类、氯霉素、四环素类的浓度范围分别为未检出至7.87ng/L、未检出至2.27ng/L和2.11～9.23ng/L；海水中氯霉素类检出比例最高，达20%～100%。沉积物中磺胺类药物、氯霉素类、四环素类的浓度范围分别为1.42～71.32μg/kg、未检出至约3.49μg/kg和2.76～3.28μg/kg；沉积物中磺胺类所占比例最高，为76.72%；其次是氯霉素类（15.66%），四环素类较少（7.62%）。

Yan等[8]对长江口地表水20种抗生素的研究结果表明，11种抗生素的检出率在50%以上，其中氯霉素、甲砜霉素、磺胺嘧啶、磺胺甲噁唑、磺胺噻唑、磺胺甲基嘧啶、红霉素和罗红霉素的检出率均高达100%。在检出的抗生素中，氯霉素和磺胺类所占比例最高，贡献率达43%～99%。其中以1月调查磺胺吡啶的含量最高，范围为未检出至219ng/L；5月调查磺胺嘧啶的含量最高，范围为未检出至61.5ng/L；7月调查甲砜霉素含量最高，范围为未检出至86.6ng/L；10月调查结果为磺胺二甲嘧啶的含量最高，范围为未检出至89.1ng/L。

Zheng等[9]调查了北部湾水体中3类11种抗生素的分布情况，结果表明红霉素是主要的抗生素种类，其检出率为100%，浓度范围为1.10～50.9ng/L；其次是磺胺甲噁唑，其浓度和检出率分别为＜10.4ng/L和97.1%。

(二)水产增养殖环境监测与预警技术

我国渔业生态环境监测起步于20世纪70年代末，1985年成立了农业部渔业生态环境监测中心，制定并不断优化了《渔业环境监测规范》，渔业生态环境监测体系建设逐步完善，检测和监测技术实力不断增强。目前，已经具备检测和监测渔业环境水质、底质、生物体及生物质量等方面200多种污染物与农渔药的技术能力，组建了拥有47个监测站的全国渔业生态环境监测网络，对全国166个重要渔业水域500多个监测点进行水质、沉积物、生物等18项指标的连续监测，监测总面积约1600万hm^2。1998年4月，成立了全国渔业水域污染事故技术审定委员会并组建了渔业污染事故调查鉴定机构。至2014年，共有98个渔业环境监测站和相关机构取得甲、乙、丙三个级别的《中华人民共和国渔业污染事故调查鉴定资格证书》（其中甲级9个，乙级38个，丙级51个），共有2648名各类专业技术人员持有《渔业污染事故调查鉴定个人合格证书》，制定和不断完善了《渔业水域污染事故调查处理程序规定》、《水域污染事故损失计算方法》等渔业污染事故调查鉴定技术，调查并处理了大量渔业水域污染事故。近几年，根据水产养殖业和水产品质量控制的新需求，针对渔业增养殖环境中代表性、典型性和潜在性污染物，研发和建立了100多种具有国际先进水平的新检测方法；制定和修订了一批检测和监测的水产行业标准；重点完善了"海洋贻贝观察""淡水贝类观察""鱼类耳石环境指纹"等生物监测技术体系；建立了湖泊有害藻华预警技术模式和预警等级，在大量监测和研究的基础上，对太湖蓝藻采用警报级、橙色警报级和红色警报级来预警和评价蓝藻暴发的程度。探讨了浒苔绿潮的发生机制，初步提出了浒苔漂移、聚集和成灾的预警和应急处理的技术模式；在对渔业环境中几十种重金属、有机污染物和农渔药进行大量毒性毒理试验和监测的基础上，重点监测和评价了9种重金属、7类9种有机污染物和7种农渔药的残留水平和风险程度，采用整合响应法和秩相关分析法筛选并推荐重要增养殖生物的潜在生物标志物26种，将污染影响监测技术由群体和个体水平推进到细胞和分子水平。通过对渔业生态环境的长期动态监测，掌握部分重要污染物的污染特征和机制，筛选出渔业生态环境主要特征污染因子，建立了渔业生态环境风险预警指标体系和响应方法。目前，国内对传感器等新兴设备的研究逐渐增多，如将酶及其底物相互作

用的特异性与电化学的强大分析功能相结合，制备电化学酶传感器，对水环境中有机污染物、无机污染物和重金属的监测十分有效。生物传感器用于测定生化需氧量、酚类物质、表面活性剂、硝酸盐等水体污染物，具有便携、智能、灵敏度高等优势，而利用石墨烯等新型原料构建电化学传感器已成为目前的研究热点[10-13]。

（三）水产增养殖环境健康状况诊断与评价技术

1. 水产养殖的产排污系数与产排污总量评估技术

结合全国第一次污染普查，研发和首次建立了主要水产养殖方式和养殖对象的产排污系数和产排污总量的计算模型，建立了水产养殖业污染源定量评价的操作规程。根据我国重点水产养殖区域分布、养殖类型和养殖种类特点，共设置了98个监测区，196个监测点、220个水产养殖场（户），调查和监测重点涵盖了我国的主要养殖品种（30个大类）和主要养殖类型（90多个类型），取得96组产污系数，其中包括海淡水池塘养殖和海淡水工厂化养殖模式的系数63组，海淡水网箱和围栏养殖等模式系数33组，每组产排污系数中包括了化学需氧量、总氮、总磷、铜和锌5项指标，首次获得了主要水产养殖种类的产排污系数。全国污染源普查公报[14]表明，在淡水各类型养殖中，淡水网箱养殖的产排污系数最高，其化学需氧量、总氮、总磷的系数分别是6.347～276.005g/kg、15.723～96.905g/kg、3.148～16.852g/kg；淡水围栏养殖产排污系数次之，其化学需氧量、总氮、总磷的系数分别是2.540～195.801g/kg、5.711～123.214g/kg、0.876～23.765g/kg。在海水各类型养殖中，海水网箱养殖的产排污系数最高，其化学需氧量、总氮、总磷的系数分别是72.343～153.341g/kg、32.436～91.683g/kg、5.874～20.521g/kg。根据不同养殖对象和养殖类型的产排污系数，首次全面估算了水产养殖的产排污总量。估算结果表明，水产养殖产生和排放的化学需氧量、总氮、总磷、铜和锌分别占农业污染源的4.20%、3.04%、5.48%、2.24%和2.17%。通过对水产养殖自身污染及相关的研究与分析，形成了《淡水池塘养殖排放水要求》和《海水养殖排放水要求》。

2. 水产增养殖环境健康状况诊断和评价技术

近几年，对典型增养殖环境（包括浅海、湖泊、池塘、工厂化养殖等）增养殖生态环境状况、季节变化特征、养殖生产活动特点及其相互关系进行了一系列的调查研究，分析并筛选出关键生态环境响应指标因子，以量纲突变理论、灰色理论、回归分析、时间序列、模糊推理、神经网络等方法和生态系统动力学模型为主要方法，建立了各类增养殖生态环境质量指标、预警指标、养殖环境容量动态模型和综合分级评价方法。例如，从评价方法体系上建立了渔业环境现状评价、渔业环境影响评价和渔业环境风险评价等基础评价方法；从评价模式上建立了"海洋增养殖渔场生态环境质量状况综合评价方法"、"浅海养殖生态环境自身污染预警指标体系和生态环境综合分级评价方法"、"基于GIS、AHP和主成分分析的湖泊宜渔指标体系与评估模型"、"基于BP神经网络系统的养殖池塘水质预测模型"、"基于PSO和加权支持向量回归机制的养殖池塘短期水质预测模型"、"浮游植物群落对池塘水质指示与评价"、"工厂化水产养殖中的水体参数监测与控制"、"水产增养殖生态环境与水产品安全风险评估模型"等不同类型的评估模式[12, 14-19]。这些方法和模式，推进和优化了我国水产增养殖生态环境健康状况诊断和评估技术，发挥了重要作用。例如，"海洋增养殖渔场生态环境质量状况综合评价方法"中建立了水产增养殖环境健康状况诊断模式和5级评价标准，被国际学术界认为是亚洲的代表性模式之一[20]。

（四）水产增养殖环境影响评价与生态补偿评估技术

一段时间以来，涉水工程、滨海和海上工程、非控制性排污和事故性排污等对水产增养殖生态环境和增养殖生物的影响十分突出，针对保护渔业生态环境和渔业资源的需求，采用现场调查、跟踪监测、模拟试验、系统分析等方法，综合采用生态学评价法、生物评价法、灰色关联分析评价法、模糊综合评价法、物元可拓评价法、综合标识指数法、模糊聚类分析法、超标评价分类法、污染指数评价法等各种方法的优点，根据不同的污染方式和影响方式，形成、推进和优化了对水产增养殖环境影响的评价模式和方法，将影响评估从原来的单一性、定性评估推进到综合性、定量或半定量评估水平，并初步拓展和建立了生态系统/群体（个体）/细胞/分子水平的影响评估模式和方法。在大量研究和实践的基础上，研究和探讨了渔业生态补偿制度、补偿机制、补偿评估模式和补偿标准，初步建立起渔业生态补偿评估技术体系，形成了我国在该领域的首个

水产行业标准,即《建设项目对海洋生物资源影响评价技术规程》(SC/T 9110—2007)。该项规程规定了海上、滨海、海岸工程等建设项目对海洋生物资源影响评价的要求、工程对海洋生物资源损害评估、生物资源损害赔偿或补偿计算方法(包括生物资源经济价值、生物资源损害赔偿和补偿年限或倍数的确定等方面)。该项规程已在全国广泛应用,对保护、维系和修复海洋渔业生态环境和渔业资源发挥了重大作用。目前,该标准也被淡水渔业生态环境影响评价和生态补偿广泛借鉴使用[10-13, 21]。

(五)水产养殖减排技术

水产养殖减排技术主要包含两大模式,一是通过优化养殖模式减少排放,如通过调整养殖品种结构、实施精准投喂投放模式和多营养层次综合养殖模式等;二是通过养殖废水和废弃物的处理模式减少排放,如采用物理、化学、生物和工程化综合减排技术等。

1. 物理、化学净化与减排技术

传统物理净化与减排技术主要是沉淀、过滤、吸附、泡沫分离、清淤等方法。传统的化学净化与减排技术通常采用水质改良剂、絮凝剂、臭氧等促使污染物混凝、沉淀、氧化还原、络合等,去除水中氨、磷和COD等污染物,从而降低污染物的排放,近十几年来,在传统技术的基础上,又发展了纳米材料废水处理技术和水底微孔管道高效增氧减排技术。纳米材料废水处理技术处于初步发展阶段,各国研究重点集中在纳米材料净化水质和消毒杀菌两个方面,纳米能量水处理系统是当前国内外水产养殖前沿高新综合设备[22]。微孔管道高效增氧减排技术适用于海水和淡水池塘,可加快有机废物的降解,降低污染物含量,抑制有害微生物和病害滋生。与传统的技术相比,可减排30%左右,使综合效益提高20%～60%[22]。

2. 生物净化与减排技术

利用生物的生命代谢活动来降低水产养殖环境中有害物质浓度或含量以达到减排目的,包括利用植物、动物和微生物吸收、降解、转化养殖环境中的污染物。生物减排技术具有以下优点[20, 22, 23]:操作比较简便,净化时间相对较短;较少产生二次污染,对水产养殖生物和人类一般无害;运行费用相对较低,一般为物理方法的30%～50%;采用复合菌群和固定化微生物技术对污染物除去效

率较高，养殖废水中COD、氨氮和总磷的一般去除率可分别达到62%～75%、66%～72%、55%～70%，有些生物转盘和生物滤器的氨氮去除率可达80%以上，有些生物反应器对有机碳、氮、磷的去除率高达95%。

3. 工程化综合调控与减排技术

采用生态学与工程学原理，综合养殖结构优化、功能布局、水处理配置等技术，针对池塘生态环境与排放特点，实施生态沟、生态塘、生态坡、生化滤床、复合生物浮床和复合人工湿地等生态工程化技术，构建节能减排生态养殖小区，实现池塘养殖污染排放与水质调控生态工程化。2008年以来，已在全国建立了多个较为完善的生态工程化养殖模式系统。与传统池塘养殖模式相比，复合湿地池塘养殖系统可减少养殖用水60%以上，减少氮、磷和COD的排放80%以上，使综合经济效益提高10%以上，节水60%以上，减排50%以上。针对工厂化养殖废水特点，实施物理-生物复合净化减排技术为核心的循环用水和养殖废水处理技术，经过微滤机和弧形筛过滤（固体颗粒物去除）、气浮综合处理（有机物分离）、生物滤床处理（生物净化）、杀菌消毒等程序，可有效去除养殖废水中总有机碳、生化需氧量（BOD）、COD、氨氮和总磷，减排养殖废水90%以上[24, 25]。

目前，国内主推的水产养殖废水和废弃物处理减排技术有以下几种：微孔管道养殖池塘高效增氧减排技术；微生态制剂净化与减排技术；池塘生物膜低碳养殖与减排技术；水生动植物和湿地净化与减排技术；低碳高效工厂化养殖循环水处理技术；工程化综合调控与减排技术[24]。

（六）水产增养殖生态环境调控与修复技术

1. 池塘养殖生态环境调控与修复技术

基于池塘水质理化指标与环境生物结构调控，应用生态学、污染生态学和水产工程学原理，研发和建立了池塘养殖环境的物理、化学、生物和综合调控与修复的多种技术模式和方法。过去，国内传统的物理调控模式主要是采取换水、增氧、过滤和清淤等相结合的方法改良水质[26]。而传统的化学调控技术模式通常采用水质改良剂、絮凝剂、臭氧等促使污染物混凝、沉淀、氧化还原、络合等，

去除水中氨、磷和COD，从而改良水质，抑制有害细菌生长繁殖，提高饵料生物的生长速度和叶绿素含量[26]。生物和微生物调控模式是通过微生物、水生动植物等吸收利用污染环境中有机污染物、重金属及N和P等营养元素，经生物自身代谢活动来降低污染物浓度或使其无害化，从而达到治理养殖水体的目的。生物和微生物调控模式在基于研究池塘水质理化指标与藻相、菌相关联机制及关键影响因子的基础上，建立池塘生态环境调控模型，构建工程化调控设施及系统调控模式，采用微生物、藻相控制和多级生物修复技术对池塘环境进行调控和原位修复[26-30]。我国目前使用的活菌制剂主要有芽孢杆菌、硝化菌、光合细菌、放线菌、乳酸杆菌、酵母菌、氨化细菌、硫化菌等。在养殖水体的微生物治理中，主要是将微生物固定在载体上制成生物滤器进行水质治理。常用的生物滤器有淹没式滤器、滴滤器、转筒式生物滤器、生物转盘、生物固定床、生物流化床、珠状滤器等。生物滤器对维持池塘水质的稳定起着重要作用。另外，我国还开展了生物浮床技术和复合人工湿地调控与修复技术研发，集成养殖池塘动植物修复技术、微生物修复技术、湿地处理技术，研究和筛选了适用基质、微生物、微藻和水生植物等，确定了水力参数及基质、植物构建工艺，以及设施配比；研发了筏架式植物浮床、基质微生物-植物复合浮床，利用微生物转化与植物吸收进行原位净化；研发了潜流式人工湿地（包括表面潜流设施、水平流设施与垂直流设施）和沟渠型湿地等模式，形成了生态沟、生态塘等池塘设施工程技术，创造性地构建了池塘养殖新型生态系统[28, 31-34]。目前，我国在传统的理化调控模式的基础上，应用生态工程"整体、协调、循环、再生"技术原理，广泛建立和采用物理-化学-生物（微生物）综合调控技术进行池塘养殖生态环境的调控与修复。例如，复合沟渠湿地-池塘养殖生态系统、复合稻田-池塘养殖生态系统、复合生物塘-池塘养殖生态系统等的应用效果显著，一般可节水60%，减少养殖污染物排放50%～80%，提高经济效益10%～20%[35-38]。

2. 湖泊水库养殖生态环境调控与修复技术

开展了湖泊渔业环境效应与增养殖结构优化、湖泊渔业和环境的生态系统模型等研究，采用水质综合评价、宜渔性评价、EwE模型相结合的湖泊生态修复效果评价及鱼骨图/层次分析（AHP）/地理信息系统（GIS）等技术，建立了不同类型湖泊的"净水渔业"技术模式，通过削减入湖污染源和自身污染源，减少投放草食性鱼类，增放食碎屑性鱼类，增殖青虾、螺蛳等底栖类动物，有效保护底层水草，控制水中浮游生物、抑制蓝藻，将水中的氮、磷等通过水生生物营养级的转化、固定和移出，实现湖泊养殖和生态环境修复两个目标[39,40]。"净水渔业"技术模式，在太湖的蠡湖及巢湖、淀山湖、千岛湖等湖泊水库均有成功的实践。另外，近10年来国内研发和建立了多种人工曝气、生态浮床（生态浮毯）、生态基人工水草和特效微生物等物理-生物综合调控和修复模式，成功地应用于湖泊水库养殖生态环境的调控与修复。例如，在太湖、洪泽湖、滇池等严重富营养化水域的生态修复工程中，成功地采用了工程治理和生物治理相结合的模式[41-45]。在污染物点源、面源和内源治理中，除污染物的物理工程治理外，其生物治理主要包括大型水生植物恢复工程、草海水葫芦控制工程、人工湿地处理工程、流域绿化工程等，大大削减滇池内、外污染负荷，逐步改善了太湖、滇池的渔业水域生态环境。

3. 浅海养殖生态环境调控与修复技术

研究和建立了不同类型海湾生态系统服务价值模型和增养殖环境容量动态调控模型。例如，构建了以溶解氧为关键限制指标的海水网箱养殖容量的"量纲分析"模型，以溶解氧、沉积物有机质和硫化物为指标的网箱养殖容量神经-模糊系统模型，海洋贝类和鱼类养殖容量养殖场资源管理（FARM）优化管理模型等[46-50]。结合增养殖结构调整和发展多营养层次综合养殖模式，建立和成功实践了贝类养殖滩涂老化的物理-生物复合修复技术，老化网箱养殖渔场底质（以硫化物和有机物为特征）物理-功能菌复合修复技术，大型海藻场（海带、龙须菜、马尾藻、江蓠、铜藻等）、海草床（喜盐草、海菖蒲、泰莱草等）和人工湿地（海蓬草、芦苇、海马齿等）复合修复技术，人工鱼礁与牡蛎礁生态护养和修复技术等，取得显著成效。例如，我国在莱州湾、象山港和大亚湾等浅海养殖区域构建了"鱼-贝-藻"生态多元化立体养殖模式，辅以固定化微生物技术、海底耕耘清淤技术和化学处理相结合的"生物-物理-化学"综合调控与修复技术，养殖生态环境明显改善，养殖经济效应提高10%～20%[51-53]。此外，"十一五"及"十二五"期间，我国投入资金60多亿元，重点

构建我国近海大型生态型人工鱼礁区100多处，投放各类礁体1500多万空方，对近岸海域增养殖生态环境和渔业资源的养护发挥了巨大作用，提升了近海渔业的生态系统服务价值[54]。

4. 工厂化养殖环境调控技术

创立了基于物质平衡的工厂化循环水养殖系统设计理念与方法，研发和建立了以物理-生物复合净化技术为核心的处理循环养殖用水和养殖废水的技术体系，研发和建立了针对不同养殖对象和不同养殖模式的多种类型的节能环保型循环水养殖系统和养殖废水处理系统[55-57]。这些系统一般由弧形筛、蛋白分离机、微滤固液分离机、潜水式多向射流气浮泵、三级固定床生物净化池（桶、罐）、悬垂式紫外消毒器、臭氧发生器和以液氧罐为氧源的气水对流增氧池等设备组成，具有造价低、运行能耗低、功能完善、操作管理简单、运行平稳等显著特点。此外，还研发和优化了一体化纳微米过滤净水技术、低温水产养殖废水氨氮处理技术、悬浮颗粒快速去除技术、高效稳定生物过滤器技术、溶氧控制技术、养殖水体多参数在线监测系统和水产工厂化养殖多环境因子的远程集散监控系统，为高效、健康、绿色工厂化水产养殖提供了有力的技术支撑[10-12]。

二、存在的主要问题与原因分析

（一）增养殖水域环境恶化的趋势尚未得到根本遏制

1. 外源污染态势依然严峻

根据中国环境状况公报，长江、黄河、珠江等七大流域及其他河流国控断面中，Ⅳ类水质占15.0%，上升0.5个百分点；Ⅴ类和劣Ⅴ类占13.8%，同比均持平。全国62个重点湖泊水库中，20个为Ⅲ类，15个为Ⅳ类，Ⅴ类和劣Ⅴ类9个。近岸海域三类水质占7.0%；四类占7.6%，同比上升0.6个百分点；劣四类占18.6%，同比持平[57]。水产养殖环境中外源污染物主要有氮、磷、石油类、重金属、持久性有机污染物等，以污染物陆源排放的贡献率最大。2014年我国化学需氧量排放总量为2294.6万t，其中工业源311.3万t，生活源864.4万t，农业源1102.4万t；氨氮排放总量为238.5万t，其中工业源23.2万t，生活源138.1万t，农业源75.5万t。直排入海的污水总量为63.11亿t，化学需氧量为21.1万t，石油类为1199t，氨氮为1.48万t，总磷为3126t，部分直排海污染源还排放汞、六价铬、铅和镉等重金属（表2-9-1）[57]。

表2-9-1　2014年不同类型直排海污染源主要污染物排放状况

海区	废水/（亿t）	化学需氧量/（万t）	石油类/（万t）	氨氮/（万t）	总磷/（万t）
渤海	2.99	1.9	29.3	0.2	247.3
黄海	10.58	3.9	85.1	0.3	475.4
东海	38.37	11.6	853.9	0.6	1351.8
南海	11.17	3.7	230.4	0.4	1051.8

近年来，水域环境中抗生素污染日趋严重。有关研究报告表明，我国大陆2013年抗生素用量达16.2万t，约占全球用量的一半，其中52%为兽用，48%为人用，超过5万t抗生素被排放进入水土环境中，其中以广东、江苏、浙江、河北等地河流的污染较严重[5]。目前，已在渔业水域环境中和水产养殖生物体中检测出多种人体医用、畜禽养殖业和水产养殖业使用的抗生素，这是必须高度重视的污染新动向。

2. 局部增养殖水域自身污染严重

2010年2月6日发布的第一次全国污染源普查公报显示，水产养殖业排放化学需氧量55.83万t，总氮8.21万t，总磷1.56万t，铜54.85t，锌105.63t [14]。这些污染物主要来源于养殖过程中的残饵、排泄物、饵料添加剂、环境调节剂、渔用肥料等。在水产养殖过程中，常使用消毒剂、杀虫剂、调节剂、微生物制剂和渔用药物等来防治病害，消除有害生物等。我国水产养殖病害多达170种，曾使用过的中西药品近500种。水产养殖环境中药物残留除外源污染原因外，水产养殖户违规操作或不合理使用药物也是水产养殖环境中药残的主要原因。以上种种原因，造成了我国局部增养殖水域自身污染比较严重，尤其是海淡水网箱养殖、淡水围栏养殖的自身污染，在各类型养殖中表现得最为突出。

3. 生态灾害和污染事故频发

2014年我国近海共发现赤潮56次，累计面积7290km²，均比2013年有所增加。其中，渤海赤潮累计面积最大，为4078km²，发

现次数为11次；东海发现次数最多，为27次，累计面积2509km^2；南海分别为16次和684km^2；黄海分别为2次和19km^2。近年来，我国近海浒苔绿潮频繁暴发，对近海增养殖区和天然渔场造成严重威胁。2014年黄海西南部暴发浒苔绿潮，持续时间从5月17日至8月4日，共计80天。我国淡水有害藻华的暴发频率和影响面积与前几年相比没有明显下降，如2014年8～10月，太湖蓝藻间续暴发，面积为50～350km$^{2[1,2]}$。

4. 环境污染造成的渔业经济损失严重

2014年，全国共发生渔业水域污染事故284起，造成直接经济损失5308.36万元。因长期累积性污染造成渔业环境恶化而导致的渔业资源损失增大，2014年污染造成的可测算天然渔业资源经济损失为81.81亿元，其中海洋天然渔业资源经济损失为69.81亿元，内陆水域天然渔业资源经济损失为12亿元[2]。

（二）水域环境中抗生素污染新动向尚未引起高度重视

Zhang等[5]的调查数据显示，2013年我国抗生素总使用量约为16.2万t。其中人类使用（用于医药卫生等）约占总使用量的48%（77 760t），52%用于动物类的生产（84 240t）。我国抗生素的使用量是美国的9倍多，是英国的150多倍。2013年，我国通过人体和畜禽生产等进入环境的36种抗生素的总量约为54 000t，其中16%来自人体（8640t），84%来自动物饲养（猪占44.4%，23 976t；鸡占18.8%，10 152t；其他动物，如牛、羊和水产养殖动物等占20.9%，11 286t）[5]。目前，尚未见到我国水产养殖业抗生素使用总量的报道，若以水产养殖用抗生素占"其他动物"36种目标抗生素使用总量的50%计算（即5800t），则2013年水产养殖用抗生素约占我国全部抗生素使用量的3.6%。在对畜牧养殖贡献最大的36种目标抗生素中，水产养殖使用量约占6.3%。目前，许多研究结果显示，我国淡水养殖、河口区水产养殖和近海水产养殖环境中和养殖生物体中检测出多种抗生素残留，其中有氯霉素、红霉素、环丙沙星、磺胺噻唑、呋喃唑酮等多种禁止使用的抗生素[7-9, 58-65]。同时，研究还发现在水产养殖中滥用抗生素危害养殖微生态环境，诱发养殖生物体产生抗性基因，影响水产养殖产品卫生质量，对消费者造成健康威胁，是必须引起高度重视的污染新动向。

（三）水产养殖减排面临新的压力与挑战

我国的水产养殖朝着高密度、集约化、规模化和名优化的方向发展，形成了高生物负载量和高投入量的养殖模式。在高投入高产出的模式下，养殖过程中大量的残饵、排泄物、添加剂、渔用肥料、微生物制剂、环境调节剂和渔用药物在养殖环境中累积，不但造成养殖水体污染日趋严重，而且大部分养殖废水未经处理直接向周边自然水域排放，造成水域生态环境的污染。

在我国水产业发展的新时期，水产业的发展必须突出生态优先的原则，必须从战略的高度充分认识到做好节能减排的重要性和紧迫性。水产养殖节能减排技术以环境友好、生物资源保护和可持续利用为核心，以"低消耗、低排放、高效率"为特征，是发展我国水产养殖业必须坚持的方向。

目前，我国水产养殖的节能减排技术尚存在许多不足之处，一是对节能减排技术的基础性研究比较薄弱，缺乏对技术创新的有力支撑；二是对节能减排的实用技术和高效装备研究不足，缺乏核心技术；三是节能减排技术的系统集成和配套不足，技术工艺落后，运行成本较高；四是节能减排技术推广服务体系不够完善，技术覆盖面小，技术转化率较低。

（四）基础与应用基础研究滞后，技术支撑体系薄弱

1. 渔业生态环境的全面系统监测薄弱

目前，全国渔业生态环境的监测水域仅166处，监测项目18项，每年大部分的监测点和监测项目仅监测1～2次。总体而言，我国渔业生态环境监测网的覆盖面偏小、监测项目偏少、监测频率偏低，许多重要的增养殖水域、监测项目和监测时段没有进行监测或无法开展系统监测，尤其是对一些特殊的新型污染物、潜在污染物和高危害性污染物缺乏有针对性的监测，对水产养殖生态系统中污染物质的环境动力学和生物地球化学过程缺乏系统监测和研究，对不少重要水产增养殖水域污染状况和生态环境质量的了解和认识还处于空白状态。因此，难以全面认知和把控渔业生态环境的总体状况、变化特征和发展趋势[10-13, 15, 66, 67]。

2. 基础性和系统性研究薄弱

目前,我国水产增养殖水域生态环境仍处于不断恶化状态之中,由于我国水产增养殖水域的生态环境类型多,分布广,而已有的基础工作相当薄弱,与世界发达国家相比差距较大。长期以来,水产增养殖生态环境研究主要是围绕渔业资源调查或养殖对象的环境条件而开展,长期处于边缘化、碎片化和从属化状态,难以从渔业环境生态学和污染生态学的特殊性开展基础研究。对水产增养殖生态系统的环境特征、污染状况、变化趋势、转移归宿等方面缺乏系统和长期的调查、评价和预警;对水产养殖生态系统中污染物质的生态毒理学缺乏系统研究,难以掌握污染物对水产增养殖环境与增养殖生物群体、个体、组织、细胞、分子水平危害的毒理学效应和生态学效应;缺少国家级水产增养殖生态环境重大科研基础数据库,科技数据和研究结果无法全面、系统、长期、有效地积累,难以开展各类污染物对水产养殖环境和养殖生物的系统性影响研究,难以全面客观评价污染影响效应和实行危害预警,应对水产养殖环境调控需求的支撑能力较弱[10-12]。

3. 技术集成和系统配套薄弱

水产增养殖生态环境监测技术、评估技术、调控技术、修复技术和管理技术缺少前瞻性跟踪研究,滞后于水产增养殖业发展的需求,解决和应对不断出现的各类新型环境问题的能力薄弱。另外,由于水产增养殖生态环境问题的成因多样,涉及面广,学科交叉性强,而现有的技术往往针对水产增养殖生态环境中的某一方面、某一因素或某一环节,缺少综合性研究和技术集成,缺乏成熟有效的技术体系,难以为水产增养殖生态系统的健康运行提供整体技术支撑[10-13]。

(五)水产增养殖环保理念薄弱,监管措施和力度不够

在我国目前的水产养殖中,淡水养殖和海水养殖产量的95%左右是通过传统的粗放式养殖方式获得的,高效集约化和工厂化养殖所占比例很小。现代先进的养殖方式与传统的粗放式养殖方式的最突出差距之一是生态环境保护理念缺失,水产养殖从业人员环保意识薄弱,养殖生产过程规范化程度低,大部分环境监控、环境调节、

污水处理、病害生物无害化处理等方面装备、设施和措施严重不足，缺乏水产养殖生态环境预警机制和应急处理机制，对水产养殖生态环境的调控和保护能力低下[10, 11]。

另外，虽然国家已出台多项政策和法规，但各行业和领域的法律法规相互间缺乏配套和协调，缺少切实可行的保护方案和具体措施，缺乏适合渔业水域生态环境保护和开发利用相结合的最佳模式和最佳运行机制。因此，必须进一步完善渔业水域生态环境保护的相关政策和法规，同时要加大各级政府机构管理监督的力度和宣传教育的力度，提高人们对渔业水域生态环境保护的认识和自觉性。

（六）科技投入较弱，高层次人才不足

水产增养殖水域生态环境的监测评估、调控修复和养护管理是一项系统工程，是一项基础性、公益性的工作，必须由政府部门给予大力支持。而我国这方面的投入和国外相差甚远，水产增养殖水域生态环境研究缺乏国家目标和产业目标，很少得到国家和行业的重大项目资助，渔业水域生态环境监测国家每年的投入仅为260多万元，相当部分的研究项目通过社会渠道或横向课题筹集经费，研究经常处于不稳定的艰难局面[12, 13]。

目前，水产增养殖生态环境研究领域的人才队伍结构不够合理，缺乏拔尖和领军人才，青年学科带头人和学科骨干队伍还比较稚嫩，不同类型适用人才队伍需进一步加强。因此，必须着力营造促进人才成长的机制和环境，以提高科技创新能力为目标，采取对外引进、对内提升措施，有计划地提高科技人员的素质和科研创新水平[12, 13]。

三、国外发展现状

（一）水产增养殖业科技含量高，水产增养殖生态环境维护良好

欧洲、北美和日本等发达国家的水产增养殖业科技含量高，水产增养殖设施和环保设施完善，组织化程度和监管程度高，水产增养殖生态环境的污染控制措施比较得当。主要表现在以下5个方面：①发达国家的水产增养殖水域均严格按照水域功能区划布局，水域生态环境的基础条件好，人类活动的不利影响相对较小，基本不会

受到外源污染的影响。②发达国家的水产养殖大多采用转化效率高的优质人工配合饲料，饵料质量稳定，饵料系数低，投饵方式合理，因此排入养殖水体的残饵量比较低。③严格执行水产养殖对象的病害防控措施，对各类渔用药物（尤其是抗生素或抗菌类药物）、渔用消毒剂和渔用环境调节剂的使用管理严格，使用合理，操作规范，因此进入水产养殖水体和在养殖生物体中的药物残留量很低或基本没有药物残留。④许可证制度严格，养殖区域监管有力。发达国家由环保部门对养殖区域进行环境评价，管理部门颁发许可证，水产养殖企业严格按照核准的地点、品种和规模生产，实行企业自律、管理部门监督、定期汇报和抽样检查备案等有效管理措施。因此，发达国家的水产养殖业基本不会出现养殖规模失控、养殖布局混乱、养殖结构失调、养殖容量失衡、生态平衡破坏的状况。⑤发达国家水产养殖界具有很强的生态环境保护意识。发达国家把水产增养殖业与生态环境保护紧密结合起来，注重生态环境与水产养殖的协调与平衡，水产企业、从业者和管理者形成了牢固的健康绿色养殖意识，致力于水产养殖与生态环境的和谐发展和可持续发展[10-13]。

（二）重点发展快速检测与监测的先进新技术，监测项目多，覆盖面广

国外发达国家十分重视和加强渔业生态环境的快速监测、无线监测、船载监测和传感器监测等先进新技术的研发。快速监测技术系统已成为获取环境和污染物信息的主要手段，尤其是在线监测系统正逐渐成为水产增养殖生态环境中污染物快速筛查和监测的主体技术之一。无线监测系统则是国外大力发展的前沿技术，无线传感器网络融合了传感技术和嵌入式计算技术、现代网络技术、无线通信技术、分布式智能信息处理技术等，可在长期无人值守的状态下工作，美国《技术评论》杂志将其列为未来新兴技术之一，是当前水产增养殖生态环境监测技术的主要发展方向之一。船载监测技术的发展特点是向多功能方向发展，提高船时利用率，配备多种调查监测仪器，提高现场调查监测的自动化程度和实时数据处理能力。传感器监测技术是水产增养殖生态环境污染自动监测技术的进步，主要涉及电化学传感器和生物传感器等方面。印度、巴西、南非等

发展中国家的环境监测系统也逐渐开始应用遥感数据与污染传感器联通和流量监控器等设备，结合传统采样监测方法，分析监测数据内在规律性及对环境变化的响应[10-13]。

目前，我国渔业增养殖生态环境监测的项目仅为无机氮、活性磷酸盐、石油类、挥发性酚、化学需氧量和重金属等共10多项，监测项目少，监测覆盖面小，并且其中多项监测项目为综合指标（如COD等），很难识别具体污染物。而美国、英国、法国、德国和日本等国十分重视各类污染物的监测，在20世纪七八十年代就先后构建起比较成熟的水域生态环境监测网络。以美国为例，其在重点区域环境监测站的基本网格密度为每640km²一个采样点，在美国本土共布设12 600个点，基本实现了全覆盖监控；美国公布了100多种重点监测的优先污染物，建立了一系列先进的检测技术与方法，尤其重视持久性有机污染物（POP）、环境激素类污染物、多环芳烃化合物、重金属、农渔药、阻燃剂、表面活性剂、生物毒素等项目的监测，比较全面系统地掌握了水域环境中优先污染物的残留水平、分布特点、变化趋势和风险程度[10-12]。

（三）重点研究代表性污染物的长期持续性影响和新型污染物的潜在危害

持久性有机污染物（POP）、环境激素类有机污染物、重金属和某些农渔药由于其在环境介质中的持久性、生物富集性、长距离迁移性，其不利影响已成为国外渔业生态环境研究方面的优先研究方向。国外在研究污染物对水产增养殖生态环境和重要生物种类的影响效应方面重点集中在4个方面：一是在研究污染物的急性毒性毒理的基础上，重点研究代表性持久性有机污染物、环境激素类有机污染物和农渔药的亚致死性、长期性、累进性和持续性影响效应；二是重点研究污染物在水域生态环境中的生物地球化学过程，阐明其迁移、转化、代谢和归属途径，从长期性、系统性和完整性等方面揭示渔业生态环境中污染问题的成因、变化趋势和演化规律；三是从生物群体、个体、细胞和分子水平综合研究和判断污染物对水产增养殖生态环境和重要生物种类的影响效应，尤其是水产增养殖生物体对不同类型污染物、不同污染物组合和不同污染物浓度的组

织形态、病理损伤、非特异性免疫酶活性与基因响应机制；四是对新型污染物存在的潜在危害，重点开展前瞻性研究，如开展了全氟化合物（PFOS）、多溴联苯醚（PBDE）等的相关研究，研发了超微量检测方法，监测和评估了其在一些水域环境中的残留状况及水平，初步研究了一些水产增养殖生物在其污染胁迫下的影响效应[10-13]。

（四）重点强化水产增养殖环境监测预警及风险评价技术

水产增养殖生态环境预警与风险评价技术研究已成为各国的重点研究领域。发达国家针对当前重大的国际渔业生态环境问题及新出现的渔业生态环境污染因素的动态，一是不断开发反映水环境特征的代表性持久性有机污染物、环境激素类有机污染物和农渔药的检测分析方法和生物指示种；二是根据污染状况变化和重点防控的新需求，及时调整和确定优先污染物的黑名单，研究和建立优先污染物的危害等级、危害阈限值、排放环境目标值（DMEG）、环境水平目标值（AMEG）、致癌、致畸和致突变的"三致"指数和风险水平判据等参数，筛选和确定监测的热点水域、热点生物种类和热点污染物；三是对代表性污染物和农渔药有针对性地建立监测体系、评价指标体系、风险评价体系和预警体系，从整体上把握污染的现状、污染物形态或组分特征，以保护水产品及其产地质量安全、人体健康为主要目标，强化环境监测预警及风险评价技术，建立环境预警及风险评价模型，建立国家重大环境基础数据库、水质基准/标准体系[10-12]。

（五）重点研发和创新增养殖生态环境综合调控与修复技术

在国外，不同类型增养殖水域生态系的环境诊断技术、清洁健康水产养殖生产环境保障技术和不同类型增养殖水域生态环境调控与修复等方面的一系列技术近年来不断得到大力研究和推进。发达国家对水产增养殖生态环境调控技术研究主要注重以下三个方面：一是注重研发和实施增养殖生态环境的宜养宜渔性选择技术[68-72]。建立养殖渔场和海洋牧场适宜性评估模型和方法，通过对渔业水域的社会影响因子和生态因子的综合评估，确定养殖渔场和海洋牧场建设和运行方案。二是注重研发和实施增养殖生态环境容量评估技术。根据生态学原理和污染生态学原理，不断研发和拓展水产增养殖生态环境容量评估新模式。例如，欧盟诸国普遍应用的贝类养殖资源管理（FARM）模型，日本和韩国等国严格控制海湾水产养殖容量，规定网箱养殖面积严格控制在海湾面积的3%以下，网箱之间和网箱区之间也严格控制不同规定间距。日本和韩国等国的水产养殖池塘养殖实行8∶2制度，即80%的面积用于养殖，20%的面积用于养殖进水调节和养殖废水处理。三是增养殖生态环境容量调节与优化技术[10, 12, 73]。通过调整养殖布局，调配养殖结构，推进多营养层次综合养殖模式、实施物理-生物模式等环境调节措施，有效增大和优化单位水体的增养殖生态环境容量。例如，韩国"海洋牧场计划"对多个海湾的养殖布局、养殖规模和养殖结构进行了重新调整，推进多营养层次综合养殖模式，并辅以物理-生物模式等环境调节措施，收到显著的生态效益和经济效益。

发达国家对增养殖生态环境修复技术的研究主要集中在5个方面：一是研发物理修复新技术，在传统的翻耙沉积物、清除老化沉积物、对底层水体充氧等物理方法基础上，还采用无机盐吸附材料、活性炭净水材料和凝集黏土等物理方法进行环境修复。另外，侧重研发养殖渔场人工地形改造和人工上升流环境营造等修复技术。利用水体跃温层、潮汐流态和人工地形导流，加速污染物的扩散和净化。二是研发化学修复新技术，传统的化学方法往往对环境产生副作用或造成二次污染，但国外研发的超微粒子修复新技术则没有这些弊端。超微粒子具有很大的比表面积、很高的表面效应和极强的吸附能力，在清除污染物质尤其是磷、有机大分子物质方面显示出独特的功能，具有成本低、使用方便、对养殖对象和人无毒的优点。三是生物修复技术，主要侧重于研究营造大型海藻场、海草床、平浮式和垂悬式植物浮床、渠塘式和堰滩式人工湿地等类型水产养殖生态环境修复技术[74-77]。另外，也广泛采用底栖生物和贝类吞食、分解有机碎屑养殖渔场底栖环境；美国和加拿大等国利用微生物降解技术修复受石油类污染的海岸、池塘和湖泊环境；美欧等国采用芽孢杆菌、假单胞菌、硝化杆菌、亚硝化单胞菌、纤维素分解菌、气杆菌和红假单胞菌等配伍来降解污水和修复环境。四是物理-微生物-水生植物复合修复技术，主要是在综合物理修复技术和生物修复技术的基础上，采用有益微生物和有益功能菌分解代谢污染物的特殊功能和作用，研发和建立水产养殖生态环境复合修复技术，这种复合修复技术代表了水产增养殖生态环境修复技术的发展方向[78-82]。例如，日本对濑户内海养殖渔场实施生态环境修复，在对污染物迁

移和归宿的基本特征详细研究后，实施大型藻场营造、养殖滩涂翻耙、海水网箱养殖水体季节性物理充氧、养殖区沉积物定期清理和物理-生物-微生物调节等措施，并进一步采用建设人工导流构件等在海水养殖渔场附近形成上升流，综合利用水体跃温层、潮汐流态等作用使网箱养殖渔场沉积的营养物质和养殖污染物进入水体循环，利用水体自净化容量和多营养层次综合养殖模式，修复老化的养殖生态环境，取得良好的效果。五是国外在水产养殖环境修复系统的自动化管理研究方面取得了一定进展。该系统是基于智能传感、无线传感网、通信、智能处理与智能控制等物联网技术开发，集水质环境参数在线采集、智能组网、无线传输、智能处理、预警信息发布、决策支持、远程与自动控制等功能于一体的水产养殖物联网系统。养殖户可以通过手机、计算机等信息终端，实时掌握养殖水质环境信息，及时获取异常报警信息及水质预警信息，并可以根据水质监测结果，实时调整控制设备，实现水产养殖的科学养殖与管理，最终实现节能降耗、绿色环保、增产增收的目标[10-13]。

四、发展战略与关键技术

（一）发展战略

根据新时期我国渔业发展的总体要求和目前我国水产增养殖水域生态环境面临的主要问题，以维护水产增养殖水域生态系统平衡，保护水产增养殖水域生态系统功能，实现水产增养殖生态环境与增养殖业的可持续利用为基本出发点，坚持"重点修复、全面保护、合理利用、持续发展"的方针，在一段时期内基本遏制住水产增养殖水域生态环境恶化的势头，逐步改善、修复和养护重点水产增养殖水域生态环境，合理开发利用渔业水域生态环境功能，为我国渔业的健康、稳定和可持续发展提供良好的基础条件和坚实的保障。水产增养殖生态环境保护发展战略构想要点见图2-9-9。

（二）总体目标

全面加强我国渔业水域生态环境保护，控制和削减主要污染源，加强治理和修复重要水产增养殖水域生态环境，逐步实现水产增养殖水域生态环境明显改善，水产增养殖水域生态系统功能明显提高，

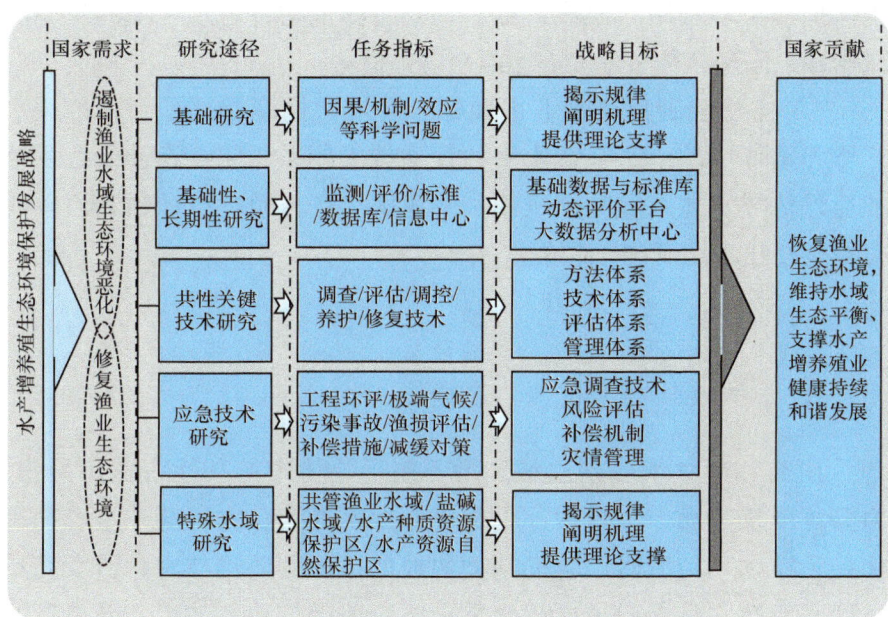

图 2-9-9　水产增养殖生态环境保护发展战略

保证水产增养殖水域生态环境可持续利用,实现水产增养殖业"高效、优质、生态、健康、安全"可持续发展。

(三)"十三五"发展目标(2016～2020年)

1)增养殖水域环境恶化的趋势得到初步遏制,重要渔业增养殖水域外源污染超标面积减小,局部自身污染程度降低,重要水产增养殖水域生态环境初步改善,水产增养殖水域生态系统功能得到恢复性提高。

2)加强水产增养殖水域生态环境监测能力建设,增加和扩大监测水域、监测站点、监测项目和监测频率,全面调查和监测水产增养殖水域生态环境,系统摸清水产增养殖水域生态环境面临的主要污染问题和发展趋势。

3)开展相关的科学研究和科技攻关,突破核心科学技术问题,研发和建立先进的检测和监测新技术;研究和阐明代表性污染物对水产增养殖生态环境和养殖品种的各种类型的影响效益;针对不同类型的老化、衰退、受损的水产增养殖生态环境,研发和建立相应的生态环境调控和修复技术体系。

4)建立20～25个不同类型水产增养殖节能减排、生态环境修复试验基地和示范区,形成一批适合我国国情的水产增养殖生态环境保护和合理利用的模式，推广、辐射和带动各地水产增养殖节能减排和生态环境修复示范区200～250个。

5）构建全国重要渔业水域综合环境数据库管理平台，推进水产增养殖环境的生态系统水平的管理技术体系，完善渔业生态系统补偿评估技术体系和补偿机制，使我国水产养殖环境评估和治理的关键核心技术达到国际领先水平。

（四）关键技术

1. 水产增养殖水域生态环境监测、评价与预警技术研究

研究和建立增养殖水域和增养殖生物体中持久性有机污染物、内分泌干扰物质、抗生素、重金属、生物毒素、农渔药、阻燃剂等优控污染物和新型污染物的新型快捷的检测和监测技术，研发高灵敏度、便携式和高通量电化学重金属快速微创检测技术，开展新型纳米材料电极检测技术、免疫荧光检测技术、免疫胶体金快速检测技术和微生物快速检测技术研发；开发气质联用、液质联用、电感耦合等离子体质谱等联用技术，建立有机分子和毒素的检测新方法和技术；加快在线监测技术、无线监测和传感器监测技术等先进新型监测技术的研发。

研究和建立水产增养殖生态环境和生物体污染物中基于痕量形态/组分、元素/同位素、生物芯片、免疫因子等现代分析手段的污染物快速甄别和溯源技术；研究和建立针对不同水产增养殖生态环境和增养殖生物的危害评价的基准/标准指标体系，优化和完善评价标准体系。

研究和优化影响评价模式与方法，开发单因子/复合污染效应的评估技术、生态安全性评价技术、突发性污染事故应急处理技术、渔损与生态补偿评估技术。研发模糊神经网络等评估技术，对水产增养殖生态环境所涉及的各项指标数字化集成，建立专家智能评估系统。建立基于多元统计分析和可视化技术的水产增养殖产地环境管控技术，提出水产品产地环境类型划分方法。

研究和建立基于化学痕量测定、物理/生物传感、生物指示物/指标的风险预警技术，研发和建立水产增养殖生态环境与增养殖生物体危害预警指标体系，研发个体水平/细胞水平/分子水平的综合预警技术；开展关键污染因子的监测和评价，评价和预警其对渔业

生态环境的危害和水产品健康风险程度，研究和建立国家水产增养殖环境基础数据库、应急信息平台和防控管理技术等。

2. 代表性污染物在水产增养殖生态环境与增养殖生物体中的转归机制及其影响效应研究

研究和阐明不同水产增养殖生态环境中和增养殖生物体中代表性污染物（环境激素类有机物、抗生素、农渔药、重金属、生物毒素、环境调节剂等）在水产增养殖生态环境、食物网和生物体中的生物地球化学过程，研究和阐明其积累、迁移、转化、代谢的转化动力学、时空演变特征和生态学效应等规律，尤其要重点突破污染物的亚致死长期累进性综合影响效应研究的瓶颈。

研究和阐明水产增养殖生态环境中典型污染物对重要增养殖生物的组织学、细胞学、分子生物学的毒性毒理响应机制，研究其发生、发展过程中的关键物理、化学、生物驱动因子，筛选和推荐潜在生物标志物，探寻有效的污染防除措施。

研究和阐明重要水产增养殖生物对典型污染物的摄入-排出的动态规律及生物积累的行为过程，阐明水体食物链积累到水产品生物途径和污染的机制。以"环境变化—生态系统变化—生物质量变化—人体健康威胁"为主线，研究和阐明水产增养殖生态环境治理的红线判别机制，进而建立水产增养殖生态环境和水产品质量健康风险评价、识别和管控的有效途径。

3. 水产增养殖节能减排技术研究

水产增养殖节能减排技术基础理论研究。养殖净化减排技术需要物理、化学、生物、工程等基础理论的支撑，要加强基础理论研究以揭示水产养殖污染物去除技术的逻辑基础，用逻辑基础沟通物理、化学、生物理论与工程实际间的关系，从定性到定量，建立数学模型，科学地建立水产增养殖减排技术。

水产增养殖高效节能减排新技术研究。节能、节材、节地、节水、减排已成为现代水产养殖业的基本要求，通过技术创新和技术集成，构建节能减排的新技术、新工艺、新材料和新方法，提高节能减排技术效率，降低技术运行成本。

水产养殖节能减排技术的标准与评估体系研究。研究制定水产养殖节能减排技术的各项指标，建立我国水产养殖节能减排技术标

准体系。综合考虑经济、社会和环境效益三者有机统一的关系，研究制定水产养殖节能减排技术的适用性评价标准与模式。

4. 水产增养殖水域生态环境调控与修复技术

（1）封闭型水产养殖生态环境的调控与修复技术

研究典型养殖池塘和工厂化水产养殖系统中生源要素的时空变化规律、养殖生物的生理活动对生源要素循环的驱动作用，浮游生物、底栖生物和微生物等生源要素循环及其演变规律，养殖系统中碳、氮、磷等营养元素的循环过程与调节机制，评估水产养殖的生态环境容量；研究生物絮团技术的微生物群感效应和菌藻作用机制，建立池塘优势生物群落定向调控技术；基于物质平衡的池塘和工厂化循环水养殖系统的理念与方法，系统研究和重点研发高效池塘和工厂化水产养殖的水处理系统和配套技术，研发高效多级生物系统净水技术，优化和提高各种生物膜反应器、生物滤器、微生物床（包）和人工湿地对污染物的去除功能，较大幅度地提高水产养殖系统中污染物和废弃物等的去除水平，提供养殖水体、沉积物（底质）和养殖废水的处理、改良、综合利用的适用技术。

（2）开放型水产增养殖水域功能修复技术

针对湖泊、水库、河口、滩涂和浅海等开放型增养殖水域生态环境的特点，研究增养殖生态环境系统中生源要素的时空变化规律、增养殖生物对生源要素循环的驱动作用；识别增养殖生态环境中关键的物理、化学、生物和微生物过程及其控制因素，研究不同物化因子和生物因子（如浮游生物、底栖生物、大型藻类、水生植物和微生物等）对主要环境危害因子的消除能力和对受损环境因子的恢复能力；根据水域生态环境容纳量和增养殖容纳量理论和技术原理，应用物理、化学、生物学和微生物的方法，从水产增养殖生态环境的外源污染控制、自身污染控制、生境条件改造、生态位调控、生态系统功能修复等层面建立多元化的水产增养殖生态环境优化、调控与修复的技术体系。湖泊和水库增养殖生态环境重点研发和优化物理-生物-微生物综合修复技术，尤其是人工湿地复合修复技术、大型水生植物修复技术和"净水渔业"修复技术等复合修复技术。滩涂增养殖生态环境着重研发和优化翻耕、起埂、遮阳等物理方法和增氧剂、土壤改良剂、环境调节剂等化学方法的综合配套应用技术。

河口和浅海重点研发和优化增养殖生态环境容量调节、多营养层次综合养殖模式、物理-生物-微生物修复等复合模式，提供高效适用的开放型水产增养殖水域功能修复技术体系。

（3）水产增养殖环境调控与修复示范区建设

以绿色低碳、生态平衡和可持续利用为水产增养殖业的根本发展目标，组装和集成集约化高效增养殖技术、多营养级层次综合增养殖技术、环境监测与预警技术、环境调控与修复技术、生态系统服务价值评估技术、生态系统水平的管理技术，形成综合技术体系，选择具有代表性的水产增养殖区域，构建生态环境友好型工厂化养殖、池塘规模化养殖、湖泊水库规模化增养殖、盐碱地规模化增养殖、滩涂规模化增养殖和海湾增养殖示范区，示范、推广和辐射生态环境友好型水产增养殖技术，为我国水产增养殖业健康持续发展提供有力科技支撑。

5. 水产增养殖环境的生态系统水平的管理技术

采用生态系统动力学和污染生态学的原理和技术，研究不同水产增养殖生态环境系统的总体特征、能流效率和物质循环特征、营养流分布等差异，摸清不同类型水产增养殖生态系统的结构、功能及其服务与产出，研发和建立不同水产增养殖生态系统能量流动模型。

根据不同水产增养殖生态系统能量流动模型，结合水产增养殖生态环境中污染物的迁移、转化、消解、归宿和影响效应等方面的研究，研发和建立水产增养殖生态环境适宜性评估技术、生态环境营造技术、生态环境容量评估技术、生态环境养护技术、污损生态补偿评估技术、生态系统健康标准评估管理技术、生态功能区划技术等，推演不同增养殖模式和环保措施下的模拟结果。

围绕建立生态环境友好型和可持续发展的水产增养殖业的目标，研究和制定不同类型水产增养殖业的健康持续发展的规划计划、技术标准、技术规范、操作规程和管理措施，研发和构建渔业生态环境综合数据库和大数据分析评估中心。

系统组装和集成各类相关技术，形成生态环境可持续利用管理技术体系和质量管理指标体系，构建水产增养殖环境的生态系统水平的管理中心，提出水产增养殖生态环境系统的管理策略和可持续利用策略，制定渔业生态环境区划，实施水产增养殖生态环境的

适时管理。

五、保障措施与对策建议

（一）加强体系和能力建设，强化基础性公益性研究和实用性技术研发

渔业环境学科是基础性、公益性和综合性的研究学科，但到目前为止，我国尚未建立国家级和部级重点实验室，渔业生态环境监测中心和监测网的基础建设滞后，渔业生态环境的基础性、公益性和综合性研究创新能力不强，实用性技术突破、技术集成和技术推广辐射不力。因此，建议加强渔业生态环境学科体系建设和能力建设，设立国家级和部级渔业生态环境重点实验室及野外观测（监测）台站，加强全国渔业生态环境监测中心和监测网的机构与监测能力、应急能力、预警能力建设，强化基础性、公益性和综合性研究与适用新型技术研发能力建设，切实加强水产增养殖水域生态环境监测、评价与预警技术研究，代表性污染物在水产增养殖生态环境与增养殖生物体中的转归机制及其影响效应研究，以及对水产增养殖水域生态环境优化、调控与修复技术研究和水产增养殖环境的生态系统水平的管理技术研究。

（二）加强顶层设计和组织，落实重点科学技术研究项目

渔业环境学科是基础性、公益性和综合性的研究学科，是服务于我国水产增养殖业健康持续发展的基础学科，但目前我国的渔业环境学科研究工作尚处于边缘化、碎片化和断续化的基本状况。因此，建议渔业环境学科针对"十三五"水产增养殖生态环境亟须解决的重点科学和技术问题，建立联席会议制度和重大项目专家组，充分发挥政产学研各方在决策、组织、咨询和协调方面的作用，加强顶层设计和学科发展方向引导，加强政产学研协调，密切合作，研究、提出和组织申报"十三五"水产增养殖生态环境学科的重大项目，并将目标任务和年度工作计划分解落实到相关单位、部门、首席专家，争取前期介入各类科技计划的决策、编制和管理中，努力将战略规划内容落到实处，切实加强"十三五"期间水产增养殖生态环境的基础性、公益性研究和实用性技术研发应用。

(三)加大财政支持力度,引导社会各类资金支持

渔业环境学科是基础性、公益性和综合性的研究学科,但目前我国财政的支持力度不够,造成相关基础性、公益性和综合性的研究滞后,远不能满足解决水产增养殖生态环境的各类科学技术问题的需求。因此,建议加大政府财政对渔业环境学科和水产增养殖生态环境基础性、公益性和综合性研究的持续投入。同时,加大财政资金的投入和引导力度,扩大渔业环境学科的投入渠道,综合运用国家重点研发计划、国家自然科学基金、国家科技重大专项、技术创新引导专项(基金)、基地和人才专项五大类项目等经费投入,吸引企业、社团、基层组织、个人经费投入,积极争取政府间国际合作项目和世界银行、国际组织、国家机构和国外民间团体的项目资金,用于环境学科的科技创新,建立多渠道投入稳定增长的长效机制,保障水产增养殖生态环境的基础性、公益性研究和实用性技术研发应用。

(四)加强人才队伍建设和交流合作,提高渔业环境学科科技创新能力

渔业环境学科是基础性、公益性和综合性的研究学科,必须坚持以复合型创新人才优先发展,引领和带动渔业环境学科的发展和科技创新。但目前我国渔业环境学科的人才队伍状况堪忧,尤其是严重缺乏领军人才。因此,必须加快领军型、复合型创新人才和创新团队的培育。建议强化人才在渔业环境学科发展中的主导地位,积极落实激励政策,创新人才培养模式,探索建立多渠道培养、多层次使用、多方位服务的人才队伍建设机制,加快培养造就一批渔业环境学科的领军人才、中青年高级专家、各类适用型人才和基层科技人才,为渔业生态环境学科和水产增养殖业发展提供有力的智力支持和人才保障。

渔业环境学科是一门多学科交叉的综合性学科,要加强渔业环境学科理论与技术的创新研究,必须尽可能地跟踪各学科的前沿技术发展动向,利用各学科的最新创新成果。因此,建议进一步加强与国内外各学科的学术交流、学术合作和学术培训,积极鼓励和支持渔业环境学科的科技人员出国交流、进修和培训,积极引进、吸收、借鉴国外各相关学科的先进理念、先进理论、先进技术、先进模式

和先进方法，形成内外结合、相互促进的发展机制。

（五）加强水产养殖环境管理，提高产业组织化程度

我国水产养殖长期以来属于农业部和各地区水产系统管辖，环境部门和其他相关部门较少参与管理，这与我国长期形成的管理条块、管理分工和管理方式等有关。而在一些发达国家，水产养殖业通常由多部门进行协同管理。例如，挪威水产养殖业由渔业部、环境部、农业部、地方政府与劳工部颁布实施的一系列法规、条例直接控制；美国联邦政府管理渔业的职能部门是农业部，而各州的职能部门有所不同，有的是环境管理局，有的是自然资源保护局。我国需要建立一套水产养殖环境管理系统，需要环境部门、渔业部门等相关机构共同介入。必须对水产养殖进行全面规划和区域规划，必须进行生态环境影响评估，确定环境容纳量和养殖容量。必须加强水产养殖执法监督，严格执行相应的排放标准，对养殖废水排放进行严格控制，对超标排放者进行严厉惩处。必须加强养殖从业者的培训，增强从业者的生态环境保护意识，提高从业者的高效、环保、健康、节能、减排的现代水产养殖技术水平。

六、重点科研计划项目与重大工程建设项目建议

（一）重点科研计划项目

1. 水产增养殖生态环境监测、评价与预警技术研究

针对各类水产增养殖生境的质量现状、主要胁迫因子、危害程度和污染动态趋势，应用化学测试、物理/生物传感、生物指示和数学建模等技术手段，研发新型快捷检测和监测技术，优化和完善增养殖生态环境的监测网络建设，强化对代表性、典型性、持久性和潜在性污染物开展监测、评价与预警的技术能力，为水产增养殖生态环境保护与管理提供技术支持。

2. 污染物在水产增养殖生态环境中的转归机制及其影响效应研究

针对我国水产增养殖生态系统中典型污染物（如持久性有机污染物、抗生素、农药、生物毒素、重金属、阻燃剂等）的现状和发

展趋势，采用污染生态学、生物化学、毒性毒理学和分子生物学等技术手段，研究和阐明典型污染物在水产增养殖生态环境中的转化动力学、时空演变、迁移规律与生态效应，筛选特异性生物指示种类或生物指示指标，探索污染物削减或水产增养殖生态环境修复的新理论和新方法，为保障水产增养殖生态环境和水产品的质量安全提供技术支撑。

3. 水产养殖业抗生素的基础调查和控制技术研究

针对我国水产养殖业和渔业环境中抗生素污染问题，开展全面系统的基础调查、机制研究和控制技术研究。一是开展全国性水产养殖业和渔业生态环境中抗生素污染源和污染状况"零点调查"或"基线调查"，基本摸清和掌握我国抗生素的生产与使用、排放源强与进入途径、污染状况与变动趋势等，建立抗生素监测、评价与预警技术体系。二是分析、排查和筛选水产养殖业和渔业环境中热点抗生素问题，研究和提出国家和水产业的重点控制目标。三是开展抗生素影响机制研究，重点开展抗生素对养殖水域微生态环境的影响效应、对养殖生物的影响机制、生物抗药性机制和抗生素的消解代谢机制等方面的基础研究，提出抗生素使用技术应对策略。四是开展水产养殖抗生素替代技术、抗生素调控与消解技术和生态系统水平的养殖管理技术研究，为水产养殖业提供适用技术支撑。

4. 水产养殖节能减排技术研究

针对我国不同水产养殖环境与养殖模式，加强水产养殖节能减排新技术研发和技术集成。一是加强养殖净化减排技术的物理、化学、生物、工程等基础理论的交叉研究，揭示污染物去除技术的逻辑基础，建立数学模型。二是加强水产养殖高效节能减排新技术研究。通过技术创新和技术集成，构建节能减排的新技术、新工艺、新材料和新方法，提高节能减排技术效率，降低技术运行成本。三是加强水产养殖节能减排技术标准与评估体系研究。研究制定水产养殖节能减排技术各项指标、评价标准与评价模式，建立我国水产养殖节能减排技术标准体系和评价标准体系。

5. 水产增养殖生态环境的优化、调控与修复技术研究

针对我国不同水产增养殖方式和不同的污染类型，从不同水产增养殖环境的生态位着手，综合采用水产增养殖学、水生生态学、污染生态学、环境保护学和水产工程学等方面的技术原理和手段，重点研发适合不同生态位的增养殖水体生态调控与优化技术、增养殖水域底质改良技术、增养殖废水处理技术及综合利用技术、增养殖生态环境系统功能恢复重建技术。通过技术突破和技术集成创新，形成适合我国主要水产增养殖生态环境优化、调控与修复的技术体系。

6. 水产增养殖环境的生态系统水平的管理技术研究

针对我国水产增养殖生态环境、方式和增养殖业管理所面临的主要问题，基于绿色低碳、生态平衡和可持续发展的理念，采用生态系统动力学和污染生态学的原理和技术，研究不同增养殖生态环境系统的总体特征、能流效率和物质循环特征、营养流分布等差异，摸清生态系统的结构、功能及其服务与产出，结合研究污染物的迁移、转化、消解和归宿的特征，研发不同水产增养殖生态系统能量流动模型，建立水产增养殖生态环境适宜性评估技术、生态环境营造技术、生态环境容量管理技术、生态环境养护技术和生态环境可持续利用规划技术，提出水产增养殖生态环境系统的管理策略和可持续利用策略，形成一批新的技术标准、技术规范、技术规程和管理规定。

（二）重大工程建设项目

1. 水产增养殖环境监测与预警中心建设工程

构建全国渔业生态环境监测和预警网络体系，建立国家、区域（海区、流域）、省、市、县等五级监测预警网络和污染应急反应体系；构建先进的监测技术体系，形成快速监测技术、在线监测技术、遥感监测技术、信息技术等一体化的监测技术体系；构建预警与应急反应技术体系，形成影响评估技术体系、预警指标体系、污染应急处理技术体系和污染生态补偿技术体系；构建我国近海与内陆渔业生态环境污染与生态效应基础数据库、大数据分析中心和生态补偿政策/标准/规范数据库。

2. 水产增养殖生态环境调控与修复技术平台建设工程

构建水产增养殖生态环境调控与修复技术研发、组装和集成平台，针对我国各类水产增养殖生态环境和增养殖方式，以绿色低碳、生态平衡和可持续利用为目标，组织、统筹和协调水产增养殖生态环境调控及修复技术研发与攻关，研究和解决工厂化水产养殖生态环境、池塘养殖生态环境、湖泊水库增养殖生态环境、河口增养殖生态环境、滩涂增养殖生态环境和海湾增养殖生态环境的调控及修复的工程科学技术问题，系统研发和形成水产增养殖环境调控与修复的基本方法与模式、装备与设施、标准与规范、规划与管理等技术。

3. 生态环境友好型规模化水产养殖示范区建设工程

构建生态环境友好型规模化水产养殖技术集成与推广示范平台，针对我国各类水产增养殖生态环境和增养殖方式，以绿色低碳、生态平衡和可持续利用为目标，组织、统筹和协调生态友好型增养殖技术研发、技术组装、技术配套和技术集成，形成集监测技术、调控技术、修复技术、管理技术为一体的技术体系，选择具有代表性和普遍性的增养殖区域，建立生态环境友好型工厂化养殖、池塘规模化养殖、湖泊水库规模化增养殖、盐碱地规模化增养殖、滩涂规模化增养殖、海湾规模化增养殖示范区，示范、推广和辐射生态环境友好型水产增养殖技术。"十三五"期间建立20～25个不同类型水产增养殖生态环境调控与修复技术试验基地和示范区，形成一批适合我国国情的水产增养殖生态环境保护和合理利用的模式，带动各地建立水产增养殖生态环境调控与修复示范区200～250个。为我国水产增养殖业健康持续发展提供有力的科技支撑。

参 考 文 献

[1] 中华人民共和国农业部, 中华人民共和国环境保护部. 中国渔业生态环境状况公报[R]. 北京：中华人民共和国农业部, 2013.

[2] 中华人民共和国农业部, 中华人民共和国环境保护部. 中国渔业生态环境状况公报[R]. 北京：中华人民共和国农业部, 2014.

[3] 周启星, 罗义, 王美娥. 抗生素的环境残留、生态毒性及抗性基因污染[J]. 生态毒理学报, 2007, 2(3): 243-251.

[4] 王丹, 隋倩, 赵文涛. 中国地表水环境中药物和个人护理品的研究进

展[J]. 科学通报, 2014, 59(9): 743-751.

[5] Zhang Q, Ying G, Pan C, Liu Y, Zhao J. A Comprehensive evaluation of antibiotics emision and fate in the river basins of China: Source analysis, multimedia modelling, and linkage to bacterial resistance [J]. Environmental Science and Technology, 2015, 6: 1-40.

[6] Zhang R, Tang J, Li J, Cheng Z, Chaemfa C, Liu D, Zheng Q, Song M, Luo C, Zhang G. Occurrence and risk of antibiotics in the coastal aquatic environment of Yellow Sea, North China [J]. Sci Total Environ, 2013, 450: 197-204.

[7] Zhang R, Tang J, Li J, Zheng Q, Liu D, Chen Y, Zou Y, Chen X, Luo C, Zhang G. Antibiotics in the offshore waters of the Bohai Sea and the Yellow Sea in China: occurrence, distribution and ecological risks [J]. Environ Pollut, 2013, 174: 71-77.

[8] Yan C, Yang Y, Zhou J, Liu M, Nie M, Shi H, Gu L. Antibiotics in the surface water Yangtze Estuary: occurrence, distribution and risk assessment [J]. Environ Pollut, 2013, 175: 22-29.

[9] Zheng Q, Zhang R, Wang Y, Pan X, Tang J, Zhang G. Distribution of antibiotics in the Beibu Gulf, China: Impacts of river discharge and aquaculture activities [J]. Mar Environ Res, 2012, 78: 26-33.

[10] 中国水产科学研究院. 中国水产科学研究院学科建设规划(2012-2020)[R]. 北京: 中国水产科学研究院, 2012.

[11] 中国水产科学研究院. 中国水产科学研究院"十三五"重大科研计划规划[R]. 北京: 中国水产科学研究院, 2014.

[12] 唐启升. 水产学学科发展现状及发展方向研究报告[M]. 北京: 海洋出版社, 2013.

[13] 中国科学技术协会, 中国水产学会. 2011-2012水产学学科发展报告[M]. 北京: 中国科学技术出版社, 2012.

[14] 中华人民共和国环境保护部, 中华人民共和国国家统计局, 中华人民共和国农业部. 第一次全国污染源普查公报[R]. 北京: 中华人民共和国环境保护部, 2010.

[15] 贾晓平. 我国渔业水域生态环境面临的主要问题与环境修复的主要任务[J]. 中国水产, 全国水产养殖研讨会论文集, 2003, (专刊): 76-79.

[16] 宁丰收, 古昌红, 游霞, 崔榕. 大红湖水库网箱养殖污染分析[J]. 环境科

学与技术, 2006, 7(4): 47-49.

[17] 王明翠, 刘雪芹, 张建辉. 湖泊富营养化评价方法及分级标准[J]. 中国环境监测, 2002, 18(5): 47-49.

[18] 孟顺龙, 胡庚东, 瞿建宏, 吴伟, 范立民, 陈家长. 单养模式下罗非鱼亲本培育塘的沉积物产污系数初探[J]. 农业环境科学学报, 2010, 29(9): 1795-1800.

[19] 王兆礼, 张汉华, 朱长波, 郭永坚, 黄洪辉, 齐占会, 陈利雄. 深澳湾养殖生态系统服务功能价值评估[J]. 海洋环境科学, 2014, (3): 9-13.

[20] Borja A, Bricker SB, Dauer DM, Demetriades NT, Ferreira JG, Forbes AT, Hutchings P, Jia X, Kenchington R, Marques JC. Overview of integrative tools and methods in assessing ecological integrity in estuarine and coastal systems worldwide [J]. Marine Pollution Bulletin, 2008, 56(9): 1519-1537.

[21] 沈新强, 袁骐. 环境污染对渔业损害的鉴定与评估[J]. 中国渔业质量与标准, 2014, (3): 1-5.

[22] 陈冬林, 周慧芳, 张鸣. 水产养殖废水净化与循环应用技术研究[J]. 中国水产, 2016, (5): 91-93.

[23] 黄婧, 吴若菁, 贾晗, 陈文萍. 生物法处理养殖污水中氨氮的研究进展[J]. 福建畜牧兽医, 2009, 31(2): 15-18.

[24] 农业部渔业渔政管理局, 全国水产技术推广总站组. 水产养殖节能减排实用技术[M]. 北京: 中国农业出版社, 2014.

[25] 刘兴国. 池塘养殖污染与生态工程化调控技术研究[D]. 南京: 南京农业大学博士学位论文, 2011.

[26] 林小涛, 黄翔鹄, 邱德全, 于赫男. 水产动物无公害养殖原理与水环境调控技术——以对虾养殖为实例[M]. 北京: 中国环境科学出版社, 2009.

[27] 李卓佳, 杨莺莺, 贾晓平. 微生物技术与对虾健康养殖[M]. 北京: 海洋出版社, 2007.

[28] 吴伟, 瞿建宏, 王小娟, 许骄阳, 钱志林. 水生植物微生物强化系统对日本沼虾养殖水体的生物净化[J]. 生态与农村环境学报, 2011, (5): 20-23.

[29] 李卓佳. 南美白对虾高效生态养殖新技术[M]. 北京: 海洋出版社, 2012.

[30] 范为民, 徐跑, 吴伟, 瞿建宏, 陈家长. 淡水池塘养殖微生态环境调控研究综述[J]. 生态学杂志, 2013, 32(1): 3094-3010.

[31] 陈家长, 孟顺龙, 胡庚东, 瞿建宏, 范立民. 空心菜浮床栽培对集约化养殖

鱼塘水质的影响[J]. 生态与农村环境学报, 2010, 26(2): 155-159.

[32] 邓勇辉, 曹义虎, 万新民. "新吉富"罗非鱼池塘健康养殖试验[J]. 江西水产科, 2011, (1): 17-18.

[33] 李文祥, 李为, 林明利, 王英雄, 刘家寿, 李钟杰. 浮床水蕹菜对养殖水体中营养物的去除效果研究[J]. 环境科学学报, 2011, 31(8): 1670-1675.

[34] 吴伟, 陈家长, 胡庚东, 孟顺龙, 范立民, 杨琳. 利用人工基质构建固定化微生物膜对池塘养殖水体原位修复[J]. 农业环境科学学报, 2008, 27(4): 1501-1507.

[35] 王加鹏, 崔正国, 周强, 马绍赛, 曲克明, 毛成全. 人工湿地净化海水养殖外排水效果与微生物群落分析[J]. 渔业科学进展, 2014, 31(6): 1-9.

[36] 张海耿, 崔正国, 马绍赛, 张聪, 曲克明, 马健. 人工湿地净化海水养殖外排水影响因素与效果实验研究[J]. 海洋环境科学, 2012, 31(1): 20-24.

[37] 李绪兴, 雷云雷. 渔业水域生态环境及其修复研究[J]. 中国渔业经济, 2009, 6(27): 69-78.

[38] 李文齐. 人工湿地处理污水技术[M]. 北京: 水利水电出版社, 2009.

[39] 熊学全, 孙谦, 刘敏. 论湖泊水体生态保护与渔业可持续发展[J]. 现代农业科技, 2009, (9): 264-265.

[40] 叶少文, 张堂林, 李钟杰, 刘家寿. 牛山湖两种优势小型鱼类空间分布与沉水植被的关系[J]. 应用生态学报, 2012, 23(9): 2566- 2572.

[41] 李为, 都雪, 林明利, 张超文, 张堂林, 刘家寿, 丁怀宇, 张胜宇, 李钟杰. 基于PCA和SOM网络的洪泽湖水质时空变化特征分析[J]. 长江流域资源与环境, 2013, 22(12): 1593-1601.

[42] 余宁, 朱成德. 过水性湖泊——骆马湖规模化养殖及生态渔业研究[M]. 北京: 中国农业出版社, 2006.

[43] 武栋, 王亚妮, 王琦, 胡长静. 圣天湖渔业环境现状及对策[J]. 山西水利科技, 2010, (3): 20-23.

[44] 吴润, 任珺, 陶玲, 吴春燕. 湖泊污染生物修复工程技术研究进展[J]. 广东化工, 2010, 37(1): 100-104.

[45] 叶春, 李春华, 王博, 张娟, 张磊. 洪泽湖健康水生态系统构建方案探讨[J]. 湖泊科学, 2011, 23(5): 725-730.

[46] 余江, 杨宇峰, 叶长鹏. 海水养殖环境污染及控制对策[J]. 海洋湖沼通报, 2006, (3): 112-118.

[47] 葛长宇, 方建光. 夏季海水养殖区大型网箱内外沉降颗粒物通量[J]. 中

国环境科学, 2006, 26(B07): 106-109.

[48] 蒋增杰, 方建光, 毛玉泽, 王巍. 海水鱼类网箱养殖的环境效应及多营养层次的综合养殖[J]. 环境科学与管理, 2012, 37(1): 120-124.

[49] 蒋增杰, 方建光, 毛玉泽, 王巍. 海水鱼类网箱养殖水域沉积物有机质的来源甄别[J]. 中国水产科学, 2012, 19(2): 348-354.

[50] 张皓, 杜琦, 王邦钦, 方民杰. 海水网箱养殖容量研究综述[J]. 渔业现代化, 2007, 34(3): 54-56.

[51] 刘晴, 徐跑. 渔业环境评价与生态修复[M]. 北京: 海洋出版社, 2011.

[52] 王清印. 海水养殖科技创新与发展[M]. 北京: 海洋出版社, 2013.

[53] 牛俊翔, 蒋玫, 李磊, 吴庆元, 许高鹏, 沈新强. 修复方式对滩涂贝类养殖底质TN、TP及TOC影响的室内模拟实验[J]. 环境科学学报, 2014, 34(6): 1510-1516.

[54] 贾晓平, 陈丕茂, 唐振朝, 蔡文贵, 李纯厚, 秦传新. 人工鱼礁关键技术研究与示范[M]. 北京: 海洋出版社, 2011.

[55] 曲克明, 杜守恩. 海水工厂化高效养殖体系构建工程技术[M]. 北京: 海洋出版社, 2010.

[56] 马绍赛, 曲科明, 朱建新. 海水工厂化循环水工程化技术与高效养殖[M]. 北京: 海洋出版社, 2014.

[57] 张宇雷, 吴凡, 王振华. 超高密度全封闭循环水养殖系统设计及运行效果分析[J]. 农业工程学报, 2012, 28(15): 151-156.

[58] 聂湘平, 何秀婷, 杨永涛, 陈锟慈, 潘德博. 珠江三角洲养殖水体中喹诺酮类药物残留分析[J]. 环境科学, 2009, 30(1): 266-270.

[59] 王敏, 俞慎, 洪有为, 孙棣棣. 5种典型滨海养殖水体中多种抗生素的残留特性[J]. 生态环境学报, 2011, 20(5): 934-939.

[60] 阮悦斐, 陈继淼, 郭昌胜, 陈珊珊, 王少特, 王玉秋. 天津近郊地区淡水养殖水体的表层水及沉积物中典型抗生素的残留分析[J]. 农业环境科学学报, 2011, 30(12): 2586-2593.

[61] 梁惜梅, 施震, 黄小平. 珠江口典型水产养殖区抗生素的污染特征[J]. 生态环境学报, 2013, 22(2): 304-310.

[62] 杨基峰, 应光国, 赵建亮, 陶然, 苏浩昌. 配套养殖体系中部分抗生素的污染特征[J]. 环境化学, 2015, 34(1): 54-59.

[63] Su H, Ying G, Tao R, Zhang R, Fogarty LR, Kolpin DW. Occurrence of antibiotic resistance and characterization of resistance genes and

integrons in Enterobacteriaceae isolated from integrated fish farms in south China [J]. Journal of Environmental Monitoring, 2011, 13: 3229-3236.

[64] Li W, Shi Y, Gao L, Liu J, Cai Y. Occurrence of antibiotics in water, sediments, aquatic plants, and animals from Baiyandian Lake in North China [J]. Chemesphere, 2012, 89(11): 1307-1315.

[65] Na G, Fang X, Cai Y, Ge L, Zong H, Yuan X, Yao Z, Zhang Z. Occurrence, distribution, and bioccumulation of antibiotics in coastal environment of Dalian, China [J]. Mar Pollut Bull, 2013, 69(1-2): 233-237.

[66] 贾晓平, 林钦, 李纯厚, 林燕堂. 南海渔业生态环境与生物资源的污染效应研究 [M]. 北京: 海洋出版社, 2004.

[67] 贾晓平, 李纯厚, 陈作志, 王雪辉. 南海北部近海渔业资源及其生态系统水平管理策略[M]. 北京: 海洋出版社, 2012.

[68] Rebouças VT, Caldini NN, Cavalcante DDH, Silva FJRD. Interaction between feeding rate and area for periphyton in culture of Nile tilapia juveniles [J]. Acta Scientiarum. Animal Sciences, 2012, 34(2): 161-167.

[69] Reid GK, Liutkus M, Robinson S, Chopin TR, Blair T, Lander T, Mullen J, Page F, Moccia RD. A review of the biophysical properties of salmonid faeces: implications for aquaculture waste dispersal models and integrated multi-trophic aquaculture [J]. Aquaculture Research, 2009, 40(3): 257-273.

[70] Shahabuddin AM, Oo MT, Yi Y, Thakur DP, Bart AN, Diana JS. Study about the effect of rice straw mat on water quality parameters, plankton production and mitigation of clay turbidity in earthen fish ponds [J]. World, 2012, 4(6): 577-585.

[71] Soto-Zarazúa GM, Peniche-Vera R, Rico-García E, Toledano-Ayala M, Ocampo-Velázquez R, Herrera-Ruiz G. An automated recirculation aquaculture system based on fuzzy logic control for aquaculture production of tilapia (*Oreochromis niloticus*)[J]. Aquaculture International, 2011, 19(4): 797-808.

[72] Soto-Zarazúa GM, Herrera-Ruiz G, Rico-García E, Toledano-Ayala M, Peniche-Vera R, Ocampo-Velázquez R, Guevara-González RG.

Development of efficient recirculation system for Tilapia (*Oreochromis niloticus*) culture using low cost materials [J]. African Journal of Biotechnology, 2013, 9(32): 5203-5211.

[73] Wang X, Olsen LM, Reitan KI, Olsen Y. Discharge of nutrient wastes from salmon farms: environmental effects, and potential for integrated multi-trophic aquaculture [J]. Aquaculture Environment Interactions, 2012, 2(3): 267-283.

[74] Asaduzzaman M, Wahab MA, Verdegem M, Adhikary RK, Rahman S, Azim ME, Verreth J. Effects of carbohydrate source for maintaining a high C: N ratio and fish drivenre-suspension on pond ecology and production in periphyton-based freshwater prawn culture systems [J]. Aquaculture, 2010, 301: 37-46.

[75] Attasat S, Wanichpongpan P, Ruenglertpanyakul W. Cultivation of microalgae (*Oscillatoria okeni* and *Chlorella vulgaris*) using tilapia-pond effluent and a comparison of their biomass removal efficiency [J]. Water Science &Technology, 2012, 167(2): 271-277.

[76] Konnerup D, Trang NTD, Brix H. Treatment of fishpond water by recirculating horizontal and vertical flow constructed wetlands in the tropics [J]. Aquaculture, 2011, 313(1): 57-64.

[77] de Matos FT, Lapolli FR, Mohedano RA, Fracalossi DM, Bueno GW, Roubach R. Duckweed bioconversion and fish production in treated domestic wastewater [J]. Journal of Applied Aquaculture, 2014, 26(1): 49-59.

[78] Roell M, Joyce A, Chopin T, Neori A, Buschmann AH, Fang J. Ecological engineering in aquaculture—Potential for integrated multi-trophic aquaculture(IMTA)in marine offshore systems [J]. Aquaculture, 2009, 297(1): 1-9.

[79] Ekasari J, Maryam S. Evaluation of biofloc technology application on water quality and production performance of red tilapia *Oreochromis* sp. cultured at different stocking densities [J]. Hayati Journal of Biosciences, 2012, 19(2): 73-79.

[80] Guerdat TC, Losordo TM, Classen JJ, Osborne JA, DeLong D. Evaluating the effects of organic carbon on biological filtration

performance in a large scale recirculating aquaculture system [J]. Aquacultural Engineering, 2011, 44(1): 10-18.

[81] Guerdat TC, Losordo TM, Classen JJ, Osborne JA, DeLong DP. An evaluation of commercially available biological filters for recirculating aquaculture systems [J]. Aquacultural Engineering, 2010, 42(1): 38-49.

[82] Matsumoto T. Hydrodynamic characterization and performance evaluation of an aerobic three phase airlift fluidized bed reactor in a recirculation aquaculture system for Nile Tilapia production [J]. Aquacultural Engineering, 2012, 47: 16-26.

执笔人

贾晓平	中国水产科学研究院南海水产研究所	研究员
陈家长	中国水产科学研究院淡水渔业研究中心	研究员
陈海刚	中国水产科学研究院南海水产研究所	副研究员
齐占会	中国水产科学研究院南海水产研究所	副研究员
朱长波	中国水产科学研究院南海水产研究所	副研究员
杨　健	中国水产科学研究院淡水渔业研究中心	研究员
孟顺龙	中国水产科学研究院淡水渔业研究中心	副研究员
宋　超	中国水产科学研究院淡水渔业研究中心	助理研究员
沈新强	中国水产科学研究院东海水产研究所	研究员

第三章
环境友好型海水养殖发展新途径

第一节 现代海洋牧场发展战略

一、我国现代海洋牧场构建技术发展的战略需求

(一)实现渔业转型升级、提质增效的要求

我国是人口大国、海洋大国,海洋渔业是我国粮食安全保障的重要组成部分,对海洋生物资源的优质、高效、安全、可持续开发利用,是实施国家海洋强国战略的需要,也是落实生态文明建设和发展海洋经济的重要举措。

近些年来,由于过度捕捞和养殖、栖息地破坏及环境污染等原因,我国的一些海域生态环境受损,渔业资源衰退,严重影响了沿海和近海海洋渔业及海洋生物产业的可持续发展。因此,研究和探索一种新型的海洋渔业生产方式,在修复海洋生态环境、涵养生物资源的同时,科学地开展渔业生产,为国民持续提供优质安全的海洋食品,是我国海洋渔业(蓝色粮仓建设)科技工作的当务之急。

当前,我国正在努力构建以"高效、优质、生态、健康、安全"为目标的水产养殖业,来实现产业的可持续发展。为此,通过科学开展资源增殖放流、探索构建环境友好型水产养殖业新业态,提升养殖业的功能与效益,并在产业中实施生态系统水平的管理,是当前和未来一个时期内的迫切任务。

海洋牧场是指在特定海域,基于区域海洋生态系统特征,通过生物栖息地养护与优化,整合增殖与养殖等多种生产要素,形成环境与产业的生态耦合系统,通过科学利用海域空间,建立生态化、良种化、工程化、高质化、智能化的渔业生产与管理模式,提升海域生产力,实现陆海统筹、三产贯通的海洋渔业新业态[1]。

作为海洋渔业新业态,现代海洋牧场的建设应着眼于资源养护,坚持生态优先原则,切实加强养殖生物资源和环境养护的相关工作,科学地规划、建设和管理现代海洋牧场,可以在修复和优化生态环境、养护和增殖生物资源、维护海洋生物多样性的同时,健康、持续、高效地发展海洋渔业和海洋生物产业,保障海洋食物供给安全和海洋生态安全,这对于促进海洋生态、环境、资源与渔业和谐发展具有重要的现实意义。

目前及今后一段时期是我国海洋渔业乃至整个海洋产业转型升

级的关键阶段，因此应针对制约我国沿海海洋渔业发展及生态文明建设的主要资源环境问题，构建现代海洋牧场科技创新链，通过系统的基础研究、共性技术研发及集成应用示范推广，解决传统海洋渔业一、二、三产业发展的科技瓶颈，形成三产融合的现代海洋牧场基础理论体系和全产业链的综合技术体系，引领海洋渔业及海洋生物产业健康持续发展，支撑"蓝色粮仓"和海洋生态文明的全面建设。

（二）2020年和2030年的海洋牧场构建技术需求

到2020年，在我国海洋牧场建设的现有基础上，逐步完成完善近岸及岛屿海洋牧场示范区建设，并辐射近海渔业海域。在生态环境与资源方面，建设一批我国土著鱼贝类和部分中上层鱼类的生息场，使生态环境得到一定的修复与优化，生物资源得到养护和增殖。产业方面，初步形成苗种繁育—中间育成—成体捕获—储运加工—休闲观赏—营销服务等全产业链的现代海洋牧场建设模式。技术方面，突破包括藻场、产卵场、栖息场、鱼类洄游通道休憩场渔场（垂钓场等）建设技术，海域立体综合生态优化利用技术，主要对象生物苗种繁育及增殖放流技术，鱼贝类资源跟踪监测技术，生物行为的声光电及物理控制方法与技术，生物资源声光学及遥感等有效探测与评估技术，牧场水产品高效安全生产加工储运技术等的一系列技术，初步构建现代海洋牧场全产业链技术体系。国土安全方面，发挥海洋牧场建设的囤鱼戍边作用，为海洋疆域的保护建设发挥重要的战略作用。

到2030年，以海洋牧场示范区为核心，初步实现我国近海海域渔业生产的生态牧场化。在生态环境与资源方面，使近海渔业生态环境得到基本改善和优化，主要渔业资源得到一定程度的养护和增加，构建海洋渔业生态大数据库，以实现海洋生物资源生态全产业链化的总体目标；在海洋牧场化建设过程中，重点突破生物资源可持续开发利用中的生态化、机械化、信息化及可视化，在海洋生物生境高效修复优化与综合利用、鱼贝类行为高效控制与驯养、基于现代生物技术的高值种类的全生态化育成（育苗、育幼及养成）、全程高效机械化的资源生态开发、海洋渔业环境的全程信息化管理与预警、数字可视化开发与管理等方面进行研发与技术集成，加快转

变产业结构，促进产业升级改造，打造海洋牧场全产业链条，为建设生态海洋、数字海洋渔业提供环境及生态基础。同时开展以长距离洄游性鱼类为对象的国际化海洋牧场技术研发，为进一步开展国际渔业合作与共同开发奠定坚实基础。

二、我国现代海洋牧场发展的现状

（一）发展历程

我国是较早提出生物资源增殖和海洋农牧化发展理念的国家。早在20世纪40年代末，我国海洋生态学、水产学的先驱和奠基者之一的朱树屏先生就积极倡导种鱼与开发水上牧场，之后他致力于海洋生产力研究，设想调查研究产卵场及索饵场的海洋基本生产力，进而研究海洋生产力对鱼、虾类幼体成活率及鱼虾类肥育、洄游与集群的影响，并提出了人为改变海洋生产力，提高鱼虾幼体成活率，增殖资源的设想。在渤海诸河口渔业综合调查报告中，在有关河口水域改良与发展河口渔业的建议中，朱先生提出了移植饵料价值较大的种类、人工放养经济鱼虾以增加和扩大资源、在河口海区底部发展滩涂贝类的增殖与养殖等水产资源增殖的设想和建议。1965年我国海洋农业奠基人之一的曾呈奎先生在阐述海洋学的三大任务之首的海洋资源开发利用中，提出"必须大力研究重要种类的生物学特性和它们在人工控制条件下的生长、发育、繁殖，以解决人工养殖的一系列问题，培育新的优良品种，使海洋成为繁殖藻类和贝类的'农场'，养鱼、虾的'牧场'"[2]。1978年在中国水产学会恢复大会和科学讨论会上，曾呈奎先生进一步指出，"所谓海洋水产生产农牧化，就是通过人为的干涉，逐步地改善或改造海洋局部环境条件，为经济生物的生长发育提供良好的生长环境。同时，也对生物本身进行必要的改造以提高它们的质量和产量"[3]。

在20世纪70年代，我国学者着手海洋经济生物的繁育与增养殖研究，创建了"贻贝采苗场人工构建"等增殖技术和人工育苗等养殖技术，推动了我国藻类、贝类、对虾增养殖的迅速发展，至80年代初，我国贻贝产量跃居世界第一并保持产量领先至今，70年代中后期开展了对虾增殖放流，以渔业资源管护为主的海洋牧场雏形初步显现。进入20世纪80年代，随着常见经济种人工育苗技术的突破和成熟，我国海洋牧场建设呈现基于野生驯化型人工苗种的养管结合为主，全面开发利用自然资源的特征，海水藻类、贝类、虾蟹类、鱼类等增养殖业取得快速发展。80年代末，我国开展了规模化的资源增殖放流及一定规模的人工鱼礁建设，以求修复增殖日益萎缩的近海渔业资源。

进入21世纪后，依赖于规模和产量扩增的海水养殖业日益受到环境与资源的限制与挑战，迫切需要转变产业发展方式。国内学术界借鉴日本、韩国等邻国海洋牧场建设经验，呼吁在生态优先的前提下开展资源养护，构建环境友好型的海水养殖业。近年来，国内行业主管部门立足于落实《中国水生生物资源养护行动纲要》要求，以政府行为积极推进现代海洋牧场业的建设。在政府提供政策和资金支持下，广东、浙江、江苏、山东和辽宁等沿海省份掀起了新一轮人工鱼礁建设热潮。

（二）发展现状

目前，全国已投入海洋牧场建设资金超过80亿元，其中中央财政投入近7亿元。据不完全统计，目前我国海洋牧场总建设面积达3770hm²，从北到南形成了大连獐子岛海洋牧场、辽西海域海洋牧场、秦皇岛海洋牧场、长岛海洋牧场、崆峒岛海洋牧场、海州湾海洋牧场、舟山白沙海洋牧场、洞头海洋牧场、宁德海洋牧场、汕头海洋牧场等20余处。其中，2008年以来，全国人工鱼礁建设规模超过3000万空方，礁区面积超过500km²，主要分布在我国的重要海湾、岛屿等近岸海域[4]。2015年国家农业部公布了第一批20个国家级海洋牧场示范区（表3-1-1），覆盖天津、河北、辽宁、山东、江苏、浙江、福建、广东等海域，首次从国家层面上推动各地海洋牧场建设。

表3-1-1　国家级海洋牧场示范区名单（第一批）（2015年农业部公布）

序号	申报省份	国家级海洋牧场示范区名称	所在海域	所占海域面积（hm²）	管理维护单位
1	天津	天津市大神堂海域国家级海洋牧场示范区	天津市汉沽区	2 360	天津市滨海新区汉沽水产局
2	河北	河北省山海关海域国家级海洋牧场示范区	秦皇岛市山海关区	820	秦皇岛市海鑫水产养殖科技开发有限公司
3	河北	河北省祥云湾海域国家级海洋牧场示范区	唐山市海港经济开发区	533	唐山海洋牧场实业有限公司

续表

序号	申报省份	国家级海洋牧场示范区名称	所在海域	所占海域面积（hm²）	管理维护单位
4	河北	河北省新开口海域国家级海洋牧场示范区	秦皇岛市昌黎县	581	秦皇岛晨升水产养殖有限公司
5	辽宁	辽宁省丹东海域国家级海洋牧场示范区	东港市	1 400	东港市人工礁管理处
6	辽宁	辽宁省盘山县海域国家级海洋牧场示范区	盘锦市盘山县	667	盘山县海洋与渔业技术中心
7	大连	大连市獐子岛海域国家级海洋牧场示范区	长海县	2 196	獐子岛集团股份有限公司
8	大连	大连市海洋岛海域国家级海洋牧场示范区	长海县	600	大连海洋岛集团股份有限公司
9	山东	山东省芙蓉岛西部海域国家级海洋牧场示范区	莱州市	10 700	山东蓝色海洋科技股份有限公司
10	山东	山东省荣成北部海域国家级海洋牧场示范区	荣成市	676	山东西霞口海珍品股份有限公司
11	山东	山东省牟平北部海域国家级海洋牧场示范区	烟台市牟平区	1 216	山东东方海洋科技股份有限公司
12	山东	山东省爱莲湾海域国家级海洋牧场示范区	荣成市	623	威海长青海洋科技股份有限公司
13	青岛	青岛市石雀滩海域国家级海洋牧场示范区	黄岛区	867	青岛鲁海丰食品集团有限公司
14	青岛	青岛市崂山海域国家级海洋牧场示范区	崂山区	500	青岛海泉崂山特色水产品有限公司
15	江苏	江苏省海州湾海域国家级海洋牧场示范区	连云港市	4 000	连云港市海洋与渔业局
16	浙江	浙江省中街山列岛海域国家级海洋牧场示范区	舟山市普陀区、岱山县	4 180	舟山市海洋与渔业局
17	浙江	浙江省马鞍列岛海域国家级海洋牧场示范区	舟山市嵊泗县	6 960	嵊泗县海盛养殖投资有限公司
18	宁波	宁波市渔山列岛海域国家级海洋牧场示范区	象山县	2 250	象山县海洋与渔业局
19	广东	广东省万山海域国家级海洋牧场示范区	珠海市万山海洋开发试验区	31 200	万山海洋开发试验区海洋与渔业局
20	广东	广东省龟龄岛东海域国家级海洋牧场示范区	汕尾市城区	2 028	汕尾市城区海洋与渔业局

山东省在海洋牧场建设方面走在全国前列。自2005年启动"山东省渔业资源修复行动计划"至2015年，10年累计投入财政资金14.7亿元，建设人工鱼礁区（群）122个，累计776万空方；构建大型海洋牧场1.75万hm²，其中投入资金百万元以上有200余处，目前纳入财政支持的大型海洋牧场20余处，休闲垂钓渔场15处，相关海洋牧场正在逐步走向规范化和集约化。通过投放恋礁型鱼类和进行藻类移植藻场建设，较大改善了山东近岸的荒漠化海域，生物资源养护取得明显成效[5]。

据不完全统计，截至2016年，中国向海洋投放各种鱼、虾、蟹、贝等经济水生生物种苗已超过1200亿尾（粒），投入资金超过30亿元[6]。2015年全国海水养殖产量中，底播产量超过筏式养殖跃居首位，达到527万t[4]。

其中，山东省增殖放流的渔业品种主要包括：褐牙鲆（*Paralichthys olivaceus*）、许氏平鲉（*Sebastes inermis*）、梭鱼（*Chelon haematocheilus*）、真鲷（*Pagrosomus major*）等鱼类；中国对虾、三疣梭子蟹（*Portunus trituberculatus*）、日本蟳（*Charybdis japonica*）、日本对虾（*Penaeus japonicus*）等甲壳类；西施舌（*Coelomactra antiquata*）、文蛤（*Meretrix meretrix*）、青蛤（*Cyclina sinensis*）、毛蚶（*Scapharca subcrenata*）、菲律宾蛤仔（*Ruditapes philippinarum*）、虾夷扇贝（*Patinopecten yessoensis*）、大竹蛏（*Solen grandis*）、魁蚶（*Scapharca broughtonii*）、鸟蛤（*Cardium* sp.）、牡蛎（*Crassostrea gigas*）和缢蛏（*Sinonovacula constricta*）等贝类；刺参（*Stichopus japonicus*）、马粪海胆（*Hemicentrotus pulcherrimus*）和皱纹盘鲍（*Haliotis discus hannai*）等海珍品，以及幼海蜇（*Rhopilema esculentum*）、单环刺螠（*Urechis unicinctus*）、金乌贼（*Sepia esculenta*）、半滑舌鳎（*Cynoglossus semilaevis*）等。至2008年，累计放流各类海洋水产苗种总量达259.27亿单位，秋汛回捕增殖资源21.94万t，创产值54.01亿元，增殖效果显著[7]。2014～2016年，山东省共投入海洋增殖放流资金5.37亿元，放流各类苗种178.6亿单位，取得了良好的生态和经济效益。山东省近海的中国对虾、梭子蟹、海蜇等大宗放流物种形成了较为稳定的秋季渔汛[5]。

（三）建设类型

迄今为止我国的海洋牧场试验及建设可分两种类型。一种是公益性海洋牧场，该类型牧场是以政府行为推动，在人工鱼礁与增殖放流基础上建设，一般基于安排双转渔民就业、发展休闲渔业、修复渔业资源等社会公益型目标，让企业参与海洋牧场的管理经营，发挥海洋牧场产业价值。近年来，养殖元素日益成为我国海洋牧场特点之一，如惠州海洋牧场结合了贝藻类立体养殖，秦皇岛海洋牧场则结合海珍品增殖、藻类与底栖鱼类增殖。海藻增殖不仅能为鲍、海参等海珍品提供饵料基础，其本身也能改善水质和用作鱼类饲料。另一种是营利性海洋牧场，该类型牧场是以民间企业在承包海域实施底播增殖，这种生产方式一般用于海域确权明确的北方，生产种类也集中在海参、鲍鱼、扇贝等海珍品。苗种采购、鱼礁运输与投放等费用基本由建设单位自筹解决。越来越多的企业介入，成为当前海洋牧场建设的一个新的亮点。

随着技术手段的多样化，依据海洋牧场的主体活动和建设目标，目前开展的海洋牧场可分为底播型、投礁型、游钓型、装备型等多种类型。2016年山东省"海上粮仓"建设重点项目（首批）中，列出了31个海洋牧场项目，除了国家级海洋牧场外，还包括投礁型海洋牧场、游钓型海洋牧场、装备型海洋牧场、底播型海洋牧场等建设类型（表3-1-2）。

表3-1-2　2016年度山东省"海上粮仓"建设重点项目之海洋牧场名单（第一批）（山东省海洋与渔业厅发布）

序 号	牧场名称	牧场类型
1	山东蓝色海洋海洋牧场	国家级
2	山东东方海洋海洋牧场	国家级
3	西霞口集团海洋牧场	国家级
4	威海长青海洋牧场	国家级
5	日照水产集团海洋牧场	投礁型
6	日照国美海洋牧场	投礁型
7	日照欣慧海洋牧场	投礁型
8	山东好当家海洋牧场	田园型

续表

序 号	牧场名称	牧场类型
9	荣成成山鸿源海洋牧场	投礁型
10	威海佳兴海洋牧场	投礁型
11	长岛翔宇海洋牧场	投礁型
12	日照前三岛海洋牧场	游钓型
13	日照岚山阳光海洋牧场	游钓型
14	日照万宝海洋牧场	游钓型
15	青岛鲁海丰海洋牧场	游钓型
16	青岛银海海洋牧场	游钓型
17	青岛龙盘海洋牧场	游钓型
18	荣成泓泰海洋牧场	游钓型
19	荣成楮岛海洋牧场	游钓型
20	荣成烟墩角海洋牧场	游钓型
21	荣成天鹅湖海洋牧场	游钓型
22	威海刘公岛海洋牧场	游钓型
23	威海西港海洋牧场	游钓型
24	威海瑜泰海洋牧场	游钓型
25	长岛佳益海洋牧场	游钓型
26	长岛弘祥海洋牧场	游钓型
27	日照万泽丰海洋牧场	装备型
28	莱州明波海洋牧场	装备型
29	潍坊龙威海洋牧场	底播型
30	东营海盈海洋牧场	底播型
31	滨州正海海洋牧场	底播型

如今，国内海洋牧场已经在人工鱼礁、增殖放流的基础上，将海藻场修复、海水养殖、休闲渔业等融合进海洋牧场建设，相关企业参与到海洋牧场建设和管理维护中，创造了良好的产业价值。例如，辽宁省大连市的獐子岛海域自20世纪80年代开始虾夷扇贝底播增殖，从90年代起，通过营造海藻场、设置人工鱼礁与人工藻礁等，

修复与优化了海珍品的栖息场所,并对确权海域进行功能区划,布设了潜标、浮标,建成了水文数据实时观测平台,到目前獐子岛已开发超过2000km²的海域。山东省烟台市的莱州湾海洋牧场建设迅速,海域覆盖面积达106.72km²,系统建立了渔业资源养护技术,实现资源量倍增,有效修复了渔业水域环境,产品通过有机食品认证,集成构建了"物联网+生态牧场"生产体系,初步实现了牧场管理信息化[8]。

近年来,大型网箱养殖逐渐成为海洋牧场建设的内容之一。根据笔者调查,在浙江洞头、福建宁德等海域的海洋牧场建设中,投入了新型抗风浪网箱来开展大黄鱼等名贵鱼类养殖,取得了显著的经济效益。其中,在浙江温州市洞头县鹿西乡东臼村建设的白龙屿生态海洋牧场被列为浙江省重点项目。该项目依托温州最东边的鹿西岛,其周边海域分布着大量的小屿和暗礁,水交换率高、饵料丰富,是大黄鱼洄游和多种贝类的栖息地。通过大型工程改造,在白龙屿建立了200万m³水体的海洋牧场,布设大、中、小型的全金属网箱,根据鱼龄选择适宜的网箱开展大黄鱼养殖;利用丰富的天然饵料,为大黄鱼提供了接近自然海域的优越生长环境和充裕的游动空间,生产的大黄鱼接近野生品质,市场价格已达600元/kg,产品供不应求。同时,在网箱的底部,播养刺参、贝类等海产品,实现产品的多样化。在福建宁德市霞浦县四礵列岛海域,利用优越的海区自然环境建设海洋牧场,利用抗风浪大型网箱开展了以大黄鱼养殖为主,以海带养殖、贝类增殖为辅的综合增养殖,生产的大黄鱼等各类水产品品质优越,市场价值显著高于普通养殖产品。

总之,目前行业部门和相关企业参与建设海洋牧场的积极性很高,随着海洋牧场建设相关的新技术、新装备、新设施日渐成熟,可以预见我国海洋牧场建设将步入高速增长期,海洋牧场的建设水平也将逐渐达到国际先进水平。

■ 獐子岛海洋牧场建设概况

一、獐子岛海洋牧场建设历史

獐子岛位于大连东北部,地处世界公认的海珍品适宜生长地带——北纬39°,在渤海、黄海、东海拥有远离大陆56海里的国家一类清洁海域300万亩,是国内最大的海珍品增养殖基地,海域内鱼类、贝类等资源丰富。

海洋牧场是一种生态型渔业生产系统。所谓海洋牧场就是在海洋内，建设适应水产生物生态的人工生息场，采用增殖放流或移植放流的方法将生物种苗经过中间育成或者人工驯化后放流入海，利用海洋自然生产力和微量投饵育成，采用行为控制技术和环境监控技术对其进行科学管理，使资源量增大，并有计划、合理地进行渔获，保证海域的生态环境良好、生物资源可持续利用。

獐子岛海洋牧场建设始于20世纪80年代，自1982年虾夷扇贝由日本北海道引入中国并实现大规模苗种繁育以来，獐子岛集团率先将"钢镚"大小的苗种投入海底，进行苗种底播增殖、管理及管护，实现了虾夷扇贝产量大幅度提升；后期獐子岛集团在原有经验的基础上，相继开展了皱纹盘鲍、海参、海胆、海螺等品种的底播增殖试验，并获得了成功，实现了规模化养殖。在养殖环境方面，獐子岛通过投放人工鱼礁方式，将原有废旧船只、石块等投放到指定海域，以此开展海洋牧场养殖环境改造建设，带来海域内鱼类资源集聚，形成优质渔场。食性鱼类养殖、增殖放流、人工鱼礁及捕捞渔业等。

二、现状

进入21世纪以来，獐子岛集团增加虾夷扇贝苗种底播增殖面积并逐步开展规范化、标准化养殖，底播养殖面积由2006年的65.6万亩，增加到2014年的330万亩，底播养殖标准由原规格2～2.5cm以上增加至3cm以上，底播密度执行5500枚/亩，养殖、底播等装备设施等也由传统木质、人工方式逐渐向玻璃钢、电动等方式转变，逐步实现渔业机械化转型。在虾夷扇贝底播养殖海洋牧场建设的同时，公司加强海域环境调查，共计在底播区设置调查底质站位973个，布设浮标12组，潜标26组，基本实现底播区域的环境有效监控。在养殖品种搭配、生物多样性及养殖生物容量方面，通过与科研院所合作，逐步实现品种多元化、生物多样性、养殖有序性生产，实现海洋牧场的稳定运行。

三、存在问题

通过近年来公司在海洋牧场方面的投入和建设，北黄海海域獐子岛海洋牧场已成为我国标志性的海洋牧场之一，但由于海域生物多

样性、海域环境不确定性等因素，獐子岛海洋牧场依然存在诸多问题，概述如下。

1. 生态问题显现，海洋牧场产能不稳定

受气候变化和人类活动的影响，近年来北黄海海洋生物多样性组成与格局发生了变化，主要表现为：冷水种数和种群密度降低、群落衰退、优质种减少，近海大规模单一品种的渔业增养殖活动导致了养殖水域生物多样性水平降低，破坏生态系统结构平衡，导致抵御外界环境变化的能力弱。整个海洋牧场生态系统脆弱，遇到环境的波动即出现大规模死亡现象，整个海洋牧场产能不稳定。

2. 海洋牧场增养殖生物生长性状退化

虾夷扇贝、刺参、鲍鱼等海洋牧场渔获个体小型化和低龄化明显，迫切需要浅海生态高效增养殖由掠夺性开发海洋资源的传统渔业向资源节约型、环境友好型、可持续发展的现代渔业转变。发展高效生态养殖，通过优化养殖结构、发展养殖模式，可以达到对各种资源的最佳利用，形成适合各种自然环境条件和社会文化、经济特点的健康增养殖模式。

3. 海洋牧场全产业链工业化水平低，装备配套不足

目前，海洋牧场育苗、分苗、养殖等环节，基本都靠人工操作，工业化水平较低，自动化的装备研发滞后，劳动强度大、用工多现象尚未很好的改善。需要通过升级养殖设施、装备开实现海洋牧场产业的有效提升。整个产业链缺乏标准、产业链延伸的加工产业产品品质低等问题依然存在。

四、技术需求

为实现獐子岛海域海洋牧场建设的可持续发展，集团总结出"避让、识别、良种、标准、容量"等建设技术方针，通过实施生产和休耕有机结合的新模式，增加养殖效率，增加养殖效益，实现经济和生态效益的双丰收。

避让：指根据环境调查结果和历年产量情况，避让底质、水温波动大等不合适底播的区域。

识别：指依据海域底质、水文环境、生物因素等条件对现有海域进行类型划分进行海域等级划分，划分为四类区域，识别优质海域。

良种：指坚持良种开发，选择适宜的良种，逐年加大良种培育规模和力度，逐步增加良种覆盖率和提高自育苗比例。同时，丰富海洋牧场增养殖种类，实现多品种综合搭配、立体养殖。

标准：指全流程标准追溯，獐子岛集团通过对海洋牧场规划升级及技术革新进步，建立起统一的管控标准、技术标准、生产标准及作业标准。对部分核心产品实行质量追溯体系管理。

容量：指尊重生态养殖最大容量，集团适时缩减底播规模，增加生态隔离区和养护区。

在海洋牧场新的建设方针指引下，公司通过开展产、学、研、用的技术整合模式，整合多方资源，共同进行海洋牧场建设。目前，在海域环境调查的及时性、有效性及养殖品种、标准、容量等方面仍需继续改进。

五、建议

针对以上问题，獐子岛集团积极行动，从良种、良境、良技方面，从大环境数据平台、种业平台、装备升级、养殖模式、生物多样性等方面建设基于生态水平的现代海洋牧场示范区。

1. 建设公共服务平台

建设现代海洋牧场智能化管理系统，实现海洋牧场全产业链的信息化管理；建设海洋牧场监控系统、海上浮标系统、海底潜标系统、水下视频系统，实现海洋牧场功能区水温、盐度、叶绿素、流速等水文因子的实时监控。通过项目实施，可实现政府对全域从业者的点对点服务、对海洋牧场的产出品进行统一管理、建立从产品到餐桌的全链条追溯体系、增强风险防控能力。

2. 建设种业平台

在獐子岛建设育繁推一体化种业平台，进行虾夷扇贝、鲍鱼、牡蛎、海带等的良种保护、扩繁与产业化示范，以及刺参、海胆、海螺、栉孔扇贝、厚壳贻贝等的土著品种保护、扩繁与产业化示范。项目实施后，将建立种质保存、良种选育和良种推广的研发和生产示范基地；通过推广具有自主知识产权的良种，促进养殖业的稳定可持续健康发展；为养殖户提供养殖技术咨询解决方案和技术服务，提高养殖收入。

3. 升级养殖装备

海洋牧场育苗、养殖、转运、暂养等全产业链的设施装备升级。研发推广高效生态型采捕网具，建立高效、生态型扇贝采捕模式；建设以玻璃钢船为核心的渔业船舶装备升级，促进渔船节能减排；建设贝类幼体饵料自动投喂系统、循环水高效培育系统等设施，实现育苗过程自动化控制；改良牡蛎养殖设施提高牡蛎养殖效果等。通过优良的技术引进和装备升级为核心，加强研发投入与产业应用，以提升现代海洋牧场装备配套水平。

4. 探索新的养殖模式

向海洋要空间，为了实现浅海养殖业的可持续发展，减轻养殖对近岸海区的影响，养殖范围必须向水深20～40m的深水区域发展，实施"外延稀养"战略，特别是以岛屿为中心的浅海海域。在深水区架设深水台筏进行深水海洋养殖技术开发、深水区大西洋深水扇贝增殖技术开发与示范；开发多营养层次综合养殖模式及贝藻套养模式、吊耳养殖模式等新模式，提高海域利用率和单位水体产出。通过项目的实施，以数据为依据，建立起全长海县的现代海洋牧场增养殖新模式，作为传统底播增殖模式的有效补充，建立标准并产业化示范。

5. 进行生态修复，丰富生物多样性

构建基于大型藻类的受损生境修复技术，改善底播养殖环境，建成生态型养殖示范区。主要方式是投放生态型人工鱼礁涵养资源，投放近岸人工藻礁修复生境，建设海底森林，恢复近岸藻场资源。虾夷扇贝、刺参、鲍鱼、栉孔扇贝、香螺等海洋牧场优良品种增殖放流，丰富生物多样性。通过项目的实施，将进一步改善初级生产力，恢复藻场，改善群落结构，对促进渔业节能减排，发展循环经济具有重要作用。同时增殖放流对保持海洋生态平衡和生物多样性将发挥重要作用，产生良好的生态效益。

6. 其他方面

开展海星、才女虫等虾夷扇贝主要养殖敌害防控技术研究，贻贝、大米蛤等污损生物的生物防除技术研究；

> 贝类调理食品开发；海洋食品原料生产到消费的无缝化质量安全溯源体系、海洋食品加工后贮运过程中品质控制体系等技术开发。

（四）技术进展

"十一五"和"十二五"期间，科技部、农业部、国家海洋局及各沿海省市相关部门设立了多种与海洋牧场建设相关的科技项目与课题，围绕人工鱼礁投放和增殖放流等生态工程开展了研究与示范工作，积累了宝贵的研究建设经验和技术成果。但到目前为止，现代海洋牧场全产业链中仍有不少关键技术有待研发。

1. 苗种繁育技术

我国已经有了较为成熟的苗种繁育技术基础，能够实现批量化生产鱼、虾、蟹、贝、藻、棘皮类等80余种常见增殖种类的苗种，为我国规模化开展增殖放流提供了充足的苗种。但苗种的质量管理包括种质评估、苗种健康评估等技术总体上匮乏。利用数量庞大的网箱和日益增加的人工鱼礁开展的苗种中间培育技术也日渐成熟。生态系统动态变化是影响增殖种类育成阶段存活和生长的关键因素。已开展的"东、黄海生态系统动力学与生物资源可持续利用"、"我国近海生态系统食物产出的关键过程及其可持续机理"等研究项目是海洋生态系统研究的良好开端，而养殖生态系统及生态学机制研究正在逐步深入，这将为海洋牧场生态容量评估等提供重要的理论依据。

2. 生物标志技术

水生动物标志标记技术，包括外部标志与标记技术、内部标志技术与标记技术、生物标记技术、电子标志技术、分子标记技术。我国标志技术研究始于1951年，目前已研发应用了挂牌、剪鳍、入墨、植入式荧光标志、编码金属线等多种标志手段，用于评估放流群体迁移路线和增殖放流回捕率等。由于设备昂贵，目前国内电子标志仅限于少数濒危物种的研究。分子标记作为新兴的标记技术，已应用于追踪水生动物包括拟穴青蟹（*Scylla paramamosain*）、黑鲷

（*Acanthopagrus schlegeli*）、美洲平鲉（*Sebastes melanops*）和褐牙鲆（*Paralichthys olivaceus*），而对于其他动物研究较少。

3. 人工海藻场建设技术

人工海藻场建设技术研究目前还处于试验性阶段，各地已根据海域特点开展藻场建设，如辽宁省在北黄海进行海带、裙带菜等海底藻场的构建试验，取得一定成效；浙江省2010年利用天然岩礁进行铜藻等大型海藻场建设，2012年形成人工藻场修复示范区，区域面积约10hm²；广东省在2011年进行了藻类种植试验，2012年其试验种植面积达26.67hm²；秦皇岛移植了马尾藻210万株，并引进种植大型海藻-龙须菜苗种500kg；青岛即墨大管岛海域的人工鱼礁区移植了大叶藻、海带、鼠尾藻等藻类；广西北海在2011年移植江蓠等藻类达1000kg[9]。但到目前为止，藻场建设尚未形成成熟的技术体系和建设规模。

4. 人工鱼礁选址技术

人工鱼礁礁址选择的研究尚处于起步阶段。目前已在人工鱼礁选址方法和步骤、投放人工鱼礁需考虑的理化生物因素与限制条件等方面取得了共识[10,11]。对预设海区进行包括底质、水体和生物等海洋资源环境的综合调查和评价，开展鱼礁投放后的影响评估，利用传统方法或地理信息系统方法分析调查资料是确定人工鱼礁选址方案的重要环节。运用相关理论和调查数据分析，开展了一些海区人工鱼礁选址的初步研究，建立了舟山海域人工鱼礁选址的多因子综合评价模式[12]，初步分析了洞头海域适宜建设人工鱼礁的区域。

三、世界现代海洋牧场发展现状与趋势

（一）发展现状

1. 主要国家的海洋牧场现状

（1）日本的海洋牧场建设

日本在海洋牧场建设方面做了大量的理论探索和建设实践。20世纪后半叶以来，日本海洋渔业资源特别是近海渔业资源由于过度捕捞、海洋工程等原因，导致资源密度下降、鱼类栖息地被破坏。

为了稳定近海渔业捕捞产量和修复鱼类传统渔场，日本在70年代开始着手修复与开发浅海增养殖渔场，开展幼鱼补充机制、人工浮鱼礁、苗种培育技术等研究。1978年日本农林水产省开始组织实施"海洋牧场计划"，旨在通过增殖放流、人工鱼礁投放、人工驯化、海域生态化管理等技术手段，达到提高海域生产力与渔业资源、规模化生产水产品的目标。

目前，日本建立了以金枪鱼（鹿儿岛）、牙鲆（新潟佐渡县）、黑鲪（宫城气仙湾）、黑鲷（广岛竹居）、真鲷（鹿儿岛、三重县五所湾）等鱼种增殖为主的海洋牧场。在海洋牧场建设时，根据各海区自然环境特点和增殖鱼种生物学特性和生态习性，有机组合运用各种海洋牧场技术。例如，鹿儿岛海洋牧场主要是为了获取洄游性鱼类金枪鱼的鱼卵，所以将海上捕获幼鱼拦养在海湾内，养成亲鱼后方便采卵，用以解决养殖用苗受精卵来源问题；依据牙鲆、真鲷对声音敏感的特点，在幼鱼中间培育阶段进行音响投饵驯化，以提高成鱼增殖回捕率；在贫营养的富山湾，通过投放人工鱼礁，形成涌流，将海底富营养水层提升到表层，促进浮游生物繁殖，借以增殖以浮游生物为食的鱼类。同时，为了减缓波浪对仔稚鱼苗影响和保护鱼苗生长的栖息地，设计制造了消波堤和开发了藻场修复重建技术，使得海洋牧场更加符合鱼类生活习性。日本自1963年开始海洋经济生物增殖工作，取得成功的关键因素是放流幼体的高存活率和放流海区的高养殖容量。一旦目标生物在自然海域形成了自我维持的种群，则通过降低采捕强度和改善栖息环境能有效提高其资源量[13]。

日本是对人工鱼礁投入资金最多、投放鱼礁时间最早、取得实际效果最好的国家。日本将人工鱼礁视为实施岛礁自然延伸、藻场及海底森林营造、海底丘陵营造等海洋生物栖息地改造的基础和前提，通过人工鱼礁的建设形成人工生物栖息地和人工渔场的基础要素，达到快速养护和育成渔业资源的目的。20世纪70年代以来，日本建设人工鱼礁5000多座，总投入12 008亿日元，至今日本环岛沿岸几乎都设有人工鱼礁区。近海渔业年产量从20世纪70年代的470万t增至现在的780万t，产量持续稳定。

近年来，除了传统的增殖放流方式构建海洋牧场，日本开发应用了大量精良的设施装备，特别是以浮绳式大型网箱和养殖工船为代表的现代养殖装备，在潮流畅通的清洁海域（如熊本县天草湾、鹿儿岛、大分县津久见海域、爱媛县宇和海等）设置大型养鱼网箱

养殖高档鱼类，包括金枪鱼、鰤、真鲷等。网箱养殖综合使用自然采捕和人工培育的苗种，主要是利用天然苗。通过有机组合增殖与养殖，进一步拓展了海洋牧场的建设空间，丰富了海洋牧场的生产方式。除了金枪鱼的人工饲料喂养效果不佳外，鰤、真鲷养殖均利用养殖工船现场利用鯷等小杂鱼制作鱼类软颗粒饲料并采用机械投射方式投喂，既保证了饵料的质量，又准确控制了投喂量，成为大型网箱养殖的重要技术手段。

（2）其他国家的海洋牧场建设

美国、挪威、韩国等世界其他国家，开展了适应本国海域环境特点、资源生产需求的海洋牧场建设与研究，取得了良好的生态与经济效益。

美国每年均放流大量鲑鱼，在鲑溯河产卵洄游时将其回捕；在南加利福尼亚沿岸，投放大石块使得巨藻孢子易于附着，从而通过修复巨藻藻场来增殖当地美洲龙虾资源；在切萨皮克湾投放藻礁，增殖当地的美洲牡蛎资源。美国的人工鱼礁建设带动了生态型海洋产业的发展，每年到礁区游钓的游客达5400万人次，游钓船达1100万艘，钓捕鱼类140万t，占全美渔业总产量的35%，安排就业人员50万人，每年游钓渔业服务的社会收益达180亿美元。近年来，通过将废弃的大型结构物如石油钻塔、地铁车厢等经清洁后投放于深远海域作为人工鱼礁，为该海域海洋生物提供了空间巨大的栖息地。例如，马里兰州已投入600节车厢组成人工鱼礁带，当地鱼类数量增加了400倍，垂钓者由原来的每年300人次增加到1.3万人次，带动了当地渔业发展。

挪威启动了国家海洋牧场计划（Norwegian Sea Ranching Programme），选取大西洋鳟、北极红点鲑、鳕与欧洲龙虾等品种，对苗种放流后存活率、世代更替后存活率及放流种群是否会取代野生群体等问题，进行了生物学分析和经济可行性研究，并最终推动国家立法，确立了增殖的扇贝、龙虾的物权制度。其他欧洲国家在鱼礁建设方面的做法类似于美国，主要利用废弃车辆、船只、飞机等原材料建设鱼礁，大力发展游钓、潜水等休闲产业。

韩国在泰安郡（Taean）、济州岛（Jeju）、丽水（Yeosu）、统营市（Tongyeong）、蔚珍郡（Uljin）等地建立了基于生态系统的渔业管理型海洋牧场。其中在庆尚南道统营市建设的首个海洋牧场，建设人工鱼礁1000多个，放流平鲉、许氏平鲉等苗种1300万尾。据评估，该海域的资源量已达900多t，比项目建成初期资源量增加了约8倍，尤其是曾经近乎绝迹的平鲉资源量已恢复至100多t。近年来韩国以人工鱼礁建设为基础大力开创海洋牧场事业，由国立水产科学院及海洋研究院等科研部门深度介入，在整体规划布局、礁区功能目标、礁体结构材料及跟踪管理评估等方面进行科学与系统的规划、设计与评估。韩国已布设鱼礁1200余座，总体积达700万空方[14]。

FAO统计表明，已有64个国家开展了不同程度的海洋或沿岸资源增殖活动，涉及的增殖品种总数逾180个，其中46种限定于海洋放流。日本、美国、韩国、澳大利亚等国家增殖放流的种类超过15种（图3-1-1）[15]。

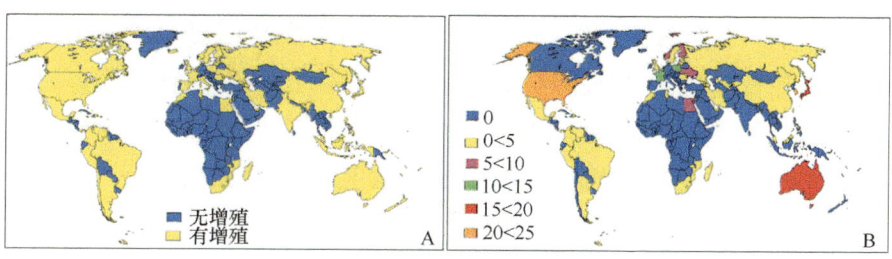

图3-1-1　海洋牧场世界各国分布（A）及增殖放流品种数量示意图（B）
（引自参考文献[15]）

2. 海洋牧场技术进展

（1）苗种繁育与增殖放流技术

海区采苗和人工繁育是解决增殖放流和海洋牧场苗种来源问题的主要技术手段。在自然环境退化、生物资源萎缩的海域，开展海洋牧场建设所需的苗种，更多依赖的是人工培育。一方面，海洋渔业生物苗种人工繁育技术的突破已成为海洋牧场建设的主要支撑。例如，日本已实现真鲷鱼苗规模人工繁育，截至2015年已完成6代选育，选育鱼苗较天然苗生长速度提高了100%；率先突破了金枪鱼的人工繁育，2015年人工培育至40天的金枪鱼苗达上万尾，日本以金枪鱼养殖为主业的新型海洋牧场取得了快速发展，成为国际海洋牧场建设的新亮点。另一方面，长期大量投放人工苗种对自然资源的遗传影响评估成为各国研究的热点之一，相关技术也得以不断开发，为增殖放流技术的优化提供指导。对日本真鲷增殖放流效果的长期跟踪研究发现，高强度的自然选择、人工繁育群体与自然群体之间的基因流动消除了人工繁育群体投放可能对自然资源遗传多样性造成的负面影响[13]。

（2）生物标志技术

水生生物的标志技术是研究水生生物生活史及对其进行资源评估的重要工具。标志和回捕鉴定技术是评价增殖放流项目中种群增殖和种群恢复效果的重要技术手段。根据标志技术所应用的对象和标志材质，标志技术可分为外部标志与标记技术、内部标志与标记技术、生物标记技术、电子标志技术和分子标记技术等。传统标志技术已经广泛应用于水生动物栖息地选择、运动及洄游行为的研究。电子标志技术突破了传统方法在时间、空间上的限制，利用动物携带信号发射机，遥测分布范围广，多种电子标志技术的结合使用，弥补了单一标志系统的不足，进一步提高了生物遥测范围。随着分子生物学技术和分子遗传学的迅速发展，以及水生动物基因数据库的建立，分子标记作为个体识别工具的优势逐步显现。广泛应用的分子标记有两种：线粒体DNA标记和微卫星DNA标记。

（3）声学探测技术

利用声学手段探测养护生物特别是鱼类资源，是现代海洋牧场建设的关键技术之一。目前用于渔业资源探测的设备包括利用声学透镜的双频识别声呐、科学鱼探仪、多波束及侧扫声呐等。扇形扫描声呐、全方位定向声呐、高分辨率成像声呐和多频声学评估、宽带声学评估等新型渔业声学技术和分析方法，已开始应用于海洋牧场建设。通过将水声学技术与4S技术结合，实时采集、处理和分析数据，为海洋牧场建设提供科学方案。4S技术是指全球定位系统（GPS）、地理信息系统（GIS）、遥感技术（RS）、数字摄影测量系统（DPS）。水上方面，4S技术可为海洋牧场的规划选址进行技术支持；水下方面，水声学手段可为人工鱼礁的投放管理、鱼礁区生物资源量探测、增殖放流区选择等提供帮助。通过水上水下一体化实施海洋牧场建设，更好地实现修复、优化海域生态环境的目标。

（4）人工鱼礁技术

人工鱼礁选址与构建技术研究在发达国家十分活跃。英国等欧洲国家对人工鱼礁选址技术研究较早，已形成了完整的技术流程，建立了"约束映射"等人工鱼礁选址技术，并基于GIS的计算机技术实现"约束映射技术"的可视化操作。GIS技术已被广泛应用于人工鱼礁选址，包括英国马里湾人工鱼礁、美国佛罗里达人工鱼礁、以美国龙虾为目标种的鱼礁选址等。日本是对人工鱼礁技术研究最深入的国家之一，包括对人工鱼礁的机制、结构、材料和工程学原理及人工鱼礁的效益等开展了细致研究。在礁体材料选择上，除传统的钢筋混凝土外，更加注重开发能够在礁体表面附着生长海藻或贝螺类生物的新型材料，开发的环保材料RECOSUL具有抗压强、抗弯曲、抗散架、耐腐蚀、干燥快、透水好、对环境无污染等显著优点。日本将大型钢制鱼礁投放到深海，在此基础上开展增殖放流；或者在岛礁周围投放人工鱼礁，形成岛礁延伸性礁群，开展岛礁型生物种类的增殖。

（二）发展趋势与特点

1. 资源养护与生态修复协调发展

海洋牧场建设得到世界范围的重视，世界海洋牧场研究正趋向于生态与经济效益综合评价、增殖品种生物学与生态学特性研究、基于生态系统的渔业管理，鱼礁诱鱼技术与声、光、电控鱼技术的融合等方面，从单纯资源增殖扩展到栖息地修复、养殖水域生态环境改善乃至休闲渔业等领域。面向未来的海洋牧场工程与科技将以生态良好、资源丰富、食品安全和可持续发展为目标，立足于生态环境修复与优化、资源养护与增殖、开发与保护相协调的工程技术开发，构建一、二、三产业融合发展的工程技术体系。

现代海洋牧场始终将生态开发的理念贯穿于研发与构建的全过程，注重资源养护与生态修复机制研究，包括海洋牧场生态系统结构组成、能流过程、与环境变化相互关系等的精确表达，建立海洋牧场全程生态大数据库；加速海洋牧场育苗、育成、生产、加工储运等系列过程的高精度自动化机械装备的研发，逐步实现海洋牧场建设与生产的精准机械化；实现海洋牧场环境、资源、运输、加工、储藏等的可视化及信息化管理，全面提升海洋牧场管理水平，全面实现现代海洋牧场的高度机械化、数字化、可视化及信息化。海洋牧场的功能更加多样化，由单一功能型向复合功能型方向发展，海洋牧场区域与对象生物更加广泛，在近岸和近海海洋牧场的基础上，将开发以大洋洄游性鱼类为对象的大洋型海洋牧场。

2. 关键技术创新发展

随着现代生物技术与海洋工程技术的发展，推动了海洋牧场建设的关键技术发展，苗种繁育与良种选育、人工鱼礁及海草床/海藻场等生态环境营造、资源动态增殖技术、海洋牧场实时监测与预警预报技术等不断推陈出新。

采用"借腹生子"等现代生物技术，突破了金枪鱼等大洋洄游性鱼类的人工繁育；真鲷等名贵鱼类的人工选育取得良好进展，苗种繁育技术的不断进步显著提高了海洋牧场的资源养护功能。

人工鱼礁正趋于大型化、钢制化、生态型、组合式等。韩国人工鱼礁大部分采用钢制材料，制作及运输投放方便，成本低于钢混鱼礁，礁址选择灵活，生物附着丰富，增殖集鱼效果好，礁体施工中多使用铝合金流电两极方式进行处理，使用寿命长达70～80年。在开阔、深水海域推广使用海底堆石丘陵、高层或超高层等大型鱼礁，用来营造较大规模的上升流区，从而形成近岸鱼礁渔场。如日本长崎沿岸80m水深海域中投放近5000个1.6空方的混凝土构造物，形成高度12m、底边连接长度120m、宽60m的二座人工海底丘陵；在大分、爱媛、山口、岛根、山形等县沿岸50～100m水深海域投放了高层钢制鱼礁，有的鱼礁高达30～40m，改善和优化了海域局部生态环境，诱引各种鱼类聚集，形成新的海洋生物生息场。大型人工鱼礁建造技术关注海底人造丘陵与超高层钢制鱼礁配置及组合，以达到最佳资源养护效果，已成为未来人工鱼礁技术研发的重要方向之一。

从礁区布局看，国际人工鱼礁建设正趋于科学化、系统化和可持续性；从建礁的目的看，人工鱼礁的建设正趋于多元化和精准化。此外，人工鱼礁建设与渔业资源放流、鱼类行为控制、回捕技术开发、渔场生产管理等海洋牧场核心技术紧密结合，逐渐实现向海洋牧场的转型，带动休闲游钓等产业的发展，并逐渐形成了政府主导人工鱼礁布局规划，企业、渔业协会和相关环保机构共同投资和研发，渔民和公众共同利用，渔协、环保机构或是个人俱乐部集中管理的系统化、多元化格局。

3. 海洋牧场工程化、信息化与智能化

现代海洋牧场在工程化、信息化的基础上，将迈向智能化新阶

段。目前工程装备已大量应用于现代海洋牧场中，从新型人工鱼礁、高效生物驯化装备、大型养殖网箱、作业工船、水下机器人等装备到海洋环境监测平台、水产资源监测系统、海洋牧场管理信息平台，显著提高了海洋牧场建设的精准性。日本等水产业发达国家均建立了全国沿海养殖环境的实时在线监测系统。基于大量海洋牧场相关信息采集、处理与共享系统，建立了标准化的海洋牧场信息管理，为从业者自律运营、管理和维护海洋牧场提供准确可靠的信息。随着物联网和人工智能技术的研发和应用，智能化的海洋牧场将成为未来海洋环境修复与海洋生物资源养殖的"主力军"。

四、我国现代海洋牧场建设存在的主要问题与原因分析

（一）产业化水平总体较低

沿海各省市近两年虽然兴建起了一批海洋牧场，并充分利用了人工鱼礁和增殖放流叠加的增殖效应，但是缺乏对环境影响、生态效益、经济效益的长期监测与科学定量评价，海洋牧场的管理维护不到位，产业链中育成-回捕阶段的技术并没有得到很好地支撑，产业发展效果不明显，并未形成有利的产业格局。同时，由于海洋牧场建设起来后管理资金缺乏，后期管理维护乏人问津，产业效果也缺少定量化评价。究其原因，一是管理资金缺乏；二是海洋牧场技术体系尚未建立；三是海洋牧场管理主体难找，在海域尚未确权和产业风险高的地区，企业参与管理维护海洋牧场的积极性不高。这些因素直接导致了我国海洋牧场产业化水平不高，政府和民间投资综合效果欠佳。

（二）关键技术有待系统研发

目前我国的海洋牧场技术研发仍然相对滞后，特别是许多关键技术如海藻（草）场及海底森林高效建设技术、对象生物行为有效控制技术、牧场生物资源高效探测与评估技术、安全高效生产技术及牧场信息化监控管理技术等尚待研发；缺少具有自主知识产权的高端现代技术，创新能力亟待提高。当前我国的海洋牧场产业链相对较短，后续产业创新能力不足，突出表现在优质产品高效开发利用、现代仓储物流、现代营销体系、文化体系建设等方面，同时缺乏有

效的协调合作运行机制,无法达到三产融合的目标,这在很大程度上限制了整个现代海洋牧场建设的科学推进。因此,构建现代海洋牧场科技创新链,通过系统的基础研究、共性技术研发及集成示范,对解决传统海洋渔业一、二、三产业发展的科技瓶颈,形成三产融合的现代海洋牧场基础理论体系和产业技术体系至关重要。

(三)技术体系与研发平台亟待建立

由于海洋牧场还比较依赖于国内增养殖业、人工鱼礁业、增殖放流业等技术体系,没有形成独立的技术体系,所以产业链上技术储备较为有限,缺乏一套海洋牧场行业标准。尤其突出的是现有的海洋牧场选址所采用的研究方法、分析手段、评价方法还不完善;选址工作科学依据不足,缺乏有效的评价手段;对海洋牧场的海流流场观测不到位,对建成后的海洋牧场的海流流场变化缺乏跟踪调查;海洋牧场的选址依赖人工鱼礁区的现象较为严重,导致选址决策主观性、随意性、片面性现象较严重,选址的综合性和全面性受到影响,不利于海洋牧场的充分和全面发展。产业技术研发平台建设多依靠地方研究资金资助,尚未出现国家层面的专门研发机构,缺乏独立的国家级海洋牧场科研管理机构。我国海洋牧场主要是以行业部门的政府行为建设起来,形式以非营利性工程建设为主,常具有一次性短期投资的性质。由于建设后的长期管理维护费用缺乏,难以针对海洋牧场维护过程开展有效的适应性科学管理对策进行系统性研究与开发。因此,我国海洋牧场应当在国家层面完善海洋牧场技术体系和研发平台建设,这样才有利于其产业化和可持续发展。

(四)管理机制有待健全

目前海洋牧场的评估与规划脱节,缺乏有效的规划,特别是全国性和长期性的规划尚未出台。我国海洋牧场的发展呈现南北旺盛、中部薄弱的局面,布局不合理,建设发展不平衡;此外,各地海洋牧场建设同质化严重。海洋牧场相关的各项建设工作,包括人工鱼礁建设、增殖放流、海藻场构建等经常是各自实施,相互之间缺乏有机联系,难以发挥应有的综合经济和生态效益。目前海洋牧场项目建设与管理,仅限于政府资金立项扶持的项目。社会企业自建的人工鱼礁,缺乏有效的管理,致使部分海洋牧场建设管理处于无序状态。目前重建设轻管理现象依然存在，由于缺乏健全的法律法规、全面的管理制度和成熟的管理经验，很多地区的海洋牧场管理不到位。

五、我国现代海洋牧场发展战略与关键技术

（一）发展战略

针对我国沿海海洋渔业发展及生态文明建设的问题，构建现代海洋牧场科技创新链及综合技术体系，加快现代海洋牧场综合技术集成与产业化。通过技术创新与集成示范，形成三产融合的现代海洋牧场建设综合技术体系，解决制约海洋渔业一、二、三产业发展的科技瓶颈，促进整个海洋渔业生产方式转型升级，保障近海渔业资源高效可持续开发利用，聚焦海洋生态文明，引领海洋渔业及海洋生物产业健康持续发展。

1. 指导思想

以科学发展观为指导，坚持因地制宜、自主创新、分步建设的原则，以政府扶持、科研支撑为保障，以生物栖息地改善和渔业资源增殖为抓手，以维系海域生态健康、提高海域生态系统食物产出和服务功能为核心任务，建立清晰产权、明确权责、企业化运作和渔民受益的运行管理机制。

2. 发展目标

形成以适宜黄渤海、东海、南海不同海域环境特点、生物习性及可持续产出为目标的3～5类海洋牧场建设综合技术方案，并建成生态健康、开发持续、经济高效、全程可控的3～5个类型海洋牧场示范区，在全国范围内应用推广；结合游钓渔业、休闲海业、滨海生态观光旅游等产业的发展，创建智慧型海洋牧场，繁荣渔区经济，调整当地渔业产业结构，缓解转产转业渔民的就业压力，增加渔民收入，稳定渔区社会，促进当地渔业可持续发展。

2020年：从2016年开始，用5年时间开展现代海洋牧场关键技术研究、集成与示范，形成具有中国特色的现代海洋牧场理论与技术体系及建设模式；在沿海开展现代海洋牧场建设综合技术示范工程建设，形成海湾型、海岛型、沿岸型和近海型等4种现代海洋牧场示范区建设模式，在四大海区建设19个示范片区。

2030年：以示范区为核心进行现代海洋牧场建设推广，初步实现我国沿海与近海的牧场化，达到生态良好、资源丰富、食品安全、可持续发展的目标。

3. 发展思路

在"十三五"阶段，我国应在黄渤海、东海和南海区选择3～4个点，分别建设起北方海珍品、东海鱼类岛礁型、南方内湾定居型海洋牧场示范区，建设区域先沿海再近海。同时，及时整理总结各海区海洋牧场试点建设的经验与教训，以及对各产业链的技术难关进行课题设置和协同创新研究，逐步完善现代海洋牧场技术体系。

（二）重点任务

通过现代海洋牧场科学技术与管理理论的研究和实践，构建我国生态健康、资源丰富、产品安全、产出持续的新型近海海洋渔业生产新方式。

（三）关键技术

1. 海洋牧场资源评估与空间规划技术

建立声学生物资源探测与评估技术，建立鱼类资源声学无损探测评估体系，开展基于海洋牧场物种鉴别的声学评估方法研究，建立物种探测分类鉴别技术体系；研究建立基于海底光学摄像系统的水产生物种类及资源量分析评估系统，利用遥感信息技术进行环境因子与资源变动数据模型研究；研究规模化牧场生态容量和环境承载力评估，为海洋牧场空间规划提供科学依据和技术支撑；开发环境影响小、选择效率高的生物调查适宜渔具渔法，建立渔具渔法生物调查技术，为海洋牧场建设评估提供准确依据。

2. 海洋牧场生态环境营造技术

完善人工鱼礁建设技术，系统研发各类型人工鱼礁的材料、结构及建设技术。在鱼礁的材料创制方面，大力开展绿色环保、亲生物性的鱼礁材料开发利用，探索再利用如高炉矿渣等规模工业副产品，关注高固碳性礁体材料的开发，建设具有自我生长和自我修复能力的礁体。重点突破大型人工鱼礁的关键技术，包括其设计、制作、拼装、运输和投放等一系列技术，为50m及以深海域的人工鱼礁建设储备技术，打破国外专业公司对大型人工鱼礁关键技术的垄断，形成具有中国特色和自主知识产权的大型人工鱼礁建设关键技术体系。开发抗风浪能力卓越、适合我国各类深水海域特点的多功能浮鱼礁，加强在浮鱼礁结构和强度设计等方面的研发工作。部署深水多功能浮鱼礁的研发，为我国开发南海等离岸海域提供技术保障。

优化藻场/草床修复与造成技术。主要定位于大型藻类/海草，发掘其特定环境下的附着生长机制、环境及生物间作用机制，系统阐明大型海藻场/海草床生态功能；研究分析海藻场/海草床的物质能量流动模型，研究藻场/草床生物涵养机制。

建立流场造成技术。研究基于特定生态环境的上升流、背涡流、环流等典型流场造成方法，结合人工鱼礁等生态工程，进行人工鱼礁与流场造成关系研究，同时开展流场与生物分布、流场与饵料环境等影响机制研究。

建立底质环境改良与再造技术。基于底栖经济生物生活史，研究基于适宜环境特点的底栖生物场改良再造技术，利用环流形成基于加强水体交换的生态工程改良技术，建立底质环境改良技术操作规范。

3. 基于海洋牧场生态系统平衡的资源动态增殖管理技术

建立放流区域选择技术，提高放流种类的生存和生长，确定适宜放流幼体的规格与数量，实现最佳的成本/效益核算。建立环境友好型的敌害生物诱捕防除技术，研发可移动式暂养网箱和海上种苗暂养工船等新型高效资源增殖设备。研发放流效应的评估技术，准确评估放流生物在海洋牧场的存活、生长状况和迁徙规律。

4. 基于大数据平台的海洋牧场实时监测与预警预报技术

构建基于物联网技术的水环境在线监测系统，实现对水温、盐度、溶氧、叶绿素等水环境关键因子的立体实时在线检测。研发基于物联网技术的对象生物远程可视化监控技术，建立基于标志回捕、无线信号追踪等创新技术方式的鱼贝类行为追迹及分析技术，开发相关设备仪器；建立特定鱼种的声学驯化行为控制模型，创新牧场对象鱼种的行为控制方法；研发基于环境参数和生物参数的预警预报技术和专家决策系统，建立生态环境信息数据库，形成针对对象

物种生物耐受极限的海洋牧场环境灾害预警机制，建立灾害预警管理平台。

5. 海洋牧场可持续产出管理技术与产出模式优化

研发海洋牧场区高效、生态环保型采捕技术，开展牧场对象生物的选择性生态型渔具渔法研发，开发生态保护型采捕技术，提高对象生物采捕效率，确保生态环境影响最小化。研发基于海洋牧场生态系统的产量评估技术，建立生态系统水平的海洋牧场产出最优化管理体系。

六、我国现代海洋牧场建设的保障措施与政策建议

与有着30年历史的现代海水增养殖业相比，我国现代海洋牧场业刚刚起步。虽然行业部门建设热情很高，民间企业也愿意进行投资，但是在国家宏观政策和保障措施上，仍然需要作为一项新兴产业加以长期扶持，保持宏观政策的连续性。

（一）将海洋牧场业列为国家新兴战略产业加以重点扶持

主要措施包括：制定中长期海洋牧场发展纲要；规划50年沿海、近海、外海海洋牧场的发展计划；建立专项经费，用于现代海洋牧场的构建、管理等科学技术的研发，以及后期适应性科学管理与维护；成立海洋牧场产业技术专家小组，用以指导全国海洋牧场的建设。

（二）建立和实施海洋牧场的企业化运营

主要措施包括：推动从业者共同参与管理海洋牧场，为海洋牧场的建设、维护建立制度保障，实施海洋牧场企业化运营，多途径吸引企业资金运营海洋牧场，改变目前海洋牧场建设主要由政府投资的局面；在跨界作业频繁、海域确权尚不明确的东海、南海，采取各种形式的政府补贴，鼓励企业参与海洋牧场建设后的管理维护，如减免税收、允许发展养殖业和休闲渔业等措施；在有条件的海域实施海洋牧场的物权化管理。

（三）建立增殖放流的监督管理机制

国家行业主管部门从生态安全、食品安全的角度加强对增殖放

流活动的监督，完善贯穿增殖放流全过程的监督管理机制，包括委托公立研发机构开展放流苗种质量检测，保证放流苗种的质量，监督放苗数量和放流区域，定期抽查放流海域生物资源状况等。

（四）对产业链关键技术实施科技攻关

主要措施包括：根据产业链发展需要，设置专项研究课题，委托有资质的科研单位协同当地科研部门进行科技攻关，及时将产业链技术转化为科研成果或专利，确立我国该领域的知识产权。

1. 将柴油补贴转化为海洋牧场建设专项资金

建立健全海洋牧场建设投入机制，建立多渠道、多种类的海洋牧场建设资金投入机制，完善建设产出效益回馈机制，并给予建设投资者一定政策倾斜；逐步减少柴油补贴，降低资源捕捞压力，可将其转化为海洋牧场建设专项资金，并以项目形式下发，并建立完善的建设考核机制。

2. 建立全国海洋牧场建设的工程技术中心、标准委员会等机构，实现政策层面的引导与规范

以现有技术平台为依托，全力打造全国海洋牧场研究平台——国家海洋牧场工程技术研究中心，为现代海洋牧场技术研发提供技术及人员保障，同时依托中国水产学会海洋牧场研究分会，成立海洋牧场标准化委员会，逐步完善现代海洋牧场建设标准化体系，促进海洋牧场的标准化规范建设。

3. 围绕海洋牧场建设产业链关键技术开展研发与示范

针对增殖放流苗种的成活率、人工鱼礁建设的科学性、环境的实时在线监测与预警预报等海洋牧场关键技术开展系统研发，在典型海洋牧场进行产业链技术的集成与示范，构建针对不同类型海洋牧场的产业技术体系。

七、重大工程研究专项建议

设置国家重点研发计划：现代海洋牧场关键技术与示范区建设。

(一)项目总体目标

集成海洋牧场建设新技术,包括现代牧场规划设计、生态环境与生物资源调查及评估技术、牧场生境综合修复与优化拓展技术、牧场生物资源养护与空间综合利用技术、生态采捕与精深加工技术及物流营销技术、牧场休闲娱乐文化体系构建、牧场智能化信息化评估及管理技术等(图3-1-2),建立现代海洋牧场技术平台和信息化管理平台,针对我国沿海生境特点和海洋牧场类型,选择典型海区,构建不同类型的海洋牧场示范区(如热带珊瑚礁保护型海洋牧场)。

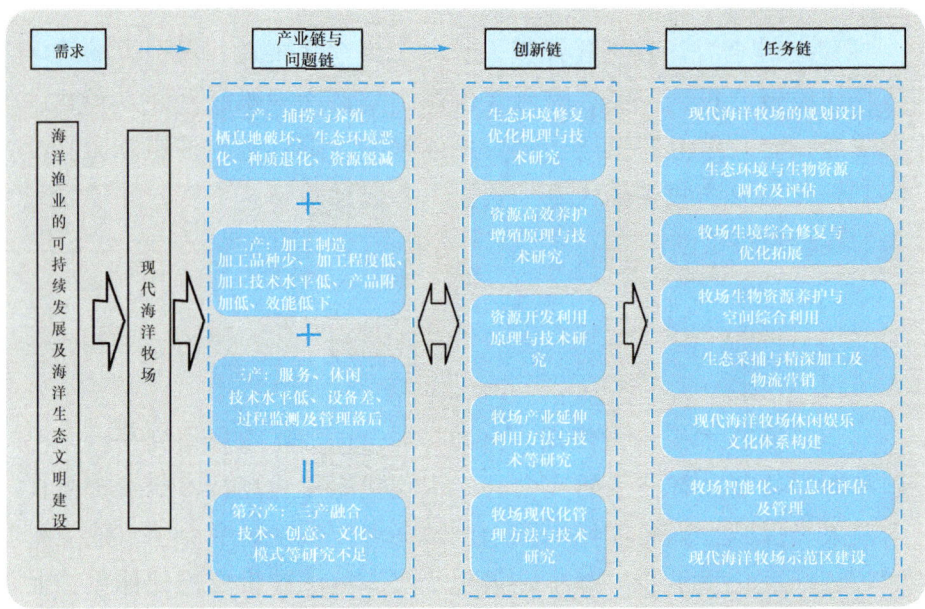

图3-1-2 现代海洋牧场的产业链、创新链与任务链布局

(二)课题设置

1. 现代海洋牧场的规划设计

研究内容:典型海洋牧场的自然与社会条件、牧场生产方式、选址原则、技术构成、实施方案、管理及保障措施等的内涵研究。规划设计的仿真可视化构成要素及其互动机制。

考核指标:建立现代海洋牧场的规划设计系统构建技术、不同典型牧场的仿真可视化技术、现代海洋牧场建设规划设计规范,应用于典型现代海洋牧场示范区建设。

2. 生态环境与生物资源调查及评估

研究内容：典型海区的生态特征，主要对象生物的食物网层级结构，主要对象生物种类的海洋牧场建设适宜度及风险评价；规模化牧场增养殖生物生态容量和环境承载力。

考核指标：建立海洋牧场区域的生态环境及资源调查新技术及新方法，规范调查技术体系，形成海洋牧场科学规划设计标准化流程，建立典型牧场生境的生态容量与环境承载力调查评估技术，形成现代海洋牧场调查及评估技术体系，用于示范区建设。

3. 牧场生境综合修复与优化拓展

研究内容：典型海区的生态特征，主要对象生物的食物网层级结构，主要对象生物种类的海洋牧场建设适宜度及风险评价；规模化牧场生态容量和环境承载力。

考核指标：建立海洋牧场区域的生态环境及资源调查新技术及新方法，规范调查技术体系，形成海洋牧场科学规划设计标准化流程，建立典型牧场的生态容量与环境承载力调查评估技术，形成现代海洋牧场调查及评估技术体系，用于示范区建设。

4. 牧场生物资源养护与空间规划

研究内容：典型苗种健康培育体系，新品种引进繁育方法，放流生物与环境关系，放流种类的生态风险机制，不同增养殖方法的生态效应，放流鱼类的跟踪调查方法，鱼类行为音响驯化与控制的生物学机制。

考核指标：建立健康苗种繁育技术、高成活率放流技术、鱼类跟踪技术、生态健康养殖设施设计制造技术、基于生态平衡的海域空间规划技术与方法、鱼类行为音响驯化控制技术与设备、生态休闲娱乐技术与方法，实现健康生物苗种繁育、增殖、放流、追踪、行为驯化技术集成、不同生态位种类的生态牧养模式构建。

5. 生态采捕与精深加工及物流营销

研究内容：牧场生物的环境友好型的选择性高效采捕策略，生物精深加工机制，活性物质的提取原理，保鲜保活保质的技术与物流基础，基于现代科学技术的营销方法与策略。

考核指标：建立节能环保生态型渔具渔法，海藻、鱼贝类等精深加工技术，生物活性物质的提取技术，海产品从产地到餐桌的优质高值高效流通营销技术。

6. 牧场智能化、信息化评估及管理

研究内容：海洋牧场建设评估模型，海洋牧场生态评估与管理模式。

考核指标：建立牧场环境立体监控及预警技术，示范区内环境及生物资源等信息库构建，海洋牧场可视化系统技术，海洋生态系统的能流状况评估技术，牧场数字化管理技术。

参 考 文 献

[1] 阙华勇, 陈勇, 张秀梅, 章守宇, 张国范. 现代海洋牧场建设的现状与发展对策[J]. 中国工程科学, 2016, 18(3): 79-84.

[2] 曾呈奎, 毛汉礼. 海洋学的发展, 现状和展望[J]. 科学通报, 1965, 10: 876-883.

[3] 曾呈奎. 为高速度实现我国水产事业现代化而奋斗. 中国水产学会恢复大会和科学讨论会在天津市举行[J]. 水产科技情报, 1978, (8): 1.

[4] 农业部渔业渔政管理局. 中国渔业统计年鉴[M]. 北京：中国农业出版社, 2016.

[5] 山东省水生生物资源养护管理中心. 2014, 2015, 2016年度报告[R]. 2014, 2015, 2016.

[6] 潘澎. 海洋牧场-承载中国渔业转型新希望[J]. 中国水产, 2016, (1): 47-49.

[7] 张秀梅, 王熙杰, 涂忠, 张沛东, 王云中, 高天翔, 王四杰. 山东省渔业资源增殖放流现状与展望[J]. 中国渔业经济, 2009(2): 51-58.

[8] 杨红生. 我国海洋牧场建设回顾与展望[J]. 水产学报, 2016, 40(7): 1133-1140.

[9] 毕远新, 章守宇, 王伟定, 吴祖立. 枸杞岛铜藻垂直分布格局及成因分析[J]. 生态学报, 2014, 34(17): 4931-4937.

[10] 李文涛, 张秀梅. 我国发展人工鱼礁业亟需解决的几个问题[J]. 现代渔业信息, 2003, 18(9): 3-6.

[11] 赵海涛, 张亦飞, 郝春玲, 李全兴. 人工鱼礁的投放区选址和礁体设计[J]. 海洋学研究, 2006, 24(4): 69-76.

[12] 王飞, 张硕, 丁天明. 舟山海域人工鱼礁选址基于AHP的权重因子评价[J]. 海洋学研究, 2008, 26(1): 65-71.

[13] Kitada S, Kishino H. Lessons learned from Japanese marine finfish stock enhancement programmes [J]. Fisheries Research, 2006, 80(1): 101-112.

[14] 杨宝瑞, 陈勇. 韩国海洋牧场建设与研究[M]. 2014. 北京: 海洋出版社.

[15] Bartley DM, Howell BR, Moskness E, Svasand T. "Marine ranching: a global perspective." Stock enhancement and sea ranching [G]. Papers from the First International Symposium on Stock Enhancement and Sea Ranching, Bergen, Norway, 8-11 September 1997. Fishing News Books Ltd., 1999.

执笔人

阙华勇	中国科学院海洋研究所	研究员
陈　勇	大连海洋大学	教授
张秀梅	中国海洋大学	教授
章守宇	上海海洋大学	教授
张国范	中国科学院海洋研究所	研究员

第二节　现代海水养殖新方式发展战略

一、我国现代海水养殖新方式科技发展的战略需求

海洋是资源宝库，是增加人类优质蛋白质的蓝色粮仓。陆地占全球总面积约29%，生产了99%的食物，海洋占有71%的面积，但生产的食物（以干品计）不足1%，向海洋索取资源，拓宽生存空间，是保障食物安全和满足人们对优质蛋白食品需求的重要途径。《国家中长期科学和技术发展规划纲要（2006～2020年）》中明确指出，要优先发展海洋生物资源保护和高效利用技术，重点研究开发适合我国农业特点的健康养殖设施技术与装备，加强海洋生态与环境保护技术研究，发展近海海域生态与环境保护、修复技术，突破近海滩涂、浅海水域养殖技术。在我国海洋传统渔业向现代海水养殖业过渡的关键时期，开展海洋农业健康养殖和病害防治技术研究与示范，对于加速我国海水养殖业的现代化进程具有十分重要的意义。

海水养殖是人类主动、定向利用国土水域资源的重要途径，已成为对粮食安全、国民经济和贸易平衡做出重要贡献的产业。我国海水养殖的种类包括鱼类、虾蟹类、贝类、藻类四大类，产量连续16年位居世界首位。2014年，全国海水养殖产量1812.65万t（占海水产品产量的54.99%），海水养殖面积230.547万hm^2。据估计，到2030年前后全国人口达到15亿，如果要稳定我国目前水产品的人均消费量，我国水产品需要增加1000万t以上。海水养殖不仅现在是，而且将来仍然是人们利用海洋生物资源以保障食物安全的重要途径。

海水养殖面临的共性问题是环境压力及如何保障养殖产业的可持续发展。2002年我国黄渤海沿岸的海水养殖污水排放量达$119.8×10^8m^3$，其中含氮6010t、磷924t、化学需氧量（COD）29 016t。水产养殖的氮和磷排放量分别占该区域陆源排放量的2.8%和5.3%[1]。董双林[2]等指出，排污是目前影响海水养殖可持续发展的最主要问题之一。海水养殖既要保持一个合理的增长速度，又要注意环境保护，对环境的保护和可持续利用是我国海水养殖面临的经济增长和环境保护的双重问题，这对发展高效的海水养殖产业提出了新的要求，探寻新的环境友好型养殖方式势在必行。所以，针对养殖海域开展基于养殖容量的生境修复和养殖优化技术，调整养殖结构，提出适应性管理对策变得尤为重要。面对未来的社会发展趋势，我国水产养殖业的发展方向是建设环境友好型的养殖模式。以高效、优质、生态、健康、安全为发展目标的多营养层次综合养殖（integrated multi-trophic aquaculture，IMTA）是环境友好型高效养殖模式的典型代表。多营养层次综合养殖是根据养殖系统中不同层次营养级生物间的生态互利性及养殖水域对养殖生物的容纳量，将不同营养级生物（如投饵类动物、滤食性贝类、大型藻类和沉积食性动物等）科学地整合到综合养殖系统中，使养殖系统中一些生物释放或排泄到水体中的废弃营养物质成为另一些生物的营养物质来源，达到了近海生态系统中生源要素的高效、高值资源化利用。同时，发展绿色安全高效工程化养殖技术与装备涵盖集约化养殖技术、工厂化养殖技术、工程化养殖装备、饵料和饲料工程、水质调控与处理技术等。

因此，本节主要以绿色安全高效工程化养殖技术与装备、浅海滩涂生态环境修复与养殖优化技术、环境友好型的综合养殖模式三个方面为切入点进行养殖新方式的发展战略阐述。

二、我国现代海水养殖新方式科技发展的现状

（一）绿色安全高效工程化养殖技术与装备

绿色安全高效工程化养殖技术与装备涵盖集约化养殖技术、工厂化养殖技术、工程化养殖装备、饵料和饲料工程、水质调控与处理技术等。在养殖区域上，可分为陆基养殖、浅海养殖和深水养殖，涉及水（水环境和生态）、种（遗传育种）、病（病害防控）、饵（饲料）和养（养殖技术和装备）等。相关的工程技术与装备的发展现状如下。

1. 陆基养殖工程技术与装备

海水陆基养殖工程技术与装备研究进入逐步深入系统阶段，研发了多项关键设备，节水节地等循环经济效应初步显现。20世纪90年代以来，科技部、农业部等国家部委和地方主管部门，曾先后多次立项支持开展工厂化循环水养殖系统关键装备的研究，其中以鲆鲽类为代表的海水鱼类循环水养殖系统是支持的重点。在广大科研人员的共同努力下，通过模仿、改进、自主研发等方式，取得了鱼池高效排污、颗粒物质分级去除、水体高效增氧、水质在线检测与报警等关键技术的长足进步；在低温条件下生物净化、臭氧杀菌等技术环节也取得了一定的进展；开发的弧形筛、转鼓式微滤机、射流式蛋白泡沫分离器、低压及管式纯氧增氧装置、封闭及开放式紫外线杀菌装置等技术装备都达到或基本达到国际先进水平。以此为基础，国内先后诞生了30多家专门生产渔业水处理设备的企业。在系统模式方面，在山东、辽宁、天津等地构建了数套鲆鲽类封闭式循环水养殖系统，同时开展了生产性养殖试验，为我国海水鱼类养殖迈向工业化生产起到了积极的推动作用。据不完全统计，截至2014年年底，我国海水陆基封闭循环水养殖（RAS）面积逾140万m^2，养殖企业110余家（2012年分别为37万m^2，57家），海水循环水约占我国工厂化养殖生产总水体（2013年水体2172万m^3）的6%，处于稳定快速发展阶段。

2. 浅海养殖工程技术与装备

我国浅海养殖的主要模式包括池塘养殖、滩涂养殖、近海生态

综合养殖、网箱养殖及筏式养殖等。近年来，随着产业升级换代，特别是随着管理部门和公众对资源环境意识的提高，各种节能环保新技术和养殖新设施新装备在水产养殖中得到推广应用，不仅提高了养殖的经济效益，同时也减少了养殖对环境的负面影响，产业发展更加体现出环境友好和可持续的特征。

（1）海水池塘养殖

我国海水池塘养殖模式以潮间带池塘、潮上带高位池和保温大棚养殖为主。其中，潮间带池塘的生态养殖模式以自然纳潮进水或机械提水为主要特征，部分配有增氧机，养殖虾、蟹、参、鱼、贝类等；潮上带的高位池集约化养殖模式，以对虾精养为主，具有完善的机械提水和排水系统，使用增氧机或鼓风机充氧，水泥护坡或覆地膜，亩产$1.5\sim3.0kg/m^2$；保温大棚养殖模式利用土池或小型水泥护坡池塘，有塑料薄膜房顶或其他保温设施，以虾、蟹的苗种暂养和反季节养殖为主，以鼓风机或液态氧充氧，养殖产量$2\sim4kg/m^2$。基于生态工程化理念和技术的健康高效养殖技术体系是现阶段海水池塘养殖的最新技术。

（2）滩涂养殖

现阶段的滩涂养殖主要生产方式有：滩涂底播养殖（泥蚶、缢蛏、文蛤、鲍、海参、菲律宾蛤仔、牡蛎等）、滩涂筑坝蓄水养殖（泥蚶、缢蛏、鲍、海参、青蟹、脊尾白虾等）、滩涂插柱养殖（牡蛎）、浅海筏式养殖（牡蛎、扇贝、鲍、紫菜、昆布、江蓠、海参等）、浅海网箱养殖（海水鱼类）。国内相关研发主要集中于养殖技术、养殖设施、养殖容量评估等方面，包括利用藻类、贝类和微生物吸收、降解和转化养殖区沉积物环境，以及养殖水体中的氮、磷等生源要素的生物净化和生物修复技术。

（3）近海生态综合养殖

可持续海水养殖不仅要注重养殖的最大经济效益，而且要减少养殖活动对自然和生态环境的压力。多营养层次综合养殖（integrated multi-trophic aquaculture，IMTA）或复合养殖是目前解决这一问题的有效手段，即在同一养殖系统内进行多种不同营养级生物的养殖经营，以提高单位设施利用率和养殖效果，同时达到改善生态环境的目的。多营养层次综合养殖是基于生态系统水平管理的一种养殖模式。目前已经研发成功并且投入实际生产的有鱼-藻、鱼-贝-藻、贝-藻、贝-藻-参等多元综合养殖模式，产生了良好的经济、社会和生态效益。目前在山东沿海和辽宁大连市已经形成养殖模式多元化、增养殖品种多样化的浅海多元综合养殖体系新格局。南方沿海各省正积极借鉴北方成功经验，结合当地条件和自身情况因地制宜开展多营养层次综合养殖，浙江、福建和广东鱼-贝（鲍）-藻综合养殖已经成为成熟和被广泛采用的养殖新模式，但在基于养殖容量基础上的养殖空间规划与适应性科学管理方面需要加强。

（4）浅海网箱养殖

网箱养殖是20世纪70年代末，我国南方海区以暂养出口石斑鱼为目的而发展起来的海水鱼类养殖新模式，20世纪90年代以后，浅海网箱养殖发展迅速，据不完全统计，目前全国网箱达到100万只以上，年产量在40万t左右，网箱养殖主要位于港湾和近岸海域，养殖种类30余种，养殖技术逐渐成熟，成为我国海水鱼类养殖的主要方式之一。

（5）浅海筏式养殖

中国是浅海贝藻养殖第一大国，贝藻养殖在缓解我国粮食安全保障压力和满足水产品供给中发挥着极其重要的作用，其主要养殖方式为浮筏养殖。随着我国"碳汇渔业"理念的提出，据有关专家估算，我国海水贝藻养殖每年从水体中移出的碳量为100万~137万t，相当于每年移出440万t左右的二氧化碳，为减排二氧化碳和科学应对全球气候变化做出重要的贡献。然而，长期以来，由于我国近海浮筏养殖的设施化与工程化水平不高，养殖生产基本处于低技术水平的数量规模化发展。基本无其他配套设施和机械装备可言，养殖生产过程主要靠人力操作，养殖的工程化与设施化水平与其产业地位和贡献极不相称，因此，急需加速提升我国贝藻养殖的设施与装备水平，扩增产业效能，构建一个技术水平先进、产业形象优良的贝藻养殖产业，从而助推我国贝藻养殖业又好又快发展。

（二）浅海滩涂生态环境修复与养殖优化技术

1. 多营养层次综合养殖理念为基础的养殖环境修复技术

多营养层次综合养殖模式根据养殖生物的不同生态位，充分利用其不同的生活习性，根据养殖容量合理搭配密度、合理布局，促

进和发展了多种环境友好型、生态修复型的产业化养殖模式。在浅海形成了以贝藻筏式综合养殖为代表的养殖模式,发展了鱼-贝-藻、鲍-藻、参-鲍-藻等养殖方式,不仅有利于养殖海域环境修复,也增加了养殖产品产出。以天然海草床为基础,发展多品种综合养殖,效果良好,既充分保护了自然资源,又使养殖方式发展创新。在滩涂形成了紫菜与滩涂贝类的立体综合养殖模式,紫菜养殖可以为滩涂贝类提供更好的养殖环境,而滩涂贝类的生命活动又可以修复滩涂生态环境,也可以为紫菜生长提供大量的营养盐。在海水池塘形成了陆基生态高效循环水养殖模式与技术,该系统以养殖种类生态位互补理论为基础,利用不同营养级的养殖品种建立多营养层次生态循环养殖模式,达到高效、生态、安全、节能、减排的目的,这将是我国池塘和工厂化生态养殖新的发展方向。

2. 生源要素的循环利用

研究生境修复效果和机制往往要关注碳、氮、磷、硅等生源要素的流动规律。生源要素作为海水中生源要素的重要供给源,是海洋生物赖以生存的重要物质基础,对维持海洋生态平衡、修复失衡的海洋生态环境具有重要意义。国内学者从生态环境保护和修复的角度出发,根据增养殖系统中生源要素的流动规律,创建了以多营养层次综合养殖为特色的生态养殖模式和发展建设海洋牧场为基础的渔业资源养护方法。两者均利用养殖生物的生物学特点,人工干预形成稳定而科学的增养殖系统,使海域生源要素通过不同营养级的综合养殖,循环利用并移出海洋,是在控制养殖水域的富营养化的同时,降低大气二氧化碳浓度的碳汇渔业生产方式。这些模式和理念引领了国际上相关研究和产业的发展方向,对渔业产业和生态环境保护和修复贡献巨大。

3. 养殖容量评估现状

不同养殖种类的养殖方式及其与环境的作用机制不同,容量的限制因子不同,因此,容量评估的切入点不同。按照投饵情况,可以分为投饵型(如网箱养殖)和非投饵型(滤食性贝类、大型藻类等)两大类。投饵型养殖因污染物排放量较大,主要将与污染物密切相关的环境指标作为容量评估的限制因子,非投饵型养殖以天然饵料及营养物质为主,主要考虑食物或者营养限制。养殖容量评估是环境友好型水产养殖方式的基础。

（1）海水网箱养殖容量研究

网箱养殖产生的残饵，以及鱼类排泄、代谢产生的颗粒和溶解态物质，会对养殖区域水质和底质环境产生压力，因此，网箱养殖容量评估主要将环境对养殖所产生的负荷的承载情况作为限制因子，也称为环境容量。网箱鱼类养殖容量方法有实地调查估算法、颗粒有机碳沉积通量估算法、数值模型估算法。限制性指标有底质硫化物含量，水体中无机氮浓度，水体中氮、磷浓度。

（2）海水滤食性贝类养殖容量研究

方建光等[3]在20世纪90年代率先开展了海水滤食性贝类养殖容量研究。滤食性贝类以浮游植物等颗粒有机物为饵料，养殖容量与生态系统的功能如初级生产力、浮游植物现存量及悬浮颗粒有机物的浓度等密切相关。食物通常为贝类养殖容量的限制指标。养殖容量评估方法包括营养动态模型、能量/饵料收支模型、食物限制因子指标法、生态数值模型法等。研究的种类有筏式养殖的栉孔扇贝、长牡蛎、马氏珠母贝，滩涂及底播养殖的菲律宾蛤仔、文蛤、虾夷扇贝。研究的海域有山东的桑沟湾、胶州湾、乳山湾，辽宁的獐子岛，江苏的如东，厦门大嶝岛海域及同安湾等[4-7]。关于生态容量的研究甚少，处于刚刚起步的阶段[8]。

（3）大型藻类养殖容量研究

关于大型藻类养殖容量的研究较少，目前国内的研究报道仅见3篇[3,9,10]。评估方法主要有两种，一种是以氮磷为限制指标的营养物质供需平衡法，一种是耦合水动力模型的生态动力模型法。

（4）综合养殖系统的养殖容量评估研究进展

Ge和Fang[11]以浮游植物为指标，采用数值模型的方法评估了桑沟湾筏式贝类（栉孔扇贝、长牡蛎）与海带的综合养殖容量，给出了贝藻适宜的养殖比例。徐珊楠等[12]利用ECOPATH软件，构建了红树林种植-养殖耦合系统的生态通道模型，分析了耦合系统的能量流动和系统特征，并估算了该系统的养殖容量。

（三）环境友好型的综合高效养殖模式

目前，我国在高效、生态、环境友好型海水养殖模式构建方面，

以多营养层次综合养殖模式构建为主。多营养层次综合养殖模式包括开放式海域综合养殖和陆基海水综合养殖。在浅海，鱼贝藻综合养殖是主要的养殖模式，陆基方面主要是虾贝参综合养殖模式。

1. 浅海多营养层次综合养殖（IMTA）模式

多营养层次综合养殖作为一种生态、高效养殖模式和生态系统水平的适应性管理策略，在中国沿海有了很好的发展，不仅得益于中国海水养殖、以贝藻为主的独特的产业结构和规模，同时也得益于相关基础研究新成果的支持。现阶段在我国海水养殖中应用最为广泛的IMTA包括：鱼-贝（扇贝、牡蛎）-藻多营养层次综合养殖模式、大型海藻（海带、龙须菜）-鲍高效综合养殖模式、鲍-参-海带多营养层次综合养殖模式、海参-菲律宾蛤仔-大叶藻底播综合养殖模式等。

（1）鱼-贝（扇贝、牡蛎）-藻多营养层次综合养殖模式

在桑沟湾网箱养殖区建立了鱼、扇贝、海带、龙须菜的多元生物修复技术。试验网箱养殖数量为150个，规格为5m×5m×2m，总面积5000m^2。5月初放牙鲆幼鱼，平均体长28.5cm，平均体重247.3g，每箱放鱼500~600尾。翌年9月，养殖牙鲆的平均体长35.1cm，平均体重657.1g，估算养殖产量394.3kg/个网箱；海带养殖面积150亩，6月开始收获，产量15t（湿重）/亩。6月下旬开始养殖龙须菜，养殖面积100亩，9月下旬收获，平均产量5333.3kg/亩。扇贝养殖面积50亩，收获时平均壳高57.3mm，壳长51.0mm，平均湿重23.3g/个，亩产量2125.0kg/亩，成活率达80%以上。

（2）大型海藻（海带、龙须菜）-鲍高效综合养殖模式

每个养殖单元由4根筏架组成，筏绳的长度为80~100m，筏间距5m。鲍笼间距2.5m，每条筏绳挂30笼，每个笼内养殖鲍280头（平均壳长3cm）。每个养殖单元养殖鲍共计33 600头，养殖海带14 000根。之后，根据鲍的生长情况，进行分笼。经过两年的养殖，鲍的平均壳长达83.26mm，平均体重106g，成活率达90%以上。每个养殖单元鲍的产量达0.45t，产值85 500元，效益21 370万元；每亩海带的产量为17.85t（湿重），相当于干重2.27t（淡干，含水率10%左右），亩产值11 350元，效益4540元/亩。

(3) 鲍-参-海带多营养层次综合养殖模式

采用北方皱纹盘鲍养殖,用三层网笼(60cm×50cm×50cm),悬挂水深5m。鲍[(52.3±0.9)mm]按照常规数量(每笼250个)放置,鲍每4天投喂一次,投喂时拣出剩余残饵,投入新鲜海带。研究结果表明,从2008年9月到2009年5月,海参的平均体重从65.5g增加到128.8g,增加了96%,成活率几乎为100%。与陆上工厂化养殖、岸边池塘养殖和粗放型底播增养殖相比,这种方法简单,所需人力少,生态效益和经济效益非常显著。按笼养海参每斤(1斤为500g)70元计算,海参与鲍混养后,每笼经济效益可增加210元。每条浮绠挂20笼,混养后每条浮绠可增加产值4200元,扣除海参苗种费用(每头按5元计算),每笼可增加毛利180元。

(4) 海参-菲律宾蛤仔-大叶藻底播综合养殖模式

此模式内,大叶藻及菲律宾蛤仔为野生种群,大叶藻可以为其他的底栖生物或者游泳生物提供隐蔽场所。海参可以摄食系统内动物产生的粪便,同时也摄食大叶藻产生的有机碎屑。所有这些动物所产生的氨态氮能够被大叶藻及浮游植物所吸收利用,浮游植物可为菲律宾蛤仔提供食物,很重要的一点是,大叶藻及浮游植物可以为该系统提供溶解氧,优化生态环境。以位于桑沟湾南部湾口的楮岛海域的海参-菲律宾蛤仔-大叶藻底播综合养殖模式为例,其总面积为665hm^2,该海域底部主要的沉积物为淤沙,而桑沟湾其他海底表层主要为黏土,底播养殖主要的物种为海参、海胆、紫石房蛤及菲律宾蛤仔,分布在水下5~15m处。同时在该海区,有大量自然分布的大叶藻及其他藻类,海藻覆盖面积约400hm^2。经济效益约10 450元/hm^2。

2. 陆基循环综合养殖模式

浙江海水养殖研究所研发的陆基循环综合养殖系统主要由5个功能区和两个配套系统组成,5个功能区分别为对虾高位精养区、贝类苗种繁育区、贝类养殖区、植物栽种区和红树林生态净化区,两个配套系统为循环水渠系统和在线水质监测系统。陆基循环综合养殖模式是一个包含多品种、多设施的循环养殖系统,通过循环水渠将各功能区有机联系在一起,养殖海水在系统内循环回用,物质和

能量被多生态位上的生物综合利用，并且通过多种技术手段维持系统运行稳定，从而达到整个系统的最大效益产出。该模式是以生态位互补理论为基础，利用不同营养级的养殖种类建立的生态循环综合养殖方式，并通过优化系统的养殖容量和调控措施，实现较高的经济效益，养殖环境及水产品质量均达到无公害标准，达到高效、生态、安全、节能减排的目的。

3. 海水池塘综合养殖模式

20世纪80年代，中国对虾的养殖兴起了高潮，浙江等东南沿海省市大力推进海水池塘俗称"虾塘"的建设，池塘养殖对虾也取得了显著的经济效益。然而，随着对虾病毒病的全面暴发，对虾养殖业遭受了毁灭性的打击，难以维系养殖，造成了大量虾塘闲置。20世纪90年代初期，泥蚶工厂化人工育苗取得突破带动了滩涂贝类人工育苗和养殖产业的发展。作为对虾养殖的替代种类，温州乐清、龙湾等地养殖户尝试在海水池塘中养殖滩涂贝类取得成功。海水池塘养殖逐渐从单一养殖对虾为主，转变为贝类养殖为主，同时在海水池塘养殖中通过纳潮引入一些虾、蟹或鱼的自然苗种，最后能兼收虾类、蟹类和鱼类产品（如脊尾白虾、刀额新对虾、青蟹、鲻鱼等），至此，海水池塘多营养层次综合生态养殖的雏形已经形成。随着海水池塘养殖技术的不断推进，池塘的结构、养殖种类的互补搭配等得到进一步的优化，逐渐形成了以滩涂埋栖性贝类为主、虾蟹鱼为辅的海水池塘生态综合养殖模式。该模式是一种基于生态系统构建的养殖模式。在池塘内构建了由鱼虾（蟹）、贝、浮游动植物和微生物等组成的小型生态系统，初级生产者、消费者和分解者在一个系统中共存并相互作用，物质和能量在系统内能得到循环流通和利用，使系统处于相对稳定。

生态综合养殖的池塘形状、大小等虽然没有统一标准，如面积数亩至数十亩不等，形状有长方形、正方形或梯形，但池塘内部的基本构造相同，主要由滩面和沟壑两大功能区组成，其设施主要为进排水系统。图3-2-1为浙江沿海典型生态综合养殖池塘的结构图。

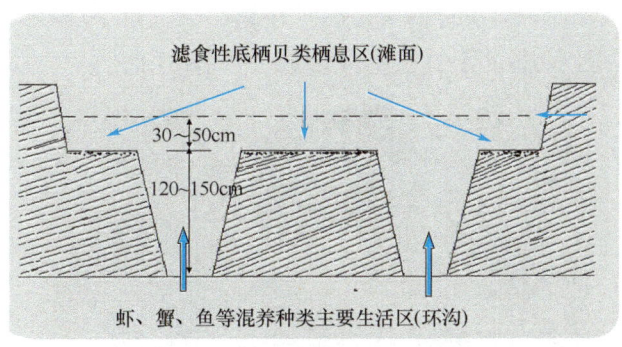

图 3-2-1 浙江沿海典型生态综合养殖池塘的结构

海水池塘生态综合养殖成功率高，产量稳定，经济效益显著。一般池塘内贝类养殖平均产量可达500~1000kg/亩，按实养滩面计算亩产甚至高达3000kg/亩，虾蟹类养殖产量约100kg/亩。经统计，不同搭配模式的海水池塘每公顷产值达18万元以上，利润每公顷7万元以上。海水池塘综合生态养殖模式中整合集成创新了多项实用新技术，主要包括以下几种。

（1）篮子鱼生物防控浒苔技术

滩涂贝类围塘养殖过程中，在每年的5~10月容易滋生浒苔，对养殖水质和滩涂贝类生长存活影响较大，传统的除去浒苔的方法主要有三种：①人工清除浒苔法（缺点为费时费力，增加成本）；②药物清除浒苔法（缺点为对养殖品种有影响，容易造成死亡或滞长，影响水质和产品质量，近年来已基本不用）；③船耕机清除浒苔法（缺点为浒苔清除不彻底）。

利用篮子鱼（图3-2-2）能够摄食大型藻类的生态特点，从自然海区引进篮子鱼有效除去并控制池塘内浒苔的发生，效果明显，同时对池塘养殖贝类苗种和商品贝均无影响，而且篮子鱼能摄食混养发病的南美白对虾，可有效控制虾病的传播。此外黄斑篮子鱼也是一种经济鱼类，在南方沿海有较广泛的市场。试验示范证明，篮子鱼防控浒苔技术能大大节省人工清除浒苔的时间和成本，效果显著。

（2）缢蛏底铺网养殖技术

缢蛏是浙江池塘贝类主要养殖经济品种之一，其市场价格较高、销路好，且养殖周期短（缢蛏养殖周期为6~12个月）。但是因缢蛏下潜深，存在着采捕成本高、集中采捕困难、采捕人员缺乏及回捕率低等问题，制约了缢蛏养殖业的发展。为了提高回捕率，降低生产成本，缢蛏底铺网养殖技术应运而生（图3-2-3）。

图3-2-2　篮子鱼

图3-2-3　缢蛏底铺网养殖

缢蛏底铺网养殖技术采用聚乙烯网片埋入养殖滩面50cm左右，然后覆盖泥土进行缢蛏养殖，有效地限制了缢蛏的下潜深度（为50~100cm），同时对缢蛏养殖无影响。本技术可降低采捕成本60%以上，提高回捕率15%以上，综合效益提高3000~5000元/亩。

（3）滩涂贝类池塘控温综合养殖技术

在浙江，每年的12月至翌年的3月，池塘水体温度低于15℃，滩涂贝类处于滞长或者低速生长阶段，因此，为了提高冬季的池塘水温，缩短池塘内养殖的滩涂贝类的养殖周期，提高养殖经济效益，近年来，滩涂贝类池塘控温综合养殖技术已逐渐推广应用（图3-2-4）。

通过引入技术成熟的温棚构建技术，在滩涂贝类养殖围塘中构建温棚，提高低水温阶段的水体温度，缩小昼夜温差，解决了滩涂贝类围塘养殖低水温阶段的生长问题。具有以下几个优点。

图 3-2-4　滩涂贝类池塘控温综合养殖

1）两茬缢蛏养殖：缩短缢蛏养殖周期，可以周年开展两茬缢蛏养殖。

2）种贝促熟：2~4月可以利用温棚开展泥蚶、青蛤性腺促熟培育，作为种贝，销售价格可以提高50%~100%。

3）贝虾混养：可以提前到3月中旬放养虾苗，比传统放苗时间提前1个月。

4）越冬：利用温棚可以使高价值经济鱼类安全越冬，丰富养殖品种搭配，提高经济效益。

（4）高效肥水技术

在浙江、福建一带，传统滩涂贝类池塘养殖一般使用有机肥、无机肥和小杂鱼等方式进行肥水，这些传统肥水方式的缺点如下：①粪肥，主要是猪粪和禽粪，对水体的污染较重，且病害风险大，目前已较少使用；②无机肥，主要是氮肥和磷肥，这种肥水方式见效快，但是持续性不长，容易使水体内的浮游植物爆发式繁殖，爆发性死亡；③小杂鱼，这种方式营养盐的释放缓慢，见效慢，但是较为持久，由于小杂鱼在水体内持续腐烂，容易滋生细菌，对养殖生物有一定的危害，而且由于滩涂面积大，对小杂鱼的需求量也巨大，对近海自然资源的破坏非常大。

目前在浙江一带普遍使用高质量鱼粉生产肥水剂，代替传统使用冰鲜鱼肥水的方式,取得了很好的效果,减少了对养殖环境和渔业资源的影响。这种肥水剂不仅见效快,而且释放持久,人为可控性强,培育出的饵料以硅藻为主,贝类利用效率高,而且安全可靠,通过价格预算比较,周年的使用成本和原本投喂小杂鱼的成本基本相当。试验池塘叶绿素含量、浮游植物硅藻数量明显高于其他池塘,试验养殖的青蛤生长速度快,产量高。

(5) 水质在线监测及响应系统

滩涂贝类养殖尤其是青蛤养殖,具有养殖密度高(500颗/m²)、产量大(可达5t/亩)的特点,在养殖过程中容易出现爆发性大面积死亡。其主要原因是在病害高发的7~9月,下半夜易出现溶解氧急剧下降所致。通过集成水质在线监测设备和微孔底增氧设备,监测溶解氧等环境因子,预警预报并自动开启底增氧设备能够有效地防止由于溶解氧急剧降低引起的青蛤爆发性死亡,可有效提高青蛤养殖成功率(图3-2-5)。

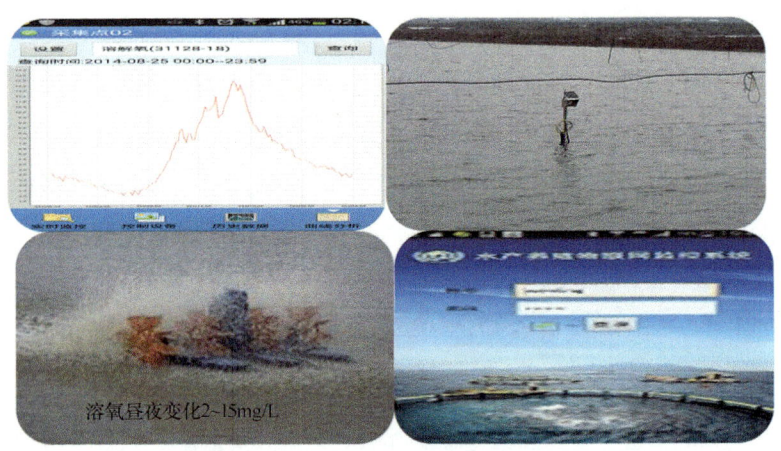

图3-2-5 水质在线监测及响应系统

(6) 海水池塘大规格苗种池塘集约化生态培育技术

该项培育系统主要由滩涂贝类综合养殖池塘(提取培育用水)、蓄水水桶或水塔(自动液位控制)、潜水泵和多个规格为4m×1.5m×0.2m的玻璃钢水槽组成(图3-2-6)。技术特征为:在海水养殖池塘边设置集约化平面流水水槽,通过提取养殖池塘塘水,进行连续流水中间培育,彻底解决了滩涂贝类苗种培育和供应的问题。系统具有以下优点:①占地面积小、培育效率高;②自动化程度高、操作简便、运行成本低;③对周边环境无特殊要求、对养殖环境无明显影响;④培育后的苗种放养成活率高,滞长恢复期短;⑤培育周期短,一般只需要两个月,培育装置整年都可以运行。该系统可用于缢蛏、青蛤、泥蚶、菲律宾蛤仔、美国硬壳蛤等种类的培育。对缢蛏和青蛤的苗种培育效果显示,经两个月培育,单个水槽缢蛏苗种由1.5kg增重至76kg,增加了49.7倍,壳长由0.5cm生长至1.5cm,成活率87.5%,投入产出比达到了891%(不含设施成本);单个水槽青蛤苗种由7.5kg增重至79kg,增加了9.5倍,壳长由0.3cm生长至1.1cm,成活率83.5%,投入产出比达到了694%。

图3-2-6 海水池塘大规格苗种池塘集约化生态培育

三、国外现代海水养殖新方式发展现状与趋势

(一)绿色安全高效工程化养殖技术与装备

1. 发展现状

(1)海水陆基养殖工程技术与装备

国外全循环高效海水陆基养殖系统构建了基于循环水养殖的技术体系。比较发达的国家有法国、德国、丹麦、西班牙、挪威、美国、加拿大、日本、澳大利亚、南非、以色列等。在欧洲,高密度封闭循环水养殖已成为一个新型的、发展迅速的高新技术高度集成整合的行业。通过采用先进的水处理技术与生物工程,大量引用前沿技术,最高年产可达100kg/m³以上。封闭循环水养殖已普及到虾、贝、微藻的养殖生产中,苗种孵化和育成几乎都采用循环水工艺。以色列的淡水鱼循环水养殖系统的最低饵料系数仅为0.6,采用1~3茬养殖模式,最高年渔获量可达225kg/m³,养殖三年的锦鲤价格可达到

1000欧元/尾以上。

（2）浅海养殖工程技术与装备

1）人工鱼礁研究和应用进展迅速。近几年来，日本每年投入沿海人工鱼礁建设资金为600亿日元；韩国政府也非常重视人工鱼礁的建设；美国、英国、德国、意大利、葡萄牙、苏联、斯里兰卡、泰国、印度尼西亚、菲律宾、朝鲜、古巴、墨西哥及澳大利亚等许多海洋国家都在20世纪六七十年代以后陆续动工兴建沿海的人工鱼礁渔场，对自然海域的鱼虾贝藻等生物资源和环境修复取得了很好的效果。

2）基于生态工程的海珍品增养殖技术是国际上最近在探讨的最新生态增养殖模式与技术，即通过生态工程技术，如根据不同增养殖种类的生物学特性和生态习性，定向构建人工鱼礁和进行底质改良，先人工构建海底植被，改善生态环境，为特定的高值、优质海洋生物的生长繁衍的海区提供理想的生态环境条件，达到高效、持续增养殖的目的。

2. 发展趋势

（1）海水陆基养殖工程技术与装备

国外海水陆基全循环养殖工程技术已成熟，其发展趋势主要体现在：①高新化、普及化。许多发达国家发展封闭循环水养殖都引进了当今的前沿技术，主要是不断采用先进的水处理技术与生物工程技术。工厂化养殖已普及到虾、贝、藻、软体动物的养殖，育苗企业普遍采用封闭循环水技术。②大型化、超大型化。国外工厂化养殖都有向大型、特大型、超大型企业发展的趋势。③产业化、国际化。封闭循环水养殖在西方一些国家已产业化，从研究、设计、制造、安装、调试，以及产品的产前产后服务，如银行、保险、保安、信息等都形成网络，并由此形成了一个新的知识产业。围绕封闭循环水养殖，形成了上、下游产业群体，有的正形成集团与跨国集团。④自动化、机械化和智能化。当前国外发达国家十分重视工厂化养殖中水质调控的自动化、机械化研究与智能化应用，如美国在高密度养殖系统中，程序控制技术研究与应用非常先进。

在关键技术发展方面：①采用降低水处理系统水力负荷的快速排污技术。为了防止生物滤器堵塞及大颗粒悬浮物破碎成超细悬浮物，系统采用养殖池自动排污装置、残饵捕集器及机械过滤器三级水处理装置，使养殖废水一流出养殖池，就将悬浮颗粒物通过沉淀、过滤等方式去除，降低其他水处理设备的负荷。②普遍采用提高单位产量和改善水质的纯氧增氧技术。设计制造使用液氧向养殖池和生物过滤器增氧的设备，大大提高了单位水体的载鱼量；研制新型制氧装置，可在鱼类养殖场直接生产纯度为85%~95%的富氧。③采用日趋先进的养殖环境监控技术。通过收集和分析有关养殖水质和环境参数数据，如溶解氧（DO）、pH、温度（T）、总氨氮（TAN）、水位、流速、光照周期等，结合相应的报警和应急处理系统，对水质和养殖环境进行有效的实时监控。也有采用计算机图像处理系统监控养殖生物，通过获取鱼的进食、游速、体色等情况，利用专家系统自动调整最佳饲料投放量，以获得最佳转化率。④对生物滤器的稳定运行进行控制。生物滤器是所有（海水或淡水）封闭循环水处理系统成功运行的关键，同时也是封闭循环水处理系统投资和能耗最大的水处理单元。法国研究人员在此领域进行了长期研究，如生物膜的细菌群落（自养细菌和异养细菌）组成、数量，氨氧化、硝化过程的能量和氧气消耗等，养殖废水中不同C/N值对生物滤器效能的影响，并在此基础上获得生物滤器硝化动力学模型，建立了生物滤器的设计与管理规范。⑤养殖废水的资源化利用与无公害排放。法国研究人员利用大型藻类净化养殖废水系统，净化水再回到养殖池。丹麦研究人员采用在养殖池之间设置生物净化器的方式，将养殖污水进行生化处理后再进行回用或排放。南非的陆基鲍养殖场利用石莼吸收养殖系统排放水中的氮磷，同时石莼收获后又作为鲍的饵料。

（2）浅海生态高效养殖技术与装备

面向2030年的世界浅海养殖技术与装备的发展趋势如下。

1）更加强调对环境容纳量、健康可持续养殖密度及养殖自身污染、外来生物入侵可能造成的危害等研究；加强浅海滩涂初级生产力评估技术研究、浅海滩涂污染物自我净化能力研究、水产经济物种产卵场保护和修复技术研究与应用。

2）从保障水产品质量安全的角度来看，产地环境质量是影响水产品质量的最基本因素。提高养殖产地环境质量安全管理理论和技术水平，建立完善的养殖产地环境管理技术体系，是促进水产养殖业健康、可持续发展的重要环节。

3）养殖良种培育技术研究继续加强。重点是对调控肉质、生长、抗病等重要性状基因的高效发掘及基因调控网络进行解析，揭示生长发育的规律及产量、抗逆性等重要性状形成的分子机制。重要经济性状相关基因克隆及转移技术、功能基因及其调控网络验证技术、多性状复合选择育种理论和技术、全基因组选择育种技术和分子设计育种技术将进一步得到应用。

4）高效集约化养殖技术更加完善。包括海水鱼类养殖的高效配合饲料研制及精准投喂技术，基于多营养层级的多品种综合养殖技术，研制高效疫苗及病害防控技术。养殖生态调控自动化、养殖生产操作机械化也将是未来研究的目标。

5）远岸开放海域海珍品生态增养殖技术集成与应用有待加强。集成并应用增养殖生态工程技术、敌害生物诱捕、海珍品高效回捕技术等，构建适于岛礁区、开阔海域、远岸开放海域的海珍品增养殖技术。

6）机械化和智能化程度更高。欧美等水产养殖发达国家的浅海养殖已实现机械化与自动化操作，同时近些年来随着计算机硬件的快速发展与软件的高度集成，计算机辅助工程（CAE）技术被广泛应用于渔业工程仿真模拟中。在对于浅海养殖设施水动力学的研究方面，国外已有学者采用有限元方法利用商业软件做了一些数值模拟工作，其在一定程度上体现了未来养殖工程领域仿真智能化的发展趋势。

（3）环境友好型养殖模式与技术

以构建"资源节约、环境友好、优质高效"的海水养殖业为导向，发挥现代渔业工程和配套设备的优势，创新集成水产养殖相关技术，运用现代生物育种技术、水质处理和调控技术与病害防控技术，设计现代养殖工程设施，实施养殖良种生态工程化养殖，依靠"人工操纵"实现养殖系统的环境修复，有效地控制养殖的自身污染及因养殖活动对海域环境造成的影响。

在陆基养殖生态工程方面，以"工程化、精准化和智能化"为导向，利用生态工程技术保证健康养殖水环境、节约养殖用水、控制养殖系统排放、修复养殖生态环境；系统性构建数字化的生产控制与管理系统，以保障健康养殖过程及可追溯性；提高机械化水平，实现对养殖生境的便捷调控。

在滩涂养殖生态工程方面，以"调整结构布局，优化生态环境，提高综合效益"为导向，合理规划贝藻类养殖结构和布局，修复养殖生态环境，保障食品安全，建立追溯体系，构建滩涂养殖环境的精准化管理系统。

在浅海养殖生态工程方面，强调养殖新模式和设施渔业中新材料、新装备与新技术的运用，建立多营养层次综合生态养殖系统，实施养殖系统的"生物操纵"与"自我修复"，优化近海的养殖结构，研制开发适用于深水海域的抗风浪筏式和底播养殖设施装备，提高对深水底层生物资源的开发利用能力。

展望2030年，未来的海水养殖要求必须兼顾环境的友好性，因此大力推动生态养殖模式与技术的应用是大势所趋。继续研究推广多营养层次综合生态养殖技术、深水海域增养殖技术、基于生态工程的海珍品增养殖技术和精准陆基海水养殖技术将成为国际海水养殖生态工程的发展主流，提高海水养殖综合效益、减少养殖自身污染、重点监控产品的质量和食品安全水平均成为发展过程中所关注的重中之重。

（二）浅海滩涂生态环境修复与养殖优化技术

1. 国外生物修复的发展现状与主要特点

早在20世纪二三十年代美国人就提出了生物修复（bioremediation）的概念，并在世界范围内得到重视和发展。由于导致生境退化的原因是复杂的，针对不同原因导致的生境退化，美国提出了相应的生境修复方案和修复技术。国外在海水养殖领域的废水处理工艺选择、运行参数及处理效果等方面做了大量工作，研制了许多商品化的海水养殖废水处理设备和工艺，可以部分或全部实现养殖海水的循环使用。近年来，生态修复手段被广为推崇，将植物种植在集约化或封闭式的养殖系统中，对营养盐进行吸收过滤，可达到净化水质的目的，而且作物本身的经济价值也可以增加养殖者的收入。

2. 国外生源要素循环利用的发展现状与主要特点

近年来，生源要素的地球化学作用受到很大的关注。国际地圈-生物圈计划（IGBP）、全球海洋通量联合研究（JGOFS）、海岸带陆-海相互作用（LOICZ）及全球海洋生态系统动力学研究（GLOBEC）均强调了生源要素地球化学循环过程的重要性。在生源要素

循环利用方面，国际上正在向精细化发展，主要在循环水养殖系统中进行研究和应用。澳大利亚科学家利用植物-土壤组成的生态系统吸收水体中的营养元素，对总氮和总磷的去除率可分别达到69%和88.5%[13]。移床式生物膜反应器已经成功应用于养殖水体的生物处理，采用独特设计的塑料生物膜载体使生物膜表面积最大化[14]。采用廉价的木屑和麦秸替代价值较高的塑料用作生物脱硝的过滤介质，获得了与塑料介质相当的脱硝率[15]。在海区的生源要素利用方面，国外也发展了多营养层次综合养殖模式，在鱼类网箱养殖周围搭配养殖大型藻类和贝类，而这一方法在国内应用已经非常普遍。

3. 国外海水养殖容量研究进展

Inglis等[16]对贝类养殖的容量进行了划分，分为物理容量、养殖容量、生态容量和社会容量。建立了评估生态容量DEPOMOD模型[17]和基于生物量平衡原理的ECOPATH模型[18]。目前已建立了多种评估养殖容量的技术方法和模型，从简单的指标法，发展到一维、二维的数值模型，进而发展为包括水动力学的三维模型，还建立了多营养层次综合养殖容量评估模型。

挪威建立了基于网箱和贝类养殖容量的管理决策支撑工具AkvaVis，有效地限制了养殖环境的恶化和病害的发生，保证了三文鱼、贻贝养殖产业的可持续发展。AkvaVis开辟了在水产养殖决策支持系统中应用虚拟技术的新方法。它可以帮助管理者、决策者借助计算机和网络技术非常直观地综合利用地理信息系统、生态模型，鉴别任务，制定决策。既可以考虑养殖场的养殖容量、养殖活动对环境的压力，又可以考虑养殖场的最优布局。

（三）环境友好型的生态高效综合养殖模式

作为一种高产出、生态的养殖方式，多营养层次综合养殖模式也被众多国外研究者和生产单位广泛采用。其中陆基综合养殖模式最为常见，典型的包括养鱼池与浮游植物生物反应器、贝类养殖池组成的循环水养殖系统。还有养虾池与耐盐碱植物的综合养殖系统，鱼-藻、鲍-藻、鲍-鱼-藻、鱼-藻-贝及鱼-贝-鲍-藻综合养殖系统[19]。

1. 加拿大多营养层次综合养殖

在加拿大东海岸的芬迪湾有大西洋鲑、海带及紫贻贝为主的综合养殖。研究结果显示，相对于单养海带或者贻贝，鱼-藻-贝综合养殖系统中的海带和贻贝的生长速度提高50%左右，说明鱼类养殖网箱为藻类和贝类提供了大量的营养盐与食物。综合养殖模式提高了单独进行大西洋鲑养殖的收益，而且减少了鱼类养殖所造成的污染。因此，综合养殖模式不仅具有经济价值，还具有重要的社会和生态效益。

2. 南非陆基鲍-藻综合养殖系统

自20世纪90年代，南非开始陆基鲍养殖，经过约20年的发展，形成了以中间鲍、石莼和江蓠为主要养殖对象的陆基循环水养殖系统。现在，南非国内有大约13个这种养殖系统，每年生产超过850t的产品。以一个典型的系统为例，系统中25%的海水被循环利用，养殖19个月后，鲍鱼的生长速度和健康状况与流水养殖系统中的个体不存在显著差异，说明这种陆基鲍-藻综合养殖系统的生产效率明显高于流水养殖系统。相比之下，循环养殖系统比流水养殖系统更加节能、节水、节省饵料，更重要的是减少了鲍鱼养殖的废水排放[20]。

3. 以色列虾-藻综合养殖模式

水资源紧张的以色列一直致力于高效、生态的水产养殖模式研究。近年来，虾-藻综合养殖模式发展迅速。养殖所用虾以南美白对虾为主，藻类以江蓠属红藻为主。最大程度上提高氮的利用率，是该养殖模式的重要研究内容。例如，在一个月20m³（面积为27.4m²）的综合养殖系统中，实验期间（18天）共输入了67.5kg的营养物质，其中氮含量为4.3kg。对虾的产量为11.75g/（m²·天），实验期间存活率超过98%。藻类的特定生长率为4.8%/天，藻体的氮含量为5.7%，C/N为4.8。实验结果表明，投饵所输入的总氮中的35%被虾类和藻类吸收，该系统大大提高了氮元素的利用率。

4. 美国多营养层次综合养殖

美国最初对于IMTA研究的兴趣来自于如何处理虾类高密度养殖的废水。Sandifer和Hopkins[21]提出了一种将养殖虾类与草食性鱼类及牡蛎进行共同养殖的方法，牡蛎及乌鱼以虾类养殖的废水作为养料，这样其可以作为生物过滤器及循环饲养者。Carmona等[22]研究得出三种紫菜（*Porphyra amplissima*、*P. purpurea*和*P. umbilica-*

lis）是IMTA系统中生物修复角色的有力候选者。这些物种都是原产于美国东北部（如缅因州及马萨诸塞州）的沿海水域，因此其成为与现存的三文鱼及贻贝的牧场进行综合养殖或在陆基的比目鱼或鳕鱼养殖系统中进行综合养殖的有力的候选物种。

5. 欧洲多营养层次综合养殖

在位于大西洋沿岸伊比利亚半岛的IMTA研究主要集中于利用藻类（主要是红藻门）及鱼类（主要为大菱鲆及鲈鱼）。研究人员已经开始用藻类与鲈、大菱鲆及鲑进行综合养殖的实验研究。大部分都是涉及利用海水池塘来处理鱼类养殖中产生的废水，以藻类作为生物滤器吸收废水中的磷酸盐（PO_4^{3-}）及铵（NH_4^+）。Borges等[23]研究了一个由鱼类（鲈鱼及大菱鲆）、蛤蚌（*Tapes decussatus*）及三种微藻（*Phaeodactylum tricornutum*、*Tetraselmis suecica*和*Tetraselmis* sp.）组成的小型IMTA单元。研究人员发现三种藻类在污水中生长良好，并且藻类的污水净化效果在没有增加投入的情况下带来了额外的效益。Stirling和Okumus[24]研究了在苏格兰海域与鲑（*Salmo salar*）混养的贻贝（*Mytilus edulis*）的生长及产量的情况。他们发现，与鲑鱼混养的贻贝有着较高的生长速度，并且相比于未混养的贻贝，其在冬季的组织损耗较少。

四、现代海水养殖新方式存在的主要问题与原因分析

（一）绿色安全高效工程化养殖技术与装备

专家估计，到2030年，我国水产品总量需要将超过7000万t/年，在捕捞产量稳定不变的基础上，养殖水产品年产量需要增加1000万t。在渔业资源过捕捞的状态下，捕捞产量不可能有大的变化，可见发展水产养殖将是满足我国国民经济发展中水产品刚性需求的唯一途径。然而，现代海水养殖的发展面临着诸多问题，包括适合水产养殖的土地空间越来越少、越来越贵而造成的缺地问题；社会老龄化与劳动力短缺而造成的用工问题等。但这些问题都可以理解为影响现代海水养殖业发展的外部因素。我国海水养殖工程技术与装备的发展面临着如下突出的自身问题亟待解决。

1）我国现有的海水养殖更多的还属于传统养殖，现代化程度

不高，与发达国家相比，高新养殖技术和装备还很欠缺。

2）陆基工厂化养殖总体发展水平仍处于初级发展阶段，仍以流水养殖为主，真正意义上的全封闭工厂化循环水养殖工厂比例极低。造成严重的水源和能源浪费，同时工厂化流水养殖废水未经处理直排入海，对沿岸水域造成富营养污染。如何优化全循环高效养殖系统的水净化工艺、简化设施与设备、降低系统能耗、提高养殖过程的精准化程度、提高系统的利用效率与产量、构建高效的生产管理系统等问题，已经成为全循环高效养殖系统更广泛地应用与生产实际的关键性科技问题，必须给予突破与系统性解决。

3）离岸海水养殖集约化与综合养殖水平有待提高。浅海养殖模式生态化水平较低，多采用大规模单一的养殖种类，较少考虑到养殖业本身对沿岸海区生态环境的影响。深远海养殖技术和装备尤其薄弱。深海网箱装备结构尚未定型，我国现有网箱多数仍布置于20m以内的浅海域，尚不能称为真正意义上的深海养殖网箱。深海网箱抗风浪、抗流性能及结构安全研究理论与国际先进水平仍有差距，新型专用网箱材料技术仍未突破。配套设施与技术研究依然落后。网箱装备的发展在很大程度上依赖于配套设施的研发，没有配套设施的强力支持，网箱装备无法推广应用。受产业基础的限制，现有的网箱制造公司并没有过多涉及配套装备的研发，也未能建立合适的配套企业，这是我国深海网箱养殖产业面临的最大问题。

（二）浅海滩涂生态环境修复与优化养殖技术

1. 国家管理政策体系和研究技术体系不完善

生态环境恶化成为我国经济飞速发展的代价。据统计，20世纪50年代以来我国滨海湿地已经损失约219万hm^2，天然红树林面积减少73%，80%的珊瑚礁生态系统遭到破坏。沿海地区过量抽取地下水，使地面下沉，海水倒灌。各种海洋工程使原有的生物栖息地遭到破坏。这些因素导致海岸带生态失衡，环境问题频发，灾害增多。究其原因，主要是对资源环境的法律保护机制不健全，与国外法律机制相比较，缺乏系统性和完整性，行使管理职能的部门分散于环保、林业、海洋、渔业、农业等部门，有时都管，致使从业者无所适从，有时则都不管，致使发展无序。在投入方面，国外在滨海湿地保护和环境修复方面行动早，投入大，这一点我们与国外存在较大差距，我们在海域环

境保护和修复方面认识不到位，缺乏资金深入研究，在技术和制度制定方面缺乏完整体系。

2. 海域环境保护和修复方面缺乏前瞻性研究，技术集成和应用能力薄弱

我国的海域环境保护和修复研究起步较晚，相关研究缺乏持续性资金支持，导致研究体系不完善，在大数据分析利用方面缺少连续性数据支持，难以形成监测和预警体系，无法从历史上和整体上把握污染的发生、过程和机制。在养殖生产角度，盲目追求养殖生产的经济效益，缺乏对其有效管理的科学依据，对支持基础研究和前瞻性研究的力度尚需加强，基础和前瞻性研究往往不能立竿见影产生经济效益，但是其潜在的对政策制定、管理生产的理论依据和技术支撑作用非常重要。

我国目前在养殖生态环境领域虽然取得了一系列重要科研成果，但是，在应用和转化方面总体技术发展不平衡，监测技术发展相对较快，而预警、预报、控制和管理及生物修复、生态环境修复等技术发展较慢，特别是风险分析方面的研究刚刚起步，这之间缺乏有效的集成并加以应用的技术。从总体来看，无论是基础研究还是技术开发和应用，其长期性、系统性和全面性均有待提高。

3. 对环境友好型水产养殖技术认识不足

环境友好型养殖技术是养殖海域生态环境生物修复的重要组成部分，它既重视环境的重要性又能保证经济效益，其通过各养殖生物之间的生态互补关系，降低了大规模的人类养殖活动对生态环境的压力，同时，保证了养殖的品种多样性和养殖的经济效益。但是，目前家庭式和小型企业的养殖仍为浅海养殖的主体组成，难于统一管理，造成养殖品种搭配不合理，追求经济利益的目的突出，这极大地阻碍了环境友好型养殖方式的推广应用。政策引导，提高全民环境意识，推广环境友好型养殖方式还有很长的路要走。

4. 我国海水养殖容量评估存在的问题

（1）评估方法与技术有待于完善

我国养殖容量研究开展的较晚，评价方法手段和理论基础研究

都相对薄弱。尚未形成有自主知识产权且较为完善的容量评估数值模型，尤其在与水动力过程的耦合上相对不足。

（2）缺乏长期数据的积累

因为区域环境的特色，限制容量的因子往往不同。而且，养殖容量受环境、社会、经济、文化等多方面的影响，会因养殖种类、方式、养殖技术及管理水平的提高而改变。我国海域广阔，跨越北温带、温带、热带，全球气候变化和人类活动多重压力影响，生态环境复杂多变。另外，海水养殖面积大，养殖种类、方式繁多。因此，不仅需要养殖海域的物理、化学、生物等方面的环境参数的长期调查，而且需要加强对养殖结构、养殖生产要素及养殖生物的生理生态指标的系统研究和数据积累。

（三）环境友好型的综合养殖模式

随着人口增长和社会发展，人们对优质海产品的需求量越来越大，然而，支撑产量增长的资源却是有限的。海水养殖的发展空间正受到越来越严重的挤压，一是沿海滩涂被征用，造成养殖面积大大减少；二是工业化发展，带来的水域环境恶化等因素，造成优质养殖水域进一步缩减。因此，解决供需矛盾将是我国水产养殖业所要面临的挑战。在资源有限的前提下，发展新技术、新方式、新空间将是解决这一矛盾的有效方式。

1. 单产能耗高

近年来，为满足人民对水产品日益增长的需求，我国水产养殖业已走上了集约化发展的道路[2]。然而，也应该看到，简单的集约化发展是一把双刃剑，其负面影响也不应被忽视。我国水产养殖业对水域的污染已经到了不可忽视的程度。另外，随着水产养殖集约化程度的提高，我国生产单位质量产品的能耗也在迅速增加。据徐皓等[25]的报道，我国当前池塘、工厂化和网箱养殖的单位产品耗电量分别为0.37kW·h/kg、8.66kW·h/kg和3.16kW·h/kg。

2. 基础研究相对较为薄弱

Troell等[26]撰文指出中国的多营养综合养殖模式的产业化程度已经走在了世界的前列，而加拿大、美国、智利及一些欧洲国家的

IMTA示范区建设虽然取得了很好的效果，但目前只是局限于小范围的实验阶段，距离产业化尚存在一定的差距。应该看到的是，虽然中国的IMTA在局部区域实现了一定程度的产业化，但基础研究相对较为薄弱，IMTA系统中各养殖单元间能流、物流过程尚不太清晰，各养殖单元间的互利作用机制缺乏深层次理论上的支撑，在定量研究及整体设计等基础理论方面还存在很多需要深入探讨的方面。

3. 突发事件和灾害多

疾病和海洋灾害是制约中国海水养殖业可持续发展的重要因素之一。部分养殖区的养殖密度较大，高温期间易生鱼病，导致严重减产，海水养殖风险大大增加。中国近海的赤潮、浒苔等灾害性生态异常现象频频出现，由此引发的海水养殖品种中的扇贝和鱼类，特别是海参、鲍的大量死亡，给海水养殖业造成巨大经济损失。

五、我国现代海水养殖新方式发展战略与关键技术

（一）现代海水养殖新方式的发展思路

1. 战略定位

海洋是全球生命支持系统的重要组成部分，海水养殖是人类主动、定向利用海洋生命系统来为人类这一地球上最为高级和复杂的生命系统服务的行为。海水养殖关乎我国粮食安全、食品安全、生态安全，影响国民经济健康发展和贸易平衡。

2. 战略原则

全球化、工程化、标准化、智能化、优质化和环境友好化的可持续发展。

3. 发展思路

精选品种、标准养殖、质量优先、数量支撑、由浅（浅海）入深（深远海）、养（养殖）加（加工）联动。

（二）现代海水养殖新方式的战略任务与重点

水产品是我国国民经济活动和人民生活的刚性需求，发展水产

养殖是我国持续发展的战略需要。要实现我国海水养殖的可持续健康发展,由世界第一水产养殖大国质变为世界第一水产养殖强国,必须完成如下几方面的重点战略转变任务。

1. 转变30年来的增长方式

30年来,我国水产养殖的发展特征是消耗资源、规模扩张、片面追求产量、不重视质量安全、不关心环境与持续发展。我国水产养殖的未来必须转变为3E发展模式,即效率(efficiency)、环境(environment)和生态(ecology)并重的可持续发展方式。

2. 转变养殖方式

一方面大幅度提高养殖操作机械化、自动化程度;另一方面由浅入深、由近及远,开拓深水空间。离岸深水海域具有较强的物质输送与自净能力,养殖容量更大;温、盐等环境条件更加稳定;病原生物更少;产品更安全、质量会更好。

(三)现代海水养殖新方式发展的关键技术

1. 海水陆基养殖工程技术与装备

(1)加强技术创新与装备研发,提升全循环高效养殖工程技术水平

重点围绕循环水养殖水净化系统物理过滤、生物过滤、杀菌消毒等关键工艺环节,以及养殖状况、水质指标、养殖环境数字化检测与系统设备控制等关键控制环节,加强技术创新与装备研发,形成水体高效净化技术及装备、养殖过程精准化监控技术及装备,整体提升海水陆基全循环高效养殖工程技术水平。

(2)加强产业性集成示范,构建具有引领作用的现代化养鱼工厂

重点围绕北方沿海鲆鲽类养殖、南方沿海石斑鱼类养殖,构建专业化全循环高效养殖水净化系统模式、设施与设备构建模式、投喂及养殖生产模式、生产系统精准化监控模式,建立专业化养鱼工厂,进行区域性示范,以引领产业生产模式的升级。

（3）设立系统改造专项工程，推进海水工厂化养殖产业技术升级

针对现有工厂化养殖系统，以高效养殖与节水减排为目标，设立专项改造工程，以政策引导与资金扶助为推动力，建立可行的改造模式，逐步推进产业技术升级。

2. 海水高效、生态综合养殖技术与装备

（1）养殖环境容量评估理论与技术

养殖容量评估是进行健康养殖、生态养殖的前提，是保障海水养殖健康、可持续发展的必要条件，也是海洋生态文明建设不可忽视的研究内容。因此，应从养殖生物个体生长数值模型、养殖生态容量评估指标体系、水动力过程与生态模型耦合等方面入手，加强不同养殖种类、不同养殖模式、不同养殖区域的养殖容量评估理论与技术研究，加大海水养殖容量评估的科研支持力度，为海洋生态文明建设提供技术保障。

（2）养殖自身污染的机制与调控技术

开展养殖自身污染、生态入侵可能造成的危害等研究；加强海域污染物自我净化能力研究、环境的生物修复机制、不同生物修复耦合、生物修复效果与生物修复的生态风险评估等科学研究将是未来海水养殖的重要研究课题：①利用藻类、贝类、微生物吸收、降解、转化养殖区沉积物环境和养殖水体中的污染物；②利用大型藻类、贝类等生物可以固碳、产生氧气、调节水体的酸碱度作用，达到对养殖环境的生物修复和生态调控作用，获得经济效益与环境效益的统一；③通过筛选和优化适合养殖水体特定生态条件下大型藻类、鱼、虾（蟹）、贝等，建立耦合的新型海水养殖生态系统模式，以有效地吸收、利用养殖环境中多余的氮、磷等营养物质，减轻养殖废水对养殖环境的影响，提高养殖系统的经济产出。

（3）多营养层次综合养殖技术研究

针对路基工厂化养殖、池塘养殖、浅海养殖等特点，研究不同系统的多营养层次养殖系统中物质转运和能量传递规律，建立其养殖容量评估模型，开发不同生态位、适于不同季节的养殖种类并应用于综合养殖系统中，刻画底栖生物在多营养层次综合养殖系统中

的环境修复作用,确定系统中养殖种类的适宜密度与最大可持续生产力,开发出适宜不同水域的多营养层次养殖系统共性关键技术。

多营养层次的综合养殖根据我国海水养殖以贝藻为主体的产业结构和规模,充分利用养殖生物的特点,科学搭配不同种类,合理设置养殖密度与规模,将浅海水产养殖的积极功能提高到新的高度,形成了基于生态系统水平的适应性管理策略。多营养层次综合养殖模式基于容纳量评估,构建由多种不同营养需求的养殖种类组成的养殖系统,发展高效生态养殖模式,包括不同结构的立体多营养层次综合养殖模式、多种类底播多营养层次综合养殖模式、深远海多营养层次综合养殖等。

六、现代海水养殖新方式发展的保障措施与政策建议

(一)完善体制机制,创新海水养殖产业发展模式

我国未来5~10年内的海水养殖仍然是以近浅海养殖为主。然而,由于片面追求产量和规模,忽视长远生态和环境效益,以及缺乏统一规划管理,养殖布局不尽合理等现象在沿海各地普遍存在,致使局部海区开发过度、养殖量严重超出其养殖容量,出现了养殖个体小型化、死亡率上升、产品质量下降、产业增产不增效等现象。

1)在近浅海养殖方面,应当加强对养殖生态工程建设的投入和引导。从生态工程建设的角度,合理安排和配置近海资源。大力推行多营养层次的综合生态养殖技术。充分利用生态系统、碳汇渔业等前沿领域的研究成果,指导和支撑多营养层次的综合生态养殖的可持续发展。

2)在组织的模式上,要发挥养殖企业的主体作用,加快海水养殖企业技术改造和产业升级,推动产业的整体发展。在机制和体制上,发挥市场机制作用。按照以企业为主体、市场为导向、资本为纽带的利益共享、风险共担的原则,通过兼并、重组和与养殖专业协会、专业合作社联姻的方式,构建现代海水养殖产业专业联盟。

(二)加强容量评估技术在养殖管理上应用的保障措施

海水养殖已成为我国沿海的重要产业,随着养殖密度和规模的增大,养殖对于近海及河口生态系统的影响日益增大。在2016年的

全国渔业渔政工作会议上,将"加快转方式调结构促进渔业转型升级"作为"十三五"全国渔业发展的宗旨,其中,尤为强调了以"提质增效、减量增收、绿色发展、富裕渔民"作为未来渔业发展的目标。如何调整结构?根据什么来减量还能增收?养殖容量评估是制定现代水产养殖发展规划的基础,也是保证水产养殖可持续发展、保护生态环境免受破坏的前提。以养殖容量为基础,科学安排海域的养殖规模、密度,进行总量控制及成本核算,以及进行确定适宜的放养和采捕规格,形成科学的管理策略。以养殖容量为基础,以高效、可持续产出为核心,科学地控制养殖密度和规模、优化养殖结构和布局,构建经济效益高、生态环境友好的养殖模式。因此,容量评估应纳入政府的公益性和强制性工作范畴,形成制度化。并且作为确定养殖密度和布局,发放养殖许可证、水域使用证,建立相应的违规处罚措施的依据。建立容量评估制度,需要从以下几个方面入手。

1. 资金保障

容量评估和宏观管理规划是公益性的政府行为。养殖者或者企业缺乏评估技术和资金,难以具体实施,因此容量评估应纳入政府强制性工作范畴,并形成制度化。容量评估的保障资金可以从收缴的养殖水域使用费中安排。

2. 技术保障

容量评估是需要多学科交叉的复杂技术工程。对于特定养殖区域,容量不仅与养殖种类、方式有关,而且与养殖系统的物理、化学、生物因子有关,甚至受政治经济文化因素影响。因此,容量评估需要经过专业培训的、同时了解当地政治经济文化的专业人员才能胜任。另外,容量评估需要有长期的、全面的理化生物及养殖活动等方面的数据作为支撑。

建议建立稳定、有能力、有意愿长期坚持从事基础监测事业的科研队伍,针对养殖主产区和主要养殖品种,按照科学、标准的监测方法,进行监测、样品采集、分析和数据汇交,建立覆盖我国海域养殖主产区物理水文、水化学、生物学长序列、多点位大数据库,辅以数据挖掘和机制研究,明晰我们主产区主要养殖品种养殖容量的动态变化特征,为我国养殖海域布局、可持续养殖管理策略的建立提供基础数据支撑。以中国水产科学研究院所属研究所为中心，利用省级研究所和地方研究所的地理位置优势和基层实践优势，5~10年内形成黄渤海、东海、南海监测中心，建立涵盖筏式养殖、底播增殖、滩涂养殖、网箱养殖等典型养殖方式的长期监测实验站和挂靠省级以上科研院所的省级容量评估中心。各省所辖海域的容量评估工作可以委托容量省级评估中心来实施，逐步形成以省区为单位的养殖水域容量评估制度。

3. 行政保障

国家行政机关，如相应的管理委员会及地方政府以容量评估结果为指导，确定养殖密度和布局，发放养殖许可证，从宏观上控制海水养殖规模，建立相应的违规处罚措施。另外，养殖海域的选址作为发展海水养殖的首要环节，应在容量评估结果的基础上，结合海洋功能区划现状、当地渔业结构、资源状况、航运交通等多种要素进行综合论证。因此，建立养殖水域的容量评估制度，科学地调整养殖许可证和水域使用许可证的发放管理制度，应为制定水产养殖发展规划的重要内容，并建立相应的实施和监督体系，以便确保水产养殖业规范和标准化的发展[25]。

4. 政策保障

国家、政府加强宏观调控，以生态系统养殖理论为基础，制定养殖管理及海洋生态系统保护的行动准则，为各级政府和渔业渔政部门制定容量评估制度提供政治决策依据，全面推进水产养殖业执法与监管。

（三）加强浅海滩涂养殖的内源污染控制管理

污染内源主要来自于养殖自身，养殖水与海区水交换能力、养殖方法与技术、养殖品种、品种结构间的协调发展和对疫病防治能力都将影响养殖水体。其主要污染源为饵料、磷酸盐、其他营养盐（硫化物、化学试剂、药品）和生物污染。

随着水产养殖业尤其是海水养殖业的迅速发展，养殖方式也由半集约化向高度集约化发展。随之产生的养殖废水成分复杂，当其大量被排放后，可导致养殖水及邻近水域富营养化或水质恶化。为保持人类活动与环境和谐，走可持续发展道路，养殖水域污染的控制势在必行。

1. 科学配方、合理投饵

从优化饵料营养结构及投喂方式来看，由于大多数水产养殖废物来自饲料，要降低由此产生的废物应注意饲料营养成分和投喂方式。易消化的碳水化合物的加入会提高蛋白质利用率。通过选择饲料中所含的能量值与蛋白质含量的最佳比，可以减少饲料中N的排泄，其结果是单位生物量所排泄的能量减少。

2. 利用生物和理化调节技术改善养殖水质

生物学技术是在生态系各营养级上选择和培育有益和高效的生物种类作为饲料或调控水质。混养一些滤食性动物，养殖一些抗逆性强的大型藻（草）类。随着现代生物技术的快速发展，传统的微生物学与现代生物技术有机结合，大大提高了降解效力，扩大了降解范围。

3. 基于养殖容量评估结果，优化浅海滩涂养殖模式和布局

从养殖模式来看，人们已经饱尝单品种、高密度、高投饵率的养殖方式及盲目发展所产生的恶果。而采用混养等养殖模式利用养殖生物间的代谢互补性来消耗有害的代谢物，减少养殖生物对养殖水域的自身污染，对于保护环境是有益的。

（四）加强政府调控

1. 协调政府机构间的职能

目前，我国对水产养殖执法实行的是多头管理，并没有一个专门负责水产养殖执法的管理机构，水产养殖证件、水产苗种是由渔业行政主管部门负责执法管理，海域管理由国家海洋局负责执法管理，渔业水域环境由环保和渔业行政主管部门负责执法管理，渔药、水产饲料由农业、林业行政主管部门负责管理，水产品质量则由质量技术监督、工商、经贸、环保、卫生、渔业行政主管部门共同管理。应当整合管理部门，提高管理效率，加强科学管理，使水产养殖在有效监管的基础上走可持续发展之路。

2. 完善环境立法，加大执法力度

继续制定和出台配套的法律法规、政策和管理办法，把"保护

海洋环境免受陆源污染"工作纳入法制化轨道,对不执行环境影响评价、违反建设项目环保设施"三同时验收"、不正常运转污染治理设施、超标排污、不遵守排污许可证规定、造成重大环境污染事故等不法行为,依法予以严肃查处。

3. 建立地方环境标准体系

着力开展环境质量和工业企业污染治理地方标准研究,解决国家标准缺失或可操作性不强问题,逐步形成具有特色的地方环境标准体系。在化工、医药、印染、畜禽养殖等行业开展制订相关污染物排放标准,通过实施地方环境标准,促进产业升级优化,削减污染排放,提高污染治理和监管水平。

4. 科学规划海水养殖,完善养殖海域环境调控

养殖水域大面积的网围精养、密集网箱养殖,导致大量外源营养物质输入,超出水体自身能力,严重破坏水资源。因此,必须对水体不同的使用功能、养殖水面进行科学规划。研究各养殖区自净能力,确定水体对网围精养或网箱养殖的负载能力,有条件的地方建立海水养殖环境信息系统。综合利用各种相关的数学模型,最终确定水体的养殖容量,以便科学规划养殖水面,尤其要确定合理的网围、网箱面积、网箱密度等,实现养殖水体的可持续利用。

5. 提供资金保障

多渠道筹措资金,加大对环境基础设施建设的投入。全面开征城镇污水处理费用,运用市场机制降低治污成本,提高治污效率。制定生态补偿政策,引导和支持欠发达地区处理好加快经济建设与加强生态保护的关系,探索生态环境容量转化为经济资源的有效途径。以经济杠杆促进排污总量削减、海洋保护和可持续发展。

七、重大科技研发专项建议

(一)海水养殖生产轻简化智能化工艺设备研发

根据不同养殖生产方式和生产过程对机械化的需要,开展以下研究。

1）重点开展全循环养殖系统物质与能量转换机制研究，构建高密度养殖系统氮循环、气体循环模型；开展悬浮物去除、生物膜构建、消毒杀菌、气体交换等高效水净化技术研究，研发基于鱼池流场的颗粒物快速去除技术、高比表面积生物填料应用技术、臭氧-紫外线复合杀菌技术、低能耗纯氧增氧技术及二氧化碳去除技术，研制占用空间小、稳定高效的全循环水体净化装备；开展水质监测、养殖监视、水净化设备控制、投喂与管理控制等精准化调控技术研究，研发信息化、自动化控制系统。

2）重点开展池塘养殖生产的机械化设备，包括新型养殖设备、机械化作业设备的研制，解决养殖鱼类起捕、分级及疫苗注射的机械化问题，建立移动式养殖生产作业平台。

3）加强浅海、滩涂养殖采收、清洗、分级、加工全产业链成套机械化装备研发，重点提高牡蛎、扇贝、蛤、海带、龙须菜、紫菜等主要养殖品种的机械化作业程度，构建筏式养殖全程机械化生产模式。

（二）养殖环境生物修复工程科技专项

利用微生物、植物及其他生物，将环境中的潜在性污染物（残饵及代谢产物）降解为二氧化碳和水或转化为其他无害物质的工程技术系统。通过采取以生物絮团技术为核心的养殖系统内生物修复，结合养殖系统外废水生物净化处理对养殖废水进行综合处理，实现对虾养殖系统的环境修复。养殖系统内通过合理添加有机碳源，调节对虾精养池异养菌群，把养殖代谢产物转化为对虾/蟹可以摄食的生物絮团，循环利用水体中过剩营养物质及对虾代谢产物，提高饲料的总利用率，同时使养殖池自身污染物原位降解，减少污水排放；养殖系统外则通过进一步沉淀过滤、微生物净化及相关动植物的异位修复对经过原位生物修复处理后排放的少量养殖污水进行净化和综合利用，最终达到水质排放标准。

（三）养殖容量研究和布局与结构调整专项

目前，评估容量的方法主要有经验研究法、能量/饵料平衡模型、生态动力学模型法等，各有利弊。缺乏完善的、通用的容量评估技术方法。不同生态系统间差异较大，难以进行比较研究。针对目前我国养殖容量评估存在的基础理论和技术的薄弱环节，以生态系统健康、高效、可持续发展为核心目标，建立耦合动力过程的养殖生态容量、环境容量评估数值模型，将生态容量与生态系统健康评价有机的结合，促进生态容量评估技术、指标和模型的发展，为养殖水域的容量评估制度的科学有效实施提供技术保障[4]。依据养殖容量评估结果，结合各地资源条件、产业状况和经济水平，按照"主体功能突出、布局结构优化、统筹协调发展"的方针，积极推进现代渔业生产主导区、生态建设区和功能拓展区建设，加快海水养殖业发展方式转变、结构调整和区域的拓展。

（四）环境友好型的综合养殖模式构建与示范

从开发新技术、研发新模式及拓展新空间角度，研究多营养层次养殖系统中物质转运和能量传递规律，建立其养殖容量评估模型，开发不同生态位、适于不同季节的养殖种类并应用于综合养殖系统中，刻画底栖生物在多营养层次综合养殖系统中的环境修复作用，确定系统中养殖种类的适宜密度与最大可持续生产力，开发出适宜不同水域的多营养层次养殖系统共性关键技术。

参 考 文 献

[1] 崔毅, 陈碧鹃, 陈聚法. 黄渤海海水养殖自身污染的评估[J]. 应用生态学报, 2005, 16 (1): 180-185.

[2] 董双林. 论我国水产养殖业生态集约化发展[J]. 中国渔业经济, 2015 (5): 4-9.

[3] 方建光, 孙慧玲, 匡世焕, 孙耀, 周诗赉, 宋云利, 崔毅, 赵俊, 杨琴芳, 李锋, 王兴章, 汤庭耀. 桑沟湾海带养殖容量的研究[J]. 海洋水产研究, 1996, 17 (2): 7-16.

[4] 张继红, 方建光, 王巍. 浅海养殖滤食性贝类生态容量的研究进展[J]. 中国水产科学, 2009, 16 (4): 626-632.

[5] 朱春华, 申玉春, 谢恩义, 叶宁, 王彦, 杜晓东, 吴灶和. 湛江流沙湾马氏珠母贝的养殖容量[J]. 热带海洋学报, 2011, 30 (3): 76-81.

[6] 陈辰. 乳山海域长牡蛎养殖环境与养殖容量研究[D]. 青岛：中国海洋大学硕士学位论文, 2012.

[7] 刘学海, 王宗灵, 张明亮, 王波, 孙丕喜. 基于生态模型估算胶州湾菲律宾

蛤仔养殖容量[J]. 水产科学, 2015, 34 (12): 733-740.

[8] 张继红, 方建光, 王诗欢. 大连獐子岛海域虾夷扇贝养殖容量[J]. 水产学报, 2008, 32 (2): 236-241.

[9] 卢振彬, 方民杰, 杜琦. 厦门大嶝岛海域紫菜、海带养殖容量研究[J]. 南方水产, 2007, 3 (4): 52-59.

[10] 史洁, 魏皓, 赵亮, 方建光, 张继红. 桑沟湾多元养殖生态模型研究: Ⅲ海带养殖容量的数值研究[J]. 渔业科学进展, 2010, 31 (4): 43-31.

[11] Ge CZ, Fang JG. Reponse of phytoplangkton to multispecies mariculture: a case study on the carrying capacity of shellfish in the Sanggou Bay in China [J]. Acta Oceanologica Sinica, 2008, 27 (1): 102-112.

[12] 徐姗楠, 陈作志, 郑杏雯, 黄小平, 李适宇. 红树林种植-养殖耦合系统的养殖生态容量[J]. 中国水产科学, 2010, 17 (3): 393-403.

[13] Alan JL, Robert GD, Thomas B. Juncuskraussii to treat effluent from inland saline aquaculture [J]. Aquacult Eng, 2006, 34 (1): 1-7.

[14] Bjorn R, Bjørnar E, Yngve U. Design and operations of the Kaldnes moving bed biofilm reactors [J]. Aquacult Eng, 2006, 34 (3): 22-331.

[15] Willie JBS, Philip WW, Thomas ML. Wood chips and wheat straw as alternative biofilter media for denitrification reactors treating aquaculture and other wastewaters with high nitrate concentrations [J]. Aquacult Eng, 2007, 37 (3): 222-233.

[16] Inglis GJ, Hayden BJ, Ross AH. An overview of factors affecting the carrying capacity of coastal embayments for mussel culture [J]. NIWA, Christchurch, 2000, Client Report CHC00/69: vi+31 p.

[17] Henderson A, Gamito S, Karakassis I, Pederson P, Smaal A. Use of hydrodynamic and benthic models for managing environmental impacts of marine aquaculture [J]. J Appl Ichthyol, 2001, 17 (4): 163-172.

[18] Christensen V, Pauly D. ECOPATH II- a software for balancing steady-state ecosystem models and calculating network characteristics [J]. Ecol Model, 1992, 61 (3-4): 169-185.

[19] Bunting SW, Shpigel M. Evaluating the economic potential of horizontally integrated land-based marine aquaculture [J].

Aquaculture, 2009, 294 (1-2) : 43-51.

[20] Robertson-Andersson DV, Potgieter M, HansenJ, John JB, Troell M, Anderson RJ, Halling C, Probyn T. Integrated seaweed cultivation on an abalone farm in South Africa [J]. J Appl Phycol, 2008, 20 (5) : 579-595.

[21] Sandifer PA, Hopkins JS. Sustainable design of a suitable pond-based shrimp culture system [J]. Aquacult Eng, 1996, 15 (1) : 41-52.

[22] Carmona R, Kraemer GP, Yarish C. Exploring Northeast American and Asian species of *Porphyra* for use in an integrated finfish–algal aquaculture system [J]. Aquaculture, 1985, 27 (1) : 1-8.

[23] Borges MT, Silva P, Moreira L, Soares R. Integration of consumer-targeted microalgal production with marine fish effluent biofiltration–a strategy for mariculture sustainability [J]. J Appl Phycol, 2005, 17 (3) : 187-197.

[24] Stirling HP, Okumuş B. Growth and production of mussels (*Mytilus edulis* L.) suspended at salmon cages and shellfish farms in two Scottish sea lochs [J]. Aquaculture, 1995, 134 (3-4) : 193-210.

[25] 徐皓, 倪琦, 刘晃. 我国水产养殖设施模式发展研究[J]. 渔业现代化, 2007, 34 (6) : 1-6.

[26] Troell M, Joyce A, Chopin T, Neori A, Buschmann AH, Fang J. Ecological engineering in aquaculture — Potential for integrated multi-trophic aquaculture (IMTA) in marine offshore systems [J]. Aquaculture, 2009, 297 (1) : 1-9.

执笔人

张继红	中国水产科学研究院黄海水产研究所	研究员
刘　鹰	大连海洋大学	教授
毛玉泽	中国水产科学研究院黄海水产研究所	研究员
柴雪良	浙江省海洋水产养殖研究所	研究员
蒋增杰	中国水产科学研究院黄海水产研究所	副研究员
房景辉	中国水产科学研究院黄海水产研究所	副研究员
李加琦	中国水产科学研究院黄海水产研究所	助理研究员
方建光	中国水产科学研究院黄海水产研究所	研究员

第三节　现代海水养殖新空间发展战略

目前，我国海水养殖主要是陆基和近浅海养殖，已利用的近岸海区水深大部分在20m以内，这些海区也是受陆源污染影响较为严重的区域。同时，由于经济社会的发展和人们对生活环境要求的提高，能够提供给海水养殖的空间受到严重挤压，再加上某些严重海区水质环境不断恶化，水产养殖业的未来增长空间令人担忧。此外，随着水产养殖的迅猛发展，近岸池塘养殖和网箱养殖的废水也影响到海水养殖环境。海水养殖密度过大、病害频发和环境恶化等问题日益突出。

2013年2月，国务院常务会专门讨论通过了《关于促进海洋渔业持续健康发展的若干意见》，要求控制近海养殖密度，拓展海洋离岸养殖和集约化养殖，提高设施装备水平和组织化程度。利用远远未被开发的外海海域，借助于外海优越的水质条件发展水产养殖已成为世界上各沿海国发展海洋经济、保障优质蛋白来源的重要举措[1]。我国海洋面积约299.7万km^2，其中20m等深线以内海域面积约1600万hm^2，40m等深线以内海域面积约5000万hm^2，海水养殖的发展空间巨大。据测算，在现有养殖装备技术支撑下，如将其中的100万hm^2用于发展深水网箱养殖业，可增加优质鱼类产量达680万t，相当于世界水产养殖产量的10%以上[2]。

为实现新时期我国海水养殖业的可持续发展，减轻养殖对近岸海区的影响，急需拓展养殖新空间，实施深远海海水养殖战略。麦康森等于2016年发表了《开拓我国深远海养殖新空间的战略研究》一文[3]，分析认为深远海海水养殖是一个综合体系，适养物种、养殖技术和养殖平台（大型基站、大型深水网箱和养殖工船等）是深远海海水养殖的主体；清洁能源和饮用水供给、物资和养成品的海上运输和陆地物流、养殖水产品的精深加工等，是深远海海水养殖体系必须有的周边配套支撑网络。同时，深远海海水养殖还必须考虑海流（暖流）、风暴潮等对深远海养殖活动的影响及减灾防灾策略等。

一、我国深远海养殖发展的战略意义

（一）拓展人类生存空间，增加食物供给，提高食物质量

深远海海水养殖将采取先进的养殖技术和设施，将养殖区域拓

展到20m水深以外的海区。深远海海域水交换率高，污染物含量低，因此向深远海海域发展养殖将减轻各种污染对养殖生物的影响，生产出健康洁净高质量的水产品。

（二）恢复浅海生态系统，可持续利用近海关键生物资源

随着养殖区的外移，全国近岸区的养殖密度将得以有效控制，将明显减轻浅海养殖对近岸浅水区环境的影响，有利于浅海生态系统的恢复和环境保护，也有助于实现近岸关键生物资源的恢复和持续利用。

（三）带动相关产业，促进现代农业全面持续发展

开拓深远海养殖空间需要很多方面的技术支持，如网箱设计及制造产业、养殖工船设计及制造产业、航海及海上运输产业、海上水产品加工产业、优良苗种培育和环境友好型高效配合饲料生产、海上清洁能源供给、海上操作人员生活保障、远海污水处理等方面的技术成熟是成功发展深远海水产养殖的必要条件。同时，随着我国国民经济的进一步发展，人们对生活环境质量必然有更高的要求，实施深远海养殖战略，将有利于促进我国沿海生态旅游业的发展。

（四）屯渔戍边，守卫领海

深远海大型养殖设施的构建，如同远离大陆的定居型海岛，具有显示主权存在的意义。在我国与周边国家海域纠纷突出、海域领域被侵蚀的状况下，发展深远海大型养殖设施就是"屯渔戍边，守卫领海"，实现海洋资源的合理利用与有效开发。

二、我国深远海养殖科技发展的现状

（一）近岸海水养殖技术比较成熟，为深远海养殖奠定了坚实基础

1. 遗传育种和繁育技术取得重要进展

我国的海水养殖，早期以土著种及引进种为主，近几年选育种增多。截止到2015年年底，已累计获批68个国家水产新品种。这标

志着我国初步形成了海水养殖育种技术体系，逐渐从依赖野生型向利用人工改良型种质转变，提高了产业效益和可持续发展能力。我国海水养殖动物种苗繁育关键技术实现了跨越性发展，形成了符合我国海区特点的海水养殖种苗繁育技术体系，苗种繁育技术总体上处于世界领先水平。

2. 水产饲料工业规模世界第一

由于国家产业政策正确和巨大的产业需求，推动了我国水产动物营养研究与水产饲料工业的快速发展。我国已经成为国际上一个全新的水产动物营养研究与水产饲料生产中心，已走出了一条符合我国国情、独具中国特色的发展道路，成为世界第一水产饲料生产大国[4]。海水养殖鱼类配合饲料的普及率逐步提高，到2014年海水养殖鱼类产量排前三位的大黄鱼、鲆和鲈的配合饲料普及率分别达到20%、60%和90%[5]。

3. 病害监控技术保持国际同步

发展并完善了水产病害基于抗体的免疫学检测方法和分子生物学方法，追踪世界先进技术并开发了多种水产病害的PCR、LAMP快速诊断技术。在鱼类病害防治技术研发方面，利用基因敲除技术制备减毒疫苗取得了重大突破，在海洋病原菌交叉保护疫苗方面做了有益的探索，研制了鳗弧菌灭活疫苗、减毒活疫苗、多弧菌混合疫苗和脂多糖疫苗，通过方便安全的接种，取得了良好的疫苗免疫效果。蛋白质疫苗在我国的研究非常广泛，几乎所有重要海水养殖相关病原菌的重组亚单位疫苗都有报道[6]。

（二）深远海养殖及系统装备研发尚处在起步阶段，产业化平台正在构建

丁永良先生于20世纪90年代末期开始跟踪国外养鱼工船研发进程，梳理总结技术特点，提出了深远海养殖平台构建全过程"完全养殖"、"自成体系"、"独立生产"，机械化、自动化、信息化"养殖三化"，以及"结合旅游"、"绿色食品"、"全年生产"、"后勤保障"等技术方向[7]。"十二五"期间，中国水产科学研究院渔业机械仪器研究所开展了大型养殖工船系统研究，形成了自主知识产权（发明

专利CN102939917A；CN102939918A，2012），并与有关企业联合启动了建造项目，所构建的养殖工船建立在10万t级船体平台上，设计有养殖水体7.5万m^3，以及苗种繁育车间、水产品加工冷冻车间、海上渔获物扒载系统、深层海水测温取水装置、电力驱动与动力系统等，可以形成年产4000t以上石斑鱼养殖能力，并具有50~100艘渔船渔获物初加工与物资补给能力。水产科学研究院组织相关单位提出了以大型养殖工船为核心平台的"养-捕-加"一体化深远海"深蓝渔业发展规划"，梳理了重点研发任务（2015年）。中国海洋大学联合相关研究机构和企业，围绕黄海冷水团资源开发，正在推进3000t级养殖工船建设。

（三）远海海岛能源供给体系逐渐形成，深远海养殖平台能源供给技术已有基础

1. 光伏和风电微电网

我国对新能源独立电网技术的研究相对起步较晚，但随着近些年一些海岛微电网的研究工作的大力开展，对新能源微电网技术的开发已经进入了实际探索阶段，成功应用到多个示范工程中。2012年2月25日，由中国国电集团、浙江省电力试验研究院、北京四方继保自动化股份有限公司合作完成的"东福山岛风光储柴海水淡化独立供电系统的研究与实施"项目，成功通过了由中国电机工程学会组织的科技成果鉴定。该微电网属于孤岛发电系统，工程配置100kWp（Wp为太阳能装置容量计算单位，通常用于太阳能电池板的标称功率）光伏、210kW风电、200kW柴油机和960kW·h铅酸交替蓄电池，总装机容量510kW，接入0.4kV电压等级。实现了以可再生清洁能源为主、柴油发电为辅的供电模式，为岛上居民提供生活用电，同时维持一套日处理50t的海水淡化系统。

2. 波浪能

在"十一五"国家科技支撑计划支持下，我国启动了两项波能发电示范实验工程，一项是100kW摆式波浪能电站关键技术研究与示范，另一项是100kW漂浮式波浪能电站关键技术研究与示范。此外，早在1987年我国就自主研制成功振荡水柱式波能发电航标灯装置，输出功率为10W。目前该装置已生产了700余台，并出口菲律宾、日本等国。

从技术角度来看，我国的波浪能开发利用技术与国外差距不大。

由于我国近岸波浪能能流密度相对较低，在现有技术条件下，要将其成本降低至目前风能发电的水平尚存在较大的难度。但是波浪能在解决边远海岛、深远海养殖平台等常规能源难以供应场所的供电问题方面，具有明显的优势。因此，我国发展波浪能技术，应在降低发电成本的同时，着力提高装置的发电稳定性、环境适应性与生存能力，有针对性地发展海岛波浪能、风能、光伏多能互补的独立发电系统。

（四）海水淡化技术达到国际先进水平，能满足深远海养殖作业所需淡水供给

我国海水淡化技术的研究起步较早，现已日趋成熟，为大规模应用打下了良好基础。在国内建成投产的海水淡化装置中，反渗透法和低温多效蒸馏法为主流。我国还自行研究和开发了连续微滤或超滤技术用于预处理中，海水淡化用膜压力容器已基本实现国产化，具备了海水淡化成套工程设计能力。

（五）海洋水产品物流关键技术有了突破，冷链物流基础设施初具规模

近年来，海洋水产品无水保活的理论和技术研究取得了重要进展，带水活鱼运输技术与装备不断改进，冷杀菌保鲜技术和冰温保鲜技术在水产品物流中不断应用。使活体产品远距离运输的成活率可以达到98%以上，保鲜水产品在流通过程腐烂变质的损失率下降到15%以下。

我国食品冷链的发展从20世纪80年代初起步，冷链物流基础设施建设发展较快。目前，全国已有冷藏库近2万座，冷库总容量880万t，其中冷却物冷藏量140万t，冻结物冷藏量740万t；机械冷藏列车约1900辆，机械冷藏汽车约20 000辆，冷藏船吨位约10万t，年集装箱生产能力约100万标准箱。初步形成了以生产性、分配性海洋水产品冷库、冷藏汽车、冷藏集装箱为主，加工基地船、渔业作业船为辅的冷藏链。

三、国外深远海养殖发展的现状与趋势

挪威政府推出的养殖海况为1~5个等级，等级1被认为对设施

的影响是低等级的，浪高小于0.5m；等级2的影响是适度的，浪高为0.5~1.0m；等级3是中等的，浪高为1.0~2.0m；等级4是高等级的，浪高2.0~3.0m；等级5是极端的，浪高在3.0m以上。针对养殖设施相对岸线的位置关系，将沿海养殖分为：①沿岸养殖（coastal farming），有庇护环境，浪高小于1m，距岸500m以内，水深10m以内，在岸上视线之内水域；②离岸养殖（off-coast farming），基本受到庇护，有弱潮流影响，浪高3~4m，距岸500~3000m之内，水深10~50m，通常在视线之内；③外海养殖（offshore farming），开放性海域，受海域性季风和涌浪的影响，浪高达5m，距岸3km以上，水深50m以上，在大陆架之上，为视力所不及，可设置在公海水域。在安全性上，以浪高3m为限，对登上设施的人员进行限制；推荐养殖环境流速在60cm/s以内，流速在60~100cm/s以上时，则生产操作、设施环境和养殖生物的福利都被认为会受到限制[8]。

（一）深远海养殖技术

欧盟委员会早在2002年就制订了有关离岸深水养殖的计划，目前已有包括挪威、爱尔兰、意大利、西班牙、希腊、葡萄牙和克罗地亚等10余个欧洲国家开展了离岸深水养殖，其中以挪威深水养殖大西洋鲑（三文鱼）最成功，主要养殖设施为大型深水网箱。

挪威在经历了从淡水陆基养殖到近海养殖发展阶段后，近海养殖的成功带来了向深海养殖的基本思路，积极探索和开发先进高效的深水养殖，30余年的系统研究与创新，基于深水养殖装备技术的成功开发，造就了"一条鱼"深水养殖产业，实现了单一品种（三文鱼）世界产量最大、全球贸易市场占有率最高、长盛不衰的局面。

美国深水养殖设施有菱形升降式网箱、张力腿网箱、高密度聚乙烯（HDPE）重力式网箱、球形网箱等，网箱最大养殖水体达11 000m³以上，养殖品种有大西洋鲑、军曹鱼等，平均单位水体产鱼18kg，饲料系数约1.2。根据不同海域海况条件可将多个网箱组合锚泊或者单个网箱锚泊，平均一个深水养殖场有20~30个网箱，产量超4500t。此外，美国还尝试将退役石油平台改造成深海养殖管理平台进行使用，取得了较好的养殖效益[9]。

智利自1982年从挪威引进三文鱼苗种养殖试验成功后，大力研究和推广网箱养殖三文鱼相关技术。智利三文鱼产量已占世界市场

份额的30%，成为继挪威之后的第二大三文鱼养殖出口国。

爱尔兰将离岸养殖写入国家发展规划，大力研究和发展离岸深水养殖相关技术，包括投喂传感系统、养殖设施、鱼类监测、养殖控制等技术。

(二) 深远海养殖平台和装备

1. 深远海养殖工船

(1) 养殖工船具有网箱设施不可比拟的优点，相关理念已被认可

利用大型船舶构建养殖平台，在深远海水域开展养殖生产，被认为集聚了陆基工厂化养殖集约化高效生产与深水网箱养殖充分利用海水资源的优点，避免了工厂化养殖水质维持的能量消耗与深水网箱易受恶劣海况侵袭的不足，可使养殖生产方式真正进入深远海水域，是名副其实的海上工业化养殖生产系统。深海优良的水质与适宜的水温，使养殖系统的生产效率大为提高，当养殖工船的规模经济效益足以克服远离陆基的生产保障成本，系统的经济性相当可观。早在20世纪八九十年代，发达国家就提出了发展大型养殖工船的理念，包括浮体平台、船载养殖车间、船舱养殖及半潜式网箱工船等多种形式，进行了积极的探索，为产业化发展储备了相当的技术基础。

(2) 养殖工船已有诸多实践，系统构建专业化水平不断提升

法国在布雷斯特北部的布列塔尼海岸与挪威合作建成了一艘长270m的养鱼工船，总排水量10万t。有7万m^3养鱼水体，用电脑控制养鱼，每天从20m深处换水150t，定员10人，年产鲑3000t，因此举而修改了国家养鱼设备的规定。挪威养殖技术公司设计的7000t级养鱼工船，分4个作业区，即孵化区、养殖区、饲料区与产品加工区，整个"工厂"可在海上移动。欧洲渔业委员会已经建造一艘半潜式恢复水产资源工船，船长189m、宽56m，有双甲板，中间是种鱼暂养池，甲板上为鱼的繁殖生长区，甲板下为幼鱼养殖池，在船的中前部，还设有成鱼暂养网箱。该船主甲板高47m，最小吃水10m，航行和系泊时吃水37m，航速8节，在全球金枪鱼渔场接运活捕金枪

鱼400t，转运至适宜地肥育，运往日本销售，年产量700~1200t。西班牙构建的养殖工船，设置7000m³控温水舱和6万m³网箱，前者开展幼鱼养殖，后者可养殖亲鱼200t。日本长崎蓝海号养鱼工船，船长110m，鱼舱4662m³，年产量100t。美国Seasteading研究所提出的移动式养殖平台（the restocking ship），采用电力推进，生产功能齐全。

（3）受养殖产业规模与发展条件影响，深远海工船养殖产业尚未形成

大型养殖工船在欧美等发达国家虽有诸多实践，但一直以来未见形成主体产业，生产规模有限，究其原因，主要是产业发展条件还不具备。首先是养殖鱼产品需求有限，在良好的管理措施下，海洋捕捞资源较为丰富，养殖产业规模较为稳定，缺乏大规模发展水产养殖的基本动力。其次是沿岸近海水域环境良好，养殖设施布局合理，并没有深受污染与病害的侵扰，许多沿海地区无台风等自然灾害的侵袭。最为根本的是，发展水产养殖的综合条件与第三世界国家相比，难以形成竞争力。这些因素可能导致了发达国家深远海养殖平台与大型养殖工船产业发展滞缓。

2. 网箱养殖工程装备

（1）网箱养殖设施安全性有保障，养殖平台具有相当规模

源自挪威的HDPE框架重力式网箱是世界上使用最为普遍的网箱形式，先进的技术及其设施的标准化程度更高，对应特定海域的海况和海底地质条件进行有针对性的设置，有效避免了恶劣海况及自然灾害的侵袭，不断向更深水域、开放性海域深入。挪威颁布的网箱养殖标准，对海洋牧场的设计、网箱设施的尺度、养殖品种及安装和操作要求做了较为详尽的规定。养殖网箱设施向大型化发展，如HDPE框架重力式网箱最大的养殖容量达到2万多m³，单箱养殖产量达250t；抗风浪能力普遍在5~10m以上，一些特定结构的潜式网箱，如碟形网箱、球形网箱等，抗流能力在1~3m/s以上，并且保持稳定的箱形；网箱设施成组设置，大大优化了锚绳结构，提高可规模化程度；形成了基于浮式平台、岛礁基站和退役钻井平台的海上养殖生产平台，如瑞典Fannocean公司养鱼平台，网箱容积有

2500m³、3500m³、4500m³、6000m³这4种规格，养殖产量150t；西班牙彼斯巴卡公司养鱼平台，排水量800t，管理7只2000m³的深水网箱，年产鱼250～400t；日本北海道一个养鱼平台控制5个6000m³养殖网箱，每年饲养大麻哈鱼80t，鳟160t。

（2）网箱养殖设施具有完备的自动化系统，信息化水平不断提高

网箱设施的大型化、规模化发展为网箱养殖生产的机械化、信息化乃至智能化创造了有利的条件。在现代工业科技的支撑下，发达国家网箱养殖自动化程度发展很快，生产效率显著提高，生产过程得到了有效管控。自动投喂系统是网箱养殖自动化技术的核心装备，设置于生产平台上，其功能主要包括：基于环境信息、生长模型的智能化投喂控制程序；基于仓储平台的机械化远程管道定量投送装备；基于养殖对象摄食行为的数字化监控系统等，可以对成组的网箱设施实施自动化远程管理。养殖工作船是另一种普遍使用的高效装备，其功能包括：饲料（饵料）投送、辅助作业（起、放网）等，可对远离基站的网箱设施进行有效管理。吸鱼泵与分级装备应用在网箱起鱼过程中，大大降低了操作者的劳动强度，提高了工效。网箱附着物清洗装置、网衣清洗机等设备，已成为必要的配套装备。

（3）面向深海开放性海域的大型网箱设施形式多样，技术水平领先

为提升养殖网箱适应更高海况的性能，推进养殖设施向更深水域发展，养殖网箱的结构形式不断发展，设施的抗风浪能力及其安全性不断提高。在风浪作用下的结构安全性，以及在水流作用下的箱形稳定性，是网箱设施性能提升的主要目标。从深水网箱发展来看，由浮绳式网箱到HDPE框架重力式网箱、金属框架式网箱，再到潜式的蝶形、球形、张力腿网箱等，针对更深水域、开放性海域网箱设施及其规模化生产平台构建的研发一直在持续，一些新材料、新技术甚至新理念持续涌现，如防附着、可回收铜合金网衣的使用，具有自行推进功能的大型网箱，以及与半潜式船体平台相结合的收放使网箱，等等，其技术创新与装备研发水平有很大的超前性。

(三）深远海养殖能源供给

近些年来，新能源技术取得长足进步，再加上可再生能源节能环保的意义及其与传统能源相比的独特优势，使得可再生能源在世界能源舞台上扮演着越来越重要的角色，世界各国也越来越重视新能源的发展。

1. 美国

由美国能源部（DOE）和加州能源委员会（CEC）共同资助并组建了有40多家高校、研究机构和企业参加的研究中心，从2003年开始正式开展与可再生能源和微电网技术相关的研究。因为美国在全世界范围内开始研究微电网时间较早，在世界微电网的研究和实践中处于领先地位，微电网示范工程超过200个，占到全球微电网数量的50%左右。美国微电网示范工程地域分布广泛、投资主体多元、结构组成多样、应用场景丰富，技术比较成熟。

美国电力可靠性技术解决方案学会（CERTS）对微电网的主要思想和关键技术问题进行了详细的介绍，并在微电网的结构、控制、保护及经济分析等关键技术领域进行了开创性研究工作。CERTS微电网的初步理论和方法已在美国电力公司Walnut微电网测试基地得到了成功验证。由美国北部电力系统承接的Mad River微电网是美国第一个微电网示范性工程，对验证微电网的建模与仿真方法、保护与控制策略及经济效益具有奠基性作用，并初步探讨制定了微电网的管理条例和法规，成为美国微电网工程的成功范例。另外，DOE制订了"Grid 2030"发展战略，即以微电网形式整合和利用微型分布式发电系统的阶段性计划，详细阐述了今后微电网的发展规划。

北美2015年微电网研究报告显示，2015~2020年，美国微电网投资累计将超过35亿美元。到2020年，美国微电网装机容量将达到2.8GW，较之2015年增长127%，微电网行业收入有望达到57亿美元。

2. 欧洲

欧洲重视可再生清洁能源的发展，是开展微电网研究和示范工程较早的地区，于1998年提出的欧盟第五框架计划中，可再生能源与分布式发电的结合逐渐得到重视，从第六框架计划开始，研究多微电网情况对大电网的影响，并在欧洲各地建立了一系列示范工程

项目。欧盟在第五、第六和第七框架下支持了一系列关于发展分布式发电和微电网技术的研究项目，组织众多高校和企业，针对分布式能源集成、微电网接入配电网的协调控制策略、经济调度措施、能量管理方案、继电保护技术，以及微电网对电网的影响等内容开展重点研究，目前已形成包含分布式发电和微电网控制、运行、保护、安全及通信等基本理论体系，相继建设了一批微电网示范工程。

3. 日本

日本拥有全球最多的海岛独立电网，发展集成可再生能源的海岛微电网，替代成本高昂、污染严重的内燃机发电是日本微电网发展的重要方向和特点。另外，日本地震、台风、海啸等自然灾害频发，提升电力供应在自然灾害下的可靠性是日本微电网发展的另一个重要方向和特点。特别是在经历大地震造成的福岛核电站泄漏事故之后，日本更加重视微电网的研究和建设，以提高其电力供应的抗灾害能力，并弥补核电关停造成的电力缺口。

日本已建立的独立微电网如仙台微电网，包括两台350kW磷酸燃料电池、50kW光伏阵列向12户居民供电，2kW光伏发电、32kW·h铅蓄电池向控制及监控通讯设备供电。位于青森县的微电网项目包括三台170kW的生物质燃气发电机组、100kW铅酸蓄电池、80kW光伏发电、20kW风力发电，装机总量710kW。

（四）深远海养殖作业所需淡水供给

与在陆地和海岛建立海水淡化设备不同，建立在海上平台的海水淡化设备要求结构紧凑，单位体积产水量大。目前，船用海水淡化设备主要采用蒸馏法和反渗透法，新建系统多采用反渗透法。蒸汽动力装置船舶主要装备蒸馏式海水淡化装置，内燃动力船舶以装备反渗透装置为主，蒸馏法需要消耗一定的热能，通常利用船上柴油机排放的废热，并且蒸馏法海水淡化技术投资也要高于膜法海水淡化技术，在没有废弃余热可利用的情况下，运行成本也要高于膜法海水淡化技术。对于深海养殖作业平台，柴油机并非实时运作，所以利用蒸馏法并不适合深远海养殖平台。随着反渗透海水淡化装置的生产、制造及安装技术越来越成熟，并且渗透膜的价格也有所下降，使得国内船用反渗透海水淡化装置数量已超过了蒸馏法海水淡化装置。

反渗透海水淡化技术是未来深远海操作平台海水淡化技术的主要选择，为了满足深远海平台操作需要，要求反渗透设备结构紧凑，效率高。而目前海水淡化技术的发展方向主要是大型化、工厂化，目的是提高设备的能源利用率，提高产水效率。但深远海平台操作空间有限，不适合发展大型海水淡化设备，小型高效的反渗透海水淡化技术是未来深远海平台海水淡化技术的发展方向。同时，应该向智能化、模块化、标准化方向发展，满足设备操作维护简单，维修方便。

（五）深远海养殖产品物流链条

目前，先进国家的海洋水产品物流交易系统和监测技术已经从人工管理发展到智能化技术，监测指标已经从单一温度监测发展到多元参数监测，建模方法已经从简单信息分析走向综合系统建模。在产品流通体系建设方面，积极采用良好农业规范（GAP）等先进的管理规范，通过先进、快速的有害物质分析检测技术和原产地加工等手段，从源头上保证冷链物流的质量与安全。在贮藏技术装备方面，积极采用自动化冷库技术，包括贮藏技术自动化、高密度动力存储（HDDS）电子数据交换及库房管理系统应用，其贮藏保鲜期比普通冷藏延长1~2倍。在运输技术与装备方面，先后由公路、铁路和水路冷藏运输发展到冷藏集装箱多式联运，节能和环保是运输技术与装备发展的主要方向。在信息技术方面，通过信息技术建立电子虚拟的海洋水产品冷链物流供应链管理系统，对各种货物进行跟踪，对冷藏车的使用进行动态监控，同时将各地需求信息和连锁经营网络联结起来，确保物流信息快速可靠的传递，通过强大的质量控制信息网络将质量控制环节扩大到流通和追溯领域。

海洋水产品物流装备的标准集成和智能化。为了提高水产品物流的便捷性，当前世界各国都在采用先进的物流技术，开发新的运输和装卸机械，大力改进运输方式，如应用现代化物流手段和方式，发展集装箱运输、托盘技术等，实现高度的物流集成化和便利化，进而诱发新的研究开发投资，形成良性循环。总之，融合了信息技术与交通运输现代化手段的国际物流，对世界经济将继续产生积极的影响。

海洋水产品物流系统的专业化和协同化。在市场需求瞬息万变

和竞争环境日益激烈的情况下,物流在企业和整个系统必须具有更快的响应速度和协同配合的能力,全面跟踪和监控需求的过程,及时、准确、优质地将产品和服务递交到客户手中。因此,专门从事水产品物流服务活动的"第三方物流"将是未来海洋水产品物流的重要方向[10]。例如,在美国专门从事农产品冷链物流业的专业从业人员储备充足,在20世纪80年代末,专门从事农产品物流行业的人员数量已达到全部从事农业生产人员数量的4.2倍[11]。同时,发达国家都建立了专门的农产品物流组织,如农业协会、农业合作社、行业协会等,实现了物流系统的协同化[12]。

四、我国深远海养殖存在的主要问题与原因分析

(一)近岸海水养殖技术比较成熟,深远海养殖技术还缺乏实战经验

深远海海水养殖物种的选择必须同时考虑其生物学特性和经济学特性。与近海养殖相比,深远海海水养殖在水文水质条件、水中生物和气候等方面具有特殊性,要求养殖动物具有相应的适应性。同时,深远海养殖是一种高投入和高风险的养殖,这要求养殖种类具有较高的经济价值和加工后较高的经济附加值,以保证养殖的效益。世界上海水养殖最成功的鱼类产业当属挪威的大西洋鲑(三文鱼)养殖,其产量已近200万t(而2015年我国十余种海水鱼类养殖总产量也仅131万t),并利用现代物联网技术,实现了三文鱼的精细养殖,降低了养殖成本、保障了产品品质。据统计,我国2014年仅从挪威和智利进口鲜、冷、冻大西洋鲑就达2.5万t,价值1.96亿美元。可见,我国存在巨大的优质海水养殖鱼产品缺口。我国的海域从北到南,由渤海、黄海、东海到南海,在水温、水文水质条件、气候变化等方面均存在较大差异,这决定着我国海水鱼类的养殖存在着多样性。我国现有的主要海水养殖鱼类包括大菱鲆、牙鲆等冷水性鱼类,大黄鱼、鲈、石斑鱼、卵形鲳鲹和军曹鱼等温水性鱼类,虽然已经有较长的养殖历史和比较成熟的养殖技术,但是否适合在深远海养殖,养殖技术如何适应深远海的特点,相关的遗传育种、饲料营养与投饲、疾病诊断与防治、养成品的保活保鲜与加工等技术能否满足要求,还需要在不断地探索中去解答。

（二）深远海养殖平台建设刚刚起步，落后发达国家几十年

美国最早开始探索深远海海水养殖，至今已有几十年的研究历史。目前，已经有20余个国家和地区通过试验、研究和风险投资积极参与深远海养殖。挪威、日本等国建立起了较为完备的体系。世界渔业发达国家发展深远海养殖工程装备的主要途径是深水巨型养殖网箱和浮式养殖平台。在现代工业科技的支撑下，发达国家网箱养殖自动化程度发展很快，生产效率显著提高，生产过程得到了有效管控，信息化水平不断提高。面向深海开放性海域的大型网箱设施形式多样，技术水平远远领先。欧洲地区正在实施"深远海大型网箱养殖平台"工程项目，利用可整合海水大型网箱技术、海上风力发电技术、远程控制与监测技术及优质苗种培育技术、高效环保饲料与投喂技术、健康管理技术等配套技术，形成综合性的工程技术体系，这是人类开发和利用海洋资源的新尝试。此外，法国在布雷斯特北部的布列塔尼海岸与挪威合作建成了一艘长270m，总排水量10万t的养鱼工船。据Seafood Source的2015年12月11日报道，挪威NSK船舶设计公司正在建设大型深海养殖工船，NSK共设计了三艘船，长度430m、宽度54m，一艘养殖工船可以容纳1万t三文鱼成鱼或者超过200万条幼鱼，还可以降到海平面以下10m。养殖工船为钢架结构，每艘船上可以安装6个50m×50m的养殖网箱，网箱深度可达60m。西班牙彼斯巴卡公司设计的养鱼平台，能经受9m海浪，管理7只2000m³的深水网箱，年产鱼250～400t。

相比较而言，我国的深远海养殖起步较晚，且在各方面同挪威等国家还存在较大差距。2014年，我国启动了首个深远海大型养殖平台建设，该平台由10万t级阿芙拉型油船改装而成，型长243.8m，型宽42m，型深21.4m，吃水14.8m，能够提供养殖水体近8万m³。该养殖平台主要包括整船平台、养殖系统、物流加工系统和管理控制系统，能满足3000m水深以内的海上养殖，并具备12级台风下安全生产、移动躲避超强台风等优越功能。首个深远海大型养殖平台是以海洋工程装备、工业化养殖、海洋生物资源开发与加工应用技术为基础，通过系统集成与模式创新，形成集海上规模化养殖、名优苗种规模化繁育、渔获物扒载与物资补给、水产品分类贮藏等于一体的大型渔业生产综合平台。该养殖系统由14个养殖仓构成，设

有变水层测温取水装置、饵料集中投喂系统。同时，物流加工系统具备远海捕获渔船的物流补给、渔获物海上收鲜与初加工功能。管理系统可实现对养殖系统的机械化、自动化控制，以及物流、捕获等整个生产系统的信息化管理。

（三）深远海养殖新能源供给理论可行，但支撑体系尚未建立

深远海海水养殖所需的自动投饲、日常管理和维护，以及工作人员生活所需的基本能源保障，都需要稳定和持续的能源供给。然而，深远海养殖空间远离大陆架，从内陆铺设海底电缆或使用柴油发电机均不能解决能源供应短缺的问题。太阳能和风能是深远海海水养殖可持续利用的能源，以两者为基础的微电网的建成和使用可确保深远海海水养殖安全能源供给。然而，由于深远海养殖空间的空气湿度较大、含盐量高，并且长时间处于高温高湿环境，对安装的发电部件、桨叶、固定支撑部件的威胁很大。当新能源微电网在深远海养殖空间应用时，如光伏、风电和波浪能等新能源的间歇性会导致电力输出的不稳定，因此，微电网中必须带有储能器件，并配备适量规模的柴油发电机，通过建立良好的能量管理系统，以保证能源供给的稳定性。

（四）深远海养殖人员生活保障系统还需完善，缺乏淡水和新鲜蔬菜

深远海海水养殖由于远离大陆架，养殖基地人员的基本生活保障也是发展大规模深远海海水养殖所必须解决的问题之一。必要的淡水和新鲜蔬菜供给是养殖人员长期生活的基本保障。淡水船运的长距离运输容易导致淡水污染，铺设海底管道使得淡水供给成本较高，因此有必要利用海上能源进行海水淡化。随着反渗透海水淡化装置的生产、制造及安装技术越来越成熟，并且渗透膜的价格也有所下降，使得国内船用反渗透海水淡化装置数量已超过了蒸馏法海水淡化装置[9]。但是传统淡化系统占地面积大，深远海养殖基地空间有限，需要更加紧凑型的海水淡化设备。新鲜蔬菜是养殖人员营养的必要来源，船运补给受到时间和天气影响较大，宜采取因地制宜的方法来满足养殖人员的蔬菜供给，利用较小的空间进行水培蔬菜种植，不仅可以满足蔬菜供给，还可以绿化环境。

（五）深远海养殖产品冷链物流技术落后，缺乏由海到陆到餐桌的无缝连接

养殖产品向港口或陆地的运输，以及通往市场的物流是深远海海水养殖体系中的重要一环。海洋水产品具有高易腐性的特点，对流通温度和流通时间的要求较高，因此海洋水产品加工流通需要全程冷链的支持。然而，我国海产品冷链物流发展仍处于起步阶段，海洋水产品冷链物流标准体系不健全，规范冷链物流各环节市场主体行为的法律法规体系尚未建立。冷链物流各环节的设施、设备、温度控制和操作规范等方面缺少统一标准，信息资源难以实现有效衔接。冷链物流设备老化，自动化程度较低。集生产、加工、流通和消费为一体的网络平台尚处于培育期，增值服务水平较低。海洋水产品冷链物流技术缺乏，包括流通冷链装备技术、流通保鲜保活技术、流通网络信息技术、物流体系增值服务技术、物流保障技术、绿色包装技术、食品安全检测技术、污染物降解技术、信息标识与溯源技术等核心技术。

总的来说，我国深远海养殖能力还很弱，几乎只有深海捕捞，更没有成型的深远海规模养殖平台。差距集中在工程设施、配套设施、网箱养殖和海洋牧场构建技术等。同时，将深远海海水养殖作为体系，将其中各要素（物种、技术、设施、装备、平台、能源和物流等）在该体系中的衔接和联动作为整体的研究和实践还相当欠缺。然而，我国在近海海水养殖设施装备、养殖技术、能源供给、物流和加工等方面都已经有了较好的研究和技术储备，已经具备深远海海水养殖研究和应用的必备条件，没有不可跨越的技术和装备障碍。但同时，除了装备、工程与技术外，深远海海水养殖如何与远洋捕捞配合互补，深远海海水养殖可能涉及的相关国际法律，以及深远海海水养殖如何与国际水产品贸易衔接等问题也需要综合研究。

我国已经在南海海域启动构建首个深远海大型养殖平台，同时在黄海海域积极筹建黄海冷水团鱼类养殖，这为我国海水养殖新空间的探索迈出了坚实的第一步。

五、我国深远海养殖发展战略与关键技术

我国必须制定和实施深远海规模化养殖的国家战略，突破深海

巨型网箱设施结构工程技术、养殖工船综合平台技术，集成工程化和信息化鱼类养殖技术，深远海养殖的能源供给网络，以及人工生态礁及其他配套装备，在30m以深海域形成技术装备先进、养殖产品健康和高经济附加值、环境友好的现代化规模养殖平台，将养殖区域拓展到深远海。同时，以深远海可移动式养鱼工船、养殖基站和养殖平台等作为载体，在我国管辖海域宣示国家主权。

（一）战略目标

深远海海水养殖是在远离大陆的深远海水域，依托养殖工船或大型浮式养殖平台等核心装备，并配套深海网箱设施、捕捞渔船、能源供给网络、物流补给船和陆基保障设施所构成，是集工业化绿色养殖、渔获物搭载与物资补给、水产品海上加工与物流、基地化保障、数字化管理于一体的渔业综合生产系统，构建形成的"养-捕-加"相结合、"海-岛-陆"相连接的全产业链渔业生产新模式。

以南海深远海海水养殖平台建设和黄海冷水团养殖开发为重点，开展大型专业化养殖平台研发，突破关键技术与重大装备研发，全面构建"养-捕-加"相结合、"海-岛-陆"相连接的全产业链深远海海水养殖体系，引入多方资本，建立企业平台，形成全产业链生产模式。用10~20年时间，建成一批深远海大型养殖平台，形成海上工业化养殖生产群，成为新海上丝绸之路上的一颗颗璀璨的明珠。

（二）战略任务

1. 开展深远海养殖适宜品种繁养关键技术研究，构建优质高效养殖技术体系

针对深远海养殖品种高值、高效养殖要求，结合深远海区域性水文条件，运用水产养殖学基本原理及其养殖对象生态、生理学特征，从虹鳟、硬头鳟、大西洋鲑、裸盖鱼、石斑鱼、大黄鱼等海水养殖鱼类中筛选出适合深远海海水养殖的种类，突破优质品种工业化人工繁养技术和营养与配合饲料加工技术，创建主要养殖品种船载舱养环境控制技术、深海巨型网箱综合养殖技术，研究集成开发远距离自动投饵、水下视频监控、数字控制装备、轻型可移动捕捞装备、水下清除装备、轻型网具置换辅助装备，构建基于生长模型的工业

化养殖工艺与生产规程，建立名优品种深远海养殖技术体系。

2. 构建以深远海养殖平台为核心的新型海洋渔业生产模式

针对深远海海况条件及养殖平台构建基本要求，开展工船平台和网箱设施水动力学特性研究，研发专业化舱养工船、半潜式开舱养殖工船等基础船型，以及拖弋式大型网箱、半潜式大型网箱设施等模型，并突破锚泊与定位控制技术、电力推进与驱动控制技术，构建自动化投喂与作业管理装备技术体系。同时，开发海洋石油平台海水养殖功能性拓展和转移综合利用技术。拓展海洋石油平台的功能，嫁接现代化的深海养殖设施和装备，综合利用现役海洋石油平台。改造去功能化的海洋石油平台，构建去功能化的老旧海洋石油平台功能移植深海养殖模式，建立深远海养殖基站。并可根据海区捕捞生产需要，建立海上渔获物流通与粗加工平台。以游弋式大型养殖工船平台为核心，固定式大型网箱设施为拓展，岛、陆生产基地为配套，结合远海捕捞渔船、综合加工船、海上物流运输船，形成渔业航母船队，建立深远海渔业生产模式，并开展产业化生产示范。

3. 研究和构建深远海养殖能源保障系统

深远海海水养殖能源供给应是以可再生能源为主、柴油为补充能源的综合系统，其中可再生能源部分以光伏发电和风力发电为主，配以光热综合利用和波浪能利用等。发电系统可以是单独的光伏、风电系统，也可以是风光互补、风柴互补、风光柴发电系统。其关键技术包括光伏系统的防腐蚀技术，抗风系统的设计，光伏系统材料，储能电池的可靠性评估，海岛环境和能源数据监测、采集与分析，光伏系统发电量评估，储能系统的防腐蚀技术、运营维护的操作手册编制；发电量与能耗分析；海岛安装光伏系统的各类技术标准、安装规范的制定等。

4. 建设海洋水产品智能化物流系统网络平台

深远海海水养殖产业链中需要高效的水产品物流体系，达到减少流通环节、降低流通成本、提高流通速度、保障海洋水产品质量和食用安全的需要。重点突破海洋水产品物流网络信息采集、传输关键技术，海洋水产品物流系统自动化关键技术，开发适用于海洋

水产品物流动态品质监测的系统，用于采集海洋水产品物流过程产品品质的特征动态数据，建立动态监测过程中海洋水产品品质评判指标标准体系，实现海洋水产品品质、标识、地理位置的实时监控与跟踪的标准化模式，建立相应的溯源技术标准，制定相应的技术规程，实现消费终端和溯源共享平台。

5. 构建新型海水淡化系统和水培蔬菜种植平台

深远海海水养殖的淡水供给以非并网集约化膜法海水淡化、发电一体化技术为主，海水淡化装置和发电机全部装在风机塔筒内，几乎不占用地方。利用风、光、柴、蓄综合电力系统协同供电实现海水淡化能量供给，不仅保障发电系统安全，还可以保障养殖平台淡水供给。主要技术包括新型海水淡化、风电集约化、一体化系统研发。新型海水淡化系统不仅供水、供电，还可以利用较小空间进行零排放水培蔬菜立体种植，每平方米年产77.5kg新鲜蔬菜（生菜等绿叶菜），根据养殖基地的实际空间和养殖人员的营养需求，做好水培系统的搭建和蔬菜品种的选择工作。

（三）关键技术

1. 健康高效深远海养殖技术

先进的海水养殖技术由以下几方面组成。第一，标准化的种质和育种技术，这是养殖成功的关键。第二，节水环保型的养殖用水处理。养殖的残饵、粪便及代谢产物等直接排放到养殖环境中，会对海洋造成污染。节水环保型的养殖用水处理技术是进行健康可持续发展水产养殖专业的保障[13,14]。第三，无污染、营养均衡的环保饲料的开发，使养殖对象能够吸收尽量多的营养物质，减少资源的浪费和对环境的污染。第四，养殖过程中的病害防治工作非常重要，应达到无病害和绿色用药的健康养殖，培养出健康安全的产品。第五，专业化的养殖技术人员是整个养殖过程中的灵魂[14]。

（1）养殖品种

国外深远海养殖成功的鱼类有大西洋鲑、军曹鱼、金枪鱼等品种。我国深水网箱养殖的鱼类主要有大黄鱼、美国红鱼、军曹鱼、卵形鲳鲹及鲷科鱼类和鲆鲽类等。从长远发展来看，深远海养殖的品种应当首选经济价值高、适合深远海养殖环境的养殖品种，如大西洋鲑、金枪鱼、军曹鱼、大黄鱼等品种。

（2）饲料及其投喂

由于受到传统网箱养殖模式的影响，深水网箱养殖鱼类的饲料配比和加工工艺还不十分成熟，不少地方还在使用新鲜鱼饵料或鱼糜饵料。鲜杂鱼饵料一般能满足营养需要，但破坏了海洋资源，污染水质，且饵料系数高。如果长期投喂新鲜鱼饵料，还容易导致鱼类病害的发生（营养性疾病和传染性疾病）。目前，大西洋鲑的养殖过程中全价颗粒饲料的应用开发技术已经成熟，金枪鱼的深远海养殖中软颗粒饲料的研发与应用也取得了不错的进展。国外一些大的养殖公司的投饵装备突破了远程自动控制精准投饵技术，通过分配器可以同时实现对40个箱的远程投喂，投喂时间和投饵量都采用电脑控制。此外，船载式投饵机也已问世，当配有投饵机的工作船靠近网箱时，根据网箱的信息反馈就可以自动识别并进行投料工作，方便、灵活是船载式投饵机最大的优势[13]。

（3）病害防治

病害和寄生虫是困扰海水养殖的一个重要方面。在深远海养殖系统中，传染病和寄生虫害在相对高密度的养殖系统中的发生概率较高，且相互传染蔓延的速度会较快，一旦发病，传统的抗生素、杀虫剂和化学药品在深海水养殖系统中的使用效果相对不理想，并且会对养殖系统的外部野生鱼类和环境产生不利影响[15]。借鉴挪威三文鱼养殖的经验，研发相应的鱼类疫苗，可以减少抗生素的使用，并且减少对系统外部鱼类和环境的影响[16]，是未来深海水养殖中病害防治方面的发展方向。

（4）智能化养殖

依托信息技术，世界上深远海养殖已朝智能化管理方向迈进，智能化管理集成了计算机技术、机电一体化控制技术、生物技术和养殖技术等。建立了以养殖对象为主体的数学模型和专家决策系统，为养殖智能化管理提供了重要依据和参数，主要养殖品种实现了精准养殖。物联网技术在智能化养殖管理过程中得到充分体现，建立了实时养殖管理系统，利用海上类型多样传感器、摄像设备获得的养殖生物、养殖环境、养殖设施等数据信息，通过有线或无线接入

方式，与养殖管理软件对接，通过数据分析、统计、优化后进行养殖下一步操作，养殖的科学性和精准度得到大幅度提高[17]。

2. 专业化工船平台构建技术

针对船舱承载海水进行集约化养殖的基本要求，运用船舶稳性与船体水动力学原理，突破船体安全性与破舱稳性、深水锚泊、船舱自由液面效应、鱼舱开闭与空间延伸、深层测温取水、鱼舱流场与集污等关键技术，通过集成船载工况水质自动化监控、饵料精准投喂、苗种规模化繁育等专业技术，结合海上物流扒载、水产品初加工等功能，形成整体平台构建技术，为专业化工船平台设计奠定技术基础。

3. 大型深海养殖网箱设施构建技术

针对离岸养殖设施特定海况与安全养殖要求，运用水动力学原理，突破潜式、拖弋式大型网箱设施构建技术，研发自动化投喂、机械化作业高效装备技术，为深海大型养殖网箱类型化、系列化结构设计与系统构建奠定技术基础。

4. 光伏发电技术

光伏发电系统是深远海渔业能源供给的首选技术，以光、柴、储独立发电系统的关键技术为例，光柴储系统包括光伏发电系统、锂电池储能系统、柴油系统及相关的控制系统，其关键技术包括光伏系统的防腐蚀技术，抗风系统的设计，光伏系统材料、储能电池的可靠性评估，海岛环境和能源数据监测、采集与分析，光伏系统发电量评估，储能系统的防腐蚀技术、运营维护的操作手册编制，发电量与能耗分析，以及海岛安装光伏系统的各类技术标准、安装规范的制定等。

5. 海水淡化技术

在反渗透膜生产技术方面国内快速发展，取得了巨大进步，目前在膜组技术方面国内已经达到世界领先水平。反渗透（RO）膜过滤是反渗透技术中最耗电的部分，进一步加大反渗透膜研发力度，降低反渗透技术能耗是反渗透海水淡化技术进一步发展的保证。应加大高压泵、能量回收器的研发力度，形成自主技术和批量生产水平，进一步降低海水淡化技术成本。

6. 养殖水产品营养保持加工技术

养殖水产品营养保持加工技术包括水产品养殖过程中水产品品质形成机理及其调控机制，加工、流通过程中品质变化机制及品质控制技术，冷杀菌、低温熟化、快速腌制、冷冻干燥、冷冻浓缩、微波杀菌等水产品适度加工技术，船上快速前处理技术及装备开发，方便食品、中间素材食品等超市冷藏型产品开发及产品研制，水产品活性物质的结构、生物活性及作用机制研究，以及量效、构效和组效关系明确的海洋健康食品研制，海洋水产品加工副产物功能性成分的高效制备、生物转化及活性稳态化等关键技术开发等。

7. 养殖水产品的保活运输技术

包括养殖水产品保活运输过程品质下降机理及调控机制，养殖水产品的化学麻醉法保活运输技术，养殖水产品的生态冰温法保活运输技术，保活运输过程中运输环境适时检测及调控技术，大宗养殖水产品低成本高效保活运输装备开发，适于电商流通的小型保活运输装备开发等。

8. 生鲜水产品（及其加工食品）的全程冷链物流技术

包括生鲜水产品在不同贮藏温度下的品质变化及品质控制技术，生鲜水产品的快速冷却与冷冻技术，具有保鲜效果的生鲜水产品的包装材料开发，水产品贮运及流通过程中品质的智能化检测技术及装备开发，冷链物流过程中产品温湿度的远程监控技术，适于冷链物流最后1km的蓄冷式生鲜品保温盒开发技术等。

六、我国深远海养殖发展的保障措施与政策建议

（一）加强组织领导，做好顶层设计，合理规划中长期产业布局

根据国家海洋战略部署，按照南海等深远海海域可持续开发规划，按照先易后难、典型示范、分步推进的原则，结合国民经济发展、维护海洋权益等方面情况，做好顶层设计。可以分别在黄海、南海设立试验点，结合区域自然条件、水文特点、主养品种及捕捞生产

状况，具体布局深远海养殖和物流平台及其船队的产业规模、海域布局和陆上基地配置，确定深远海海水养殖发展的技术路线图。

（二）加大研发投入，鼓励融资创新，构建多元化的产业化应用模式

设立科技专项，组织科研优势单位，开展深远海海水养殖基础共性技术和关键技术的研发。发挥财政资金引导作用，设立中央与地方相结合的专项补贴资金，以中央财政资金为主，鼓励行业内外的企业整合优势资源参与深远海大型养殖平台的产业化。鼓励银行创新金融产品，为构建深远海海水养殖平台提供优惠贷款。鼓励并广泛吸纳企业资金、民间资本等社会资本参与，形成多元化的投资格局。

（三）加强政策引导，以点带面分步实施，促进深远海养殖发展

出台鼓励政策，以深远海海水养殖平台研发应用示范为目标，组织企业多方参与。通过示范带动和产业政策引导，按照规划布局，形成多个深远海渔业生产船队，建立完善的生产体系，推进我国现代渔业生产方式转型升级。

七、重大科技研发专项建议

（一）深远海渔业生产新模式平台技术研发与应用

1. 重要意义

（1）我国水产养殖产业结构调整需要深远海养殖新空间

水产养殖是我国水产品保障供给的主要生产方式，受大陆水域环境影响及自身生产方式粗放的制约，我国水产养殖在品质安全、养殖排放等方面的问题愈见突出。在社会生态文明建设与经济发展的要求下，养殖空间正在受到限制。发展离岸养殖，开发广阔、优良的深远海水域，结合远海捕捞，形成深远海渔业新产业，是产业

结构调整的有效途径。

（2）发展深远海渔业需要构建覆盖全产业链的新型生产模式

远海水域生产条件特殊，需要以规模化、工业化生产为前提，构建全面的生产体系，组成包括养殖、繁育、加工、物流、陆基配套等功能相链接的综合生产平台。发展大型养殖工船，作为综合生产平台的核心，构成定点生产、移动布局的生产方式，可以形成集优质水产品规模化养殖、远海渔船补给、渔获物海上加工冷藏及物流运输为一体的新型生产模式。

（3）发展深远海渔业生产平台，可以成为国家海洋战略的有效推进方式

通过突破深远海渔业生产平台构建关键技术，形成规模化、可持续、优质水产品海上生产能力，进行区域性布局，可以构成"蓝色粮仓"新产业，促进海洋经济发展，有助于实施"一带一路"国家战略。以其"游弋性"，还可机动布局于边远海疆，"屯渔戍边"，维护国家海洋权益。

2. 研究基础

深远海渔业生产平台构建的关键技术，主要在于专业化的工船船体研发与工业化渔业生产技术在船体平台的集成构建。

在专业化工船研究方面，自20世纪90年代后期开始跟踪国外研究进展，梳理技术特点，提出功能建设重点；"十二五"期间开展了系统功能设计，形成了自主知识产权，建立了产业化推进计划。我国是世界船舶建造大国，其科技基础可以为工船平台研发建设提供可靠支持。

在工业化渔业技术集成方面，我国工厂化养殖、大型网箱设施、水产装备的机械化、自动化、智能化技术已有不同程度的发展，形成了主要生产品种集约化养殖、高值化加工技术与工艺，"十二五"期间，在循环水养殖、网箱设施及集中投喂、鱼类分级加工等技术领域，形成了一批先进的技术成果，为相关技术的船载集成奠定了技术基础。

发展深远海养殖一直是发达国家的战略目标。英国提出基于退

役钻井平台的深远海养殖计划；挪威正在研发大型鲑鱼繁殖工船；西班牙提出专业化半潜式金枪鱼养殖工船设计方案；荷兰形成了大型海上繁殖工船设计概念；还有法国建造了10万t级养殖工船。

围绕养殖工船及深远海养殖平台的研发，我国的相关科研单位及企业正在联合开展研发与产业化布局，形成了南海深远海大型养殖工船及渔业生产平台建设计划，正在推进旧船改造式产业化方案，相关工作可以成为本项目的实施基础。

3. 总体目标与重点任务

（1）总体目标

针对深远海养殖发展要求，立足于我国渔业工业化技术水平及船舶装备科技基础，确立深远海渔业生产模式及产业发展目标，围绕规模化养殖、繁育、加工及渔船补给、物流等功能，进行全产业链设计；针对生产平台构建关键技术，进行关键问题基础性研究，关键装备创新性研发，关键技术适用性集成及系统技术产业化应用；前期突破专业化工船平台构建技术瓶颈，集成构建生产模式集成示范平台，后期开展专业化工船研发，推进深远海渔业产业带建设；以此形成专业化研发团队与生产、制造企业群，为深远海渔业的长远发展奠定产业基础。

（2）重点任务

按照"十三五"前期突破专业化工船平台构建技术瓶颈，集成构建生产模式集成示范平台，以及"十四五"后期开展专业化工船研发，推进深远海渔业产业带建设的发展目标，对于平台构建关键技术，按照应用基础研究、技术创新、重大装备研发、关键技术研究、集成示范等环节，构建重点研发任务。

在应用基础研究领域，开展平台水动力学特性研究，创建专业化工船设计模型，构建水动力学分析模型，建立潜式、半潜式、拖弋式网箱设计模型；开展舱养环境鱼类生理响应与适应机理研究，构建安全阈值模型，建立船载舱养殖鱼类应激综合消减技术理论；开展深远海重要经济鱼类（船载）种质资源库构建研究，建立深远海经济种类的种质资源船载保育库。

在重大装备研发领域，开展生产平台结构研发，构建总体技术方案，优化平台结构，形成总体设计；开展新能源利用及全船动力系统研发，构建基于多能互补的最优船载动力系统；开展舱养系统构建与机械化装备研发，研发变水层测温取水技术装备、进水推流和鱼舱排污结构、生产系统机械化装备、管理机器人平台和舱壁清洁装备及整船集中管控系统；开展网箱养殖设施研发与礁基平台构建，研发浮式网箱结构安全技术和拖弋式、悬挂式及锚泊式新型网箱装备与自动化技术装备；开展船载加工关键装备研发，构建鱼类船上机械化加工系统装备；开展高海况"船-船"物流装备研发，研发海上"船-船"转运装置、船载活鱼输送装备，优化集成平台扒载系统。

在关键技术研究领域，开展适养鱼类舱养技术研究，建立船载舱鱼类养殖技术规范，构建极端气候条件下船载舱鱼类高效生命保障系统；开展船载平台鱼类种苗规模化繁育技术研究，建立平台苗种规模化繁育体系和技术规范；开展船载平台生物饵料培养技术与专用高效配合饲料开发，建立规模化培养和投饲技术体系；开展渔获物船载加工工艺与冷链技术研究，建立高效低耗的船载保鲜加工工艺规范，集成构建基于物品识别、品质调控和远程信息监控海上物联网系统；开展平台排水处理与附着物防控技术研究，建立舱壁涂层及维护规程，研发生态化废水处理和资源化利用技术。

在集成示范领域，开展工船平台集成与示范，建立产业化平台，构建深远海规模化养殖技术模式；开展工船平台-网箱养殖系统构建与示范，构建以养殖工船为依托、以高效健康养殖技术为核心、以大型网箱设施为载体、以专业化配套装备为支撑的先进深远海养殖系统及产业技术模式；开展工船平台-网箱养殖应用与示范，建立区域性养殖生产技术规程；开展陆海对接暂养、加工、物流平台研究与示范，集成冷链物流供应链系统信息系统化系统，构建活鱼、渔获物冷链物流物联网系统，形成一体化冷链物流体系；开展平台综合运行信息系统研发与产业经济研究，集成构建"捕捞渔船-养殖工船-物流渔船-陆上基地"的一体化管理综合平台。

4. 预期成果形式

构建工船平台动力学模型，建立三种以上专业化养殖工船设计模型，建立设计规范；提出主要品种船载舱养环境控制参数，建立健康高效深远海海水养殖技术体系（育种、饲料营养与投喂、病害

综合防治）；攻克50项平台关键技术，构建10万t级工船关键技术集成示范平台，构建养殖、加工、物流、补给四位一体新型生产模式；研发3~5种开放海域新型抗风浪大型网箱及生产平台，建立示范平台；研发三种专业化养殖工船，在南海、东海、黄海等海区，建立3~5种深远海养殖典型平台模式，推进形成100万t以上深远海渔业产业规模；培养一批深远海渔业产业科技中青年学科带头人和创新团队；形成基础科研、共性技术和大数据信息共享平台。

（二）深远海养殖能源供给网络技术构建与示范

通过建立能源供给专项项目，研究深远海养殖空间独立电源或者微电网的供电质量和利用效率，实现远海发电可靠性、稳定性、远程控制等多方面技术的全面提升；通过海水淡化、生化热水、生活垃圾处理等项目的实施可满足深远海养殖空间生活设施的能源需求，最终探索深远海养殖空间能量供给的可行性和经济模式等一系列问题。示范项目不仅满足深远海养殖空间长期稳定的用电需求，更可减少化石资源的消耗量和环境污染物排放；专项项目的实施还针对适宜深远海养殖空间可再生能源发展的新技术、新政策及新标准进行探讨，未来可用于制定海岛能源供给的标准和发展模式，为今后海岛能源的设计、建设、运行和维护积累经验，经济效益和社会效益均十分显著，为下一步我国全面开发深远海养殖提供能源供给基础数据。

可供10~20人使用的小型海上可再生能源供给示范工程如下。

（1）100kW光柴储电站

100kW独立光伏发电系统，配有30kW锂电池储能系统和10kW备用柴油发电机，每天发电约400kW·h。其中人均生活用电约2kW·h，共用电约40kW·h；人均淡水用量0.2t/天，海水淡化产能4t/天，海水淡化消耗电能5kW·h/天，共用电20kW·h；剩余电能可以用来满足深远海养殖加工等设备供电，以及交通工具充电。由于人们用电主要集中在白天，基本与光伏组件出力相符，能够完全满足当地人的生产生活需要。白天多余的电力储存在锂离子电池里，在夜晚光伏组件停止以后供给人们使用。

（2）100kW风、光、柴、储电站

建议开展可供10~20人使用的小型"风光柴储"海上可再生能

源供给示范工程。由于深远海地区缺少大型安装器械,风力发电可以采用微风启动、轻风发电的小型风力发电系统,每台5kW,共6台,30kW,光伏系统可以布置70kW,并配有30kW锂电池储能系统和10kW备用柴油发电机。

与单纯的光伏电站相比,"风光"系统能够在夜晚提供一定的电力,避免夜晚用电量过多蓄电池电力不足造成的停电。

(三)匹配深远海养殖的食品加工技术和物流网络平台构建

发展深远海海水养殖,构建与之相匹配的海洋食品加工技术体系和基于物联网的水产品全产业链质量安全保障体系,对保障安全优质水产品有效供应、推动海洋水产业转型升级具有重要的意义。

一方面,重点解决海洋水产品初加工、贮藏与装卸、流通加工、产品包装、货物配送、信息服务和冷链成本控制等薄弱环节中的核心技术,形成高效、安全的海洋水产品物流体系。重点研发内容包括:①海洋水产品现代物流保活保鲜技术。研究养殖水产品保活运输过程品质下降机理及调控机制,养殖水产品的化学麻醉法保活运输技术,养殖水产品的生态冰温法保活运输技术,保活运输过程中运输环境适时检测及调控技术,大宗养殖水产品低成本高效保活运输装备开发,适于电商流通的小型保活运输装备开发等。②生鲜水产品(及其加工食品)的全程冷链物流技术。研究生鲜水产品在不同贮藏温度下的品质变化及品质控制技术,生鲜水产品的快速冷却与冷冻技术,具有保鲜效果的生鲜水产品的包装材料开发,水产品贮运及流通过程中对产品品质的智能化检测技术及装备开发,冷链物流过程中产品温湿度的远程监控技术,适于冷链物流最后1km的蓄冷式生鲜品保温盒开发技术等。③超市方便型海洋食品加工技术,研究水产品养殖过程中水产品品质形成机理及其调控机制,加工、流通过程中品质变化机制及品质控制技术,冷杀菌、低温熟化、快速腌制、冷冻干燥、冷冻浓缩、微波杀菌等水产品适度加工技术,水产品全生物降解保鲜包装材料开发技术,水产品全自动包装技术与装备研究,研制方便食品、中间素材食品等超市冷藏型产品开发及产品。④海洋水产品流通质量安全控制技术。研究微生物预测模型、主要致病微生物及其毒素的变化规律及温度波动对冷藏水产品的微生物区系的影响;建立基于栅栏技术、冷链技术、超高压和脉冲等新型

冷杀菌技术的低温动物性食品的安全保鲜技术体系。

另一方面，通过海洋水产品智能化物流系统平台建设，形成技术先进、特色鲜明、优质高效的海洋水产品流通系统。重点研发内容包括：①海洋水产品物流网络信息采集、传输关键技术。研究基于多种网络进行网络、电话、短信和其他无线设备信息传输的技术；开发物流信息、动态管理和决策系统；采用万维网地理信息系统（WebGIS）技术、分布式处理、数据库技术等研究海洋水产品物流信息处理与发布技术。②海洋水产品物流系统自动化关键技术。应用现代理化分析技术、无损快速检测技术、高敏传感器技术、电子集成技术等开发适用于海洋水产品物流动态品质监测系统；重点研究气味分辨技术、抗环境干扰技术、信息融合技术和模式识别技术等，研制多功能阵列传感器，采集海洋水产品物流过程产品品质的特征动态数据；集成射频识别技术（RFID）、GPS定位技术、无线网络传输技术、多通道信息采集技术，建立基于ZIGBEE的无线传感器网络；建立动态监测过程中海洋水产品品质评判指标标准体系；实现海洋水产品品质、标识、地理位置的实时监控与跟踪的标准化模式，建立相应的溯源技术标准，制定相应的技术规程，实现消费终端和溯源共享平台。

参 考 文 献

[1] 郭根喜. 深水网箱理论研究与实践[M]. 北京: 海洋出版社, 2013.

[2] 郭根喜, 陶启友, 黄小华, 胡昱. 深水网箱养殖装备技术前沿进展[J]. 中国农业科技导报, 2011, 13 (5): 44-49.

[3] 麦康森, 徐皓, 薛长湖, 顾为东, 张文兵, 李兆杰, 余波. 开拓我国深远海养殖新空间的战略研究[J]. 中国工程科学, 2016, 18 (3): 90-95.

[4] 解绶启, 张文兵, 韩冬, 麦康森. 水产养殖动物营养与饲料工程发展战略研究[J]. 中国工程科学, 2016, 18 (3): 29-36.

[5] 唐启升, 韩冬, 毛玉泽, 张文兵, 单秀娟. 中国水产养殖种类组成、不投饵率和营养级[J]. 中国水产科学, 2016, 23 (4): 729-758.

[6] 唐启升. 中国海洋工程与科技发展战略研究 (海洋生物资源卷) [M]. 北京: 海洋出版社, 2014.

[7] 丁永良. 海上工业化养鱼[J]. 现代渔业信息, 2006, 21 (3): 4-6.

[8] Holmer M. Environmental issues of fish farming in offshore waters: per-

spectives, concerns and research needs [J]. Aquaculture Environment Interactions, 2010, 1: 57-70.

[9] Michael R. Offshore aquaculture in the United States: economic considerations, implications & opportunities [M]. 2008; U.S. Department of Commerce; Silver Spring, MD; USA. NOAA Technical Memorandum NMFS F/SPO-103: 263.

[10] 王红梅. 我国生鲜农产品冷链物流发展问题研究[J]. 农业经济, 2016, (2): 132-133.

[11] 方凯. 我国农产品冷链物流的发展问题研究——基于绿色供应链的农产品冷链物流效率的实证分析[D]. 武汉: 华中农业大学博士学位论文, 2013.

[12] 周帮扬, 徐韬韡. 借鉴国际经验完善中国农产品物流法律制度[J]. 世界农业, 2012, (5): 23-25.

[13] Spruill V. Right from the start. Open-ocean aquaculture in the United States [M]. Washington DC: Ocean Conservancy, 2011.

[14] 唐启升, 丁晓明, 刘世禄, 王清印, 聂品, 何建国, 麦康森, 徐浩, 林洪, 金显仕, 张国范, 杨宁生. 我国水产养殖业绿色、可持续发展保障措施与政策建议[J]. 中国渔业经济, 2014, 2 (32): 5-11.

[15] Simpson S. The blue food revolution. New fish farms out at sea, and cleaner operations along the shore, could provide the world with a rich supply of much needed protein [J]. Scientific American, 2011, 2: 55-61.

[16] Costello MJ. How sea lice from salmon farms may cause wild salmonid declines in Europe and North America and be a threat to fishes elsewhere [J]. Proceedings of the Royal Society, 2009, B 276: 3385-3394.

[17] 徐皓, 江涛. 我国离岸养殖工程发展策略[J]. 渔业现代化, 2012, 39 (4): 1-7.

执笔人

麦康森	中国海洋大学	教授、院士
徐　皓	中国水产科学研究院渔业机械仪器研究所	研究员
薛长湖	中国海洋大学	教授
顾为东	江苏省宏观经济研究院	研究员

张文兵　中国海洋大学　　　　　　　　　　　　教授
李兆杰　中国海洋大学　　　　　　　　　　　　教授
余　波　江苏省宏观经济研究院　　　　　　　　博士后

第四章
环境友好型水产养殖发展
典型案例

第一节　桑沟湾多营养层次综合养殖

一、桑沟湾海水养殖发展历程

（一）桑沟湾自然地理和社会经济概况

桑沟湾位于山东半岛东部沿海（37°01′~37°09′N，122°24′~122°35′E），为半封闭海湾，北、西、南三面为陆地环抱，湾口朝东，口门北起青鱼嘴，南至楮岛，口门宽11.5km，呈"C"状。海湾面积144km²，海岸线长90km，湾内平均水深7~8m，最大水深15m，滩涂面积约20km²[1]。

桑沟湾地区属于海洋大陆性气候，年平均气温10.9℃，最高气温出现在8月，极值达33.10℃，最低气温多出现在2月，极值达-9.9℃，一般年份内，湾内只有轻微结冰现象，月平均降水量为68.02mm，7月、8月为多雨季节，降水量约占全年的50%，日光照射时数平均为208.4h。湾内水温变化范围较小，年平均水温13℃左右，2月水温最低，月平均为1.8℃；8~9月水温最高，月平均水温24.9℃。湾内盐度变化不大，年平均盐度31.76，1月最低，为30.94，6月最高，为32.28，盐度变化受黄海沿岸流及降水的影响较为显著[1]。

该湾潮汐类型为不正规半日潮，在一天内相邻两次低潮潮高有显著不同，涨潮和落潮历时相差较大。平均大潮差1.47m，平均小潮差0.57m。潮流性质属于正规半日潮类型。涨潮时湾口中、北部海水朝西南流入湾内，南部海水朝南偏东流出湾外，落潮时相反，中、北部海水朝东北流出湾外，南部海水朝西北偏北流入湾内。转流时刻相差不大，半潮时流速最强，平潮时最弱[2]。平均大潮流速为24cm/s，湾口平均大潮流速为60cm/s。该湾的余流秋、冬季节受黄海沿岸流的影响较为显著，冬季湾内存在逆时针方向的环流。该湾的波浪分布受地理位置和天气系统的影响十分显著，主浪向为东南，最大分向频率为20%，波形为以风浪为主的混合浪，全年平均波高小于0.5m的风浪出现率为93.4%[1]。

桑沟湾入湾河流有桑干河、崖头河、沽河、小落河，年总径流量为（1.68~2.64）×10⁸m³。海水中营养盐物质（氮、磷、硅）与其他海区相比含量较低。湾内底质分布大致为：西北岸段的近岸为细砂质粉砂，北部岸段以细砂为主，在楮岛附近有砾砂，湾的中部以黏土质粉砂为主。

沿桑沟湾一带居民人数约为150 000，其中大约20%的居民从事水产业。

（二）桑沟湾海水养殖概况

桑沟湾湾内水域广阔，水流畅通，水质肥沃，自然资源丰富，是荣成市最大的海水增养殖区。桑沟湾的海水养殖以试养海带为起点，1957年筏式养殖海带实验成功，1970年达到8800亩，进入70年代中期，一直稳定在16 000亩以上，总产量保持在2.5万t以上，2007年养殖面积达到4335hm^2，产量达到8.45万t；1972年试养贻贝，到1974年贻贝养殖面积达1万亩；1979年开始扇贝底播增养殖科研性试验，到1982年进入生产性的底播增殖，1985年通过了全国首次扇贝生产底播验收，亩产达350kg；1980年起试验筏式养殖扇贝，1986年养殖面积达2000亩，到1988年形成1万亩的养殖规模，总产达到3.15万t，1999年扇贝养殖面积为1800hm^2；牡蛎养殖面积从1999年的24hm^2增至2004年的600hm^2，2004年，桑沟湾牡蛎的年产量增至15万t；鲍的养殖面积从1999年的19.2hm^2增至2004年的76.7hm^2，2007年，桑沟湾鲍的年产量增至1200t。

目前该湾水域面积已被全部开发利用，并将养殖水域延伸到湾口以外，形成了筏式养殖、网箱养殖、底播增殖、区域放流、潮间带围海建塘养殖、滩涂养殖等多种养殖模式并举的新格局，增养殖品种有海带、裙带菜、羊栖菜、鲍、魁蚶、虾夷扇贝、栉孔扇贝、海湾扇贝、贻贝、牡蛎、江瑶、毛蚶、泥蚶、杂色蛤、对虾、梭子蟹、刺参、牙鲆、石鲽、星鲽、大菱鲆、鲈、黑鲪、真鲷、鲐、六线鱼、马面鲀、河鲀、美国红鱼等30多种，2007年荣成市海水增养殖面积达2万hm^2，养殖产量58万t，养殖产值72.8亿元，其中桑沟湾养殖面积达6300hm^2，产量24万t，产值36亿元，分别占荣成市养殖总面积、总产量、总产值的30.7%、41.2%和56.3%。

近年来，为了加强对桑沟湾的保护和合理利用，基于高校、科研机构的研究成果，荣成市委、市政府实施了"721"湾内养殖结构调整工程，即总养殖面积中藻类种类占70%，滤食性贝类种类占20%，投饵性种类占10%；通过调整养殖结构，传统养殖的比例不

断下降，名特优养殖增势迅猛，以刺参、鲍、海胆为代表的海珍品养殖及多营养层次的综合养殖成为养殖业增长的主要因素；利用养殖品种间的互补优势实现生态养殖，从而降低了养殖自身污染，加快了海水交换量，提高了海水自净能力，现在近海海水质量均达到国家一类水质标准，取得了显著的经济效益和生态效益。

随着桑沟湾养殖品种的多样化，养殖模式也由海带、扇贝等品种的单养模式逐步发展成混养、多元养殖模式，并在近些年发展成为规模化的多营养层次综合养殖。

1. 海带单养

桑沟湾湾内养殖的海带以混养为主，湾口和湾外以单养为主。根据荣成市海洋与渔业局的相关统计资料及对桑沟湾周边养殖公司的调查，桑沟湾2007年的海带养殖面积约为4348hm^2，其中单养海带面积约为2333hm^2（2007年渔业生产经营情况表，荣成市海洋与渔业局，2008年3月）。每亩400绳，4台架，共13 000颗/亩，苗成本约0.03元/颗，养殖设施成本约4700元/亩（折旧70%），人工费约1.5元/kg（包括夹苗、收获、晒干等），市场价格6元/kg。海带的养殖周期为180天，通常从11月初开始夹苗，养殖到次年的4~5月开始收获。海带苗的初始质量为1.2g[3]。

2. 扇贝单养

扇贝是我国主要的养殖贝类之一，2015年产量达178.53万t。桑沟湾养殖的扇贝主要以栉孔扇贝为主，养殖方式为笼养，每笼7层，直径30cm，300粒/笼，400笼为1亩，悬挂水层1~6m。成活率60%，养成后产量约3kg/笼，2007年市场收购价为4.6元/kg，苗成本0.004~0.005元/粒，贝笼12元/个，可用5年。栉孔扇贝通常在5月初开始放苗，到次年5月开始收获，养殖周期为一年[3]。

3. 牡蛎单养

牡蛎也是我国重要的养殖贝类之一，2015年产量达457.34万t，占海水贝类养殖产量的33.67%。桑沟湾养殖牡蛎种类主要为长牡蛎，养殖方式以吊养为主，每串200粒牡蛎，800串/亩，成活率50%，养成后产量约10kg/串，0.7元/kg，成本0.3元/kg。长牡蛎生长周期与栉孔扇贝相似，通常在5月初开始放苗，到次年5月开始收获，养殖周期为一年[3]。

4. 海带与扇贝混养

扇贝养殖笼垂直吊挂在海带养殖浮绠上，与海带混养。每亩400绳海带，间养扇贝180笼，海带养殖密度和每笼扇贝养殖密度与单养模式相同，但扇贝成活率可达80%，养成后约4kg/笼。

5. 海带与牡蛎混养

海带养殖密度由单养的每绳35棵减为28棵，牡蛎由单养的800串/亩减为225串/亩，成活率提高到80%。

6. 海带与鲍混养

海带与鲍混养多以鲍养殖为主，鲍养殖笼垂直吊挂在海带养殖浮绠上，与海带间养。鲍养殖密度200头/笼，每笼3层，自上而下每层分别放60头、60头、80头，笼间距1.5m左右。每条浮绠80m长，浮绠间距4m，每4条浮绠为1亩，250笼/亩，成活率75%，养成后3.75万头/亩，鲍笼80元/个，可用5年；海带养殖苗绳平挂在两条浮绠之间，每绳养殖海带60~70棵。在鲍-海带混养区，海带养殖密度可大于常规养殖密度，即绳间距1.5m左右；1亩4台架，约4700元/亩。鲍养殖周期18个月，按540天计。这种养殖模式的优点是海带可以随地采摘放到鲍养殖笼内作为鲍的新鲜饵料，将低值的海带转化为高值的海珍品，同时这种模式省工、省力，生产成本大大低于鲍室内工厂化养殖。

7. 鲍-参-藻多元养殖

该模式主要以鲍养殖为主，鲍养殖笼垂直吊挂在海带养殖浮绠上与海带间养，鲍养殖密度200头/笼，每笼3层，自上而下每层分别放60头、60头、80头，笼间距1.5m左右。在每个鲍养殖笼内放养6头刺参，每层放2头，用于摄食残饵和鲍的粪便；海带苗绳平挂在两条浮绠之间，每绳养殖海带60~70棵，作为鲍的新鲜饵料。

近年来，随着人们对海水养殖带来的环境及生态问题的日益关注，以贝藻综合养殖为主体的多营养层次综合养殖（integrated multi-tropic aquaculture，IMTA）作为一种生态系统水平的适应性管理策略，在桑沟湾有了很好的发展[4,5]，

并逐步扩展到了中国沿海，这不仅得益于中国海水养殖独特的、以贝藻养殖为主的产业结构和规模，同时也由于得到了相关基础研究新成果的支持。

二、多营养层次综合养殖的科学依据

多营养层次综合养殖的理论基础在于：由不同营养级生物组成的综合养殖系统中，投饵性养殖单元（如鱼、虾类）产生的残饵、粪便、营养盐等有机或无机物质成为其他类型养殖单元（如滤食性贝类、大型藻类、腐食性生物）的食物或营养物质来源，将系统内多余的物质转化到养殖生物体内，达到系统内物质的有效循环利用，在减轻养殖对环境的压力的同时，提高养殖品种的多样性和经济效益，促进养殖产业的可持续发展[6-9]。

（一）桑沟湾养殖容量研究

养殖容量评估是指导养殖环境管理和养殖生产规划，进行养殖布局优化和结构调整，提高海水养殖综合效益的有效依据。

1. 水动力背景场

海湾水动力学特性与水体的自净能力、营养盐输运、养殖容量等有着非常密切的联系。在973项目"我国近海生态系统食物产出的关键过程及其可持续机理（2006CB400600）"资助下，中国水产科学研究院黄海水产研究所与中国海洋大学合作，通过改进普林斯顿海洋模型（Princeton Ocean Model，POM）模型，建立了考虑养殖阻力的三维水动力数值模型，以该模型模拟了养殖活动对流场水平分布、垂直结构、涨落潮位相变化的影响，探讨了养殖筏架和养殖生物对半封闭海湾水交换的影响，为科学地规划海水养殖提供了理论依据。结果表明，由于养殖活动的影响，桑沟湾的流速减小75%，平均半交换时间延长71%，如果忽视养殖活动本身对海水流动的阻碍作用，会高估桑沟湾的流速大小及营养盐和颗粒物的更新补充速度，进而影响对该养殖海域养殖容纳量的评估[10-13]。

2. 养殖容量评估

在中国-加拿大国际合作项目"桑沟湾养殖容量的研究"、"九五"

攻关专题"海湾系统养殖容量与环境优化技术"、国家自然科学基金农业倾斜项目"浅海规模化贝类养殖与环境相互作用的研究"等项目的资助下，建立了主要养殖贝类和附着生物不同季节的能量需求的测定技术，首次建立了半封闭海湾和开放海湾多参数贝类养殖容量评估指标与模型，并估算了栉孔扇贝和海带的养殖容量。

对于半封闭海湾：

选择叶绿素为主要评估指标的养殖容量评估模型为

$$CC = \frac{P - k \times Chla \sum_{j}^{m}(CR_{Fj} \times B_j)}{k \times Chla \times CR_S}\left(1 + \frac{cv - \overline{cv}}{\overline{cv}}\right)$$

式中，CC为贝类的养殖容量（ind./m²）；P为初级生产力[mg C/(m²·d)]；k为浮游植物体内有机碳与叶绿素a的比值；CR_{Fj}为不同种类的滤食性附着生物的滤水率[m³/(ind.·d)]；B_j为不同种类滤食性附着生物密度（ind./m²）；m为滤食性附着生物种类；$Chla$为叶绿素a的平均含量（mg/m³）；CR_S为贝类的滤水率[m³/(ind.·d)]；cv为测量点流速；$\overline{cv}$为湾内平均流速。

选择颗粒有机碳为主要评估指标的养殖容量评估模型为

$$CC = \frac{pom_i \times D - pom_i \sum_{j}^{m}(CR_{Fj} \times B_j)}{pom_i \times CR_S}\left(1 + \frac{v - \overline{v}}{\overline{v}}\right)$$

式中，CC为贝类的养殖容量（ind./m²）；pom_i为悬浮有机颗粒物浓度（mg/L）；D为初级生产力[mg C/(m²·d)]；CR_{Fj}为不同种类的滤食性附着生物的滤水率[m³/(ind.·d)]，B_j为不同种类滤食性附着生物密度（ind./m²），CR_S为贝类的滤水率[m³/(ind.·d)]；v为测量点流速；$\overline{v}$为湾内平均流速。

对于开放海湾，养殖容量的评估模型为

$$CC \leq \frac{V_n(\overline{POM})_i + T_i \times [(POM)_{a1} \times CV_{a1} \times A_{a1} - (POM)_{a2} \times CV_{a2} \times A_{a2}] - T_i \times (\overline{POM})_i \sum_{j=1}^{m} FR_{fi} \times B_{ij}}{T_i \times (\overline{POM})_i \times FR_{bi}}$$

式中，V_n为研究水域内水深小于10m的海水总体积（m³）；T_i为涨潮（或退潮）时间（h）；CV_{a1}为$a1$点T时刻海水平均流速（m/h）；

CV_{a2}为$a2$点T时刻海水平均流速（m/h）；A_{a1}为$a1$点所在面的截面积（m2）；A_{a2}为$a2$点所在面的截面积(m²)；$\overline{(POM)}_i$为i时养殖水域颗粒有机物或叶绿素a浓度(mg/m³)；FR_{fi}为i时滤食性生物个体摄食率[mg/(ind.·h)]；FR_{bi}为i时滤食性贝类的个体摄食率[mg/(ind.·h)]；B_{ij}为i时养殖水域第j种滤食性生物总生物量（ind.）；m为附着生物种类数。

结果表明，当栉孔扇贝壳高3~4cm时，养殖总容量为110亿粒左右，单位面积养殖容量约为90粒/m²；当壳高为4~5cm时，养殖总容量降为75亿粒，单位面积养殖容量约为60粒/m²；当壳高为5~6cm时，养殖总容量仅为40亿粒，单位面积养殖容量约为30粒/m²，是实际单位面积养殖密度的3/5左右[14]。

基于溶解无机氮的供需平衡，建立了大型藻类养殖容量评估指标与模型，并估算了海带的养殖容量。

$$CC \leq \frac{\overline{N}_i \times S \times D + \left[\overline{N}_{a1} \times CV_{a1} \times A_{a1} - \overline{N}_{a2} \times CV_{a2} \times A_{a2}\right] \times T_i - \sum_{j=1}^{m}(B_j \times \overline{AR}_j) \times S \times D}{T_i \times AR_{kelp}}$$

式中，CC为藻类养殖容量（mg/m²）；S为养殖区域面积（m²）；D为水深（m）；$\overline{N}_{a1}$为T时间$a1$站位水体平均无机氮浓度，CV_{a1}为T时间$a1$站位水体平均流速（m/h）；A_{a1}为$a1$站位截面积(m²)；$\overline{N}_{a2}$为T时间$a2$站位水体平均无机氮浓度；CV_{a2}为T时间$a2$站位水体平均流速（m/h）；A_{a2}为$a2$站位截面积（m²）；T_i为涨潮（或退潮）时间（h）；$\overline{AR}_j$为j种类附着性藻类的吸收速率[mg/(m²·h)]；B_j为j种类浮游植物和微藻的生物量（mg/m³）；m为浮游植物和大型藻种类；AR_{kelp}为大型藻类吸收率[mg/(m²·h)]。

结果表明，桑沟湾海带淡干养殖容量为54 000t，单位面积养殖容量为600kg/1500m²（注：桑沟湾海带养殖按照每养殖亩400苗绳计量，占水面约为1500m²）[15]。

采用STELLA软件建立了桑沟湾贝藻综合养殖数值模型，模拟了桑沟湾浮游植物及氮、磷营养盐对贝藻养殖的响应，探讨了贝藻养殖对桑沟湾生态系统营养盐浓度及营养盐结构的影响；以叶绿素浓度为指标，估算了桑沟湾海带及滤食性贝类的养殖容量和生态容量。将浮游植物（叶绿素a）浓度作为生态系统的指示参数，初步探讨了桑沟湾养殖栉孔扇贝的生态容量。当栉孔扇贝养殖生物量（S）增加到原来的4倍时，叶绿素a浓度虽有降低，但降低的程度很小，没有达到显著性差异。当扇贝生物量增加到原来的5倍时，叶绿素a浓度显著下降，但是，在扇贝收获之后，浮游植物还能够反弹。当扇贝的生物量增加到原来的10倍时，叶绿素a的浓度降低到0，并且模型不能继续运转，系统崩溃。因此，如果仅考虑浮游植物指标，桑沟湾栉孔扇贝的生态容量可能是在$S=4$和$S=5$时的养殖生物量之间，以此推算，如果养殖密度保持不变（49个/m²），栉孔扇贝的养殖面积可增加到4100hm²[16]。

（二）关键生源要素的收支模式

1. 主要养殖生物个体水平的物质收支

养殖生物个体水平的物质收支研究有助于认识养殖生物在生态系统物质循环和能量流动中的地位和作用。基于物质平衡方程C=F+U+R+G（C表示摄入碳，F表示排粪碳，U表示排泄碳，R表示呼吸碳，G表示生长碳），构建了栉孔扇贝、长牡蛎等滤食性贝类的碳收支方程。不同季节长牡蛎碳收支方程为：春季100C=26.7F+31.3U+0.6R+41.4G，夏季100C=46.0F+17.6U+1.0R+35.5G，秋季100C=49.3F+26.0U+1.0R+23.7G，冬季100C=21.4F+40.0U+1.0R+37.6G，年平均100C=35.9F+28.7U+0.9R+34.5G。从整个养殖周期的碳收支来看，栉孔扇贝通过摄食和钙化作用利用10 170mg C/(个·500天)，形成2070 mg/(个·500天)的贝壳和1005mg C/(个·500天)的软体部，通过收获移除的碳约占30%，粪便及代谢物沉积约占40%[3985mg C/(个·500天)]，呼吸钙化作用等释放的碳约占30%[17]。长牡蛎的排粪碳占总摄食碳的42%~48%，是碳支出比例最大的部分，通过呼吸作用产出的碳所代表的代谢碳占11%~22%，长牡蛎摄食了水体中14 968mg C/(个·360天)，最终形成了3个碳埋藏出口：3600mg C/(个·360天)的贝壳固碳，430mg C/(个·360天)的软体部固碳和3322mg C/(个·360天)的生物沉积物固碳，被长牡蛎利用的碳中有49.1%进入了固碳渠道（图4-1-1）[18]。

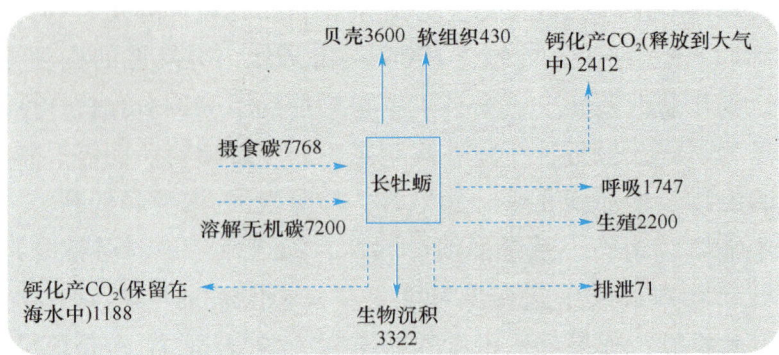

图 4-1-1　长牡蛎生长周期碳收支[单位：mg C/(个·360 天)][18]

不同季节长牡蛎氮收支方程分别为：春季 $100C_N=7.10F_N+1.55U_N+91.35P_N$，夏季 $100C_N=4.08F_N+0.03U_N+95.90P_N$，秋季 $100C_N=3.61F_N+0.13U_N+96.26P_N$，冬季 $100C_N=0.36F_N+0.53U_N+99.11P_N$（图 4-1-2）。式中，$C_N$、$F_N$、$U_N$、$P_N$ 分别表示摄入氮、排粪氮、排泄氮和生长氮[19]。

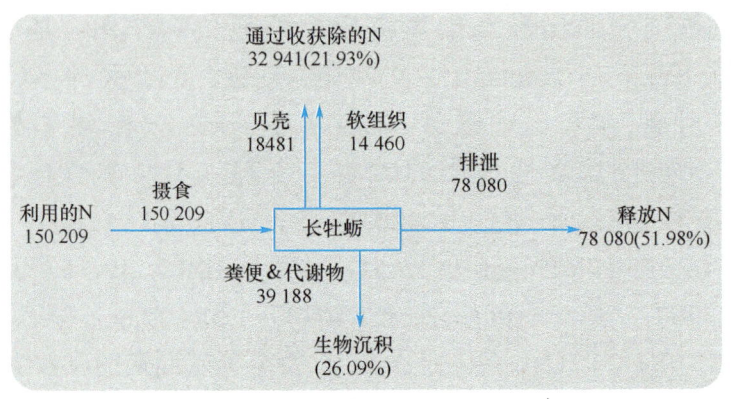

图 4-1-2　长牡蛎生长周期氮收支[单位：μg N/(个·365 天)][19]

2. 综合养殖系统内不同类型生物功能群间的物质循环利用过程

贝类和藻类等养殖生物通过滤食浮游植物、颗粒有机物质和光合作用从水体中大量吸收碳元素，并通过收获把这些已经转化为生物产品的碳移出水体，或被再利用或被储存，形成"可移出的碳汇"[20]。中国是世界上最大的贝、藻类养殖国家，年产量超过1000万t。研究表明，1999~2008年，平均每年约有379万t碳被吸收利用，约120万t碳通过收获被移出，明显增加了近海生态系统对大气中二氧化碳的吸收能力[21]。野外现场围隔试验结果表明,单养栉孔扇贝组的水体二氧化碳分压(pCO_2)呈现逐渐攀升趋势,从初始的416.15μatm上升到实验结束时的574.87μatm,养殖水体始终处于CO_2源的角色;单养藻类组和贝藻综合养殖组水体pCO_2变化趋势相同,均呈现逐步降低的趋势,试验结束时水体pCO_2分别降低到17.85μatm和39.36μatm,养殖水体始终处于强CO_2汇的角色,贝-藻综合养殖模式能够有效控制水体的pCO_2,是实现生物碳汇扩增战略的有效实施方式[22]。上述研究结果说明,以贝藻为主体的多营养层次综合养殖能够更好地彰显海水养殖"高效、生态、健康"的发展特点,生物的碳汇作用也得到了较好的发挥,是环境友好型海水养殖业的代表性发展模式。

鲍-参-藻综合养殖方式在增加经济效益的同时,还能够有效地移除海洋中的碳。碳收支研究结果表明,每收获1kg(湿重)的鲍,所摄食吸收的碳约为2.15kg,其中约12%用于壳及软组织的生长,33%作为生物沉积沉降到海底,55%通过呼吸及钙化过程释放出CO_2并回归水体。鲍养殖过程中排泄、排粪产生的生物沉积碳约0.71kg,其中,10%(0.07kg C)为海带吸收再利用,其余的90%(0.67kg C)与海带残饵(0.37kg C)作为刺参的食物来源,约69%(0.72kg C)被刺参同化,剩余的21%沉入海底。鲍呼吸和钙化过程中产生的1.18kg溶解CO_2及刺参呼吸产生的0.09kg溶解CO_2为海带光合作用提供了52%的无机碳源(图4-1-3)[17]。

3. 海湾生态系统水平的物质收支

对于生态系统来说,河流输入、水交换、海-气界面交换、沉积物-气界面交换、浮游植物、养殖生物生理活动等关键生态过程都影响着生源要素的生物地球化学过程。在973项目"多重压力下近海生态系统可持续产出与适应性管理的科学基础(2011CB409800)"资助下,通过集成多学科的野外观测及实验数据,构建了桑沟湾养殖生态系统溶解无机碳(DIC)(图4-1-4)及氮、磷、硅营养盐的收支模型。结果表明,桑沟湾表现为DIC"汇"的角色,固碳强度1.39×10^5 t/年。桑沟湾担负DIC"汇"的作用主要通过海-气界面交换实现,占总DIC输入的59.3%,每年通过海-气界面交换输入桑沟湾的DIC约为8.2×10^4 t;其他过程按占总DIC输入的比例排序分

别为：沉积物矿化（18.1%）、水交换（16.7%）、地下水输入（4.2%）、河流输入（1.7%）。养殖贝藻类及浮游植物强烈参与养殖生态系统的碳循环过程，大型藻类和浮游植物通过光合作用固定的DIC达1.33×10^5 t/年[23]。

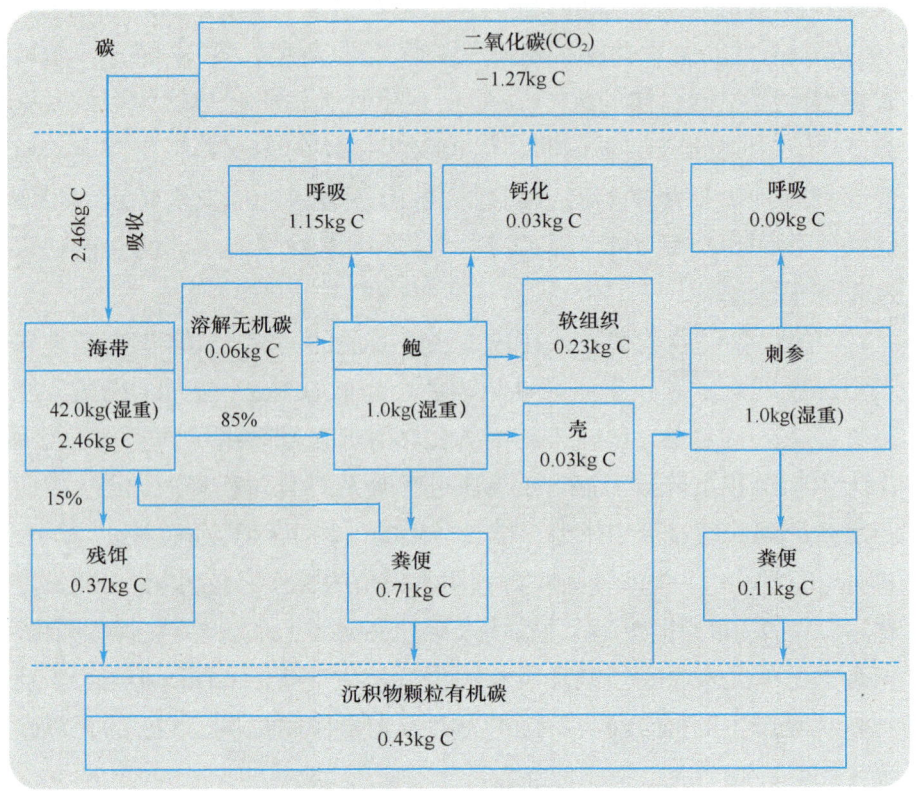

图4-1-3 鲍-参-藻综合养殖系统中碳收支[17]

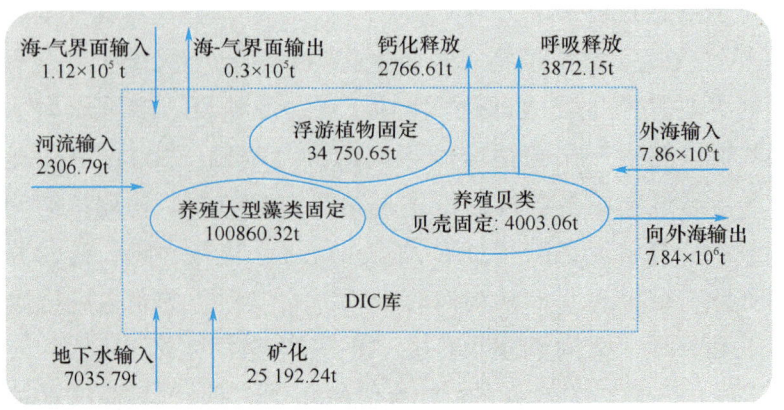

图4-1-4 桑沟湾溶解无机碳收支（单位：t/年）

生源要素的收支研究结果表明，冬、春季节桑沟湾是溶解无机磷（PO_4^{3-}）的源，溶解无机氮（DIN）、溶解态硅（DSi）的汇；夏、秋季节则为DIN、PO_4^{3-}、DSi的汇。每年约274×10^6 mol的DSi埋藏于沉积物中或转化为其他形式（颗粒物或被浮游植物、异养生物、大型藻类等吸收）进行内部循环。而冬、春季节期间，约9.96×10^6 mol的磷酸盐由湾内输出。冬、春季节海带养殖期间，海带的吸收、收割成为桑沟湾内氮、磷的主要移除方式。冬、春季节，沉积物-水界面交换对DIN的贡献率达8.8%，与河流输入DIN量水平相当；而对DSi的贡献达到19%，约是河流输入、外海输入的4倍；对磷酸盐输入的贡献为18%。冬、春季节期间，降雨对PO_4^{3-}的贡献达到12%，也不容忽视。夏、秋季节，与外海水交换及通过贝类收获移除DIN的量相差不多。除地下水输入外，贝类释放成为夏、秋季节间PO_4^{3-}的主要来源，占全部输入量的17%。在与外海水交换不畅通的情况下，如果贝类释放的营养盐不能及时被移出，则可能容易诱发赤潮。沉积物-水界面交换输入DSi的量与河流水平相当，且磷酸盐输入量约是河流的1.4倍。因此，沉积物-水界面交换对桑沟湾湾内营养盐的贡献量不容忽视，是湾内水体营养盐的重要补充源[24]。

（三）生态系统水平IMTA数值模拟模型的构建

中国水产科学研究院黄海水产研究所养殖生态团队与新西兰水与大气研究所合作，通过量化养殖系统内各因子的相互作用及对C、N、P的需求量，基于动态能量收支理论（DEB）和区域划分的概念构建了生态系统水平的多营养层次综合养殖系统数值模拟模型。模型由多个亚模型组成，包括投饵性鱼类、滤食性贝类、食藻动物功能群、沉积食性动物、大型藻类、浮游植物类、浮游动物类、食肉动物、水动力学及氮动力学亚模型等[25]。不同营养层次生物功能群之间的物质循环及能量流动逻辑关系及相关方程见图4-1-5，各类物质的交换量（$Ex_{i,j}$在Ex_i和Ex_j之间的交换量）遵从关系式$dEx_{i,j}/dt=k_{i,j}(Ex_i-Ex_j)$，交换系数取决于二维流体力学模型的模拟结果。各种生物的亚模型根据动态能量收支理论逐步构建，根据海区养殖品种的组成对特定种类进行参数设置，并对亚模型进行测试校正。通过将各种亚模型和水动力模型整合到生态系统模型中，

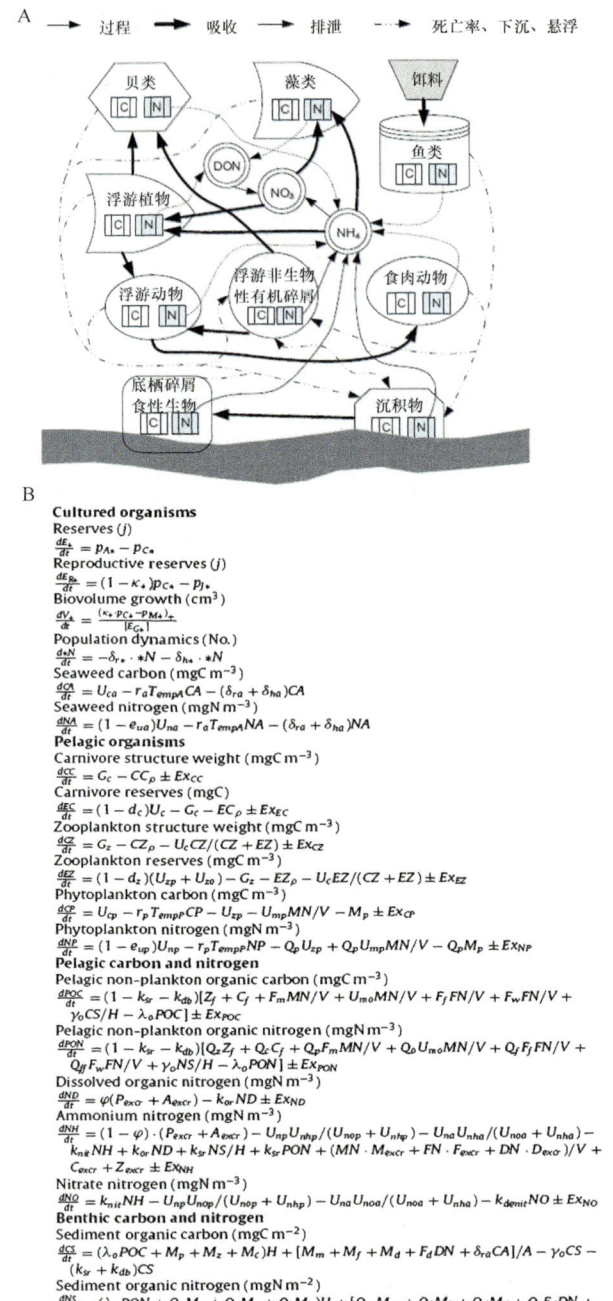

图4-1-5 多营养层次综合养殖生态系统数值模型架构图（A）及相关的微分方程（B）[25]

对养殖海区的合理养殖模式进行了模拟。通过模拟，获得了网箱养殖鱼类、大型藻类、刺参（均为干重）的合理配比为1∶1.02∶0.17。模型的构建对于科学合理地确定合适的苗种投放种类、投放时间、投放密度、营养物质的利用效率等具有重要的指导意义，有助于阐明养殖生态系统动态变化的过程和机制，最终为适应性对策提供科学基础，但不同营养层次生物功能群间的能量转换效率等参数尚有待于进一步完善。

（四）国际上多营养层次综合养殖的研究进展

作为一种健康可持续发展的海水养殖理念，多营养层次综合养殖（IMTA）模式的研究目前已经在世界多个国家（中国、加拿大、智利、南非、挪威、美国、新西兰等）广泛开展[26]。加拿大科学和工程研究委员会（NSERC）专门成立了一个IMTA研究网络（CIMTAN）并设计了专属IMTA微标，该网络联合了包括1处省级实验室，6处加拿大联邦海洋渔业局分支机构，8所知名大学及26位专家级科学家的参与，体现了政府及科研界对IMTA研究的重视程度。挪威从2006年开始也相继设立INTEGRATE（2006~2011年）、EXPLOIT（2012~2015年）等多个专项来推进IMTA的研究。由苏格兰海洋科学联盟牵头实施的欧盟第七框架计划 *Increasing Industrial Resource Efficiency in European Mariculture*（IDREEM）项目（2012~2016年）联合了来自7个国家15个参加单位的研究团队来探讨构建IMTA模式的关键技术。

三、桑沟湾典型多营养层次综合养殖模式

综合水产养殖在中国有悠久的历史，明末清初兴起的"桑基鱼塘"是一种早期、有效的综合养殖方式。现代中国水产养殖业发展极大地推动了综合养殖方式的新探索，特别是始于20世纪90年代中期海水养殖系统的养殖容量的研究，使多种形式的多元养殖普遍应用于生产实践。不同养殖种类及方式的养殖容量研究表明，若要实现海水养殖可持续发展的目标，获得"高效、优质、安全"的食物产出，需要在养殖容量允许的前提下从养殖密度、海流、附着生物、养殖品种结构、养殖布局规划及最佳养殖水平等多个方面优化养殖模式[14,15]。2004年，加拿大Chopin和Taylor将多营养层次

种类的养殖（multi-trophic aquaculture）与综合养殖（integrated aquaculture）合并，称之为多营养层次综合养殖（integrated multi-tropic aquaculture，IMTA）。多年来，在中国-加拿大国际合作研究项目"桑沟湾养殖容量研究"，国家科技攻关专题"海湾系统养殖容量与环境优化技术"、"浅海健康养殖技术"、"浅海主要养殖对象无公害养殖技术研究与示范"，国家自然科学基金农业倾斜项目"浅海规模化贝类养殖与环境相互作用研究"，欧盟项目"中国海湾养殖容量及养殖对环境的影响"，973项目"我国近海生态系统食物产出的关键过程及其可持续机理"和"多重压力下近海生态系统可持续产出与适应性管理的科学基础"，以及国家贝类产业技术体系浅海养殖岗位等一系列国家/国际级科研项目的资助下，根据研究水域的生态环境条件和养殖种类的生物学特性及生态习性，基于养殖容量的研究结果，在桑沟湾的寻山、楮岛等海域构建并实施了多种形式的海水养殖可持续生产模式，包括贝-藻、鲍-参-海带、鱼-贝-藻多营养层次综合养殖模式、海草床海区海珍品多营养层次的底播增养殖模式等[4,5,27]，为建立基于生态系统水平的适应性管理策略，以及探索、发展"高效、优质、生态、健康、安全"的环境友好型海水养殖业提供了理论依据和发展模式，引领了世界海水养殖业可持续发展的方向。

（一）贝-藻综合养殖

根据养殖容量评估及贝藻生态互补性研究，在桑沟湾构建并实施了扇贝与海带、牡蛎与海带、鲍与海带的套养、间养等生态优化养殖模式。同时，根据大型藻类的生物学特性，实施了"11月至翌年5~6月养殖低温种类——海带，7~10月养殖高温种类——龙须菜"的全季节规模化轮养策略，充分利用养殖水域和养殖设施的同时，又产生了显著的经济和生态效益。在贝藻综合养殖生态系统中，滤食性贝类等养殖动物通过摄食过滤掉水体中的颗粒物质，有利于藻类进行光合作用；而大型藻类则利用贝类呼吸、代谢过程中产生的二氧化碳和氨氮作为原料，通过光合作用产生氧气反馈给贝类等动物，既可以达到维持生态系统中O_2和CO_2水平的平衡和稳定作用，又可以维持生态系统中氨氮水平的平衡稳定和促进氮循环，在减轻了养殖对水域环境造成的压力的同时，又合理利用了资源，提高了水环境的生态修复能力。研究结果表明，示范区的平均经济效益可以提高20%以上。

（二）鲍-参-藻综合养殖

鲍和大型藻类是我国浅海筏式养殖的重要种类，鲍的生物沉积及藻类碎屑沉积到海底，是养殖海区自身污染的主要来源之一。刺参是我国海产经济动物中的珍贵种类之一，属腐食食性，将刺参与鲍、藻类综合养殖，根据鲍、参、藻三者之间的食物关系，利用海带等养殖大型经济藻类作为鲍的优质饵料，鲍养殖过程中产生的残饵、粪便等颗粒态有机物质沉降到底部作为海参的食物来源，鲍、参呼吸、排泄产生的无机氮、磷营养盐及CO_2可以提供给大型藻类进行光合作用（图4-1-6）[27]。

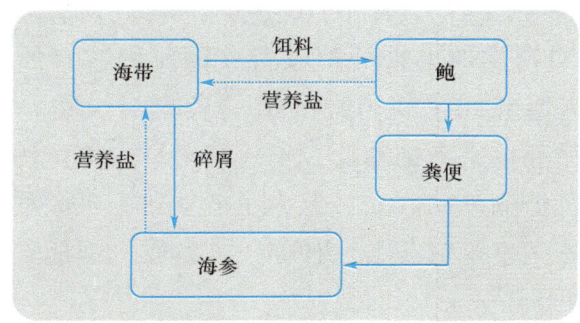

图4-1-6　鲍-海参-海带综合养殖系统不同生物功能群互利作用示意图[27]

刺参与鲍混养时，鲍养殖笼每层可放养刺参2~3头，每笼3层，放养规格60~80g/头，悬挂水深5m。放养时间9月，到翌年5月，刺参平均体重可达150~200g/头。按笼养鲜刺参每公斤140元计算，刺参与鲍混养后，每笼平均经济效益可增加210元。每条浮绠挂20笼，混养后每条浮绠可增加产值4200元，每亩（4条浮绠）皱纹盘鲍与刺参混养后可增加产值16 800元。扣除刺参苗种费用（每头按5元计算），每笼可增加毛利180元，每条浮绠可增加毛利3600元。

（三）鱼-贝-藻综合养殖

在该系统中，藻类可以吸收和转化鱼和贝类排泄的无机营养盐，并为鱼、贝提供溶氧。双壳贝类滤食鱼类粪便、残饵及浮游植物形成的悬浮的颗粒有机物（图4-1-7）。利用海带和龙须菜作为11月至翌年5~6月（冬季和春季）和7~10月（夏季和秋季）的生物修复种类，氮收支方程可表示如下：N（藻类）=N（鱼类排泄）+ N（残饵）+ N（死亡鱼体）。这两种生物的干湿重转化系数为1∶10。海带和龙须菜的干组织氮含量分别为2.79%和3.42%，海带和龙须菜的产量分别为5.6kg（湿重）/m²和3kg（湿重）/m²。冬季和春季网箱鱼类和海带的最适混养比例为1kg（湿重）∶0.94kg（干重），而在夏季和秋季为1kg（湿重）∶1.53kg（干重）[28]。

在该IMTA系统内，对能够摄食颗粒有机物的贝类及其他滤食性生物来说，颗粒大小起到重要的决定作用。长牡蛎能够摄食直径小于541μm的颗粒。在近期的实验中，通过对网箱区与非网箱区的实验比较，证明了鱼类残饵及粪便对牡蛎食物来源的贡献。牡蛎通过摄食活动所摄取的鱼类养殖产生的有机碎屑的转化效率约为54.44%（其中10.33%为残饵、44.11%为粪便）。从鱼类养殖网箱逃逸出来的颗粒营养物质中适宜的大小范围占41.6%，牡蛎能够同化利用22.65%的颗粒有机物。双壳类在该系统中起到循环促进者的作用，不仅能够减少养殖污染，还能够为鱼类养殖创造额外的收入。但为了能够达到最大程度的清洁效果，在该系统中搭配沉积食性种类（如沙蚕、海胆等）是十分必要的（图4-1-7）[29]。

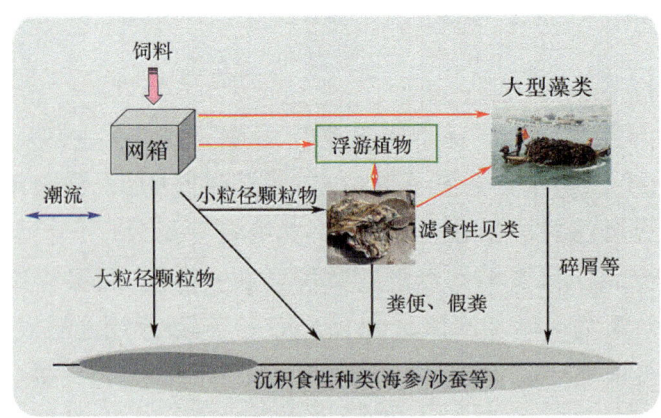

图4-1-7　鱼-贝-藻-海参综合养殖系统不同生物功能群互利作用示意图[29]

（四）大叶藻海区底播综合养殖模式

在该系统内，大叶藻及菲律宾蛤仔来自自然环境，大叶藻可以为海胆和鲍提供食物，同时为其他的底栖生物或者游泳生物提供隐蔽场所。海参可以摄食鲍及菲律宾蛤仔的粪便，同时也摄食自然产生的沉积有机物，所有这些动物所产生的氨氮能够被大叶藻及浮游植物所吸收利用，浮游植物可为菲律宾蛤仔提供食物，很重要的一点是，大叶藻及浮游植物可以为该系统提供溶解氧（图4-1-8）[17]。

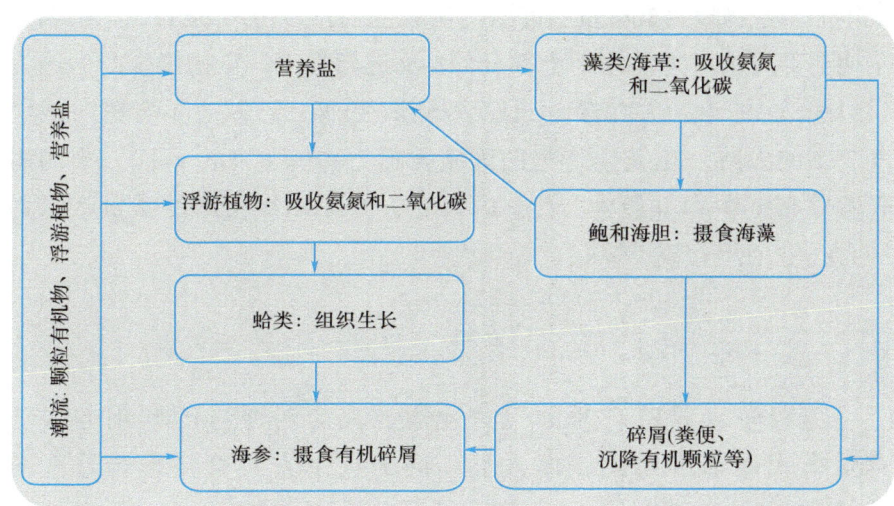

图4-1-8　大叶藻海区底播综合养殖系统不同生物功能群互利作用示意图[17]

该IMTA系统位于桑沟湾南部湾口的楮岛海域，总面积为665hm²，20世纪80年代初进行的海岸带调查显示，楮岛海域的大叶藻床面积约1000亩，近年来，通过实施大叶藻种苗的移植、大叶藻种子萌发、综合养殖模式的构建等大叶藻资源保护与开发策略，有效地养护和修复了近海生态环境，自2006年开始，楮岛海域的大叶藻面积开始扩增，为海洋生物提供了优良的栖息环境，目前大叶藻床面积已达到2500亩左右。底播养殖主要的物种为海参、鲍、海胆、紫石房蛤及菲律宾蛤仔，分布在水下5~15m处。同时在该海区，有大量自然分布的大叶藻及其他藻类，海藻覆盖面积约400hm²。每年春季，近30万粒海胆和15万粒鲍幼苗放至该区，其他种类为自然资源。2009年，该示范海区共产出1.5t的鲍和20t的海参，180t的蛤仔，80t的紫石房蛤，2.5t的海胆，产出的经济价值约10 450元/hm²。

海草床底播综合养殖生态系统在提供食物产出的同时，还承载着碳汇功能。海草床生态系统的碳汇功能主要通过浮游植物、附着藻类、底栖藻类、沉积物、增殖生物等碳汇要素来实现，在不考虑时间尺度上碳的去向时，海草床碳汇能力等于海草初级生产力部分固碳+海草附着藻类初级生产力固碳+草床底栖藻类+草床捕获沉积外来有机质+草床内增殖贝类贝壳碳。对桑沟湾主要海草分布区的大叶藻生物量、初级生产力及其组织碳含量进行了测定。桑沟湾大叶藻床全年平均生物量为304.5g DW/m^2，初级生产力为1075.0g DW/(m^2·年)。按地下部分生产力约为地上部分的35%进行修正，年初级生产力约为1451.3g DW/年。大叶藻全组织含碳量33.8%，若暂时不考虑时间尺度上碳的去向，初级生产力的固碳贡献为490g C/(m^2·年)。桑沟湾附着藻密度在春季最大，70g FW/m^2，全年初级生产的碳贡献平均约为6g C/(m^2·年)[30]。

四、桑沟湾养殖生态系统服务功能

随着海水养殖产业的飞速发展，人类对海洋的利用方式和养殖模式逐渐多元化，但人类不同的利用方式直接影响着系统的结构、功能和价值，对不同利用方式下养殖系统所具有的核心服务及价值的大小进行识别和定量，不仅为基于生态系统管理的海水养殖提供可比较的科学依据和经济依据，还可在货币化定量评估的基础上筛选优化养殖模式，为研究健康养殖模式提出新的思路[31,32]。

（一）食物供给功能

桑沟湾养殖生态系统的食物供给功能是指桑沟湾养殖生态系统为人类提供的产品或服务的价值，包括食品供给、原材料供给与基因资源三种服务。通过调查和采访，采用市场价值法（即对有市场价格的生态系统产品和功能进行估价），对养殖生态系统物质产品进行评估。这里，生态系统功能只考虑第一次交易获得的效益，而不考虑再次获益或第二次交易的增加值；价格也只考虑第一次交易时的价格，流通领域内产生的增加价值不计入本价值之内；成本只考虑生产成本，而不考虑销售成本和流通成本。物质主要是养殖海区的海产品，根据各养殖品种的售价和生产成本，采用市场价值法，可估算桑沟湾不同养殖模式下系统的食物供给价值（表4-1-1）[32]。

表4-1-1　桑沟湾不同养殖模式下的食物供给价值[32]

养殖模式	养殖种类	单位面积产量[kg/(hm²·年)]	价格（元/kg）	收入[元/(hm²·年)]	成本[元/(hm²·年)]	服务价值[元/(hm²·年)]
海带单养	海带	14 063	6	84 375	35 156	49 219
扇贝单养	扇贝	9 375	4.6	43 125	11 719	31 406
牡蛎单养	牡蛎	62 500	0.7	43 750	18 750	25 000
海带-扇贝综合养殖	海带	11 719	6	70 313	31 641	38 672
	扇贝	5 625	4.6	25 875	5 273	20 602
小计				96 188	36 914	59 274
海带-牡蛎综合养殖	海带	11 719	6	70 313	31 641	38 672
	牡蛎	35 156	0.7	24 609	10 547	14 063
小计				94 922	42 188	52 735
海带-鲍综合养殖	海带	15 625	6	0	37 969	0
	鲍	9 015	200	901 442	537 921	363 522
小计				901 442	575 889	325 553
海带-鲍-刺参综合养殖	海带	15 625	6	0	4	0
	鲍	8 654	200	865 384	482 716	382 668
	刺参	1 875	120	112 500	11 250	106 250
小计				977 884	493 966	483 918

（二）生态服务功能

桑沟湾养殖生态系统不仅具有向人类提供海产品的能力，同时还具有支持和保护自然生态系统与生态过程的能力，特别是在营养物质循环、固定CO_2和释放O_2方面的生态功能。桑沟湾养殖生态系统的营养物质循环主要是在养殖生物与养殖环境之间进行，养殖生物对进入生态系统的各种营养物质进行分解还原、转化转移及吸收降解等，从而起到了维持营养物质循环、处理废弃物与净化水质的作用。这部分价值可采用影子价格法，根据污水处理厂合流污水的处理成本计算。桑沟湾养殖生物通过光合作用和呼吸作用完成与养殖环境之间CO_2和O_2的交换，如养殖生物通过滤食活动（如贝类等）对CO_2的固定与沉降，或通过光合作用（如海带等）释放O_2，这对

维持地球大气中的CO_2和O_2的动态平衡、减缓温室效应有着巨大的不可替代的作用。以浮游植物和大型藻的初级生产力测定数据为基础，根据光合反应方程计算，固定CO_2的价值用碳税法进行估算，O_2的价值采用工业制氧的价格估算（表4-1-2、表4-1-3）[32]。

表4-1-2 桑沟湾不同养殖模式下营养物质循环价值[32]

养殖模式	移除的TN量[kg/(hm^2·年)]	释放的TN量[kg/(hm^2·年)]	移除的TP量[kg/(hm^2·年)]	释放的TP量[kg/(hm^2·年)]	服务价值[元/(hm^2·年)]
海带单养	231.63	0	53.30	0	428.24
扇贝单养	567.95	522.76	/	1.61	73.54
牡蛎单养	120.87	405.52	/	0.20	-420.94
海带-扇贝综合养殖	533.80	313.66	44.41	0.97	400.99
海带-牡蛎综合养殖	261.01	228.10	44.41	0.11	120.08
海带-鲍综合养殖	1457.52	0.99	59.22	/	2274.58
海带-鲍-刺参综合养殖	1457.14	0.97	61.85	0.0002	2293.75

表4-1-3 桑沟湾不同养殖模式下固定CO_2和释放O_2价值[32]

养殖模式	固定和移除的C量[kg/(hm^2·年)]	消耗的O_2量[kg/(hm^2·年)]	服务价值[元/(hm^2·年)]
海带单养	4 387.50	0	4 859.32
扇贝单养	906.86	28.38	973.28
牡蛎单养	4 907.76	26.54	5 406.44
海带-扇贝综合养殖	4 200.37	17.03	4 633.40
海带-牡蛎综合养殖	6 416.86	14.93	7 090.55
海带-鲍综合养殖	12 311.90	40.69	13 591.28
海带-鲍-刺参综合养殖	12 528.52	39.40	13 832.61

在人们的传统观念中，往往认为养殖生态系统的价值就是物质生产能力，并没有认识到生态系统提供的各种功能性服务价值。

研究结果表明，桑沟湾不同养殖模式下物质生产价值占总价值的80%~90%，系统过程价值占10%~20%，表明虽然桑沟湾养殖活动是以经济效益为主的生产活动，但其对环境的调节作用不可忽视。在进行桑沟湾养殖系统的利用和发展规划时，如果只重视物质生产功能价值，必然会造成生态系统功能价值的损失，使生态系统遭到破坏，产生一系列不良后果。因此，决策者在选择养殖规划方案时，必须要均衡考虑系统内各项生态系统服务，这样才能更加合理有效地在发展经济的同时，保护生态环境，实现生态系统的可持续发展。

（三）桑沟湾生态环境质量状况评价

为了评估桑沟湾以贝藻为主要养殖种类的大规模长期海水养殖活动对生态环境的影响，利用挪威的水产养殖环境监测与评估模型（Monitoring Ongrowing Fish Farms Modelling，MOM）系统对桑沟湾的沉积环境状况进行了监测与评估。结果表明，桑沟湾虽然经历了20多年的规模化养殖，但沉积环境质量仍然属于一级良好状态[33]。稳定碳氮同位素示踪结果表明，综合养殖区沉积物$\delta^{13}C$与$\delta^{15}N$值与非养殖区非常接近，表明多营养层次综合养殖对沉积环境造成的压力非常轻微（图4-1-9）[18]。对水体营养盐的监测结果表明，与我国北方养殖性海湾胶州湾、乳山湾相比，桑沟湾水体的营养盐含量处于较低水平，湾内水体环境良好[24]。

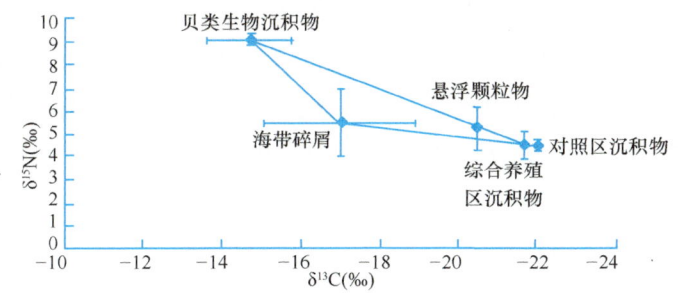

图4-1-9　综合养殖区和非养殖区沉积物稳定碳氮同位素图谱[18]

通过分析，认为桑沟湾保持良好沉积与水体环境的主要原因与生态养殖模式的发展及普及密切相关。养殖的大型藻类能够吸收贝类释放到水体中的营养盐，在转化为藻类自身生物量的同时，还通过光合作用产生氧气，可以支持底栖生物的氧气需求，缓解由于有机质的累积所增加的氧气消耗及由此导致的硫化物的富集，进而发挥了对养殖环境的生物修复和生态调控功能，印证了基于养殖容量基础上的贝藻综合养殖具有显著的正面生态效应，是一种"高效、优质、生态、健康、安全"的环境友好型养殖模式。

Troell等在 *Aquaculture* 杂志发表的文章中高度评价了中国IMTA的实施效果，认为中国IMTA的产业化程度（以大连獐子岛的海珍品底播增养殖及荣成桑沟湾的贝藻综合养殖为例）已经走在了世界的前列，而加拿大、美国、智利及一些欧洲国家的IMTA示范区建设虽然取得了很好的效果，但目前只是局限于小范围的实验阶段，距离产业化尚存在一定的差距[34]。

著名海洋渔业生物学家、有"大海洋生态之父"美誉的全球大海洋生态系统研究的发起人、美国国家海洋与大气管理局（NOAA）的Ken Sherman博士（2012年）及世界水产养殖杂志主编John A. Hargreaves博士（2015年）评价认为："桑沟湾实施的多营养层次综合养殖模式是一种实现养殖系统能量高效利用、改善水质、提高蛋白质产量、扩大近海海域养殖容纳量的有效途径，这种养殖模式通过养殖生物对碳的移除，还有助于缓解全球气候变化带来的负面影响（IMTA as practiced in China is highly energy efficient and optimized the carrying capacity of coastal embayments while improving water quality, increasing protein yields, and, through carbon capture, contributing to mitigation of the effects of climate change.）"[5,35]。认为这种养殖模式对保障人类食品安全、减轻环境压力具有不可估量的作用，应该向全世界进行推广。

2016年，联合国粮食及农业组织（FAO）和亚太水产养殖中心网络（NACA）将桑沟湾综合养殖模式作为亚太地区12个可持续集约化水产养殖的典型成功案例之一向全世界进行了推广[36]。

五、存在的问题与建议

（一）存在的问题

桑沟湾的生态养殖虽然取得了举世瞩目的进步，但仍面临着养殖空间受挤压、养殖布局不科学、养殖成本上升、养殖效益下滑、养殖劳动力紧缺等诸多挑战。

(二）建议

1. 发展生态系统水平的海水养殖

联合国粮农组织对生态系统水平的水产养殖（ecosystem approaches to aquaculture，EAA）进行了定义：一种强调生态系统完整性、协调性和多方参与生态系统管理，促进水产养殖可持续发展的运行方式[3]，其最根本的目的是整合部门和政府在资源管理方面的工作，建立体制机制，有效地在水产养殖所涉及生态系统中活动的各部门及政府各级之间进行协调，以实现水产养殖部门在环境、经济和社会等方面的可持续发展[37,38]。

随着人们环境保护意识的增强，海水养殖的环境效应和管理问题已引起了社会的广泛关注，海水养殖的管理不再仅仅是通过开发资源以获取最高产量，而应该采取切实可行的步骤，从传统的海水养殖管理转变到基于生态系统的海水养殖管理，将海水养殖纳入生态系统管理以保障养殖业的可持续发展。对海水养殖系统实施生态管理首先要了解其价值特征，这样才能更好地实施生态管理。生态系统水平的海水养殖，就是将海水养殖活动与生态可持续发展协调起来，综合考虑生态系统中的生物、非生物和人类之间的相互作用，从而实现不同社会目标之间的最佳平衡。生态系统水平的海水养殖特别强调不同养殖品种之间的配比、不同养殖模式之间的平衡，以及养殖活动与环境条件之间的协调和统一；并以此为技术手段，实现水产养殖业投入产出比的最大化及环境影响的良性化。在具体实施过程中：①管理活动必须综合考虑生态、经济、社会和体制等各方面因素；②管理对象主要是对海水养殖生态系统造成影响的海水养殖活动，而不是海水养殖生态系统本身；③管理目标是维持海水养殖生态系统的健康和可持续利用。

通过发展生态系统管理的海水养殖，可望解决养殖空间受挤压、养殖布局不科学等制约海水养殖健康发展的关键问题。

2. 发展标准化筏式生态养殖

随着城市化的进展，我国从事海水养殖的人员严重短缺，且呈现老龄化趋势。为了保障我国水产养殖业的可持续发展，机械化和自动化作业迫在眉睫。目前我国海水养殖，特别是浅海浮筏养殖极

度不规范，机械作业难以实施。浅海浮筏标准化养殖将是解决这一矛盾的有效途径。

结合多年来积累的贝藻养殖容量的研究成果，中国水产科学研究院黄海水产研究所在荣成楮岛水产有限公司的配合下，确定了海带和牡蛎筏式养殖的标准化模式与技术的方案，按照标准化技术方案对传统养殖筏架进行了升级改造，并于2015年11月开始实施了海带和牡蛎筏式标准化生态养殖的示范区建设工作。初步结果表明，海带的密度降低为原来的63%后，平均增重42%，出成率（干海带）提高15%，价格提高20%，节省劳动力成本15%，其综合经济效益提高97%。综合养殖的牡蛎长势良好。

由此可见，标准化筏式养殖方式的经济效益非常显著，有望为我国浅海贝藻生态综合养殖模式与技术产业化、推动我国高效生态养殖可持续发展提供重要的技术支撑。

参 考 文 献

[1] 国家海洋局第一海洋研究所. 桑沟湾增养殖环境综合调查研究[M]. 山东青岛: 青岛出版社, 1988.

[2] 孙耀, 赵俊, 周诗赉, 宋云利, 崔毅, 陈聚法, 方建光, 孙慧玲, 匡世焕. 桑沟湾养殖海域的水环境特征[J]. 中国水产科学, 1998, 5 (3) : 69-75.

[3] Nunes JP, Ferreira JG, Gazeau F, Lenceart-Silva J, Zhang XL, Zhu MY, Fang JG. A model for sustainable management of shellfish polyculture in coastal bays [J]. Aquaculture, 2003, 19: 257-277.

[4] Fang JG, Zhang J, Xiao T, Huang DJ, Liu S M. Integrated multi-trophic aquaculture (IMTA) in Sanggou Bay, China [J]. Aquaculture Environment Interactions, 2016, (8) : 201-205.

[5] Fang JG, Zhang JH. Types of Integrated Multi-Trophic Aquaculture Practiced in China [J]. World Aquaculture, 2015: 29-30.

[6] Chopin T, Buschmann AH, Halling C, Troell M, Kautsky N, Neori N, Kraemer GP, Zertuche-Gonzalez JA, Yarish C, Neefus C. Integrating seaweeds into marine aquaculture systems: A key toward sustainability [J]. Journal of Phycology, 2001, 37 (6) : 975-986.

[7] Ridler N, Wowchuk M, Robinson B, Barrington K, Chopin T, Robinson S, Page F, Reid G, Szemerda M, Sewuster J, Boyne-Travis S. Integrat-

ed multi-trophic aquaculture (IMTA): a potential strategic choice for farmers [J]. Aquaculture Economics & Management, 2007, 11: 99-110.

[8] Troell M, Halling C, Neori A, Chopin T, Buschmann AH, Kautsky N, Yarish C. Integrated mariculture: asking the right questions [J]. Aquaculture, 2003, 226: 69-90.

[9] Neori A, Chopin T, Troell M, Buschmann AH, Kraemer GP, Halling C, Shpigel M, Yarish C. Integrated aquaculture: rationale, evolution and state of the art emphasizing seaweed biofiltration in modern mariculture [J]. Aquaculture, 2004, 231: 361-391.

[10] Fan X, Wei H, Zhao L, Yuan Y. Vertical structure of tidal current in a typically coastal raft-culture area [J]. Continental Shelf Research, 2009, 29: 2345-2357.

[11] 樊星, 魏皓, 原野, 赵亮. 近岸典型养殖海区的潮流垂直结构特征[J]. 中国海洋大学学报, 2009, 39 (2): 181-186.

[12] 史洁, 魏皓. 半封闭高密度筏式养殖海域水动力场的数值模拟[J]. 中国海洋大学学报, 2009, 39 (6): 1181-1187.

[13] 魏皓, 赵亮, 原野, 史洁, 樊星, 刘志宇, 王鲁宁, 袁承仪, 王玉衡, 魏莱. 桑沟湾水动力特征及其对养殖容量影响的研究[J]. 渔业科学进展, 2010, 31 (4): 65-71.

[14] 方建光, 匡世焕, 孙慧玲, 孙耀, 周诗赉, 宋云利, 崔毅, 赵俊, 杨琴芳, 李锋, 张爱军, 王兴章, 汤庭耀. 桑沟湾栉孔扇贝养殖容量的研究[J]. 海洋水产研究, 1996, 17 (2): 17-30.

[15] 方建光, 孙慧玲, 匡世焕, 孙耀, 周诗赉, 宋云利, 崔毅, 赵俊, 杨琴芳, 李锋, 张爱军, 王兴章, 汤庭耀. 桑沟湾海带养殖容量的研究[J]. 海洋水产研究, 1996, 17 (2): 7-16.

[16] 张继红. 滤食性贝类养殖活动对海域生态系统的影响及生态容量评估[D]. 青岛：中国科学院海洋研究所博士学位论文, 2008.

[17] 唐启升, 方建光, 张继红, 蒋增杰, 刘红梅. 多重压力胁迫下近海生态系统与多营养层次综合养殖[J]. 渔业科学进展, 2013, 34 (1): 1-11.

[18] 任黎华. 桑沟湾筏式养殖长牡蛎及其主要滤食性附着生物固碳功能研究[D]. 武汉：中国科学院大学博士学位论文, 2014.

[19] 牛亚丽. 桑沟湾滤食性贝类碳、氮、磷、硅元素收支的季节变化研究[D]. 舟山：浙江海洋学院硕士学位论文, 2014.

[20] 张继红, 方建光, 唐启升. 中国浅海贝藻养殖对海洋碳循环的贡献[J]. 地球科学进展, 2005, 20 (3) : 359-365.

[21] Tang QS, Zhang JH, Fang JG. Shellfish and seaweed mariculture increase atmospheric CO_2 absorption by coastal ecosystems [J]. Mar Ecol Prog Ser, 2011, 424: 97-104.

[22] Jiang ZJ, Fang JG, Han TT, Mao YZ, Li JQ, Du MR. The role of Gracilaria lemaneiformis in eliminating the dissolved inorganic carbon released from calcification and respiration process of Chlamys farreri [J]. Journal of Applied Phycology, 2014, 26 (1) : 545-550.

[23] Jiang Z, Li J, Qiao X, Wang G, Bian D, Jiang X, Liu Y, Huang D, Wang W, Fang J. The budget of dissolved inorganic carbon in the shellfish and seaweed integrated mariculture area of Sanggou Bay, Shandong, China [J]. Aquaculture, 2015, 446: 167-174.

[24] 李瑞环. 生态养殖活动下营养盐动力学研究: 以桑沟湾为例[D]. 青岛: 中国海洋大学博士学位论文, 2014.

[25] Ren JS, Stenton-Dozeya J, Plewa DR, Fang JG, Gall M. An ecosystem model for optimising production in integrated multitrophic aquaculture systems [J]. Ecological Modelling, 2012, 246: 34-46.

[26] FAO. Integrated mariculture: a global review [R]. FAO Fisheries and Aquaculture Technical Paper. 2009, 529: 183.

[27] Fang JG, Funderud J, Qi ZH, Zhang JH, Jiang ZJ, Wang W. Sea cucumbers enhance IMTA system with abalone, kelp in China [J]. Global aquaculture advocate, 2009, 51-53.

[28] Jiang ZJ, Fang JG, Mao YZ, Wang W. Eutrophication assessment and bioremediation strategy in a marine fish cage culture area in Nansha Bay, China [J]. Journal of Applied Phycology, 2010, 22 (4) : 421-426.

[29] Jiang ZJ, Wang GH, Fang JG, Mao YZ. Growth and food sources of Pacific oyster Crassostrea gigas integrated culture with Sea bass Lateolabrax japonicus in Ailian bay, China [J]. Aquaculture International, 2013, 21 (1) : 45-52.

[30] 高亚平, 方建光, 唐望, 张继红, 任黎华, 杜美荣. 桑沟湾大叶藻海草床生态系统碳汇扩增力的估算[J]. 渔业科学进展, 2013, 34 (1) : 17-21.

[31] 石洪华, 郑伟, 丁德文, 吕吉斌, 张学雷. 典型海洋生态系统服务功能及价

值评估——以桑沟湾为例[J]. 海洋环境科学, 2008, 4 (27): 101-104.

[32] 刘红梅, 齐占会, 张继红, 毛玉泽, 方建光. 桑沟湾不同养殖模式下生态系统服务和价值评估[M]. 青岛: 中国海洋大学出版社, 2014.

[33] Zhang JH, Hansen PK, Fang JG, Wang W, Jiang ZJ. Assessment of the local environmental impact of intensive marine shellfish and seaweed farming — application of the MOM system in the Sungo Bay, China [J]. Aquaculture, 2009, 287 (3-4): 304-310.

[34] Troell M, Joyce A, Chopin T, Neori A, Buschmann AH, Fang JG. Ecological engineering in aquaculture- Potential for integrated multi-trophic aquaculture (IMTA) in marine offshore systems [J]. Aquaculture, 2009, 297 (1-4): 1-9.

[35] Sherman K, McGovern G. Frontline observations on climate change and sustainability of large marine ecosystems [R]. Large Marine Ecosystems 17, 2012 United Nations Development Program.

[36] FAO. Sustainable intensification of aquaculture in the Asia-Pacific region[R]. Documentation of successful practices. Miao W, Lal KK. Bangkok, Thailand. 2016.

[37] Soto D, Aguilar-Manjarrez J, Hishamunda N. Building an ecosystem approach to aquaculture [M]. Roma: FAO, 2008: 221.

[38] William K, de la M. Marine ecosystem-based management as a hierarchical control system [J]. Marine policy, 2005, 29: 57-68.

执笔人

蒋增杰　中国水产科学研究院黄海水产研究所　副研究员
方建光　中国水产科学研究院黄海水产研究所　研究员

第二节　稻渔综合种养

一、发展背景及简史

农业生产与自然生态系统的联系最紧密、作用最直接，是对自然资源的直接利用与再生产。为了满足人口增长对食物的需求，农

业生产常常以追求高产为目标。2003~2015年，中国粮食总产量已实现"十二连增"。除了高产种子和耕作技术改进外，粮食稳产增产在较大程度上依赖大量化肥和农药的使用。2013年我国化肥使用量比2003年（4411.6万t）增加了34%，农药使用量比2003年（132.52万t）增加了36%。然而，这种基于化肥、农药获得稳产高产的现代农业生产方式，在保障粮食安全的同时，也造成了一些生态环境问题，如农业面源污染增加、土壤侵蚀退化、病虫害天敌减少、农业生物多样性降低、农产品质量安全下降。面对以上问题，人们越来越深刻地认识到，农业发展的目标是不仅要提高产量，还需提高产品质量，确保食物安全；不仅要提高土地产出率、获得经济效益，还应发挥农业的生态服务功能。因此，积极探索农业可持续发展的新途径和新模式，具有重要的现实意义和长远的战略意义。

稻渔综合种养（integrated rice fields aquaculture，IRFA），实质上是传统的稻田养鱼的一种演变和发展，农业部门又称之为"稻田综合种养"。稻渔综合种养是指在水稻种植的同时或休耕期，通过田间工程技术的应用，在稻田里养殖鱼类和其他水产动物，将水稻种植与水产养殖耦合起来，基于生态系统内营养物质及补充投喂的肥料和饲料生产稻谷和水产品的一种生态农业方式。这种生产方式能使稻田生态系统的物质和能量尽可能流向稻谷和水产品，实现系统可持续发展和经济效益最大化的目标。稻渔综合种养系统具有多方面的重要功能，包括食物生产、生态保护、景观保留、生计维持和食物安全等，使种植业与水产养殖业的生态环境服务功能表现得更加明显，是实现"高效、优质、生态、健康、安全"环境友好型水产养殖发展的有效途径。

我国传统的稻田养鱼具有悠久历史，最早可追溯到汉朝，至今已有约2000年的历史，但那时稻田养鱼主要是利用稻田饲养少量食用鱼。2005年6月9日，青田县龙现村稻鱼共生系统被授予首批"全球重要农业文化遗产"项目（GIAHS）。从20世纪50年代开始，中国科学院水生生物研究所倪达书就开始对传统的稻田养鱼技术进行总结，并在国内率先开展稻田养鱼技术研究。由他主持的"稻田养草鱼种及其生态功能的研究"项目获1983年度中国科学院重大科技成果奖，1988年出版专著《稻田养鱼的理论与实践》，提出了"稻鱼互利共生"理论。这些研究成果对推动我国稻田养鱼产业化发展起到了重要作用。

二、稻渔综合种养的理论基础

稻渔综合种养系统是由无机环境与生物群落共同构成的统一体。非生物因子包括光、水、温度、pH、二氧化碳、氧气和一些无机物质等。生物因子包括生产者、消费者和分解者。生产者主要有水稻、杂草和藻类。它们都是通过光合作用和呼吸作用参与碳素循环,并向消费者和分解者提供有机物质。消费者主要有浮游动物(原生动物、轮虫、枝角类和桡足类)、底栖动物和人工放养的水产种类(鱼、虾、蟹、鳖等),还有蚊子幼虫(孑孓)、水稻害虫、水稻害虫的天敌(青蛙、蜘蛛、寄生蜂)、水鸟等[1]。

稻渔综合种养系统养分的利用和循环不同于自然生态系统,它是一个养分大量输入、大量输出的系统。养分的输入主要来源于施肥、补充投喂的饲料,养分输出主要包括稻谷、稻秆和水产品(图4-2-1)。

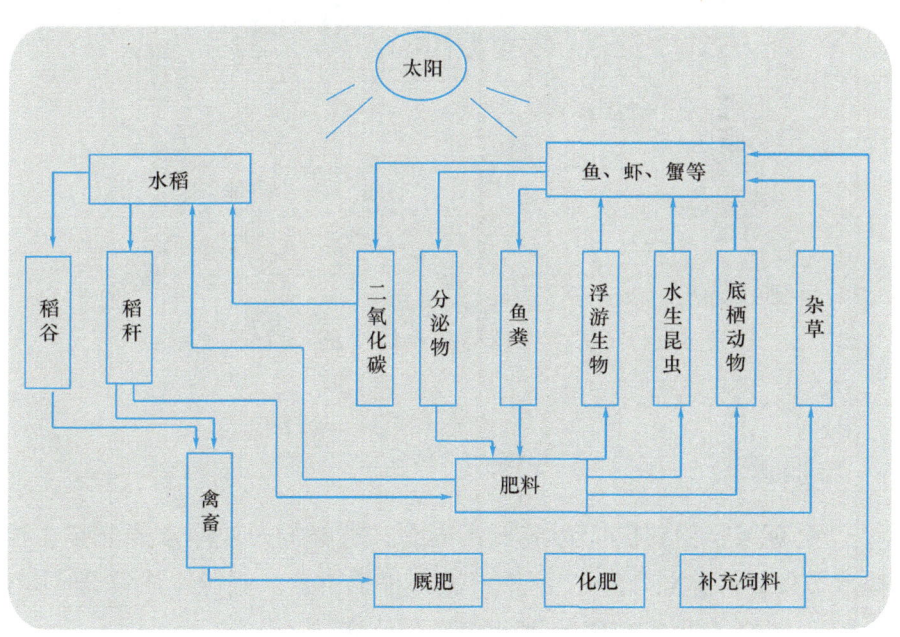

图4-2-1 稻渔综合种养系统的物质转化和能量流动

稻渔综合种养的理论基础是倪达书提出的稻鱼互利共生理论[1]。该理论核心是利用水稻和水产动物的互利共生关系(图4-2-2),人为地将水稻与水生动物置于同一个生态系统中,充分发挥水生动物在系统中的积极作用,清除杂草,减少病虫害,增肥保肥,促进营养物质多级循环利用,使更多的能量流向水稻和渔产品(图4-2-1)。

由于水产养殖动物的引入，稻田生态系统中的生物种群、群落结构及相互关系将发生大的变化（图4-2-1）。一方面，养殖动物能直接或间接利用稻田中杂草、底栖动物、浮游生物和有机碎屑，减少了杂草与水稻对肥料的争夺，利用水稻不能利用的物质和能量。另一方面，养殖动物的排泄物又为水稻和水体浮游生物的生长提供丰富的营养源，产生的二氧化碳可被水稻、杂草及藻类利用[1]。此外，养殖动物活动可松动表层土壤，在一定程度上改善土壤氧化还原状况，促进有机质矿化和营养盐释放[1]。

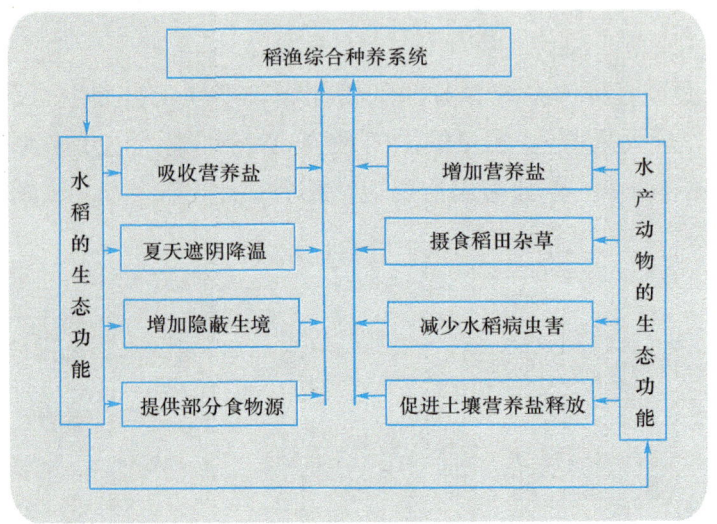

图4-2-2　稻渔综合种养系统中稻-渔互利关系

三、稻渔综合种养的必要条件

稻渔综合种养区周边应无污染源，选择的田块应水源充足，注排水方便，保水性能好，雨季不淹，旱季不干。水源水质符合NY-T 5051—2001 "无公害食品 淡水养殖用水水质"。

水稻和水产养殖种类对水深、温度、pH、溶氧、氨氮、透明度等环境因子的需求是不同的[2]。两者之间最大的矛盾在于对水深的需求，水稻在不同生育期需要水浅，理想的水深变化于3~15cm，在收割前1~2周需要排干，而水产养殖种类需要较大的水深，至少不低于50cm。为了解决这个矛盾，必须对稻田进行改造，在稻田中开挖渔沟（有的还挖了渔溜），筑高田埂，安装防逃设施，铺设进排水管道。只有这样，才能将水稻种植和水产养殖结合起来，开展稻渔综合种养。渔沟的形式主要有4种："口"字形（图4-2-3A）、"十"字形（图4-2-3B）、"日"字形（图4-2-3C）、"目"字形（图4-2-3D）。

除了稻-蟹种养模式的稻田改造比较特殊外，其他种养模式的稻田改造的基本要求如下。

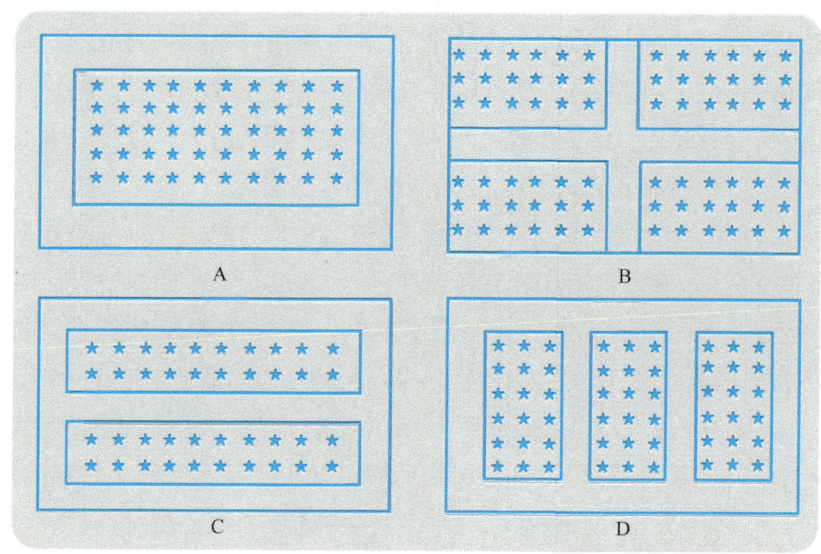

图4-2-3　稻渔综合种养田不同形式的渔沟示意图

开挖渔沟：一般是沿田埂四周内缘开挖环沟，沟宽1.5~4.0m，沟深1~1.5m。大的田块还要在田中间开挖"十"字形的田间沟，沟宽1~2m，沟深0.8m。渔沟面积一般占稻田面积的8%~10%，最高不宜超过15%。

筑高田埂：利用开挖环形沟挖出的泥土加固、加高、加宽田埂。田埂应高于田面0.8~1m，顶部宽2~3m。为了减少机械耕田泥浆对养殖种类的影响，在靠近环形沟的稻田台面外缘周边围筑宽30cm、高20cm的低围埂，将环沟和田台面分隔开。

安装防逃设施：稻田排水口和田埂上应设防逃网。排水口的防逃网应为20目的网片，田埂上的防逃墙应用20目的网片、厚质塑料薄膜或石棉瓦作材料，防逃墙高40~50cm。

铺设进排水管道：进水、排水口分别位于稻田两端，进水渠道建在稻田一端的田埂上。排水口建在稻田另一端环形沟的低处。按照高灌低排的格局，保证水灌得进，排得出。

四、稻渔综合种养的发展现状

(一) 面积与产量

2015年，全国稻渔综合种养面积达到了150.1万hm^2，约占全国水稻总面积的4.8%，占淡水养殖面积的19.63%（图4-2-4）。从养殖面积看，稻渔综合种养的主要大省依次是四川（30.89万hm^2）、湖北（20.08万hm^2）、湖南（17.13万hm^2）、贵州（15.31万hm^2）、云南（11.14万hm^2）、江苏（10.97万hm^2）、浙江（8.31万hm^2）、辽宁（8.15万hm^2）、江西（6.41万hm^2）、安徽（5.49万hm^2）。

2015年，全国稻田水产养殖产量达到了155.8万t，占淡水养殖产量的5.09%，接近内陆湖泊养殖产量（164.7万t）（图4-2-5）。2015年，全国单产量为69.2kg/亩（图4-2-6）。在10个养殖大省中，浙江单产水平最高，达到了272kg/亩；其后依次是江苏（120kg/亩）、安徽（101kg/亩）、湖北（85kg/亩）、四川（71kg/亩）、江西（71kg/亩）、辽宁（43kg/亩）、湖南（32kg/亩）、云南（29kg/亩）、贵州（19kg/亩）。

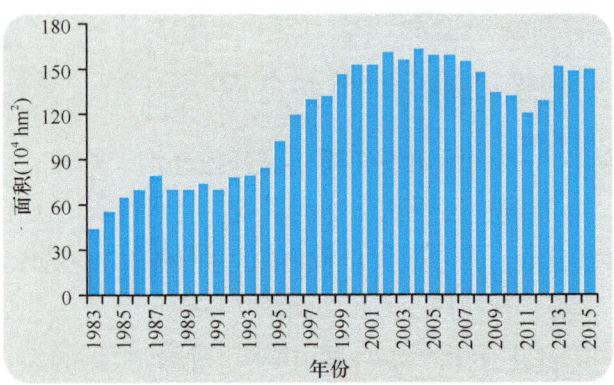

图4-2-4　1983~2015年全国稻渔综合种养的面积

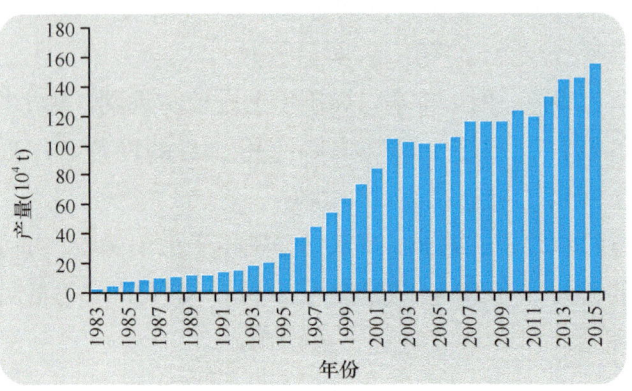

图4-2-5　1983~2015年全国稻渔综合种养的渔产量

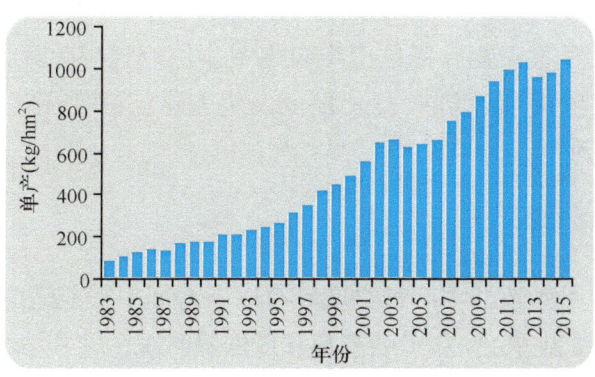

图 4-2-6　1983~2015 年全国稻渔综合种养的单位面积渔产量

（二）主要特点

当前，稻渔综合种养呈现出以下主要特征。

1. 生产区域迅速扩大

稻渔综合种养过去只局限在气温高、降雨量大、水资源丰富的西南、华南、华中、华东地区；20世纪90年代后，养殖区域由长江以南向"三北"地区推进。现在辽宁、吉林、黑龙江、宁夏等省区都不同程度地发展了稻渔综合种养产业，主要以稻-蟹种养模式为主。

2. 养殖模式和养殖品种趋于多样化

稻渔综合种养由过去单一的稻-鱼种养模式向稻-虾、稻-蟹、稻-鳖等多种模式发展，由过去的稻-鱼双元复合模式向稻-鱼-鸭、稻-鱼-虾（蟹）、稻-鳖-鸭等多元复合模式发展，因地制宜发挥水田的光、水、气资源和时间、空间的潜力。过去稻田只是养鲤、鲫、草鱼、罗非鱼等少数品种；现在已发展到养殖泥鳅、黄鳝及克氏原螯虾、河蟹、日本沼虾、中华鳖等名特优品种。

3. 养殖技术水平和经济效益不断提高

现在稻渔综合种养不再完全依赖天然的饵料生物，还需人工补充投喂。经营方式实现了由过去的粗放式养殖向半集约化养殖转变，单位面积渔产量和经济效益有了大幅度提高。

4. 由自然经济向商品经济方向发展

过去传统的稻田养鱼是一家一户进行的，既分散，又量小，鱼

产品主要是为了解决一些地区的吃鱼难问题，农民自给自足。现在稻渔综合种养的发展目标是逐步向集中连片的规模化经营方式转变，生产最大限度提高经济效益，减少农药和化肥的使用量，促进农业增效和农民增收。

（三）养殖种类

适合稻田养殖的水产种类应具有以下特征：①能适应在浅水中生活；②能忍受夏季32~38℃的高温和低溶氧状况；③在4~5个月的生长期能达到食用鱼规格；④能忍受高的水体浊度。

目前，我国稻田养殖的水产品种有：鲤、鲫、草鱼、团头鲂、鲢、鳙、泥鳅、黄鳝、罗非鱼、黄颡鱼、乌鳢、克氏原螯虾（以下称小龙虾）、日本沼虾（以下称青虾）、中华绒螯蟹（以下称河蟹）、中华鳖（以下称小龙虾）；另外还有人工培育的品种，如福瑞鲤、湘云鲫、高背鲫、异育银鲫'中科3号'。从养殖规模看，主要养殖对象是小龙虾、河蟹、中华鳖、泥鳅、鲤、鲫；除鲤、鲫外，这些主养对象均是肉质鲜美、市场价格高的水产品，能较好适应稻田环境。其他种类大都根据需要作为稻田混养或套养的对象，或作为杂草和水稻病虫害的生物控制者。

（四）主要模式

按照耕作方式，稻渔综合种养分为稻-渔轮作和稻-渔共作两种方式。目前，按主养对象可分为：稻-虾、稻-蟹、稻-鳖、稻-鱼4类种养模式。

1. 稻-虾种养模式

稻-虾综合种养模式包括稻田养殖小龙虾、日本沼虾或罗氏沼虾。目前，稻-小龙虾种养模式最流行，主要集中在长江中下游地区，其中典型养殖地区是湖北省潜江市。2007年以前，普遍采用的是稻-小龙虾轮作模式，即每年的8~9月中稻收割前投放亲虾，或9~10月中稻收割后投放幼虾，第二年的4月中旬至5月下旬收获成虾，6月初整田插秧，如此循环轮替。这种模式的缺点是小龙虾放养密度要适中，不能过高，否则到第二年5月小龙虾难以达到食用虾的上市规格，小龙虾单产一般在40~60kg/亩。

2013年以后，几乎全部采用稻-小龙虾共作模式，即在稻田中全年养殖小龙虾，并种植一季中稻。具体说，就是每年中稻未收割的9

月购买或自留亲虾,每亩投放20~30kg(性别比2∶1~3∶1);或者10月中稻收割后投放幼虾,每亩投放规格为10mm的幼虾1.5万~3.0万尾。第二年的4月中旬至5月下旬捕获达到食用规格的小龙虾出售,而小规格个体继续留田养殖,同时补投一批幼虾。6月初整田插秧,8~9月捕获第二批达到食用规格的小龙虾出售,同时留足个体较大的亲虾用于繁殖来年所需的苗种,如此循环。在这种共作方式中,中稻收割后将秸秆还田,并灌水淹田,田面水深达到20~40cm。据调查,在这种共作模式中,小龙虾单产一般为75~150kg/亩;放养密度高、饲料投入多的少数养殖户单产可达到150kg/亩左右,但过高的产量也会带来较大的虾病暴发的风险,故不宜提倡追求高产量。稻-小龙虾种养模式的毛利润(未包括人力成本)一般为1800~3500元/亩,是水稻单作模式的3~4倍。

2. 稻-蟹种养模式

典型养殖地区是辽宁省盘山县。田间工程相对简单,蟹沟在距田埂内侧1m左右处挖环沟,沟宽35~50cm,深35~50cm,坡度1∶1.2。田埂加高至50~60cm,顶宽50~60cm,底宽80~100cm。稻-蟹种养模式的技术要点是"大垄双行、早放精养、种养结合、稻蟹双赢"。蟹种放养时间一般是5月下旬至6月上旬,放养密度为400~600只/亩。个体规格为100~200只/kg。另外,在田埂上种大豆,稻、蟹、豆三位一体,土地资源得到充分利用[3]。

小面积试验结果表明:养蟹田稻谷产量平均产量699kg/亩,比不养蟹田增产54.8kg/亩,增产率8.5%,利润增加484元/亩。河蟹平均规格达106g,其中:60%的雄蟹达130g以上,最大雄蟹243g;70%的雌蟹达到100g以上,最大雌蟹205g。河蟹平均售价60元/kg,利润1134元/亩。养蟹田的合计利润2232元/亩,比不养蟹田(613元/亩)增加2.64倍[3]。

根据大面积推广的调查,养蟹田稻谷产量为650~700kg/亩,比未养蟹田增产5%~17%,稻谷售价增加0.3元/kg。河蟹平均规格100g左右,单产为20~30kg/亩[3]。该模式主要分布在辽宁、吉林、黑龙江等地区,目前推广面积超过40万亩。

3. 稻-鳖种养模式

典型养殖地区是湖北省赤壁市和荆门市。幼鳖投放时间一般是

在5~6月，投放密度一般为80~100只/亩，投放规格为250~500g/只。需要补充投喂配合饲料及低值的小鱼，屠宰场下脚料，日投饵量视水温而定，一般为鳖体重的3%~10%，每天投喂1~2次。收获时间一般在10~11月，中华鳖单产量可达到75~100kg/亩。此外，收获稻谷430~460kg/亩。该模式主要分布在湖北、安徽、浙江、福建等省。

4. 稻-鱼种养模式

在稻-鱼种养模式中，往往根据不同鱼类的食性，以一种或两种鱼类为主，套养多种其他鱼类。一般是以底栖的杂食性（鲤、鲫）或草食性（草鱼）鱼类为主，再搭配滤食性的鲢/鳙。目前，中稻产量为550~650kg/亩，鱼产量为100~150kg/亩，毛利润为1150~1600元/亩。以常规鱼类为主的稻渔综合种养模式分布较广，主要集中在四川、云南、贵州、湖南、福建、浙江、江西等省。

现在还发展了经济效益更好的稻-鱼-鸭、稻-鳅种养模式。三年的稻-鱼-鸭种养试验表明，水稻增产10%以上，增收鲜鱼1036.5kg/hm^2，成鸭238.9~489.3kg/hm^2 [4]。在稻-鳅种养模式中，泥鳅鱼种放养时间一般在3~5月，放养密度为0.8万~1.5万尾/亩，个体规格为7~9cm。当年10~11月或翌年3~5月收获，泥鳅产量一般为75~150kg/亩，同时收获一季稻谷550~600kg/亩。该模式主要分布在湖北、浙江、湖南、安徽等省。

五、稻渔综合种养的管理

（一）水深调控

养殖稻田水深调控应根据水稻各生育期对水分的要求来确定。无论早、中、晚稻，均宜浅水插秧；在土壤水分饱和或浅水情况下可促使幼芽、幼根的正常生长。分蘖盛期前宜浅灌（3~5cm），如水深在5cm以上，则对分蘖有抑制作用；分蘖后期采取深灌（7~9cm），可以抑制无效分蘖，但时间不能过长，以7~10天为宜。在拔节至出穗期，宜深灌（7~9cm）[1]。

关于晒田问题，当水稻单作时，分蘖末期到稻穗分化之前需要排水晒田（亦称烤田或搁稻），以防止水稻的无效分蘖，晒田时间一般为7天。对于稻渔综合种养田，对于这个时期是否需要晒田，还没有一致的认识。但是，已有研究表明，中籼稻在分蘖高峰4天后，淹灌深水7~9cm，对抑制无效分蘖具有很好的效果[1]；若如此，这对养鱼是非常有利的。即使需要晒田，对稻田养鱼的影响也不大。晒田前清理渔沟和渔溜，让水产动物在缓慢排水时进入渔沟和渔溜中短期回避，田晒好后，立即灌水。

（二）肥料使用

稻田施肥是促进水稻增产稳产的重要措施。施肥方法、种类和用量要依据水稻不同生育期对养分的需求而定，同时要考虑到养殖种类的增肥和保肥的作用。施肥分为基肥和追肥，前者是在插秧前使用的基本肥料（也称底肥），后者是在插秧后使用的补充肥料。根据施用时期的不同，追肥分为分蘖肥、拔节肥和穗肥。各期追肥的施用，总的目的都是满足水稻各个时期对养分的需要，使生长发育健全整齐，提高水稻产量。

由于养殖动物排泄物多，耕田插秧前田面上种植的水草和野生的杂草丰富，大量的稻秆还田，因此，水产品产量高于100kg/亩的稻田一般不施用基肥。若水产品产量不高，稻田土壤肥力不够，则可适量施用，但以有机肥料为主，搭配适量的复合肥。考虑到养殖动物和残饵的增肥作用，追肥主要是施用磷肥和钾肥，氮肥用得少。若需用氮肥，则一般用尿素，禁止使用对养殖种类有较大危害的氨水、碳酸氢铵等。为了减少对水产养殖动物的影响和提高肥料的利用效率，追肥施用采取少量多次、分片撒肥或根外施肥的方法，可分次进行，先施半块，后施其余。

（三）杂草控制

在一般情况下，稻田杂草若不清除，每年可导致稻谷减产10%左右。稻田中主要的杂草有20多种，其中牛毛毡、轮叶黑藻、菹草、苦草及各种眼子菜和浮萍等，都是草鱼喜食的天然饵料。因此，在草鱼不是主养对象的种养模式中，套养少量的较大规格的草鱼种作为杂草的控制者。放养的杂食性河蟹、小龙虾、鲤、鲫等水产动物对杂草也有一定的控制作用。对于很难控制的稗草、莎草等，采用人工拔除；当然这会增加一定的人力成本，但对养殖种类安全。

（四）病虫害防治

水稻虫害主要有三化螟、二化螟、大螟、稻飞虱、稻纵卷叶螟、叶蝉、干尖线虫等。病害主要有稻瘟病、纹枯病、白叶枯病和细菌性条斑病。对于单作稻田，一般插秧后农户要在水稻4个生育期施用农药防治病虫害，这4个时期分别是移栽期（插秧后7~10天）、分蘖拔节期、破口前5~7天、扬花灌浆期。对于种养稻田，农户特别担心杀虫剂和杀菌剂对养殖种类的危害而造成水产品产量的损失，不敢轻易施用农药防治水稻病虫害，只要病虫害不是很严重，一般就不施用农药。

在种养稻田，水稻虫害一般采用物理防控和生物防控的措施。物理防控措施主要是在田间或田埂上安装太阳能诱虫灯或诱虫板。诱虫板包括黄色、绿色和蓝色。黄色诱虫板可用于辅助治蚜虫、白粉虱、木虱等同翅目害虫，绿色诱虫板一般用于诱杀茶小绿叶蝉，蓝色诱虫板可用于辅助防治蓟马。养殖稻田若遇褐飞虱、稻纵卷叶螟或叶蝉流行，可用细长竹竿，在田埂上从一头扫打稻秆至另一头，坠水的这些害虫即可被放养的鱼类或灌水带进的小杂鱼游来吞食，如此反复打扫数次，其效果很好。白叶枯病和细菌性条斑病的病原均由细菌孢子传染，土壤并不带病菌，传染的主要途径前者为水孔，后者则为气孔，可用1/100的石灰水浸泡种子72h就可以防止这两种病的发生[1]。

生物防控措施主要是依靠稻田中害虫的天敌和放养的水产种类。天敌主要有昆虫、蜘蛛、青蛙、寄生蜂等；这些天敌的种群数量在养殖稻田中有所增加。另外，稻田放养的鱼类对要经过水体或以水体为媒介再为害稻禾茎叶的害虫也有一定的控制作用[1]。

当养殖稻田的水稻出现严重的病虫害时，需要选用植物源和微生物源农药产品，既能有效地防治病虫害，又能使养殖种类不受到损害。粉剂宜在早晨露水未干时用喷粉器喷，水剂宜在晴天露水干后用喷雾器喷于稻叶上，勿使药剂直接喷入水中。

（五）补充投喂

在稻渔综合种养中，无论何种种养模式，都需要补充投喂一些饲料。饲料补充投喂量主要取决于养殖种类的放养密度和预期产量水平，日投喂水平视水温而定，不同养殖种类存在一定的差异。补充投喂的饲料包括人工配合饵料及植物性和动物性饲料。常用的植物性饲料为豆粕、花生饼、小麦、豆渣、麦麸、玉米、米糠、瓜菜类及各种水草等。对于河蟹、克氏原螯虾、中华鳖等杂食性和肉食性种类，常用的动物性饲料为：低值的小鱼虾、蚌肉、螺蚬肉、畜禽加工下脚料、蚯蚓等。此外，稻-虾、稻-蟹种养模式中，在稻田渔沟中还需要移栽水生植物，如伊乐藻、轮叶黑藻、苦草、水花生等，既为放养的虾、蟹提供天然的食物源，又可为其提供隐蔽所，并改善水质环境。

六、稻渔综合种养的生态效应

（一）对水稻病虫害的控制

有些水稻害虫，如螟虫、食根金花虫、稻象鼻虫等在生活过程中要经过水体再到稻禾的茎叶上去为害，在它们通过水体时，鱼能将其吞食消灭[1]。鱼也能吞食落到水面上的害虫（如稻飞虱、叶蝉）。稻谷收割后及时灌水淹田，以至稻根腐烂，有利于灭除三化螟幼虫[1]。Xie等[5]经过连续5年的比较试验，发现每年8月底至9月上旬稻-鱼种养田稻丛上稻飞虱（包括褐飞虱、白背飞虱和灰飞虱）的数量显著小于对照的水稻单作田；基于样方的观测，稻-鱼种养田的稻飞虱减少了26.2%±2%。但是，在这项研究中，稻-鱼种养田的二化螟和稻丛卷叶螟（危害稻秆上部）的数量分别与水稻单作田没有显著的差异[5]。进一步的研究表明[5]，稻飞虱的减少主要与鱼的摄食及活动密切相关。基于样方的录像观测，从5:00到18:00鱼撞击稻秆的次数平均为26.8次，撞击的高峰发生在上午；稻-鱼种养田中掉到水面的稻飞虱数量[均值±标准误，(174±15)只/样方]是水稻单作田的2.2倍[(79±6)只/样方]。

Xie等[5]也对稻-鱼种养田与水稻单作田的主要病害进行了连续5年的比较研究，每年种养田的水稻纹枯病发病指数显著低于水稻单作田，两者的稻瘟病发病指数在水稻生育早期没有显著的差异，但在水稻生育后期种养田的发病指数显著低于水稻单作田。另外一些研究也表明，稻渔综合种养对水稻病虫害有较好的控制作用。在稻-鱼种养田，早稻纹枯病株率降低24.5%~29.8%，发病指数降低15.6%~20.8%；晚稻病株率降低6.5%~42.7%，发病指数降低2.3%~15.6%[1]。在稻-萍-鱼种养田中，稻飞虱减少48.9%~65.1%、纹枯病株率降低45.5%~53.3%[6]。在稻-鱼-鸭种养田中，水稻病虫

害也明显减少，稻飞虱数量（42只/丛）比水稻单作田（231只/丛）减少了81.8%，纹枯病发病指数仅1.4%，而水稻单作田高达37.7%[4]。

（二）对稻田杂草的控制

草鱼能摄食稻田中的一些杂草，特别是一些沉水植物和浮萍[1]，放养的杂食性河蟹、小龙虾、鲤、鲫等水产动物对杂草也有一定的控制作用[3-8]。Xie等[5]连续5年的研究表明，稻-鱼种养田的杂草生物量显著低于水稻单作田，前者比后者至少降低了50%。更早的研究表明，早稻养鱼田在收获鱼时的杂草现存量为2.2~29.0kg/亩，而未养鱼田尽管经过三次中耕除草，割稻时的杂草现存量仍达到30~435kg/亩[1]。在水稻分蘖期和成熟期，养蟹稻田的杂草密度分别为1.93株/m^2、4.07株/m^2，显著低于未养蟹的对照田（5.07株/m^2、8.49株/m^2）[3]。

（三）有助于增加水体营养盐，提高稻田土壤肥力

在稻-鱼-鸭种养模式中，鱼、鸭残饵及粪便可提高稻田有机质含量，增加土壤养分。鱼、鸭活动翻动土壤和田水，改善土壤通透性，提高了土壤肥力。据1990年测定，稻-鱼-鸭种养田比水稻单作田土壤全N、P、K及有机质分别提高27.9%、44.3%、6.5%和28.2%。因此，在水稻后期可不施穗肥、粒肥，连续三年后可少施或不施肥[4]。

在稻-萍-鱼种养模式中，压施红萍及鱼食红萍消化后排泄物还田，可减少化肥施用，提高土地肥力。根据连续6年定位试验测定，稻-萍-鱼种养田土壤有机质含量由3.18%提高至4.61%，全氮由0.213%提高至0.307%，全磷由0.144%提高至0.151%，且速效养分水平及土壤物理状况均有不同程度的改善[6]。

Xie等[9]研究表明，在一个连续4年的跟踪试验中，作为对照的水稻单作田，除了施用基肥外，还用了追肥（75kg/hm^2）；而稻-鱼种养田只施用了同等的基肥，没有用追肥。尽管如此，种养田与水稻单作田土壤的有机质、总氮、可溶性磷的含量在4年中均没有显著的差异（图4-2-7），而且两者的稻谷产量也没有显著差异；这表明稻-鱼种养系统具有增肥和保肥的功能。

在稻渔综合种养系统中，水产动物具有增肥和保肥的生态作用，能使水体营养盐增加，提高土壤肥力。可能的生态机理如下：①鱼、虾、蟹等动物的排泄物直接增加了稻田水体和浅表土壤的有效养分[3]。②水

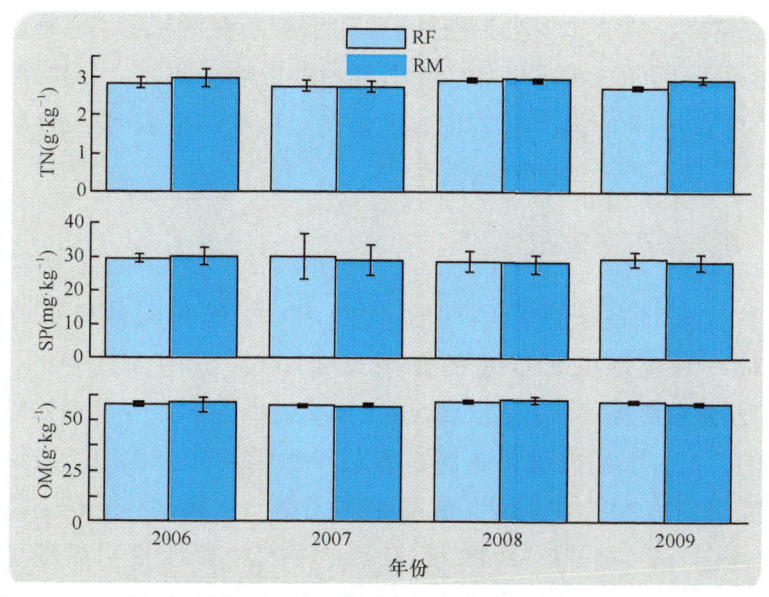

图4-2-7 稻-鱼种养田（RF）和水稻单作田（RM）土壤总氮（TN；A）、可溶性磷（SP；B）、有机质（OM；C）含量的比较[9]

产动物摄食或掘穴活动疏松了土层，在一定程度上促进了土壤中被固定的养分释放[3,4]；通过改善土壤氧化还原状况，加速有机质的矿化和硝化作用[10,11]。③水产动物的排泄物中含有丰富的易降解有机碳，有利于微生物快速增殖，从而促进养分循环和土壤原有养分的活化，土壤和水柱养分含量增加[10,11]。④养殖动物的摄食作用直接抑制了杂草和藻类的生长，减少了这部分生物对水体和土壤中养分的吸收[10,11]。

（四）有利于营养物质的循环利用，提高食物生产力

由于水产动物的引入，稻田生态系统中生物结构、种间相互关系、物质转化和能量流通均发生了很大变化。与水稻单作系统相比，稻渔综合种养系统具有更多的营养级，食物网更加复杂，从而提高了农业生态系统的稳定性。由于化肥和农药减施，养殖稻田的土壤微生物群落数量、代谢活性和功能多样性均有一定的提高。在稻田单作系统中，杂草、藻类、浮游动物、底栖动物等生物资源均未得到有效利用；但在种养系统中，它们是养殖动物的天然饵料，养殖动物的排泄物又直接或间接地被这些饵料生物利用，使更多能量流向稻谷和水产品，提高了食物生产力。

Xie等[5]研究表明，在有饲料补充投喂的稻-鱼种养田，水稻产量显著高于没有投饲料的种养田，也比水稻单作田高。饲料的投入显著增加鱼产量，但是种养田投入的鱼饲料中只有11.1%的氮（N）

同化成鱼肉，31.8%的氮转化成稻谷和稻禾；水稻利用了鱼未摄食的饲料中氮，因而减少了饲料中氮对环境的影响。此外，在种养田中，投入的肥料中有2.1%的N转化成了鱼肉。这些结果表明稻-鱼种养系统明显提高了投入氮的利用效率[5]。

（五）有利于降低稻田CO_2和CH_4的排放量

气候变暖是全球性的问题。CO_2和CH_4作为两种最重要的温室气体，对全球气候变暖的作用大于70%，其中大气中的CH_4有10%~20%来自稻田。在稻渔综合种养系统中，水产养殖动物呼吸所排出的CO_2为水稻提供了碳源，有利于水稻的光合作用。连续三年的试验测定表明，在稻-萍-鱼种养模式中，水稻单作田CH_4排放量为4.73mg/($m^2 \cdot hm^2$)，而稻-萍-鱼种养田CH_4排放量明显减少，为1.71mg/($m^2 \cdot hm^2$)，但种养田渔沟中CH_4排放量为13.10mg/($m^2 \cdot hm^2$)，由于渔沟占田面积的12%，故种养田CH_4排放总量比常规种稻少34.6%[6]。此外，施用化肥后CH_4排放量逐渐上升，至施肥后4~5天达高峰，而后下降；稻-萍-鱼种养田化肥施用量仅为水稻单作田的30%，因此，化肥施用后其CH_4排放量也低于水稻单作田[6]。

（六）有利于提高稻田蓄水能力，增加稻田的生态服务功能

用于水产养殖的稻田必须开挖渔沟，筑高田埂，铺设进排水管道。标准化的稻田种养的田埂比水稻单作田埂（30cm）高50~70cm，田埂也加宽了，不渗水、不漏水。除了稻-蟹种养模式外，其他养殖模式的渔沟宽1.5~4.0m，沟深0.8~1.2m；渔沟面积占稻田面积的8%~10%。如此改造的每亩稻田至少增加蓄水能力380t。这样，雨季可蓄水、排水，旱季不缺水，能保证水稻不同生育期对水分的需求，提高了农田生态系统抵抗自然灾害的能力。

七、稻渔综合种养的经济效益和社会效益

（一）经济效益

不同稻渔综合种养模式的经济效益存在一定的差异（表4-2-1），利润的高低与渔产量和养殖种类密切相关。稻渔综合种养模式的毛利润至少是水稻单作模式的2倍以上。

表4-2-1 不同稻渔综合种养模式的经济效益估算

生产模式	稻谷				渔产品			合计	
	产量（kg/亩）	价格*（元/kg）	产值（元/亩）	产量（kg/亩）	价格（元/kg）	产值（元/亩）	产值（元/亩）	毛利润**（元/667m²）
稻-虾模式	600~800	3	1 800~2 400	75~150	30	2 250~4 500	4 050~6 900	2 100~3 500
稻-蟹模式	650~700	3	1 950~2 100	20~30	60	1 200~1 800	3 150~3 900	1 700~2 300
稻-鳖模式	430~460	3	1 290~1 380	75~100	110	7 500~11 000	8 790~12 380	3 500~5 800
稻-鱼模式#	550~650	3	1 650~1 950	100~150	9	900~1 350	2 550~3 300	1 150~1 600
稻-鳅模式	550~650	3	1 650~1 800	75~150	30	2 250~4 500	3 900~5 300	2 000~2 700
稻-麦模式	稻谷			小麦				
	600~750	2.4	1 560~1 800	300~350	2.4	720~840	1560~1800	530~880

*为了便于比较，同类产品价格相同，稻渔种养田的稻谷价格比未种养田的高25%；**未包括养殖者的劳动力成本；#养殖鱼类为常规鱼类，主要是以鲤或鲫为主，套养其他鱼类

稻-鳖模式的经济效益最高，毛利润为3500~5800元；稻-虾（指小龙虾）模式的毛利润为2100~3500元；稻-鳅模式的毛利润为2000~2700元；稻-蟹模式的毛利润为1700~2300元；稻-鱼模式的经济效益最低，毛利润为1150~1600元。

稻渔综合种养虽然具有很好的经济效益，但由于苗种、饲料和劳力的投入，也增加了额外的生产成本[12,13]。额外成本的增加与放养密度和预期产量密切相关。据调查，稻渔综合种养的生产投入一般是水稻单作的2倍左右[12]。

（二）社会效益

1. 稻渔综合种养有助于农民增收致富，提高生活水平

当前，农民种稻的经济效益低，种粮积极性不高。稻-虾、稻-蟹、稻-鳖、稻-鳅等稻渔综合种养技术能产生很高的经济效益，种养田每亩纯收入一般在2000元以上，有的甚至高达5000元，是水稻单作田的2.5~6倍。这对于激发农民种粮积极性，稳定粮食生产，帮助农民增收致富，促进农村经济发展具有重大的现实作用。

2. 稻渔综合种养有利于改善农村环境卫生，保护农村居民身体健康

稻田是蚊子的孳生地，尤其是中华按蚊和三带喙库蚊的主要孳生场所。稻田放养的鱼、虾、蟹等水产动物能大量捕食蚊子幼虫，减少以蚊子为媒介传播的一些疾病，如疟疾、黄热病、脑炎等[2]。此外，还能减少稻田中的螺类，从而减少以螺类为媒介的血吸虫病的传播[2]。因此，稻渔综合种养对改善农村公共卫生、灭蚊防病、保护农村居民健康也有重要的作用。

3. 稻渔综合种养有助于改善农村居民营养，增进身体健康

良好的营养对保持健康和预防疾病是极为重要的。稻渔综合种养能立体、多元、综合地开发利用农田，以尽可能减少物质和能量的投入，除了生产稻谷外，还能提供大量富含蛋白质的优质水产品，以满足全社会需要。这对调整农村居民膳食结构、增加动物蛋白营养、增进身体健康也具有较大的作用。

4. 稻渔综合种养有助于减少农业面源污染，保障农产品质量安全

稻渔综合种养是一种典型的生态农业方式，能大幅度减少化肥和农药施用量，有助于保护农业生态环境，减少农业面源污染[9]。稻渔综合种养能生产出绿色、优质的稻米和水产品，保障产品质量安全，符合现代农业发展的需求。

八、问题与建议

（一）存在的问题

1）稻渔综合种养需要开挖一定面积的渔沟，因而减少了水稻播种面积。以湖北潜江的稻-虾种养田估算，渔沟占稻田面积的8%~10%。由于水产品价格高，效益好，有些地方渔沟占稻田的比例达到了15%~20%，甚至出现了不种水稻、只搞养殖的现象。

2）稻渔综合种养的需水量大幅增加。由于养殖的需要，种养田要求保持较大的水深，特别是在休耕期，田面水深增加，因而需要更多的灌溉用水。以湖北潜江的稻-虾种养田估算，稻-虾种养田（全年养虾，并种植一季中稻）的年用水量比水稻单作田至少增加8倍，其中部分用水来自降雨，而非灌溉用水。

3）有关稻渔综合种养的基础研究和技术研发工作相对滞后，产业发展越来越需要科技支撑。从已掌握的文献资料看，过去对稻-鱼种养系统的基础研究较多，但对稻-虾、稻-蟹、稻-鳖等新兴的综合种养系统的结构、功能、过程缺少研究。虽然现有的稻-虾、稻-蟹、稻-鳖种养模式已取得较好的经济效益，但水产养殖种类单一，对稻田杂草和病虫害的控制作用、种养系统的生态服务功能还没有深入研究，生境结构、养殖种类的放养参数及饲料补充投喂技术等还需要优化，经济效益和生态效益还有待提升。

4）在一些稻渔综合种养区，苗种供应不配套，技术服务跟不上，严重影响稻渔综合种养的效益，挫伤农户的积极性。据调查，近年来，稻-小龙虾种养模式在湖南、江西和安徽等地快速发展，但由于小龙虾苗种供应不配套，这些外省的单位或养殖户到湖北潜江、鄂州、监利等地购买苗种，因起捕、分拣、装运过程的操纵压力及小龙虾

对长时间离水的应急反应,往往导致苗种运输过程中出现一定程度的死亡(一般不超过10%),而且由于缺乏专业的技术服务,放养后一个月内的死亡率很高,一般为30%~50%,有的高达70%。苗种长途运输后如此高的死亡率会对养殖效益产生很大的负面影响。

5)稻渔综合种养的标准化和产业化程度仍然较低。由于农村土地集体所有,分户经营,每户拥有稻田面积很少。许多地区稻渔综合种养基本以户为单位,处于分散和自发的状态,因此,稻田改造、进水和排水系统、防逃设施、道路建设等难以统一规划,苗种、饲料和肥料等生产资料难以集中采购,稻田产出的水稻和渔产品难以产销对接、合理上市。这种状况严重限制了稻渔综合种养的标准化和产业化发展,在一定程度上增加了养殖户的生产成本,减少了经济收入。

6)稻渔综合种养普遍局限于水产行业范围内,缺乏与种植业、粮食加工产业的联合,多数种养区还没有建立全产业链发展模式,产品售价和附加值不高。稻渔综合种养系统由于不用农药,即使偶尔使用,也只用低毒的生物农药,化肥的使用量大幅度减少,因而生产的稻谷质量好,有的甚至可以评定为有机产品。但是,由于缺乏与粮食加工部门的合作,缺少市场营销的配套,种养田的稻谷销售价格一般为2.8~3.0元/kg,只比普通田的增加20%~30%。事实上,有些精明的养殖大户或公司与粮食加工企业签订产销合作协议,经检测合格的稻谷作为有机稻谷,收购价为5~6元/kg;在超市,有机大米的销售价高达20~40元/kg。

(二)建议

1)稻渔综合种养必须坚持"以稻作为主体,种植与养殖并重"的原则。只有稻谷不减产,稻渔综合种养才有强大的生命力。为了确保粮食生产,需要对种养稻田的渔沟占稻田面积的最大比例有一个合理、明确的规定或限制。大量研究表明,稻田养鱼能使同等面积的水稻增产2.5%以上,多数在10%左右,少数可达15%~20%[2]。近年也有报道,稻-蟹种养田的水稻增产幅度为5%~17%,平均为8.5%[3]。由此可见,渔沟占稻田面积的最大比例可以建议为10%;采用这个比例既能够保证种养田的稻谷不会出现明显的减产,同时又能生产更多的渔产品[14]。

2）需要加强稻渔综合种养的基础研究，研发新技术，创建新模式，以支撑产业持续、健康发展。具体研发内容如下：①根据不同养殖对象的生物学和生态学习性，结合不同地区气候、地形、土壤和稻田大小，研究并建立不同种养模式田间工程设计标准；②优化已有的前景看好的稻渔综合种养模式，确定更加合理的放养参数，提高养殖种类的存活率和生长率；③研发稻田养殖种类饲料补充投喂技术，提高饲料利用效率；④研究能够有效兼顾水稻和养殖种类的水位调控和肥料施用技术，处理好晒田与养鱼、施肥与养鱼的关系；⑤研发水稻和养殖种类病虫害生态及生物防控技术；⑥根据立体和循环生态经济学原理，优选生态位互补的不同水产种类作为养殖对象，集成构建多营养级综合养殖模式，进一步提高稻渔综合种养的经济效益。

3）加强渔业和农业部门的合作，为农户做好技术培训和生产服务工作。稻渔综合种养涉及作物栽培学和水产养殖学的基本知识，这对从业者提出了较高的要求。目前多数从事稻渔综合种养的农户不懂水产养殖，因此，在稻渔综合种养区，应充分发挥行业管理部门技术人员的作用，通过多种形式搞好技术培训，尽快使农户掌握稻田放养种类的养殖技术。此外，也需要指导和帮助农户解决产前、产中、产后的一些技术和生产问题。

4）鼓励农民自愿通过参股、租赁、托管等形式实施土地流转，提高稻渔综合种养的规模化和标准化水平。目前，大多数地区一家一户的分散经营体制，不利于田间工程的设计及水、电、路的统一规划，不利于水稻病虫害的生态防控，不利于开展水稻的机械化生产。只有通过土地流转，将稻田集中起来，才能实行区域化规划、规模化开发、标准化生产、产业化经营，才能实现机械化生产，提高生产效率，降低生产管理成本，从而产生较大的规模效益[14]。

参 考 文 献

[1] 倪达书, 汪建国. 稻田养鱼的理论与实践[M]. 北京: 农业出版社, 1988.

[2] Halwart M, Gupa MV. Culture of Fish in Rice Fields [M]. Italy & Malaysia: FAO and The World Fish Center, 2004.

[3] 王武. 我国稻田种养技术的现状与发展对策研究[J]. 中国水产, 2011, (11): 43-44.

[4] 郑永华, 邓国彬. 稻鱼鸭种养共生模式效益的研究及综合评价[J]. 生态农业研究, 1998, 6 (1)：48-51.

[5] Xie J, Hu L, Tang J, Wu X, Li N, Yuan Y, Yang H, Zhang J, Luo S, Chen X. Ecological mechanisms underlying the sustainability of the agricultural heritage rice-fish coculture systems [J]. Proceedings of the National Academy of Sciences, 2011, 108 (50)：1381-1387.

[6] 黄毅斌, 翁伯奇, 唐建阳, 刘中柱. 稻-萍-鱼体系对稻田土壤环境的影响[J]. 中国生态农业学报, 2001, 9 (1)：74-76.

[7] 栾浩文. 稻田养鱼除草试验[J]. 现代化农业, 2003, (10)：11-12.

[8] 杨勇, 胡小军, 张洪程. 稻渔（蟹）共作系统中水稻安全优质高效栽培的研究V. 病虫草发生特点与无公害防治[J]. 江苏农业科学, 2004, (6)：21-26.

[9] Xie J, Wu X, Tang JJ, Zhang JE, Chen X. Chemical fertilizer reduction and soil fertility maintenance in rice-fish co-culture system [J]. Frontiers of Agriculture in China, 2010, 4 (4)：422-429.

[10] 李成芳, 曹凑贵, 汪金平, 展茗, 潘圣刚. 稻鸭、稻鱼共作生态系统土壤可溶性有机N的动态和损失[J]. 生态学报, 2009, 29 (5)：2541-2550.

[11] Oehme M, Frei M, Razzak MA, Dewan S, Becker K. Studies on nitrogen cycling under different nitrogen inputs in integrated rice-fish culture in Bangladesh [J]. Notr Cycl Agroecosyst, 2007, 79: 181-191.

[12] 李嘉尧, 常东, 李柏年, 吴旭干, 朱泽闻, 成永旭. 不同稻田综合养殖模式的成本效益分析[J]. 水产学报, 2014, 38 (9)：1431-1438.

[13] 马达文, 钱静, 刘家寿, 桂建芳. 稻渔综合种养及其发展建议[J]. 中国工程科学, 2016, 18(3)：96-100.

[14] 朱泽闻, 李可心, 王浩. 我国稻渔综合种养的内涵特征、发展现状及政策建议[J]. 中国水产, 2016, (10): 44-47.

执笔人

张堂林　　中国科学院水生生物研究所　　研究员
刘家寿　　中国科学院水生生物研究所　　研究员
桂建芳　　中国科学院水生生物研究所　　院士